51. DEUTSCHER GEOGRAPHENTAG BONN

BAND 2
NACHHALTIGKEIT ALS LEITBILD DER UMWELT- UND
RAUMENTWICKLUNG IN EUROPA

EUROPA IN EINER WELT IM WANDEL

51. DEUTSCHER GEOGRAPHENTAG BONN
6. bis 11. Oktober 1997

TAGUNGSBERICHT UND
WISSENSCHAFTLICHE ABHANDLUNGEN

BAND 2

FRANZ STEINER VERLAG STUTTGART
1998

Nachhaltigkeit als Leitbild der Umwelt- und Raumentwicklung in Europa

im Auftrag
der Deutschen Gesellschaft für Geographie
herausgegeben von

GÜNTER HEINRITZ,
REINHARD WIESSNER
und MATTHIAS WINIGER

FRANZ STEINER VERLAG STUTTGART
1998

Die Vorträge des 51. Deutschen Geographentages Bonn 1997
erscheinen in vier Bänden:

Band 1: Europa im Globalisierungsprozeß von Wirtschaft und
Gesellschaft
(H. Gebhardt, G. Heinritz und R. Wießner, Hg.)
Band 2: Nachhaltigkeit als Leitbild der Umwelt- und
Raumentwicklung in Europa
(G. Heinritz, R. Wießner und M. Winiger, Hg.)
Band 3: Global Change – Konsequenzen für die Umwelt
(R. Dikau, G. Heinritz und R. Wießner, Hg.)
Band 4: Europa zwischen Integration und Regionalismus
(K.-A. Boesler, G. Heinritz und R. Wießner, Hg.)

Die Deutsche Bibliothek - CIP-Einheitsaufnahme
Europa in einer Welt im Wandel : Tagungsbericht und
wissenschaftliche Abhandlungen / 51. Deutscher Geographentag
Bonn, 6. bis 11. Oktober 1997. Im Auftr. der Deutschen Gesellschaft
für Geographie hrsg. – Stuttgart : Steiner
ISBN 3-515-07189-X

Bd. 2. Nachhaltigkeit als Leitbild der Umwelt- und Raumentwicklung
in Europa. – 1998

**Nachhaltigkeit als Leitbild der Umwelt- und Raumentwicklung in
Europa** / [51. Deutscher Geographentag Bonn, 6. bis 11. Oktober
1997]. Im Auftr. der Deutschen Gesellschaft für Geographie hrsg. von
Günter Heinritz ... – Stuttgart : Steiner, 1998
(Europa in einer Welt im Wandel ; Bd. 2)
ISBN 3-515-07186-5

Jede Verwertung des Werkes außerhalb der Grenzen des Urheberrechtsgesetzes ist
unzulässig und strafbar. Dies gilt insbesondere für Übersetzung, Nachdruck, Mikroverfilmung oder vergleichbare Verfahren sowie für die Speicherung in Datenverarbeitungsanlagen. © 1998 by Franz Steiner Verlag Wiesbaden GmbH, Sitz Stuttgart. Gedruckt auf
säurefreiem, alterungsbeständigem Papier. Druck: Druckerei Peter Proff, Eurasburg.
Printed in Germany

INHALT

Vorwort (G. Heinritz, R. Wießner) 7

Nachhaltigkeit als Leitbild der Umwelt- und Raumentwicklung in Europa

Einführung (M. Winiger) 9
Nachhaltigkeit als Leitbild der Umwelt- und Raumentwicklung in Europa
(W. Haber) 11
Von UNCED bis HABITAT II – Nachhaltige Entwicklung auf dem Prüfstand
(K. Töpfer) 31

Sitzung 1
Konzepte einer nachhaltigen Entwicklung

Einleitung (H. Karrasch) 39
Konzeptionelle Begründung zur human- und physiogeographischen
  Beteiligung an der Nachhaltigkeitsdebatte (U. Wiesmann) 43
Sozialgeographische Analyse raumbezogener nachhaltiger Zukunftsplanung
  (M. Coy) 56
Physiogeographische Analyse raumbezogener nachhaltiger Zukunftsplanung
  (M. Meurer) 67
Geographische Überlegungen zu einer Nachhaltigkeit sichernden
  Zukunftsplanung in den Ländern des „Nordens" (K. Mannsfeld) .. 79

Sitzung 2
Ressourcen und Tragfähigkeit

Einleitung (O. Fränzle) 87
Nachhaltige Entwicklung als regionale Perspektive (K.-H. Erdmann) .. 90
Nachhaltige Nutzung natürlicher Ressourcen zwischen Vision und Realität
  (H. Hurni, K. Herweg, E. Ludi) 96
Nachhaltige Bodennutzung und Welternährungslage (W. Schröder) .. 105

Sitzung 3
Umweltbelastung und Hazards

Einleitung (R. Geipel) 125
IDNDR – Vorbeugung gegen Naturkatastrophen als Modell für nachhaltige
  Entwicklung (E.J. Plate) 127
Naturgefahren und -risiken in Gebirgsräumen (H. Kienholz) 136
Die Wahrnehmung von Naturrisiken in der „Risikogesellschaft" (J. Pohl) .. 153

Sitzung 4
Umweltplanung und Umweltpolitik

Einleitung (P. Löcker) 165
Professionalisierungsansätze für die Umwelt- und Naturschutzpolitik –
  der Beitrag der Politikwissenschaft (M. Krott) 167

Stand und Perspektiven der Umweltplanung in Deutschland (F. Scholles) 181
Umweltrelevante EU-Richtlinien und ihre Auswirkungen auf Fach- und
    Landesplanung (O. Sporbeck) 196
Fazit (M. Uppenbrink) 202

Sitzung 5
Nachhaltige Entwicklung in Europa –
eine zentrale Perspektive geographischer Bildung

Einleitung (H. Haubrich) 203
Nachhaltiges Natur-Europa (J. Härle) 207
Zukunftsfähiges Kultur-Europa (V. Albrecht) 214
„Europa" im Geographie-Curriculum – aufbereitet unter dem Gesichtspunkt
    der „nachhaltigen" Entwicklung (D. Gross) 221
Nachhaltiges Europa in geographischen Unterrichtswerken
    (U. Weinbrenner) 228

Inhaltsverzeichnisse der Bände 1, 3 und 4 233
Publikationsnachweise für die Wissenschaftlichen Fachsitzungen 236
Verzeichnis der Autoren und Herausgeber 238

VORWORT

Der 51. Deutsche Geographentag 1997 in Bonn hat im Hinblick auf das Programmangebot, die Teilnehmerzahl und den organisatorischen Ablauf neue Höhepunkte gesetzt. Das hängt unter anderem mit der Wahl des Rahmenthemas des Kongresses zusammen:

EUROPA IN EINER WELT IM WANDEL.

Die Thematik ist in wissenschaftlichen und politischen Bezügen weit über die Fachgrenzen der Geographie hinaus von hoher Aktualität und Relevanz. Innerhalb unseres Kontinents erfordern die Prozesse und Probleme des politischen, wirtschaftlichen und sozialen Zusammenwachsen Europas unsere Aufmerksamkeit, nicht nur in der Europäischen Union, sondern – nach der politischen Wende im östlichen Teil Europas – im kontinentalen Maßstab. Die Bewältigung interner europäischer Aufgaben darf aber den Blick auf globale Zusammenhänge nicht verstellen. Europa ist in global ablaufende Prozesse eingebunden, es steuert den weltweiten politischen und ökonomischen Wandel selbst mit und ist gleichzeitig von seinen Auswirkungen betroffen. Europa spielt schließlich eine wesentliche Rolle bei globalen Umweltveränderungen. Das Problem der Tragfähigkeit von Lebensräumen und die Notwendigkeit einer nachhaltigen Entwicklung verbindet unseren Kontinent mit der übrigen Welt. Diese inhaltlichen Schwerpunkte fanden als Leitthemen Eingang in das Geographentagsprogramm.

Darüber hinaus konnte ein breites Spektrum weiterer geographischer Themen, denen ein nationaler Fachkongreß Rechnung tragen muß, in Wissenschaftlichen Fachsitzungen, Arbeitskreissitzungen und Sonderveranstaltungen diskutiert werden. Erstmals wurden auf dem Bonner Geographentag „State-of-the-art-Vorträge" über Teilgebiete der Physischen Geographie und zur Regionalen Geographie Europas für ein an grundlegenden Überblicken interessiertes Publikum ins Programm aufgenommen.

Angesichts der Fülle von Themen und Vorträgen folgen wir wiederum dem erprobten Weg, nicht die gesamte Tagung in einem Verhandlungsband zu dokumentieren, sondern uns auf die Wiedergabe der Vorträge zu den vier Leitthemen in je einem Band zu konzentrieren:

Band 1: Europa im Globalisierungsprozeß von Wirtschaft und Gesellschaft
Band 2: Nachhaltigkeit als Leitbild der Umwelt- und Raumentwicklung in Europa
Band 3: Global Change – Konsequenzen für die Umwelt
Band 4: Europa zwischen Integration und Regionalismus.

Band 1 enthält außerdem die Ansprachen zur Eröffnung und zum Abschluß des Kongresses. Die auf dem Geographentag gehaltenen Festvorträge werden entsprechend ihrer thematischen Ausrichtung in Band 2 und Band 3 aufgenommen, in letzteren außerdem die Kurzfassungen der State-of-the-art-Vorträge zur Physischen Geographie.

Wir hoffen, mit dieser Konzeption nicht nur – was den Umfang betrifft – in einem vertretbaren Rahmen bleiben zu können, sondern auch viel gezielter eine den Kreis der geographischen Fachkollegen übergreifende, je unterschiedliche Leserschaft erreichen zu können.

Die Referate der Wissenschaftlichen Fachsitzungen, die nicht im offiziellen Tagungsband erscheinen, werden damit in ihrem wissenschaftlichen Wert den Vorträgen der Leitthemen-Sitzungen keineswegs nachgeordnet. Da sie aber sehr verschiedene Themenfelder betreffen, erscheint es sinnvoller, sie in dafür jeweils geeigneten Fachzeitschriften oder Schriftenreihen zu publizieren. Der Dokumentationspflicht des Tagungsberichts soll dadurch nachgekommen werden, daß jedem der vier Teilbände ein Verzeichnis dieser Wissenschaftlichen Fachsitzungen mit Publikationsnachweisen im Anhang beigegeben wird, wie im übrigen auch die Inhaltsverzeichnisse aller vier Teilbände jedem Band beigefügt werden.

Wir hoffen nun, daß eine gute Resonanz die dargelegte Konzeption bestätigt und das Engagement der Autoren, Sitzungsleiter und Herausgeber belohnt, denen es zu danken ist, daß nunmehr Tagungsberichte und wissenschaftliche Abhandlungen des 51. Deutschen Geographentags in vier Bänden vorgelegt werden können.

Unser besonderer Dank gilt
- den Mitherausgebern der einzelnen Teilbände, den Kollegen Hans Gebhardt (Band 1), Matthias Winiger (Band 2), Richard Dikau (Band 3) und Klaus-Achim Boesler (Band 4) sowie ihren mit der Redaktion der Manuskripte betrauten Mitarbeitern für die kollegiale Zusammenarbeit,
- Herrn Kollegen Eberhard Kroß für die Betreuung der fachdidaktischen Beiträge sowie Herrn Kollegen Helmut Brückner für die Koordination der Vorträge zur Physischen Geographie,
- Frau Dipl.-Geogr. Monika Micheel, Frau Annett Stiller, Frau Christine Müller (Leipzig) und Frau Evelin Renda (München) für die tatkräftige Unterstützung bei der Endredaktion der Beiträge
- und, nicht zuletzt, den Mitarbeitern des Steiner-Verlags für die kooperative, zuverlässige und zügige Durchführung der verlegerischen Aufgaben.

Günter Heinritz (München) und Reinhard Wießner (Leipzig)

NACHHALTIGKEIT ALS LEITBILD DER UMWELT- UND RAUMENTWICKLUNG IN EUROPA

EINFÜHRUNG

Matthias Winiger (Bonn)

Der Entscheid, dem „Konzept der Nachhaltigkeit" den Stellenwert eines Leitthemas am Bonner Geographentag zuzubilligen, war nicht unproblematisch. Die Beliebigkeit, mit welcher „Nachhaltigkeit" als Begriff oder oft als Programm eingesetzt wird, entzieht dem Konzept gleichzeitig die wissenschaftliche Prägnanz und Eindeutigkeit. Andererseits ist es gerade die Allgegenwart des „positiven Appells" zur verantwortungsvollen Nutzung, zum rücksichtsvollen Umgang mit Ressourcen, der mit „Nachhaltigkeit" verbunden wird, der eine wissenschaftliche Reflexion über Tauglichkeit und Funktion des Begriffs als „Leitbild" lohnt. Zudem ist die Geographie in ihrem Selbstverständnis gefordert, sich einem Bekenntnis zur integralen Sicht von Problemen zu stellen, welche zumeist mit Nachhaltigkeit verbunden wird. Die gewählten Teilthemen zur systematischen Aufarbeitung der Gesamtproblematik entsprechen in der hier gewählten Gliederung einem pragmatischen Ansatz: der Auseinandersetzung mit wissenschaftstheoretischen Aspekten und Fragen der Begrifflichkeit folgen die Bereiche „Potentiale" und „Risiken", deren Ausgewogenheit ein Element stabiler, d.h. nachhaltiger Bedingungen eines Sachverhaltes sein könnte. Den Fragen der konkreten Umsetzung des Nachhaltigkeitsleitbildes in Umweltplanung und -politik folgt die Diskussion der Integration des Konzeptes in das Curriculum geographischer Bildung.

Die besondere Herausforderung, welche im Nachhaltigkeitskonzept mit Blick auf die Geographie steckt, liegt im umfassenden Anspruch und Charakter der Perspektive. Ohne hier auf die begriffliche Festlegung näher einzugehen (diese erfolgt in den meisten nachfolgenden Beiträgen), beinhaltet die Bewertung der Nachhaltigkeit etwa von geo-ökologischer Ressourcennutzung zum einen die auf Nutzung bezogene Leistungsfähigkeit einzelner Teilsysteme (z.B. der Wasserressourcen) oder des natürlichen Umweltsystems insgesamt (z.B. eines zonalen Landschaftsraumes). Mit der Nutzungsperspektive werden zum anderen wertorientierte Kriterien angesprochen, hinter denen Ziele und normativ festgelegte Vorgaben stecken. Damit werden zentrale Probleme angesprochen, die sich der wissenschaftlichen Fassung der Mensch-Umwelt-Beziehung stellen. Auf einen einfachen Nenner gebracht, stehen sich deterministische und possibilistische Bereiche gegenüber bzw. sind miteinander zu verbinden. Für den naturräumlichen Komplex bestehen vielfältige naturgesetzlich determinierte Verbindungen, während die Festlegung normativer Kriterien keinem streng theoretischen Ansatz folgt. Die Frage nach konkretisierbaren und auch akzeptierbaren Wertmaßstäben läßt sich kaum allgemein gültig beantworten. Die Deklarierung der Umwelt als „ein Wert für sich", die Fokussierung auf die naturräumliche Umwelt allein setzt Konsens darüber voraus, welche Natur denn in welcher Weise geschützt werden müßte. Damit wird aber auch die ausgeprägte Kontextabhängigkeit des Nachhaltigkeits-Konzeptes ersichtlich. Den „global kommunizierbaren Konsensformeln" steht das Faktum gegenüber, daß es kaum global gültige Modelle, sondern primär regional anwendbare Näherungen zur nachhaltigen Nutzung und Entwicklung gibt.

Eine weitere Komplikation ergibt sich in der Handhabung des Nachhaltigkeitskonzeptes aus der Tatsache, daß zwar für gegebene *Nutzungen* (am deutlichsten vielleicht für natürliche Ressourcen; etwa in der Forstwirtschaft) Nachhaltigkeitskriterien definiert werden können. Wesentlich spekulativer gestalten sich aber Aussagen zur *nachhaltigen Entwicklung*, die sich an künftigen Nutzungen zu orientieren oder solche festzulegen haben. Künftige Bedürfnisse und Wertvorstellungen, innovative Sprünge in bezug auf technische Kompetenzen, veränderte gesellschaftliche, wirtschaftliche und politische Konstellationen lassen sich kaum für größere Zeitspannen und Räume prognostizieren.

Eine Klärung der angesprochenen Problemfelder ist unumgänglich und zudem absolute Voraussetzung dafür, praktisch umsetzbare Kriterien nachhaltiger Nutzung und Entwicklung in den politischen Entscheidungs- und gesetzlichen Umsetzungsprozeß einzubringen. Auf welchem Niveau soll Nachhaltigkeit angestrebt werden? Welches sind die konkretisierbaren und akzeptierbaren Wertmaßstäbe und welches die aussagestarken Indikatoren zur Nachhaltigkeit, die regional oder global Gültigkeit haben? Es besteht Konsens darüber, daß es dazu nicht die eine und richtige Diagnose gibt, die auf der umfassenden „großen Theorie" basiert. Andererseits kann die Antwort auch nicht allein in der Prioritätensetzung der Tagespolitik liegen, da Naturgesetze – und die dominieren in der geo-ökologischen Gewichtung der Umweltfaktoren – sich nicht den politischen Interessen unterziehen und die Handlungsspielräume enger werden. Soll die Umweltplanung und die Planung generell nicht nur sektoral bleiben, muß sie sich den integrativen, sektorübergreifenden Erfordernissen der Gegenwarts- und Zukunftsbewältigung stellen – eine Notwendigkeit, durch die die (geographische) Bildung, damit konsequenterweise auch die interdisziplinäre und somit auch geographische Forschung, in hohem Maße gefordert sind. Die nachfolgenden Diskussionsbeiträge dienen der Klärung der komplexen Problematik sowohl im theoretisch-konzeptionellen Bereich wie in der praktischen Umsetzung auf unterschiedlichsten Skalen und in vielfältigsten Zusammenhängen.

NACHHALTIGKEIT ALS LEITBILD DER UMWELT- UND RAUMENTWICKLUNG IN EUROPA

Wolfgang Haber (Freising-Weihenstephan)

1. Der Begriff „Nachhaltigkeit"

„Nachhaltigkeit" und das Adjektiv „nachhaltig" sind keine häufigen Wörter der deutschen Umgangssprache, werden aber von sprachmächtigen Anwendern des Deutschen durchaus gern gebraucht. Es wird damit ein *lange und gleichmäßig anhaltender* Zustand oder Ablauf bezeichnet, der auch spürbare und dauernde Nachwirkungen umfassen kann, und zwar im positiven wie auch (seltener) im negativen Sinne.

Nähere Kenner dieser Begriffe wissen, daß sie in der Forstwirtschaft und -wissenschaft häufig verwendet werden, ja eine Art Schlüsselrolle spielen: Nachhaltigkeit soll ein Grundsatz vernünftiger Forstwirtschaft sein. Er wird allgemein dem sächsischen Oberberghauptmann von Carlowitz zugeschrieben, der ihn in einem klassischen Werk der deutschen Forstwirtschaft, „Sylvicultura oeconomica" (1713) geprägt hat (Radkau 1996).

Außerhalb der Forstwirtschaft ist der Begriff „Nachhaltigkeit" nur selten in so grundsätzlicher Weise benutzt worden. Die „Grüne Charta von der Mainau", der 1961 veröffentlichte erste allgemeine Aufruf zu einem schonenderen Umgang mit Natur und Landschaft, forderte z.B. „die Sicherung und [den] Ausbau eines *nachhaltig* fruchtbaren Landbaues" sowie „die Schonung und *nachhaltige* Nutzung des vorhandenen natürlichen oder von Menschenhand geschaffenen Grüns" (DRL 1997). Das 1976 beschlossene Bundesnaturschutzgesetz der damaligen Bundesrepublik Deutschland nahm den Begriff in den einführenden § 1 auf, wonach Natur und Landschaft als Lebensgrundlagen des Menschen *nachhaltig* zu sichern sind.

Zu einem größeren Bekanntheitsgrad gelangte der Begriff „Nachhaltigkeit" Ende der 1980er Jahre, als er für die deutschsprachige Wiedergabe von „sustainability", der Grundsatzforderung des Berichtes „Our common future" der Weltkommission für Umwelt und Entwicklung (WCED 1987) – geleitet von der norwegischen Politikerin G.H. Brundtland, daher auch „Brundtland-Bericht" – erkoren wurde. Seit der Weltkonferenz für Umwelt und Entwicklung in Rio de Janeiro 1992, die auf der Grundlage des Brundtland-Berichtes eine internationale Konvention über „sustainable development" verabschiedete, ist Nachhaltigkeit in der Version „Nachhaltige Entwicklung" weithin geläufig geworden. Allerdings ist die deutsche Wiedergabe von „sustainable" nicht einhellig „nachhaltig"; man hört und liest auch dauerhaft, dauerhaft-umweltgerecht, zukunftsfähig oder tragfähig (bzw. die entsprechenden Substantive); Kreibich (1996) nennt sogar 13 verschiedene Übersetzungen.

2. Die „Karriere" des Begriffs

Die politische und fachliche Aufmerksamkeit und Anziehungskraft, die die Begriffe „Nachhaltigkeit" oder „nachhaltige Entwicklung" in den wenigen Jahren seit 1992 gefunden haben, sind geradezu phänomenal. Es soll inzwischen 70 Definitionen und mehr als 17.000 Publikationen zu den Begriffen geben (vgl. Meurer in diesem Band)! Keiner ihrer Vorläufer-Begriffe, die grundsätzlich ähnliche Anliegen enthielten, wie z.B. „Grenzen des Wachstums", hat so schnell Eingang in den Wortschatz von Politikern und Wirtschaftsführern gefunden. Selbstverständlich haben die Umwelt- und Naturschutzverbände und ihnen nahestehende wissenschaftliche Institute wie z.B. das Wuppertal-Institut sie aufgegriffen, um sie mit Inhalt zu füllen und in missionarisch anmutender Weise zu ihrer Befolgung aufzurufen. In der Masse der Bevölkerung war die Wirkung bisher bescheiden. Eine 1996 durchgeführte repräsentative Umfrage ergab, daß „nachhaltige Entwicklung" in den westdeutschen Bundesländern nur 10 %, in den ostdeutschen gar nur 7 % der Befragten geläufig war.

Nachhaltigkeit ist ein allgemeines und globales Anliegen und kann eigentlich nicht auf Europa beschränkt werden. Was mit „sustainable development" überhaupt gemeint ist, wird mit einem kurzen Abriß der Vorgeschichte verständlicher (vgl. auch Haber 1994a, 1994b). Ende der 1960er Jahre war – relativ plötzlich – der Umweltschutz zu einem öffentlich wichtigen Thema führender Industrieländer geworden. In den USA trat 1969 der National Environmental Protection Act in Kraft, der für das bisherige „Land der unbegrenzten Möglichkeiten" überraschend strenge Umweltschutzvorschriften enthielt. In Europa weckte 1970 das Europäische Naturschutzjahr das allgemeine Bewußtsein für den Umweltschutz. Umweltministerien und -ämter wurden in vielen Ländern gegründet. Bereits 1972 veranstalteten die Vereinten Nationen eine erste internationale Umwelt(schutz)konferenz in Stockholm. Hier kam es zu einer scharfen Kontroverse zwischen den Industrie- und den Entwicklungsländern, die den Industrieländern vorwarfen, mit weltweit wirkenden Umweltschutzmaßnahmen der „Dritten Welt" die weitere Entwicklung zu versagen und sie in Abhängigkeit zu halten.

In den darauf folgenden internationalen Verhandlungen wurde anerkannt, daß die neuen Probleme des Umweltschutzes nicht ohne Berücksichtigung *sozialer* und *wirtschaftlicher* Erfordernisse und Wünsche der Menschen, insbesondere in der Dritten Welt, zu lösen sein würden. Fachkommissionen erarbeiteten daraufhin Konzepte für „environmentally sound strategies" („umweltvernünftige Strategien") zur Förderung einer sozial gerechten („equitable") wirtschaftlichen Entwicklung. Als Kurzbezeichnung dafür wurde der Begriff „Ecodevelopment" geprägt (vgl. Strong 1980), aber wieder verworfen, weil „eco" sowohl als Abkürzung für „ecological" als auch für „economic(al)" stehen kann. Stattdessen wurde „sustainable development" gewählt (Sachs 1992). Möglicherweise hat man sich dabei auf einen Satz des berühmt gewordenen, für das Umweltbewußtsein maßgebenden Buches „Die Grenzen des Wachstums" von Meadows (1972) bezogen, wo es heißt: „...it is possible to alter these growth trends and to establish a condition of ecological and economic stability that is *sustainable* into the future" (zit. nach Heinen 1994, Hervorhebung W.H.). Der Begriff „sustainable development" als solcher wird erstmalig nicht in der WCED, sondern in der 1980 veröffentlichten „World Conservation Strategy" der Internationalen Naturschutz-Union (IUCN) verwendet.

3. Was bedeutet „Nachhaltigkeit"?

Nach der sinngemäß übersetzten Definition der Weltkommission für Umwelt und Entwicklung (Brundtland-Kommission) von 1987
- befriedigt nachhaltige Entwicklung („sustainable development") die Bedürfnisse der gegenwärtig lebenden Menschen, ohne die Erfüllung der Bedürfnisse künftiger Generationen einzuschränken oder zu gefährden.

Dies ist eine umfassende Vision, der sich wohl niemand entziehen mag, aber keine Konzeption, wie oft behauptet wird. Ob und wie aus der Vision eine tragfähige Konzeption als Handlungsgrundlage abgeleitet werden kann – oder ob die Vision lediglich eine „global kommunizierbare Konsensformel" (Messerli 1994) bleiben wird, ist auch im Jahre 1997 noch nicht ausdiskutiert.

Grundsätzlich enthält die genannte Definition ein *ethisches* Postulat, das gemäß geläufiger Interpretation auf gerechte Verteilung von Gütern und Errungenschaften zielt, und zwar sowohl innerhalb der jetzt lebenden als auch gegenüber den zukünftigen Generationen. Wenn wir offen lassen, welches Gewicht ethisch-moralischen Prinzipien im allgemeinen Verhalten der Menschen nach bisheriger Erfahrung zukommen kann, dann führt die Forderung der Nachhaltigkeit rasch zu grundsätzlichen Fragen des Umgangs mit der Umwelt und ihren Ressourcen. Dafür hat Daly, einer der Begründer der „ökologischen Ökonomie", bereits 1991 drei sog. „Umweltmanagement-Kriterien" als Grundforderungen nachhaltiger Entwicklung formuliert (Kreibich 1996; Ewers/Rennings 1996):

1. Die Nutzung *erneuerbarer* Ressourcen darf deren Regenerationsrate auf Dauer nicht überschreiten.
2. Die Nutzung *nicht erneuerbarer* Ressourcen muß so bemessen werden, daß vor ihrer Erschöpfung ein gleichwertiger Ersatz für ihre Funktionen entwickelt und voll verfügbar ist (z.B. Ersatz fossiler Energieträger durch Wasserstoff aus solar angetriebener Elektrolyse).
3. Die Freisetzung von Stoffen und Energie (*Emission*) darf auf Dauer nicht größer sein als die Aufnahme- und Verarbeitungsfähigkeit der natürlichen Umwelt für die Emissionen.

Gelegentlich wird noch ein *viertes* Kriterium formuliert, wonach das *Zeitmaß* menschlicher Eingriffe auf das zeitliche Reaktionsvermögen der natürlichen Umwelt abgestimmt sein muß.

Die Einhaltung dieser Kriterien bzw. die Erfüllung der darin enthaltenen Forderungen wirft jedoch, wie schon erwähnt, schwerwiegende wirtschaftliche und soziale Probleme auf und darf daher nicht unabhängig von diesen verfolgt werden. Nachhaltige Entwicklung bedeutet daher eine miteinander koordinierte, gleichrangige und -zeitige Berücksichtigung ökonomischer, sozialer und ökologischer Gesichtspunkte. Messerli (1994) hat diese Trias in Form eines gleichseitigen Dreiecks veranschaulicht (Abb. 1). Abweichend vom Üblichen steht dieses Dreieck auf der Spitze, und eben diese Spitze symbolisiert die natürliche Umwelt, d.h. die Ökologie, und damit eine im labilen Gleichgewicht befindliche Basis für Wirtschaft und Gesellschaft. Gewinnt eine von beiden ein Übergewicht, so kippt das Dreieck und damit das Gleichgewicht. Werden beide gleich übergewichtig, so drücken sie das Dreieck zusammen und zerstören die Gleichrangigkeit in der Trias.

Wir beschränken uns in der folgenden Betrachtung auf die „natürliche Umwelt", ohne aber die beiden anderen Bereiche aus dem Auge zu verlieren, und hier, dem Motto des Geographentages gemäß, vor allem auf Europa.

Nachhaltige Rahmenbedingungen
(Vorschriften, Lenkungsabgaben, Steuerreform)

Wirtschaft

Sicherung der materiellen
Lebensgrundlagen:
- Innovationsfähigkeit
- Abkopplung vom Umweltverbrauch
- Reproduktion von Arbeit und Naturgütern

Gesellschaft

Sicherung der immateriellen
Lebensgrundlagen:
- kulturelle Identität
- soziale Gerechtigkeit
- demokratische Mitbestimmung
- Mitweltverantwortung

Handlungsmöglichkeiten
(Produkte, Preise)

Handlungen

Handlungsmöglichkeiten und -verpflichtungen (moralische Regeln)

Umweltentlastung

Umweltentlastung

ökologische Nachhaltigkeitspostulate

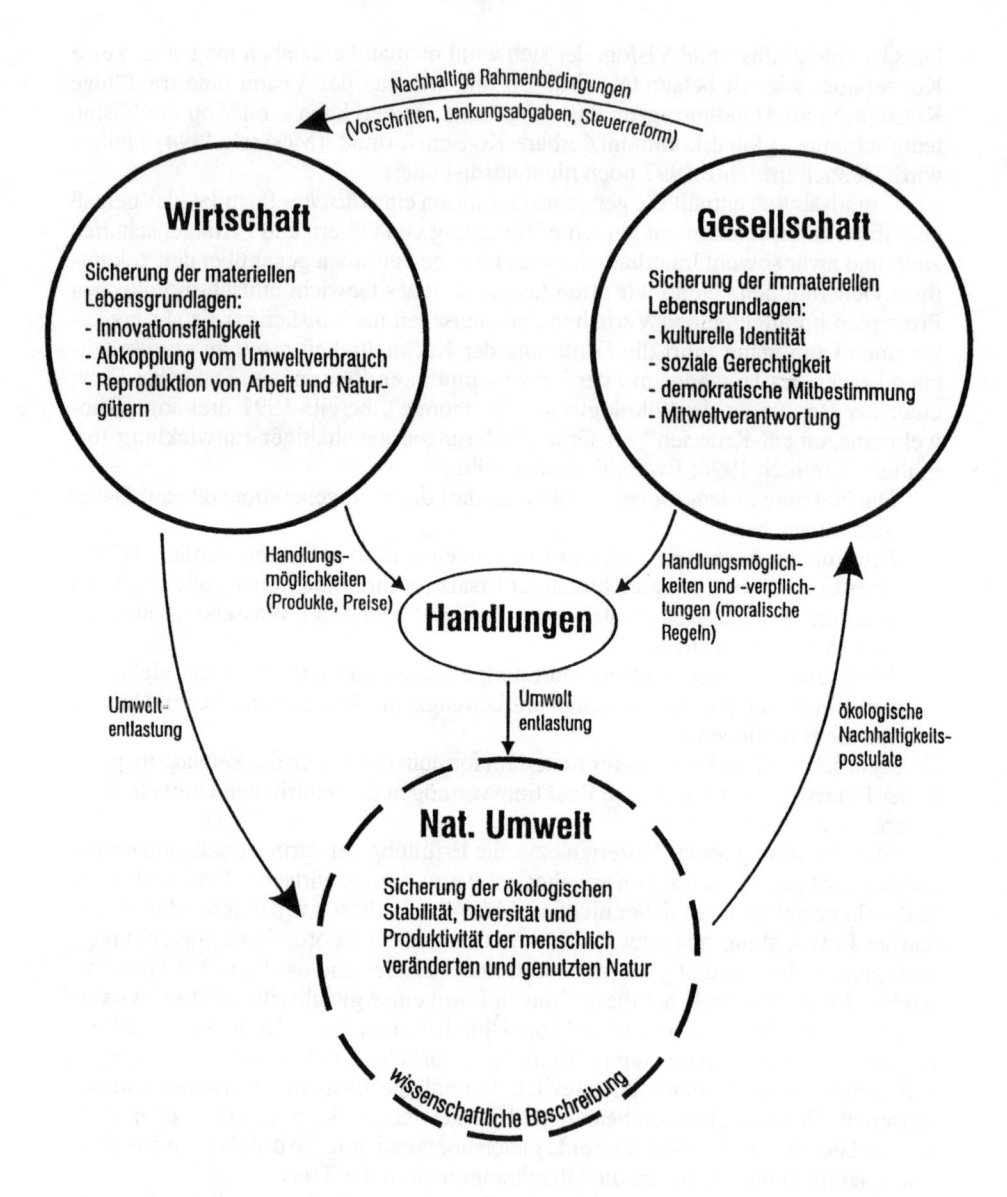

Nat. Umwelt

Sicherung der ökologischen
Stabilität, Diversität und
Produktivität der menschlich
veränderten und genutzten Natur

wissenschaftliche Beschreibung

Abbildung 1: Die „Trias der Nachhaltigkeit" (aus Messerli 1994)

4. Europa und die kulturelle Entwicklung der Menschheit im Licht der Nachhaltigkeit

Die „natürliche Umwelt" Europas ist in Wirklichkeit eine *kultürliche* Umwelt (Haber 1993a), in der wohl jeder Quadratkilometer irgendwie menschlich beeinflußt war und ist.

Das ist Ergebnis einer jahrtausendelangen Entwicklung, Teil einer kulturellen Evolution, die vom Orient ausgehend Europa schrittweise erfaßte und schließlich in den Ländern nördlich der Alpen (Mittel- und Westeuropa) in global einzigartiger Weise kulminierte. Hier allein liegt die Wiege des Industriezeitalters. Zugleich wird die globale Verantwortung dokumentiert, die durch diese Entwicklung Europa auferlegt ist.

Die kulturelle Entwicklung bzw. Evolution schreitet fort, denn Evolution kennt keinen Stillstand (und auch keine Umkehr). Wenn wir heute Nachhaltigkeit der Entwicklung fordern, springen wir sozusagen auf einen fahrenden Zug auf in der Hoffnung, ihn umzusteuern.

Verweilen wir noch einen Moment bei dem evolutionären Aspekt, der Ausdruck eines grundlegenden Naturgeschehens ist. In der Evolution des Lebens hat sich eine ungeheure *Vielfalt* gezeigt, der wir heute als „Biodiversität" einen eigenen Wert zumessen. Entwicklung zu mehr Vielfalt bedeutet jedoch *Auseinanderentwicklung* von ursprünglich Gleichem oder Ähnlichem, wobei die gemeinsame Basis immer schmäler wird. Diese Regel ist für pflanzliche, tierische und mikrobielle Populationen vielfach bewiesen. Doch sie gilt auch für die *kulturelle* Evolution des Menschen und die damit verbundene gesellschaftliche Entwicklung. Diese hat zu einer Vielfalt von Kulturen und Gesellschaften geführt, also zu einer Auseinanderentwicklung der Menschheit – nicht im biologischen, aber im kulturellen Sinne – und auch hier hat sich die gemeinsame Basis verschmälert. Das heißt: es gibt „die" menschliche Gesellschaft nicht (mehr). Huntington (1997) unterscheidet acht Hauptkulturen oder „Zivilisationen" und leitet aus ihrer wachsenden Verschiedenartigkeit für die nahe Zukunft sogar kriegerische Auseinandersetzungen zwischen ihnen ab.

Die weiterhin dominierende, auch in anderen Kulturen nachgeahmte „westliche Industriekultur" europäischer Herkunft prägt auch die in Rio beschlossene Konvention über nachhaltige Entwicklung und die sie tragende „Agenda 21", denn ihre Verfasser können, obwohl aus den verschiedenen Kulturkreisen stammend, alle als „westlich sozialisiert" angesehen werden (Iides 1997), für die globale wirtschaftliche, finanzielle, wissenschaftlich-technische, rechtliche, institutionelle und bildungsmäßige Entwicklungsziele im Vordergrund stehen. „Wie im Westen, so auf Erden!" hat Sachs (1997) diese Haltung treffend charakterisiert. Gilt das aber auch für ökologische oder Umwelt-Belange? Die „grünen" Bestrebungen und Wünsche in den Industrieländern Europas, nämlich zu sparen, zu schützen, sich einzuschränken, beruhen auf der Einsicht, daß die Umwelt als ein Wert in sich erkannt worden ist. In den sog. Entwicklungsländern herrscht dagegen die Auffassung vor, daß Werte erst durch Eingriffe in die Umwelt geschaffen werden. Werden den Menschen dort diese Eingriffe verwehrt oder beschränkt, dann fühlen sie sich in ihren unmittelbaren Lebensumständen betroffen, ja bedroht. Immerhin zeigt dieser Vergleich, daß im Laufe einer wirtschaftlichen Entwicklung eine Verschiebung von Prioritäten und Werten erfolgt, die prinzipiell *für* „Entwicklung" spricht – nur daß sie jetzt „nachhaltig" erfolgen soll. Damit werden aber gegensätzliche intellektuelle Traditionen nicht einfach überwunden – die eine von ihnen befaßt sich mit den Grenzen, die die Natur den Menschen setzt, die andere mit dem Potential für materiellen menschlichen Wohlstand, das in der Natur enthalten und zu erschließen ist (Redclift 1994).

Kruse-Graumann (1996) weist darauf hin, daß die Auffassungen von „soziokultureller Umwelt" und die darauf basierenden „Umwelt-Diskurse" selbst innerhalb Europas große kulturspezifische Unterschiede zeigen, wie z.B. die Auffassungen über „Waldsterben", die Einstellung zum Vogelschutz, zum Tierschutz überhaupt, zur Energiegewinnung oder zur Umweltbelastung. In grober Vereinfachung umfaßt Europa drei Kulturkreise, den romanisch-hellenistischen, den germanischen und den slawischen. Wie sehr Umwelt und Landschaft davon geprägt werden, hat Bätzing (1991) am Beispiel der Besiedlungs- und Nutzungsgeschichte der Alpen-Süd- und Nordseite gezeigt. Diesen Unterschieden gemäß bildet sich eine soziokulturelle Umwelt heraus, die mit bestimmten Bedeutungen belegt, gestaltet, gepflegt, oder auch zerstört wird. Die zugrundeliegenden Umwelt-Auffassungen sind nicht unveränderlich; sie können sich in historischen Zeitfolgen oder gar modeartig rasch verändern. Letztlich geht es immer um subjektives Wohlbefinden oder das Erleben von subjektiv als positiv bewerteten Bewußtseinszuständen. Dies ist aber „nur" ein außermoralischer Wert (Birnbacher/Schicha 1996).

So liegen politische Anziehungskraft einer Vision wie Nachhaltigkeit und ihre Operationalisierung oft weit auseinander, und ihre Zusammenführung wird durch die riesigen Gegensätze erschwert, die sowohl zwischen Industrie- und Entwicklungsländern als auch innerhalb vieler Länder beider Kategorien in sozialer und wirtschaftlicher Hinsicht bestehen. Das gilt auch für den kleinen Kontinent Europa! Hier ist zu unterscheiden zwischen dem Europa der Europäischen Union mit ihren 15 Mitgliedsstaaten („EU-Europa"), bei denen trotz angestrebter oder realisierter Gemeinsamkeiten erhebliche soziokulturelle und ökonomische Unterschiede nicht zu übersehen sind, und dem Europa der geographischen Dimension. Es ist belastet mit dem schweren Problem der noch ungewissen Entwicklung der ehemals „sozialistischen", unter der ideologischen Führung der früheren Sowjetunion gestandenen Länder, die sich eher der Gruppe der Industrieländer zugehörig fühlen, tatsächlich aber in vieler Hinsicht den Status von Entwicklungsländern besitzen oder in diesen geraten sind.

5. Nachhaltigkeit und Ressourcen-Nutzung

Um wieder auf die in Abschnitt 3 zitierten Umweltmanagement-Kriterien zurückzukommen: Aus *ökologischer* Sicht kann Nachhaltigkeit eigentlich nur auf *erneuerbare* Ressourcen bezogen werden, und diese sind – in menschlichen Zeitmaßstäben gesehen – stets *biologisch* erzeugte oder, wie man heute gern sagt, „nachwachsende" Ressourcen. Wie der Ökonom Binswanger (1994) betonte, hat sich die Volkswirtschaft in den Jahrhunderten der vorindustriellen Periode fast ausschließlich auf der Grundlage erneuerbarer Ressourcen entwickelt, wobei freilich die Grundlagen ihrer Erneuerung nicht oder nur unvollständig erkannt waren und daher auch wenig beachtet wurden. Weil die Verwendung biologisch erzeugter Ressourcen wegen relativ leichter Abbaubarkeit der daraus gewonnenen Produkte kein ökologisches (höchstens ein hygienisches) Abfallproblem hervorbringt, entwickelte sich auch kein konkretes Bewußtsein für Stoffkreisläufe. Deswegen gingen diese Prozesse nicht in das wirtschaftliche Denken ein, und die „Natur" wurde nicht oder nur theoretisch in die Produktionsfunktion einbezogen.

Der Übergang in das Industriezeitalter, der ja, wie erwähnt, nur von einer kleinen Gruppe europäischer Länder erzielt wurde, ist im wesentlichen durch die Ausnutzung *nicht erneuerbarer* Ressourcen ermöglicht worden, die streng genommen nicht nachhaltig sein *kann*. Aus ihnen oder mit ihrer Hilfe konnte in relativ kurzer Zeit – kaum 200 Jahren! – eine bis dahin nicht gekannte, riesige Menge von Gütern und Produkten erzeugt werden, die in immer rascherer Folge durch neue ersetzt wurden und noch werden und Wohlstand in breite Bevölkerungsschichten hineintrugen. Doch diese technisch-industrielle Entwicklung brachte, wenn auch mit ca. 150jähriger zeitlicher Verzögerung, ein bis dahin ebenfalls nicht gekanntes generelles ökologisches Problem der Emissionen, Abfälle und dadurch verursachter Umweltbelastung hervor, das auch die weiterhin erforderliche Nutzung biologisch erzeugter (nachwachsender) Ressourcen beeinträchtigte. Da damit das inzwischen erreichte Wohl der Menschheit bedroht wird, wird unter dem Motto der Nachhaltigkeit eine Korrektur der industriellen Entwicklung, ja eine „Wende" angestrebt. Im Grunde genommen haben sich die Menschen jedoch in ihrer *gesamten* kulturellen Evolution – von der Sammler-Jäger-Kultur über die Agrikultur und die frühe Stadtkultur bis zur Industriekultur – schrittweise immer weiter von der Nachhaltigkeit entfernt (Haber 1994b).

An dieser Stelle ist ein kurzer Ausflug in die Ökonomie erforderlich. Die „neoklassische" Ökonomie geht aus von den drei Ressourcen Boden (als Sammelbegriff für alle natürlichen Ressourcen), Arbeit und Kapital, auf die sich jegliches Wirtschaften gründet, und hält sie für weitestgehend „substituierbar" (gegenseitig ersetzbar). Für ihre zweckmäßigste „Allokation" („Verortung") sorgen die Marktmechanismen. Ökologen und physische Geographen gehen dagegen zunächst nur von den natürlichen Ressourcen in ihrer *natur*gegebenen Allokation, d.h. höchst ungleichartigen Verteilung über die Erde aus, auf die noch zurückzukommen ist, und sehen Arbeit und Kapital als – oft eher störende – Einflußfaktoren an.

Die junge „ökologische Ökonomie" nähert sich ökologischen Vorstellungen insofern an, als sie die Theorie der völligen Substituierbarkeit der Ressourcen aufgibt und diese qualitativ unterscheidet in ein „Naturkapital" als die Gesamtheit aller natürlichen Ressourcen bzw. das endliche globale physische System, und in ein anthropogenes Kapital als die Gesamtheit der vom Menschen geschaffenen Güter und Dienstleistungen sowie das menschliche Wissen, Können und Geschick (Daly 1990; Costanza 1991; Pearce/Mäler 1991). Das menschliche Wirtschaftssystem hat sich in den letzten 200–300 Jahren ständig ausgeweitet. Im Jahrzehnt 1980–1990 ist die Produktion der Weltwirtschaft größer gewesen als die gesamte auf der Erde erzielte ökonomische Produktion vom Beginn der Zivilisation bis zum Ende des Jahrzehnts (Folke u.a. 1993)! Diese riesige Vermehrung des anthropogenen Kapitals wurde mit immer größerer Beanspruchung des Naturkapitals und eben mit schweren Umweltbelastungen auf allen Ebenen und in allen Räumen erkauft.

In der Nachhaltigkeits-Diskussion spielt die Aufteilung der Ressourcen in einen natürlichen und einen anthropogenen Kapitalstock eine große Rolle und führte zur Unterscheidung einer „starken" Nachhaltigkeit, bei der der natürliche Kapitalstock unangetastet bleiben soll, von einer „schwachen" Nachhaltigkeit, die eine teilweise Ersetzbarkeit natürlicher durch menschlich geschaffene Ressourcen zuläßt. Nach Renn (1996) ist diese Unterscheidung eine rein „akademische" und ohne praktischen Wert. Bei *jeder* wirtschaftlichen Handlung werden natürliche Ressourcen naturgesetzlich in nicht mehr nutzbare Reststoffe umgewandelt, so daß der natürliche Kapitalstock abnehmen *muß*. Eine „starke" Nachhaltigkeit ist daher wirklichkeitsfremd. Das gilt aber auch für die „schwache" Nachhaltigkeit. Künstliches Kapital setzt ja stets natürliche Ressourcen voraus; jedes Produkt von Industrie oder Gewerbe ist in irgendeiner Weise auf natürliche Vor- oder Nachleistungen in Form von mineralischen Rohstoffen, Wasser, Luft oder Boden angewiesen.

Ökologische Ökonomen wie Costanza und Daly betonen auch, daß das Naturkapital und das anthropogene Kapital einander *ergänzen* sollen und aufeinander angewiesen sind: Was soll ein Sägewerk ohne Wald oder eine Fischereiflotte ohne Fischbestände bewirken? Daly (1990) wendet sich auch gegen die Auffassung, daß die durch die Marktprozesse bewirkte, angeblich optimale Ressourcen-Allokation auch ökologischen Anforderungen genügen würde: Ein überladenes Schiff würde infolge der Überlast sinken, auch wenn die Ladung auf dem Schiff optimal verteilt (alloziert) und ausbalanciert sei.

6. Die Nachhaltigkeits-Probleme Europas

Spätestens an dieser Stelle könnte der Leser dieser Ausführungen den Eindruck gewinnen, daß der Verfasser das Thema – die nachhaltige Umwelt- und Raumentwicklung Europas – zu verfehlen droht. Tatsächlich ist aber fast jeder Satz der bisher angestellten mehr allgemeinen Betrachtungen über Nachhaltigkeit unmittelbar und sogar ganz besonders auf Europa anwendbar. Es läßt sich allein daraus ableiten, welch riesige Anstrengungen unternommen und was für gewaltige Korrekturen bisheriger Verhaltensweisen und Strukturen zur Erreichung dieses Ziels eingeleitet werden müssen. Und noch einmal muß betont werden, daß Europa infolge der erwähnten kulturellen Auseinanderentwicklung, die markante Unterschiede zwischen dem Süden, dem Norden und – verschärft durch den über 70 Jahre dauernden West-Ost-Gegensatz – dem Osten hervorgebracht hat, keine Einheit darstellt. Daß diese Unterschiede gemäß der Forderung der Rio-Konvention nach intragenerativer Gerechtigkeit in absehbarer Zeit ausgeglichen werden könnten, erfordert einen bemerkenswerten Optimismus.

Es würde den Rahmen dieser Ausführungen sprengen, wenn hier die vielfältigen Einzelprobleme nachhaltiger Entwicklung in Europa behandelt werden sollten. Sie sind auch gar nicht gleichzeitig und gleichrangig zu lösen. Daher hat z.B. das 5. Umweltprogramm der EU von 1993, das sich klar zu den Grundsätzen nachhaltiger Entwicklung bekannte, als fünf prioritäre Bereiche zunächst Industrie, Energie, Verkehr, Landwirtschaft und Tourismus ausgewählt (Kreibich 1996). Hier sei eine andere und noch beschränktere Auswahl getroffen, die dem Verfasser aus ökologischer Sicht wichtig erscheint und die mit den Stichworten *Verstädterung, Nahrungserzeugung und -versorgung, Umwelt- und Naturschutz* gekennzeichnet wird. Der Verfasser stützt sich dabei auf das umfassende, von der Europäischen Umweltagentur (Kopenhagen) herausgegebene Werk „Europe's Environment" (Stanners/Bourdeau 1995).

A. Verstädterung und Nachhaltigkeit

Die moderne europäische Industriegesellschaft, vor allem in den EU-Ländern nördlich der Alpen, ist eine fast rein (groß-)städtische Gesellschaft mit einem überdurchschnittlich hohen Wohlstandsniveau. Die Nachhaltigkeits-Vision hat natürlich auch die Stadt ergriffen und das Leitbild einer „nachhaltigen Stadt" hervorgebracht. Wenn Nachhaltigkeit aus *ökologischer* Sicht als weitgehend sich selbst tragend, aus möglichst eigenen Ressourcen lebend verstanden wird, ist eine „nachhaltige Stadt" ein reines Trugbild. Denn jede Stadt versorgt sich weitgehend aus *externen* natürlichen Ressourcen und *ent*sorgt sich ebenfalls in ihr Umland, wie schon Miller (1976) gezeigt hatte (Abb. 2). Nur stammen viele Ressourcen oder Rohstoffe längst nicht mehr aus dem nahen Umland, sondern, schon seit Beginn des Kolonialzeitalters, buchstäblich aus allen Teilen der Erde, wo sie ja in höchst ungleichmäßiger räumlicher Verteilung vorkommen (Abb. 3). Die Existenz von Städten und der von ihnen beherbergten Industrien beruht also auf einem kontinentalen oder globalen „Ressourcen-Verlagerungs-Netzwerk", dessen grundsätzliche Vereinbarkeit mit dem Nachhaltigkeitsprinzip fragwürdig ist.

Mit solcher Aneignung fremder Ressourcen hat die europäische Großstadt- und Industriekultur ihre ökologische Existenzgrundlage auf fast alle Erdteile ausgedehnt. Die *Ent*sorgung der Abfälle und der aus dem Gebrauch ausscheidenden Güter und Produkte erfolgt dagegen in das Stadtumland und bewirkt dort z.T. gewaltige, oft mit gefährlichen Kontaminationen verbundene Stoffanreicherungen. Stanners/ Bourdeau (1995) behandeln die Verstädterungsprobleme Europas ausführlich (S. 261–296, hingewiesen sei auf Karte 10.1, S. 262).

Um die damit verbundene Nachhaltigkeits-Problematik, vor allem unter ethischen Aspekten, richtig einschätzen zu können, sind verschiedene Gedankenbilder entworfen worden. So hat Opschoor (1992) alle auf der Erde vorkommenden Ressourcen in einen „Pool" zusammengefaßt, den er als „Umweltraum" bezeichnet, und diesen dann genau gleichmäßig auf alle Bewohner der Erde aufgeteilt. Daraus ergibt sich, daß der einzelne Bürger, insbesondere der Stadtbewohner, eines westlichen Industrielandes „seinen" Ressourcenanteil weit überschreitet und ihn zugunsten „nachhaltiger" Entwicklung erheblich reduzieren müßte. Ein anderes Bild beschreibt die „ökologischen Fußabdrücke" oder „ökologischen Rucksäcke" moderner städtischer Lebensweise und zeigt, daß ein Stadtbewohner der Niederlande das 14fache seiner Wohnfläche zur Erfüllung seiner Ressourcen-Versorgung beansprucht, ein Bewohner von Vancouver (Kanada) sogar das 22fache (Kreibich 1996).

Für die Niederlande hat daher der auf dem „Umweltraum" basierende Aktionsplan für „Sustainable Netherlands" (Institut für sozialökologische Forschung o.J.) die Forderung aufgestellt, bis zum Jahre 2010 den Ressourcenverbrauch für jeden einzelnen Niederländer gemäß dem ihm zukommenden Anteil am „Umweltraum" auf folgende Mengen zu beschränken (Auswahl):

1,7 t CO_2-Emission je Person und Jahr
80 l Wasser je Person und Tag
0,19 ha Ackerland für Grundnahrungsmittel
0,13 ha Weide für die Erzeugung von Fleisch und Milch
0,31 ha Grünflächen für sonstige Nutzungen
0,4 m^3 Holz und Papier je Person und Jahr.

Diesem Vorbild folgte auch die Studie „Zukunftsfähiges Deutschland" des Wuppertal Institutes für Klima, Umwelt, Energie (Loske/Bleischwitz bzw. BUND/MISEREOR 1996), die zu ähnlichen, wenn auch weniger rigoros formulierten Forderungen für die Einschränkung des Ressourcen-Verbrauchs gelangt und einen z.T. längeren Übergangszeitraum (bis 2050) zugrundelegt.

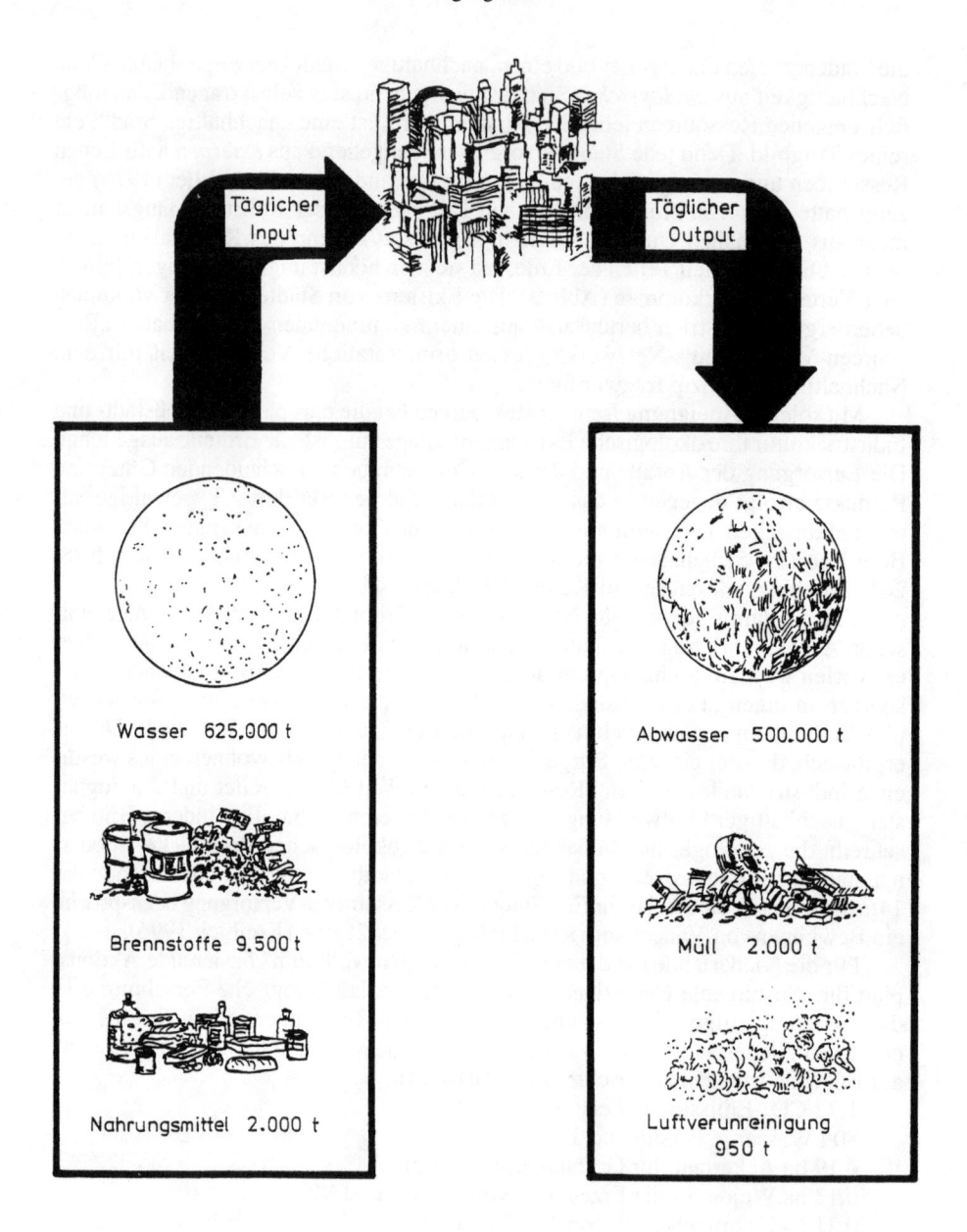

Abbildung 2: „Stoffwechsel" einer Großstadt mit 1 Million Einwohnern (aus Miller 1976, verändert)

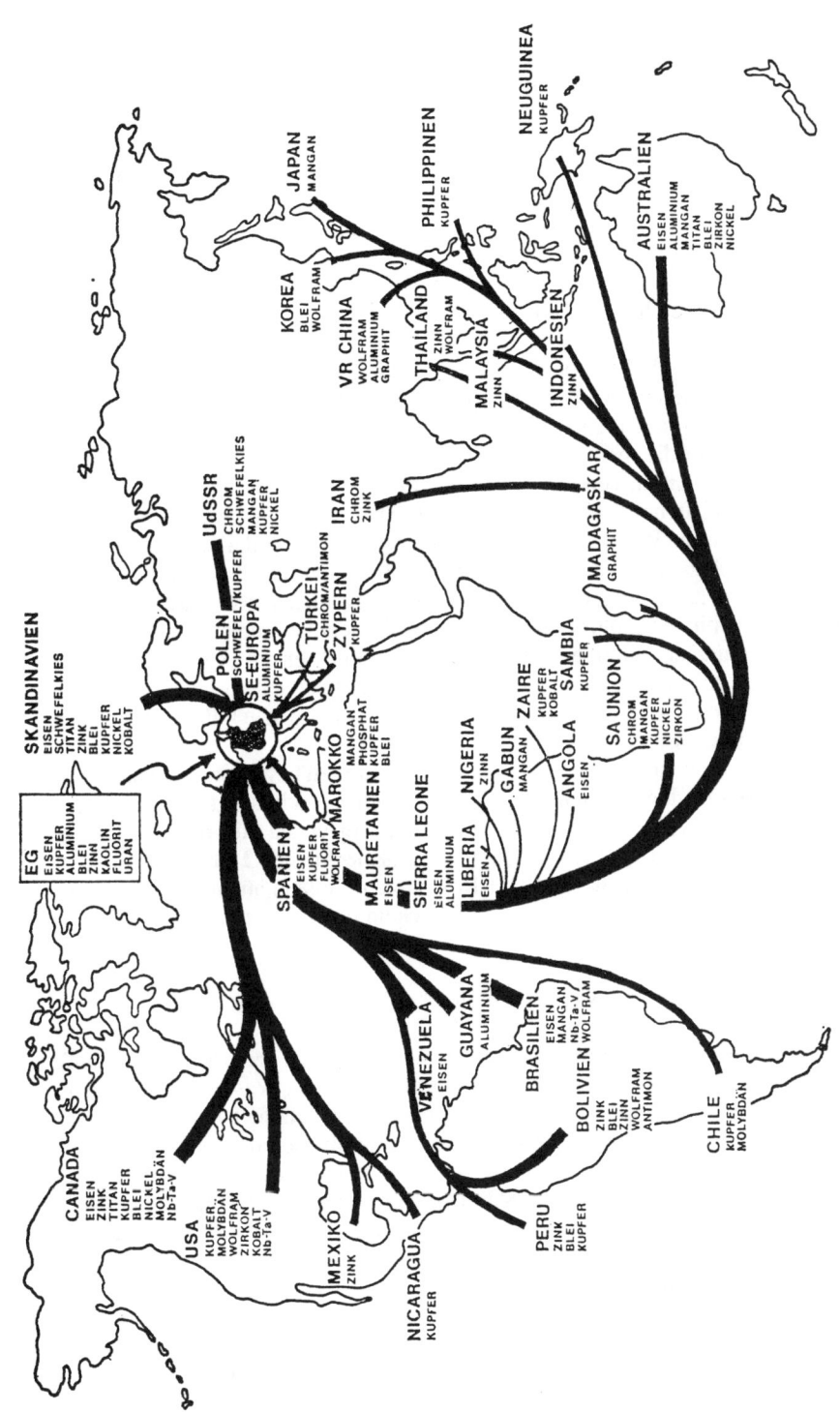

Abbildung 3: Liefergebiete und Transportwege von mineralischen Rohstoffen und Metallerzen zur Versorgung der Industrie der Bundesrepublik Deutschland, Stand Anfang der 1970er Jahre. Diese Ressourcen- bzw. Stoff-Verlagerung erfolgte seit Jahrzehnten und hält, wenn auch abgeschwächt, weiter an. Mit den Grundsätzen der Nachhaltigkeit ist sie kaum vereinbar (nach DFG 1975 aus Haber 1993a).

Solche Vorstellungen gehen von einem ethisch motivierten Gerechtigkeits-Ansatz aus. Gegen ihn seien zwei grundsätzliche Einwendungen erhoben. Die eine betrifft die darin liegende Versuchung einer letztlich diktatorischen Zuteilungswirtschaft, für die Umweltpolitik und Umweltschutz übrigens grundsätzlich anfällig sind. Denn Umweltschutz ist derart umfassend und kompliziert, daß eigentlich nur der Staat mit seinem Verwaltungsapparat ihm gewachsen ist. Damit ist unvermeidlich auch Machtausübung mit allen ihr innewohnenden Gefahren verbunden – bis zu kleinlichen Lenkungen und bürokratischer Erstarrung.

Der andere Einwand kommt aus der Ökologie. Es ist ein Charakteristikum der globalen Ökologie und wurde schon erwähnt, daß die meisten lebensermöglichenden Ressourcen ungleich über die Erde verteilt und auch zeitlich ungleich zugänglich oder verfügbar sind. Organismen, die sich über die Erde ausbreiten, finden jeweils verschiedene, günstige oder weniger günstige Ressourcenkonstellationen („Standorte" im Sinne von Walter 1986) vor. Dieser Herausforderung der Heterogenität begegnen die Organismen mit dem „Prinzip Vielfalt"; ihr Ergebnis ist die „Biodiversität" – und auf die menschliche Evolution bezogen auch die kulturelle Vielfalt. Nach der Konvention von Rio de Janeiro 1992 ist (Bio-)Diversität als Wert an sich und als Schutzgut hohen Ranges anerkannt. Aber mit einem vergleichmäßigenden, diese ökologische Wirklichkeit verzerrenden Konzept wie dem „Umweltraum" wird der Diversität geradezu die Basis entzogen! Hier zeigt sich abermals ein grundsätzliches Problem nachhaltiger Entwicklung: daß Gerechtigkeit als Maßstab menschlichen Handelns mit der ökologischen Wirklichkeit nicht vereinbar ist. Der Organisation der Natur und der ihr eigenen Evolution, die gemessen am Ergebnis durchaus als „nachhaltig" bezeichnet werden kann, ist so etwas wie Gerechtigkeit oder auch nur gerechte Verteilung knapper Ressourcen fremd. Das „größte Glück der größten Zahl" ist ein rein menschliches Ideal.

Die umfangreiche Ressourcen-Zufuhr und -Abfuhr zu bzw. von den Städten ist an das Phänomen Stadt gebunden und mit ökologischen Nachhaltigkeits-Postulaten grundsätzlich nicht veränderbar, aber korrigierbar. In vielen europäischen Großstädten haben sich gemäß der Rio-Konvention „lokale Agenda 21-Foren" gebildet, die, wenn sie die Zusammenhänge Stadt-Ressourcen-Umland nüchtern und ideologiefrei durchdenken, solche Korrekturen entwickeln und umsetzen könnten.

B. Nahrungsversorgung und Nachhaltigkeit

Von den Ressourcen, mit denen eine Stadt ständig, ja täglich versorgt werden muß, hat *Nahrung* eine herausgehobene Bedeutung. Sie ist neben Wasser lebenstragend und daher auch ökologisch besonders relevant. Wie der tägliche Blick in jeden Supermarkt zeigt, ist die Nahrungsversorgung in EU-Europa hervorragend organisiert – aber fragt außer Fachleuten auch jemand nach der Herkunft der Nahrungsmittel und vor allem nach ihren Erzeugern, nämlich den Landwirten? Wenn unter Städtern, und auch in den Medien, die Rede auf sie kommt, werden überwiegend negative, aber kaum von echter Sachkenntnis getragene Meinungen geäußert. Wie kaum eine andere Gesellschaftsgruppe wird die Landwirtschaft in Europa verkannt, mißachtet oder gescholten. Zwar ist dieses Negativ-Image nicht unbegründet; doch gerade die Nachhaltigkeits-Diskussion sollte Anlaß geben, die Vorbehalte und Vorurteile gegen die Landwirtschaft zugunsten einer sachlichen Beurteilung zu zerstreuen (Haber 1997; Linckh u.a. 1996).

Diese muß davon ausgehen, daß nur mittels Landwirtschaft Nahrung in ausreichenden Mengen und Qualitäten erzeugt werden kann. Dies ist eine *ökologische* Notwendigkeit, deren Erfüllung aber die *ökonomische* Existenzgrundlage der Landwirte ist. Angesichts des Nahrungsbedarfs einer überwiegenden, immer noch wachsenden nichtlandwirtschaftlichen, d.h. städtischen Bevölkerung sollte die Sicherung dieser Existenzgrundlage eigentlich eine ökologische, ökonomische und soziale Selbstverständlichkeit sein. Tatsächlich wird sie aber mit immer höheren, immer unübersichtlicher werdenden und immer heftiger kritisierten Subventionen der öffentlichen Hand erkauft und ist obendrein mit unerwünschten Erzeugungs-Überschüssen sowie mit schweren Umweltbelastungen im ländlichen Raum verbunden, die das Negativbild der modernen Landwirtschaft wesentlich bestimmen.

Beim Versuch, dieser verworrenen Problematik auf den Grund zu gehen, kann hier nur holzschnittartig argumentiert werden. In der Entwicklung der westlichen Industriegesellschaft, die auf fossilen Energieträgern, abiotischen stofflichen Ressourcen, Maschinen und chemischen Hilfsmitteln beruht, mußte die Landwirtschaft, deren Produktion prinzipiell an biologische Abläufe gebunden ist, nicht nur immer weiter zurückbleiben, sondern sogar zu einer Art Fremdkörper werden. Es ist der „Industrie- und Stadtkultur" nicht gelungen, die „Agri-Kultur" angemessen zu integrieren. „Angemessen" heißt, daß Landwirte mittels ihrer Tätigkeit Einkommen erzielen, wie sie mit vergleichbar wichtigen Tätigkeiten im anderen volkswirtschaftlichen Sektoren erzielt werden. Doch die landwirtschaftlichen Erlöse *sinken* relativ dazu, auch weil die Preise für Grundnahrungsmittel nicht beliebig steigerbar sind, und die Erzeugungskosten wachsen. Alle Versuche der EU-Länder, diesen schwerwiegenden Mangel politisch und wirtschaftlich zu korrigieren, sind entweder gescheitert oder haben die Situation noch verschlimmert.

Das übliche Mittel, zurückfallende Wirtschaftssektoren aufrechtzuerhalten, nämlich Subventionen der öffentlichen Hand, taugt nicht als Dauerlösung für einen so lebensnotwendigen Wirtschaftszweig wie die Landwirtschaft. Inzwischen sind die Subventionen derartig angestiegen, daß sie die öffentlichen Haushalte zu sprengen drohen. Die agrarpolitisch gewollte technisch-chemische Modernisierung der Landwirtschaft, die ebenfalls Ziel der Subventionierung war, hat mit ihren für die Landwirte positiven Anreizen nicht gewollte und in dieser Form nicht erwartete Folgen gezeigt: einerseits z.T. riesige, nicht mehr absetzbare Produkt-Überschüsse, andererseits großflächige schwere Umweltbelastungen wie Erosion, Verdichtung und Kontamination von Böden, schädliche Stoffeinträge in Grund- und Oberflächenwässer (s. Stanners/Bourdeau 1995, Karten 7.3 und 7.7, 22.1 bis 22.4), Ammoniak-Emissionen in die Luft und Zerstörung von naturbetonten Biotopen. Normalerweise werden derart nachteilige Entwicklungen entweder durch Marktmechanismen (für die Überschüsse) oder staatliche Vorschriften (bezüglich der Umweltschädigung) unterbunden oder zumindest gebremst. Davor wurden aber die Landwirte durch eine spezifische und rigorose Markt- und Preispolitik sowie durch Ausnahmeregelungen im Umweltschutz – im Verein mit einer einflußreichen agrarischen Standesvertretung, die von der gesellschaftlichen Sensibilität für jene nachteiligen Folgen lange unbeeindruckt blieb – gerade geschützt! So ist also die Agrarwirtschafts- und -sozialpolitik in eine Sackgasse geraten, aus der nur schwer ein Ausweg zu finden ist. Nach wie vor zögern die Verantwortlichen, die europäische Landwirtschaft der freien Marktwirtschaft auszusetzen, da die Mehrzahl der landwirtschaftliche Betriebe ihr nicht gewachsen wäre oder sie zu Wirtschaftsweisen veranlassen würde, die erst recht in klarem Widerspruch zu den Grundsätzen der Nachhaltigkeit stehen.

Eine nachhaltige Landnutzung in Europa zu erreichen, ist nach Überzeugung des Verfassers eine Aufgabe höchster Dringlichkeit. Wie Werner (1993) treffend feststellt, braucht nicht nur die Landwirtschaft Nachhaltigkeit, sondern die Nachhaltigkeit anderer Komponenten der Landschaft setzt Landwirtschaft voraus. Es ist aber ein verbreiteter Irrtum anzunehmen, daß nachhaltige Landnutzung ausschließlich „extensive" Bewirtschaftung sei und große Teile des technischen und des biologischen Fortschritts ausschließe. Im Gegenteil – um Nachhaltigkeit in der Landnutzung zu erzielen, müssen manche Bewirtschaftungsformen wesentlich intensiver vorgenommen werden als bisher! Was auf jeden Fall zu vermeiden ist, ist Uniformität in der Landnutzung. Mit diesen Gedanken wird zugleich zum nächsten Abschnitt übergeleitet.

C. Umwelt- und Naturschutz im Rahmen nachhaltiger Entwicklung

Eine nachhaltige *Umwelt*entwicklung in Europa erfordert einerseits Minderung oder Fernhaltung von schädlichen Belastungen (Immissionen) aller Art – auch zur Erhaltung der menschlichen Gesundheit –, andererseits Erhaltung der wildlebenden Pflanzen- und Tierwelt oder, modern ausgedrückt, der biologischen Vielfalt (Biodiversität). Das letztgenannte Ziel steht in engem Zusammenhang mit der schon behandelten Entwicklung der Landwirtschaft, aber auch der Forst- und Wasserwirtschaft, als den prägenden Kräften im ländlichen Raum, der ja großflächig die „Umwelt" darstellt. Die von der Stadtbevölkerung gewünschte, auf ein im Grunde romantisches Naturbild zurückgehende Natur- und Landschaftspflege im ländlichen Raum erweist sich als mit der land- und forstwirtschaftlichen Erzeugungstradition und erst recht ihrer modernen Entwicklung kaum vereinbar. Zwar wird den Land- und Forstwirten – vernünftigerweise – in Aussicht gestellt, ihre Schutz- und Pflegeleistungen angemessen zu honorieren, weil – und soweit – die Verkaufserlöse für Nahrungsmittel kein ausreichendes Einkommen mehr gewährleisten. Doch fällt es der Landwirtschaft schwer, solchen Honorierungszusagen dauerhaft zu vertrauen. Abgesehen davon ist es mit der bäuerlichen Besitztradition in Europa schwer vereinbar, daß von dritter, oft sachfremder Seite über den „richtigen" Umgang mit jedem Hektar Land „verfügt" wird. Eine pauschale Reduktion der landwirtschaftlichen Bewirtschaftungsintensität zum Abbau der Überschüsse und der Umweltbelastungen ist auch aus ernährungspolitischer Sicht auf Dauer nicht verantwortbar (siehe Abschnitt 6.B).

Hinsichtlich der Erhaltung der Biodiversität ist darauf hinzuweisen, daß diese in weiten Teilen Europas kulturbedingt ist, genauer gesagt: auf frühere Landnutzungsarten zurückgeht. Die heutige, moderne Landnutzung, speziell die agrarische sowie die Freizeit- und Erholungsnutzung *mindern* dagegen die Biodiversität. Dennoch ist es meist falsch anzunehmen, daß sie durch Überlassung bisher bewirtschafteter Flächen an die Natur, also durch bloße „Verwilderung" aufrechterhalten oder gar gefördert würde. „Renaturierungen" stellen entgegen ihrem Namen Maßnahmen einer Landes- oder Landschafts*kultur* dar.

Für die Erhaltung der natürlichen Vielfalt sind die Institutionen des Naturschutzes zuständig, der in Europa auf eine gut 100jährige Tradition zurückblickt. Obwohl es heißt, daß Naturschutz überall stattfinden müsse, konzentriert sich die legislative und praktische Tätigkeit auf schutzwürdige Pflanzen- und Tierarten und auf schutzwürdige Gebiete, ist also selektiv. Wegen der starken Veränderungen durch die Intensivierung der Landnutzung und vermehrter Eingriffe in die Landschaft ist der Naturschutz wenig erfolgreich gewesen. Die Gefährdung der Arten und der Schutzgebiete hat zugenommen (s. auch Stanners/Bourdeau 1995, S. 190–260 und Karten 9.13, 9.29.).

In EU-Europa bemüht man sich mit zahlreichen gesetzlichen Vorschriften („Richtlinien", die für EU-Mitgliedsstaaten bindend sind) um eine relativ konsequente Naturschutzpolitik. Als Beispiele seien die EU-Vogelschutz-Richtlinie oder die EU-Richtlinie zur Erhaltung der Flora, Fauna und Habitate (FFH-Richtlinie) sowie das EU-Programm „Natura 2000" genannt. Die Erfolge sind ebenfalls nur beschränkt, und auch dies hat wiederum z.T. kulturelle Ursachen. Die Einstellung zur Natur, zu Tieren und Pflanzen, ist zwischen den nord- und südeuropäischen Ländern grundsätzlich verschieden. Trotz der bereits 1979 erlassenen EU-Vogelschutzrichtlinie sind Vogelfang und -jagd zur Zugzeit der Vögel in Südeuropa (und erst recht in Afrika) noch weithin üblich. Die Vorschriften erweisen sich z.T. als schlecht durchsetzbar und auch nicht im nötigen Umfang kontrollierbar. Auch die Naturschutz-Instrumente sind teilweise unangemessen. Die „Roten Listen" aussterbender oder gefährdeter Pflanzen- und Tierarten verführen zu übertriebenen Schutzanstrengungen für örtliche Vorkommen von Individuen oder kleinen Populationen dieser Arten, ohne daß der Zusammenhang mit den sie tragenden Ökosystemen berücksichtigt wird. Die als Instrument zweckmäßigere Ausweisung und Sicherung von Naturschutzgebieten, Natur- und Nationalparken nimmt wiederum zu wenig Rücksicht auf den in Europa traditionell gefestigten privaten Grundbesitz und führt zur Verschärfung der Konflikte mit der Land-, Forst- und Wasserwirtschaft, Jagd und Fischerei. In den ehemals „sozialistischen" Ländern Mittel- und Osteuropas existiert noch eine überraschend große und auch weiträumige Vielfalt relativ wenig vom Menschen beanspruchter, naturbetonter Ökosysteme, deren Erhaltung und Pflege große Anstrengungen erfordert und auch lohnt.

Generell beruht die Problematik des Naturschutzes auf seiner überwiegend statischen Naturbetrachtung. Diese ist allein schon mit der natürlichen Dynamik nicht vereinbar, steht aber auch im Widerspruch zum Grundsatz nachhaltiger *Entwicklung*, die ja gerade nicht Unveränderbarkeit bedeutet. Die Naturschutz-Aktivisten sehen sich deswegen in einer ständigen, oft unreflektierten Verteidigungshaltung, die zum Sektiererischen neigt und den Zielen des Naturschutzes letztlich schadet. Vor allem erringen sie damit nicht das Verständnis der von Naturschutzmaßnahmen betroffenen Landnutzer oder -besitzer. Es sollte auch beachtet werden, daß Zeiten erfolgreicher Naturschutztätigkeit immer in Perioden wirtschaftlichen Wohlstandes fielen und hier offenbar eine Korrelation besteht.

Nachhaltige Umweltentwicklung verlangt auch wirksame Beschränkungen von schädlichen Emissionen, vor allem in die Luft, aber auch in Gewässer und Böden. Dabei ist EU-Europa erfolgreicher gewesen als im Naturschutz, und in den mittel- und osteuropäischen Ländern sind seit 1990 durch rasche Stillegung veralteter Produktionsstätten mit hohen Emissionen die Schadstoffemissionen ebenfalls stark zurückgegangen; es gibt aber noch viele „Altlasten" in Form von gefährlichen Schadstoff-Lagerstätten in Böden und Gewässersedimenten. Da es auch weiterhin Emissionen geben wird, muß gemäß dem in Abschnitt 3 genannten dritten Umweltmanagement-Kriterium die Aufnahme- und Assimilationskapazität der natürlichen Umwelt für sie bestimmt werden. Dafür ist das Konzept der „kritischen Belastungsgrößen der Umwelt" entwickelt worden, und zwar in zweifacher Form: als „critical levels", d.h. kritische Konzentrationen von Schadstoffen in einem Umweltmedium, vor allem Luft, sowie als „critical loads", das sind kritische Depositionen oder Gehalte solcher Stoffe auf oder in biologischen Medien wie Pflanzen- oder Tiergeweben. Werden diese Belastungsgrößen *unter*schritten, sind nach jeweiligem Stand der wissenschaftlichen Erkenntnis keine Schädigungen an Rezeptoren zu befürchten (Ewers/Rennings 1996).

Dies ist ein einleuchtendes Konzept – doch in der Realität läßt die Natur kaum je sichere Grenzen der Belastung erkennen. So lassen sich critical loads nur für wenige Stoffe mehr oder weniger sicher ableiten, und dann ist die Wirkung je nach Akzeptor sehr unterschiedlich. Wenn Schwellenwerte festgesetzt werden sollen, ist zu entscheiden, ob sie in jedem einzelnen Fall einzuhalten sind (was oft zu unbilligen Härten führen kann), ob sie „ausgeschöpft" oder unterschritten werden sollen.

7. Ökologische Tragfähigkeit als Nachhaltigkeits-Konzept?

Wie die Beispielsbereiche in den Abschnitten 6.A – 6.C zeigen, stellen für eine „nachhaltige" Raum- und Umweltentwicklung in Europa einerseits die zunehmende Verstädterung mit ihrem Bodenverbrauch und die mangelhafte Nachhaltigkeit der Städte selbst, andererseits die nicht mit Nachhaltigkeit vereinbare Lage der Landwirtschaft gewaltige Hemmnisse dar, die selbst von Fachleuten der Geographie und der Raumforschung bisher unterschätzt werden. Die damit verbundene Problematik ist nicht einmal im EU-Europa gelöst und wird sich noch verschärfen, wenn die industriell schwachen, aber agrarisch starken Länder Mittel- und Osteuropas in die EU aufgenommen oder mit ihr assoziiert werden. Werden diese Hemmnisse nicht beseitigt oder wenigstens vermindert, kann auch die Natur- und Umweltschutzpolitik nicht zum Erfolg führen.

Letztlich läuft die Frage nach der Realisierbarkeit einer nachhaltigen Raum- und Umweltentwicklung auf die Beantwortung der Frage hinaus, wieviel Raum und wieviele Ressourcen die Menschen (und auch andere Arten von Lebewesen, die ja gemäß der Biodiversitäts-Konvention erhalten werden sollen) benötigen und beanspruchen sollen oder dürfen. Entspricht die Nachfrage dem Angebot? Damit wird das Konzept der „ökologischen Tragfähigkeit" (vgl. Mohr 1996) angesprochen. Es stammt aus der Ökologie und ist insbesondere in der Populationsökologie ausführlich untersucht worden, wo es zu einleuchtenden Ergebnissen geführt hat. Die Übertragung auf die höheren Organisationsebenen der Biozönose und des Ökosystems erwies sich als erheblich komplizierter, da die Interaktionen zwischen verschiedenen Populationen und zwischen ihnen und den unbelebten Umweltfaktoren die Ermittlung der Tragfähigkeit erschweren. Es zeigte sich, daß die meisten natürlichen Ökosysteme in der Regel die standörtlich gegebene Tragekapazität, z.B. bezüglich der photosynthetisch bestimmten Primärproduktion, bei weitem nicht ausschöpfen, also eine hohe „Sicherheitsmarge" einhalten.

Der Mensch hat dies schon in der Frühzeit der Nutzungsgeschichte empirisch erkannt und sich nicht mit dem Produktivitätsniveau der natürlichen Ökosysteme, in denen er evoluierte, abgefunden. Mittels Beobachten, Nachdenken, Erkenntnis und Arbeit bzw. Energieeinsatz hat er Schritt für Schritt die Natur in eine produktivere „Umwelt" umzugestalten verstanden und diese *umgestaltete* „Natur" zur Lebensgrundlage gemacht. Damit hat er die Tragekapazität „dynamisiert". Der Mensch stößt also an die von den natürlichen Ökosystemen meist nicht erreichten Grenzen der Tragfähigkeit vor und schiebt sie dann noch weiter hinaus. Aus der Sicht der

Evolution ist zu folgern, daß die Spezies Mensch ohne diese Fähigkeit niemals so erfolgreich gewesen wäre. Gegenüber dem Neolithikum hat der Mensch die Tragfähigkeit ungefähr vertausendfacht – global von kaum 10 Mio. Menschen auf heute über 5 Milliarden! In der Sammler-Jäger-Zeit trug 1 km^2 nicht einmal einen einzigen Menschen, in der modernen Industriegesellschaft trägt er dagegen im Durchschnitt 140–300 (Renn 1996; Ewers/Rennings 1996).

Diese Ausweitung der Tragekapazität ist aber, wie noch einmal betont sei, mit einem über 100fach gesteigerten Energieverbrauch und mit wachsenden Umweltbelastungen erkauft worden, führt also zur Infragestellung des Konzeptes – und eben zur Forderung nach Nachhaltigkeit. Es ist also ein Zirkelschluß, Nachhaltigkeit mit Tragfähigkeit zu verknüpfen. Bereits in den 1970er Jahren wurde erkannt, daß in den weniger entwickelten Ländern des Südens die *Bevölkerung* und in den entwickelten Ländern der wohlstandsinduzierte *Ressourcenverbrauch* schneller wachsen als die Steigerung der Produktivität bzw. Tragekapazität. Das fordert einerseits Verzichte und Beschränkungen, deren Durchsetzbarkeit nach bisherigen Erfahrungen in Europa sehr begrenzt zu sein scheint, andererseits aber Verbesserung der „Öko-Effizienz" in der Nutzung der Naturgüter (Steigerung des Nutzens „pro Einheit Umwelt", vgl. von Weizsäcker u.a. 1995) – aber immer unter Beachtung der Aufnahme- und Assimilationsfähigkeit der Umwelt für Emissionen und Abfälle.

Die letztgenannte Forderung war für Ahrens/Heißenhuber (1991) Anlaß, statt der ökologischen Tragfähigkeit die Umweltbelastung als weiteren Hauptindikator für Nachhaltigkeit (neben Bevölkerungszahl und Ressourcenverbrauch) zu wählen und in eine Formel zu fassen, die allerdings von einer Anzahl weiterer „Einflußgrößen" von Indikatorcharakter abhängt (Abb. 4). Auf das Indikatorenproblem kann hier nur hingewiesen werden; die Zahl der Einzelindikatoren geht in die Zehntausende.

8. Schlußbetrachtung

Die Nachhaltigkeits-Forderungen – man spreche realistischer von Erwartungen – in einem Kontinent mit Staaten unterschiedlicher Kulturtraditionen, Entwicklungsniveaus und Wirtschafts- oder Machtinteressen zu verwirklichen, stellt für Europa, den Mutterkontinent der städtisch-industriellen Kulturstufe, wohl die historisch größte Herausforderung dar. Die Notwendigkeit einer nachhaltigen Entwicklung ist grundsätzlich ebenso einsichtig wie unumgänglich, doch ihre Umsetzung in die Praxis erweist sich als außerordentlich schwierig und kompliziert und erfährt in der zweiten Hälfte der 1990er Jahre speziell aus sozialpolitischen Gründen keine hohe politische Priorität mehr.

Die ökonomischen, sozialen und ökologischen Aspekte der nachhaltigen Entwicklung haben jeweils ihre eifrigen, aber oft einseitigen Verfechter, unter denen sich die Verfechter der ökologischen Aspekte besonders vernehmbar hervortun. Sie haben nicht unrecht, wenn man den historischen Ablauf seit der industriellen Revolution vor 200 Jahren betrachtet: Zuerst erfolgte ein gewaltiger wirtschaftlicher Aufschwung, der aber zu schwersten sozialen Verwerfungen führte. Als diese einigermaßen geglättet waren und sich, speziell in Deutschland, eine soziale Marktwirtschaft etablierte, wurden rasch zunehmende, sich verschärfende ökologische Gefährdungen offenbar, die die allgemeinen Lebensgrundlagen bedrohen. Daher hat sich die Aufmerksamkeit gerade der Beseitigung oder zumindest Milderung *dieser*

Ursachen der Umweltbelastung
am Ende des 20. Jahrhunderts

A. Hauptursache: "Wachstum" mit 3 verknüpften Faktoren

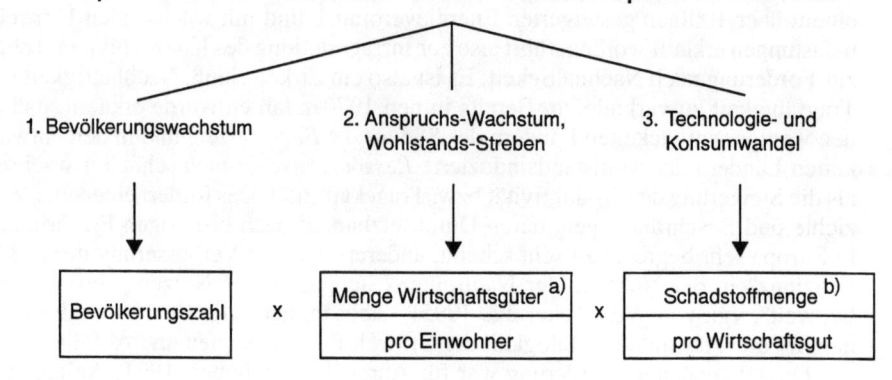

1. Bevölkerungswachstum
2. Anspruchs-Wachstum, Wohlstands-Streben
3. Technologie- und Konsumwandel

$$\text{Bevölkerungszahl} \times \frac{\text{Menge Wirtschaftsgüter}^{a)}}{\text{pro Einwohner}} \times \frac{\text{Schadstoffmenge}^{b)}}{\text{pro Wirtschaftsgut}}$$

Diese 3 Faktoren ergeben als Produkt die stoffliche **"Grund-Umweltbelastung"**

B. Weitere wesentliche Ursachen:

4. Verstädterung
5. Soziologisch bedingte Ursachen
   - Existenzsicherung
   - Anspruchsmentalität
6. Vom Wirtschaftssystem bedingte Ursachen
   - Marktwirtschaft: Streben nach Gewinnmaximierung (bei fehlenden Preissignalen für Umweltknappheit)
   - Planwirtschaft: Planausrichtung und -durchführung
7. Einflüsse von Kulturen, Religionen, Traditionen
8. Kollektivgutcharakter der Umweltgüter

a) einschließlich Dienstleistungen   b) auf der Input- oder Outputseite der Erzeugung

Abbildung 4: Die Ursachen der Umweltbelastung am Ende des 20. Jahrhunderts (nach Schurr 1972 aus Ahrens/Heißenhuber 1991, etwas verändert)

Gefahren zugewandt und fordert dafür jeden Vorrang – was u.a. in der Wiedergabe von „sustainable" durch „dauerhaft-*umweltgerecht*" im Umweltgutachten 1994 des Rates von Sachverständigen für Umweltfragen zum Ausdruck kommt. In den dadurch hervorgerufenen Auseinandersetzungen sollten auch die Psychologie (vgl. Kruse 1995) und die menschliche Ethologie (vgl. Verbeek 1994) stärker als bisher berücksichtigt werden.

Für jeden der drei Kernbereiche der Nachhaltigkeit stellt sich nach Messerli (1994) jeweils eine Hauptfrage, die eine Antwort erheischt:
- für den Bereich *Wirtschaft*: Wie kann der dem marktwirtschaftlichen System innewohnende Wachstumszwang überwunden werden?
- für den Bereich *Gesellschaft*: Wie kann der tiefe Graben zwischen Bewußtsein/ Wissen und Handeln überbrückt werden?
- für den Bereich *Natürliche Umwelt*: An welchen Naturzuständen (die eigentlich „Kulturzustände" sind) soll sich nachhaltige Nutzung und Entwicklung orientieren? *Welche* Natur *wie* geschützt werden soll, läßt sich jedoch naturwissenschaftlich nicht begründen.

Hier zeigen sich die Grenzen wissenschaftlicher Beeinflußbarkeit von Zuständen und Entwicklungen (vgl. Haber 1993b). Daher bleiben für Europa vorerst nur die Vorbildrolle und die Überzeugungsarbeit. Für diese Aufgaben setzt sich eine wachsende Zahl von kenntnisreichen Idealisten ein – die aber stets darauf achten sollten, daß Idealismus nicht in Ideologie, sondern in Realismus und Pragmatismus führt.

Literatur:

Ahrens, H. u. A. Heißenhuber (1990): Ökonomische Grundlagen der Umwelt- und Naturschutzpolitik. Unveröff. Vorlesungsskript, TU München-Weihenstephan.
Bätzing, W. (1991): Die Alpen – Entstehung und Gefährdung einer europäischen Kulturlandschaft. München.
Binswanger, H.C. (1994): Perspektiven für eine dauerhafte und umweltgerechte Entwicklung. Unveröff. Vortragsmanuskript, Institut der deutschen Wirtschaft. Köln.
Birnbacher, D. u. C. Schicha (1996): Vorsorge statt Nachhaltigkeit – Ethische Grundlagen der Zukunftsverantwortung. In: Kastenholz/Erdmann/Wolff 1996, S. 141–156.
BUND u. MISEREOR (Hg.) (1996): Zukunftsfähiges Deutschland. Ein Beitrag zu einer global nachhaltigen Entwicklung. Basel.
Costanza, R. (Hg.) (1991): Ecological Economics. The science and management of sustainability. New York.
Daly, H.E. (1990): Towards some operational principles of sustainable development. In: Ecological Economics 2, S. 1–6.
DRL – Deutscher Rat für Landespflege (1997): Betrachtungen zur „Grünen Charta von der Mainau" im Jahre 1997. = Schriftenreihe des DRL 68.
Ewers, H.-J. u. K. Rennings (1996): Quantitative Ansätze einer rationalen umweltpolitischen Zielbestimmung. In: Zeitschrift für Umweltpolitik & Umweltrecht, H. 4, S. 413–439.
Folke, C., C. Perrings, J.A. McNeely u. N. Myers (1993): Biodiversity conservation with a human face: ecology, economics and policy. In: Ambio 22, S. 62–63.
Haber, W. (1993a): Ökologische Grundlagen des Umweltschutzes. = Umweltschutz – Grundlagen und Praxis, Bd. 1. Bonn.
Ders. (1993b): Von der ökologischen Theorie zur Umweltplanung. In: Gaia 2, S. 96–106.
Ders. (1994a): Ist „Nachhaltigkeit" (sustainability) ein tragfähiges ökologisches Konzept? In: Verhandlungen der Gesellschaft für Ökologie 23, S. 7–17.
Ders. (1994b): Das Nachhaltigkeitsprinzip als ökologisches Konzept. In: Fritz, P., J. Huber u. H.W. Levi (Hg.): Nachhaltigkeit in naturwissenschaftlicher und sozialwissenschaftlicher Perspektive. S. 17–30. Stuttgart.

Ders. (1997): Zur ökologischen Rolle der Landwirtschaft. In: Bayerische Akademie der Wissenschaften (Hg.): Landwirtschaft im Konfliktfeld Ökologie – Ökonomie. = Rundgespräche der Kommission für Ökologie, Bayerische Akademie der Wissenschaften 13, S. 101–110. München.

Heinen, J.T. (1994): Emerging, diverging and converging paradigms on sustainable development. In: International Journal of Sustainable Development and World Ecology 1, S. 22–33.

Huntington, S.B. (1997): Der Kampf der Kulturen. 5. Aufl. München.

Institut für sozial-ökologische Forschung (Hg.) (o.J., wahrscheinlich 1993): Sustainable Netherlands. Aktionsplan für eine nachhaltige Entwicklung der Niederlande (Übersetzung aus dem Niederländischen). Frankfurt am Main.

Jüdes, U. (1997): Nachhaltige Sprachverwirrung. Auf der Suche nach einer Theorie des Sustainable Development. In: Politische Ökologie 15, H. 52, S. 26–29.

Kastenholz, H.G., K.-H. Erdmann u. M. Wolff (Hg.) (1996): Nachhaltige Entwicklung. Zukunftschancen für Mensch und Umwelt. Berlin u. Heidelberg.

Kreibich, R. (Hg.) (1996): Nachhaltige Entwicklung. Leitbild für die Zukunft von Wirtschaft und Gesellschaft. = Zukunfts-Studien 17. Weinheim u. Basel.

Kruse, L. (1995): Globale Umweltveränderungen: Eine Herausforderung für die Psychologie. In: Psychologische Rundschau 46, S. 81–92.

Kruse-Graumann, L. (1996): Psychologische Ansätze zur Entwicklung einer zukunftsfähigen Gesellschaft. In: Kastenholz/Erdmann/Wolff 1996, S. 119–139.

Linckh, G., H. Sprich, H. Flaig u. H. Mohr (1996): Nachhaltige Land- und Forstwirtschaft. Voraussetzungen, Möglichkeiten, Maßnahmen. Berlin u. Heidelberg.

Loske, R. u. R. Bleischwitz (1996). Zukunftsfähiges Deutschland. Ein Beitrag zu einer global nachhaltigen Entwicklung. Hg.: BUND u. MISEREOR. Basel

Messerli, P. (1994): Nachhaltige Naturnutzung: Diskussionsstand und Versuch einer Bilanz. In: Bätzing, W. u. H. Wanner (Hg.): Nachhaltige Naturnutzung im Spannungsfeld zwischen komplexer Naturdynamik und gesellschaftlicher Komplexität. In: Geographica Bernensia P 30, S. 141–146.

Miller, G.T. (1976): Living in the environment. Belmont/Cal.

Mohr, H. (1996): Wieviel Erde braucht der Mensch? Untersuchungen zur globalen und regionalen Tragekapazität. In: Kastenholz/Erdmann/Wolff 1996, S. 45–60.

Opschoor, J.B. (1992): Environment, economics and sustainable development. Groningen.

Pearce, S. u. K.-G. Mäler (1991): Environmental economics and the developing world. In: Ambio 20, S. 52–54.

Radkau, J. (1996): Beweist die Geschichte die Aussichtslosigkeit von Umweltpolitik? In: Kastenholz/Erdmann/Wolff 1996, S. 23–44.

Redclift, M. (1994): Reflections on the ‚sustainable development' debate. In: International Journal of Sustainable Development and World Ecology 1, S. 3–21.

Renn, O. (1996): Ökologisch denken – sozial handeln: Die Realisierbarkeit einer nachhaltigen Entwicklung und die Rolle der Kultur- und Sozialwissenschaften. In: Kastenholz/Erdmann/Wolff 1996, S. 79–117.

Stanners, D. u. P. Bourdeau (Hg.) (1995). Europe's Environment. The Dobris Assessment. London, Luxemburg u. Kopenhagen.

Strong, M.F. (1980): The international community and the environment. In: Polunin, N. (Hg.): Growth without ecodisasters. S. 613–625. London.

Sachs, I. (1992): Transition strategies for the 21st century. In: Nature and Resources 28, S. 4–17.

Sachs, W. (1997): Wie im Westen so auf Erden? In: SEF-News 1, S. 10–12 (SEF = Stiftung Entwicklung und Frieden).

Verbeek, B. (1994): Die Anthropologie der Umweltzerstörung. 2. Aufl. Darmstadt.

Walter, H. (1986): Allgemeine Geobotanik. Stuttgart.

WCED – World Commission on Environment and Development (1987): Our common future. Oxford. Deutscher Text: Hauff, V. (Hg.) (1987): Unsere gemeinsame Zukunft. Greven.

von Weizsäcker, E.U., A.B. Lovins u. L.H. Lovins (1995): Faktor Vier. Doppelter Wohlstand – halbierter Naturverbrauch. München.

Werner, A. (1993): Nachhaltigkeit der Landnutzung: Schlagwort oder eine echte Perspektive für die Landwirtschaft? In: ZALF-Bericht 8, S. 12–32 (Zentrum für Agrarlandschafts- und Landnutzungsforschung, Müncheberg).

VON UNCED BIS HABITAT II – NACHHALTIGE ENTWICKLUNG AUF DEM PRÜFSTAND

Festvortrag am 51. Deutschen Geographentag 1997 in Bonn

Klaus Töpfer (Bonn)

Sehr geehrte Damen und Herren, liebe Geographen,

ich freue mich, daß ich bereits zum zweiten Mal, nach 1993 in Bochum, an einem Deutschen Geographentag teilnehmen kann und freue mich insbesondere, daß Sie sich als Geographen intensiv mit den Entwicklungen und Nachfolgearbeiten zur Konferenz „Umwelt und Entwicklung" in Rio 1992 sowie der HABITAT II-Konferenz in Istanbul 1996 beschäftigen. Je mehr Disziplinen – Umweltfachleute, Biologen, Physiker, Volkswirte, Soziologen, Geographen und andere – sich mit dieser komplexen Thematik beschäftigen, um so höher sind unsere Chancen, die Zukunft und das nächste Jahrtausend im Sinne von nachhaltiger Entwicklung zu gestalten.

I.

Erinnern wir uns einmal an die Situation vor der Konferenz der Vereinten Nationen über Umwelt und Entwicklung in Rio de Janeiro 1992: Die ideologisch gespaltene Welt war soeben überwunden. In Europa gab es Streit über die Erwartungen einer solchen Konferenz, der zuständige EU-Kommissar war in Rio nicht dabei. Die Vereinigten Staaten von Amerika übten sich in starker Zurückhaltung.

Das Schlagwort „Nachhaltigkeit" ist spätestens seit dieser Konferenz 1992 in aller Munde. Damals hatte ich die Ehre, die deutsche Delegation zu leiten und ich erinnere daran, daß sowohl die Regierungen der Welt als auch die Nichtregierungsorganisationen sowie die Vertreter der Wirtschaft dem Konzept der Nachhaltigkeit eine Chance gaben. Anders nämlich als in der seit etwa 25 Jahren geführten Debatte, die durch den Bericht des Club of Rome ausgelöst wurde, geht es seit Rio nicht mehr um „Die Grenzen des Wachstums", sondern um das „Wachstum der Grenzen", d.h. wie wir mit geringem Input an Ressourcen einen höheren Output an Waren umweltschonend produzieren können – die sogenannte „Ökoeffizienz".

Wir wissen, daß die Weltbevölkerung seit 1992 um ca. 400 Millionen Menschen zugenommen hat, was etwa der Bevölkerung des afrikanischen Kontinentes entspricht. Zur Versorgung dieser zunehmenden Weltbevölkerung brauchen wir wirtschaftliches Wachstum. Dieses aber ist lange Zeit, vor allem hier bei uns im Norden auf Kosten von Natur und Umwelt und damit auf unser aller Kosten erzielt worden.

Die G 77-Staaten hatten damals die Besorgnis, daß durch erzwungenen Umweltschutz die Entwicklungsbarrieren erhöht werden sollten. Es gab die große Diskussion über den Schwerpunkt der Konferenz. Für die industrialisierten Länder war Rio eine Konferenz für *Umwelt* und Entwicklung, die Entwicklungsländer betonten, daß es sich um eine Konferenz für Umwelt und *Entwicklung* handele. Die Vorbereitungskonferenz in Kuala Lumpur war geprägt von härtesten Auseinandersetzungen um die Zielsetzungen von Rio. Die Entwicklungsländer hatten ihre Ziele klar vor Augen, die lauteten „Let's be rich first – and clean up later".

Es gelang uns nur durch intensivstes Verhandeln, sie von dieser Position abzubringen, hin zu einem gemeinsamen verantwortlichen Standpunkt, der die industrialisierten Länder in die Pflicht nahm.

Rio hat uns deutlich gemacht, daß nachhaltige Entwicklung auf drei Säulen beruht:
- Zum einen geht es um nachhaltige *wirtschaftliche Entwicklung*.

Von der Wegwerfgesellschaft gehen keine Impulse für eine Technologieentwicklung aus, die nachhaltige Produkte aus nachhaltiger Produktionsweise liefern könnte. Dieses aber sind die Technologien, die in Zukunft weltweit dringend benötigt werden: Wir brauchen Produkte, die energie-, wasser- und ressourcenschonend hergestellt werden. Produkte, die recycelbar, wiederverwendbar oder reparierbar sind, sie müssen diese Eigenschaften auch in ihrem Einsatz besitzen. Es wird in Zukunft mehr und mehr darum gehen, den gesamten Lebenszyklus eines Produktes gleich zu Beginn mitzubedenken und schon bei der Produktion sicherzustellen, wie es einmal entsorgt oder recycelt werden kann. Es gilt, die Stoffkreisläufe zu schließen. Die wirtschaftliche Entwicklung muß abgekoppelt werden vom Ressourcenverbrauch und der Überbelastung der Umweltfunktionen. Dies hat die Kreislaufwirtschaft auf den Plan gerufen.

Auf der anderen Seite geht es darum, Wirtschaftswachstum so zu gestalten, daß Arbeitsplätze geschaffen statt abgebaut und neue Bereiche erschlossen werden. Hierzu soll der technologische Wandel beitragen. In Rio haben wir dies als „changing consumption and production pattern" bezeichnet.
- Zum zweiten geht es um nachhaltige *soziale Entwicklung*.

In vielen Teilen der Welt und zunehmend auch bei uns in Europa gibt es große Bevölkerungsgruppen, die an der Wende zum 21. Jahrhundert immer noch oder wieder unter Armut leiden. Ohne soziale Entwicklung und soziale Gerechtigkeit werden wir weiterhin Unruhe und Gewalt, kriegerische Auseinandersetzung in Staaten und zwischen Staaten haben. Vielfach verursacht Armut auch Umweltzerstörung. Daher steht die Bekämpfung der Armut an vorderer Stelle der Agenda der Vereinten Nationen und dem Rio-Nachfolgeprozeß. In Europa ist sie darüber hinaus als Ziel in Artikel 130u des EG-Vertrages verankert. Von nachhaltiger sozialer Entwicklung profitieren insbesondere die Armen und Unterprivilegierten. An erster Stelle ist hier sicherlich die Versorgung mit Nahrungsmitteln und sauberem Wasser zu nennen, aber auch Wohnraumversorgung ist ein menschliches Grundbedürfnis. Das gilt nicht nur in der sogenannten „Dritten Welt". Nach wie vor steht Überkonsum in einigen Teilen der Welt mit Unterkonsum in anderen im direkten Zusammenhang. Und mehr und mehr tut sich diese Schere auch innerhalb von Staaten auf. Das ist nicht nur ein ethisches und moralisches Problem, welches wir lösen müssen, sondern wir müssen endlich erkennen, daß Armut auch ein gewichtiges volkswirtschaftliches Problem ist, das enorme volkswirtschaftliche Kosten verursacht und außerdem ein riesiges ökonomisches Potential ungenutzt läßt. Stellen Sie sich vor, die Armen in Indien und China, die zusammen fast eine Milliarde Menschen zählen, wären kaufkräftige Marktteilnehmer ...
- Schließlich geht es um *umweltgerechte Entwicklung*.

Durch die Externalisierung von Umweltkosten subventionieren wir unseren Lebensstandard auf Kosten von Natur und Umwelt und auf Kosten anderer Teile der Welt. Der Bund für Umwelt und Naturschutz Deutschland und das Bischöfliche

Missionswerk Misereor haben im letzten Jahr in der deutschen Öffentlichkeit für viel Aufsehen gesorgt, als sie versuchten, mit ihrer Studie „Nachhaltiges Deutschland" die Umweltkosten unserer Produktions- und Konsummuster einzuschätzen. Dabei wurde die Verzahnung von nachhaltiger Umwelt, Wirtschafts- und Sozialentwicklung sehr deutlich.

Das jüngste und aktuellste Beispiel kennen Sie alle aus den Nachrichten der letzten Tage, wo durch die Waldbrände in Südostasien überdeutlich wird, welche menschlichen und ökonomischen Kosten durch unkontrolliertes und umweltzerstörendes wirtschaftliches Wachstum verursacht werden.

Das Leitmotiv dieser und der folgenden Dekaden wird also nachhaltige Entwicklung sein, was nicht Grenzen des Wachstums, sondern wachsende Effizienz bedeutet. Von Weizsäcker/Lovins/Lovins (1996) haben das mit ihrem Buchtitel „Faktor Vier" sehr deutlich gemacht und meinen damit doppelt wachsenden Wohlstand bei halbiertem Ressourcenverbrauch. Wohlstand ist dabei ein Konzept, das sich nicht auf materiellen Wohlstand beschränkt, sondern sozialen und geistig-spirituellen Wohlstand einbezieht. Es wird nicht ein einfaches „Weniger" gepredigt, sondern in gesamtheitlicher Betrachtungsweise ein „Mehr" an Lebensqualität, an persönlicher Freiheit und Entwicklung, an Frieden ebenso wie das Recht, Zugang zur Grundversorgung zu haben und ein gesundes Leben führen zu können.

II.

Im Juni 1997 hat in New York die Sondergeneralversammlung der Vereinten Nationen stattgefunden, die eine Zwischenbilanz des Rio-Nachfolgeprozesses gezogen hat. Das Ergebnis hat zu denken gegeben: die Euphorie und Aufbruchstimmung, von der in Rio so viel zu spüren war, hat deutlich nachgelassen. Vor allem die Länder des Südens nehmen eine mehr und mehr kritische Haltung zum Konzept der Nachhaltigkeit ein. Einige sehen darin den Versuch des Nordens, das wirtschaftliche Wachstum in ihren Ländern zu behindern. Sie sagen zu recht, daß wir unser wirtschaftliches Wachstum auf Kosten der Umwelt erreicht haben und wollen sich von uns nun keine Vorschriften über ihren eigenen Weg machen lassen.

Aber auch im Süden gibt es laute Stimmen, die vor nicht-nachhaltiger Entwicklung warnen. Die Asiatische Entwicklungsbank beispielsweise hat in ihrem Jahresbericht 1996 eine ausführliche Studie zur Lage der Großstädte in Asien gebracht, die auf die enge Verknüpfung zwischen wirtschaftlicher Leistungsfähigkeit und nachhaltiger Entwicklung eingeht:

Megacities und Großstädte sind Zentren ökonomischen Handelns, sie bieten eine breite Palette an Produkten und Dienstleistungen wie Zugang zu Bildung, Gesundheitseinrichtungen, kulturellen und Sozialeinrichtungen, Versorgung mit Wasser und Abwasser sowie Müllbeseitigung. Eine große Auswahl an Waren und Finanzdienstleistungen zieht Investoren an. Sie sind Zentren von Innovation und Kommunikation und in der Regel durch ihre Verkehrsinfrastruktur auch international angebunden. Sie bieten Arbeitsplätze und Wohnraum und sind in der Lage, eine große Anzahl von Menschen auf kleinstem Raum zu beherbergen. Ihnen als Geographen brauche ich den Begriff der *rank-size-rule* nicht näher zu erläutern.

In Asien liegen in Ländern mit einem Pro-Kopf Einkommen über 3.200 USD pro Jahr die Verstädterungsraten über 70 %, in denen mit einem Pro-Kopf-Einkommen von 500 bis 3.200 USD bei bis zu 43 %, während in den Ländern, in denen weniger als 500 USD Pro-Kopf-Einkommen pro Jahr erwirtschaftet wird, der Verstädterungsgrad bei nur 23 % liegt. Gerade die Megacities, d.h. die Städte mit mehr als zehn Mio. Einwohnern, sind von großer Bedeutung für die Volkswirtschaft. Die Produktivität liegt hier weit über dem Landesdurchschnitt. So war 1990 das Bruttoinlandsprodukt pro Kopf in Shanghai 3,7 mal so hoch wie im chinesischen Durchschnitt, in Bangkok wurden 37 % und in Manila noch ein Viertel des Bruttosozialproduktes *des jeweiligen Landes* erwirtschaftet.

Auf der anderen Seite gibt es gegenläufige Trends, die geeignet sind, die Chancen der Städte zu konterkarieren und ihre Wirtschaftskraft zu schwächen:

Die Wachstumsraten der Städte sind enorm, und viele Stadtverwaltungen haben kaum die Möglichkeit, ihre physische und soziale Infrastruktur dem Bevölkerungswachstum anzugleichen. Im Gegensatz zu den letzten Jahrzehnten, in denen das städtische Wachstum vor allem auf Land-Stadt-Wanderung zurückzuführen war, ist es heute vielfach das endogene Wachstum, das den größten Teil der Zuwachsraten ausmacht. In vielen Städten gibt es große Bevölkerungsteile, die arm sind und nicht an der wirtschaftlichen Entwicklung teilhaben können. Nicht alle Städte haben die Kapazitäten, ihre Bevölkerung ausreichend mit Arbeitsplätzen, Wohnraum und städtischen Dienstleistungen zu versorgen. Wir alle kennen Prozesse der sozialen Segregation und Ausgrenzung. Vielfach ist dies verbunden mit einem Anwachsen der Kriminalitätsrate. Gutes Stadtmanagement und eine auf Nachhaltigkeit zielende Stadtentwicklungspolitik sind deshalb auch Friedenspolitik in den Städten selber.

Es läßt sich für einige Städte bereits nachweisen, daß diese hohen Belastungen, denen sie ausgesetzt sind, zu negativen wirtschaftlichen Folgen führen. Die Produktionskosten steigen, Firmen entschließen sich, ins Umland auszuweichen oder gar neue Standorte zu suchen, die Wirtschaftskraft wird geschwächt. Aus Bombay z.B., der Wirtschaftshauptstadt Indiens, ziehen mehr und mehr Firmen der Softwarebranche, d.h. Firmen mit Zukunftstechnologien, ab und wandern nach Bangalore. Gutes Stadtmanagement und nachhaltige Stadtentwicklungspolitik sind deshalb Wirtschafts- und Sozialpolitik.

In vielen Städten gibt es verheerende Umweltbedingungen, die durch hohe Luftverschmutzung, schlechte Wasserqualität, unzureichende Wasser- und Müllentsorgung usw. gekennzeichnet sind. Der Verkehr in der Stadt wird zunehmend durch den motorisierten Individualverkehr bestimmt mit den unvermeidlichen Folgen von hohen Verkehrsdichten, langen Fahrzeiten und hohen Fahrkosten. In vielen Städten führt dies regelmäßig zum Zusammenbruch des Verkehrs zu den Hauptverkehrszeiten. Gutes Stadtmanagement und gute Stadtentwicklungspolitik sind deshalb Umweltpolitik.

Auf dem Weg von der Rio-Konferenz zur Weltsiedlungskonferenz Habitat II im Jahre 1996 in Istanbul hat sich deshalb ganz klar herausgestellt: Das 20. Jahrhundert ist das Jahrhundert der Städte. Hier finden die Entwicklungen statt. Die Städte sind heute ein Teil des Problems, wir müssen dafür sorgen, daß sie zu einem Teil der Lösung werden.

III.

Alle diese Beobachtungen gelten in unterschiedlichen Ausprägungen weltweit, auch hier bei uns in Europa. Gleichzeitig erleben wir seit mehreren Jahren einen ganz starken Trend zur Globalisierung von Finanz-, Waren- und Dienstleistungsmärkten, eine wachsende Bedeutung von Informations- und Kommunikationstechnologien, die die jeweiligen nationalen wirtschaftlichen und gesellschaftlichen Entwicklungen und die Entwicklung der Städte beeinflussen. Große Freihandelszonen und Binnenmärkte werden geschaffen, wie in Europa die Europäische Union, in Nordamerika die North American Free Trade Association (NAFTA) und in Asien die Asia-Pacific Economic Conference (APEC), die South Asia Association for Regional Cooperation (SAARC) oder die Association of Southeast Asian Nations (ASEAN). Standortentscheidungen internationaler Firmen und Konzerne beeinflussen mehr und mehr nationale und lokale Gegebenheiten. Diese Tendenzen führen zu einer Neubewertung von Standortqualitäten weltweit und beeinflussen auch unsere Raumordnungs- und Siedlungsmuster sowie das Erscheinungsbild unserer Städte.

Wir müssen für diese Entwicklung gerüstet sein und uns Klarheit darüber verschaffen, nach welchen Notwendigkeiten und Leitbildern wir weltweit unsere zukünftige Entwicklung der Nationen und der Städte steuern wollen. Unser Schicksal und das Schicksal unserer Kinder wird davon abhängen, ob wir diese Entwicklungen in eine positive Richtung lenken und die darin enthaltenen Chancen zum Nutzen aller entwickeln können. Es wird darum gehen, daß wir bei weltweiter Zusammenarbeit die Vielfalt der Kulturen und Lebensräume erhalten und gleichzeitig eine Entwicklung herbeiführen, die nachhaltig ist und unseren Enkeln ausreichend Lebenschancen bieten.

Insofern scheint mir die neu aufflammende Diskussion um die Sinnhaftigkeit des Nachhaltigkeitskonzeptes verfehlt. Wir werden nicht umhin kommen, uns mit diesem Thema immer intensiver auseinanderzusetzen und dies auch in die verschiedenen gesellschaftlichen Bereiche hineinzutragen. Erst langsam setzt sich der Gedanke auch auf der lokalen Ebene durch und wird von Bürgern und Kommunen aufgenommen. Ein Indiz dafür ist die Nachfrage, die mein Haus bei entsprechenden Schriften und Handreichungen erlebt, die wir zum Thema Nachhaltigkeit in den Kommunen aufgelegt hatten und die wir nun nachdrucken müssen, um die Nachfrage zu befriedigen.

Aber auch auf der internationalen Ebene gibt es verschiedene Diskussionsstränge:

Bei der letzten Sitzung der VN-Kommission für menschliche Siedlungen, die sich im Mai dieses Jahres erstmals nach der Weltsiedlungskonferenz in Istanbul von 1996 getroffen hatte, um einen Arbeitsplan zur Umsetzung der in Istanbul beschlossenen Habitat-Agenda zu beraten, haben wir über Beteiligungsmöglichkeiten diskutiert. Zur Debatte standen verbesserte Beteiligungsmöglichkeiten für Wirtschaftsvertreter, Vertreter von Kommunen und Nichtregierungsorganisationen. Es scheint mir angesichts der komplizierten und eng vernetzten Problemstellungen unabdingbar, daß Regierungen und Organisationen und Verwaltungen aus dem nichtstaatlichen Bereich, aus welchem Sektor auch immer, miteinander reden und auch miteinander entscheiden. Es kann nicht Aufgabe des Staates alleine sein, die Entwicklungsprobleme, die vor uns liegen, zu lösen, vielmehr kommt ihm zu, den Rahmen zu stellen, den jeder Bürger in Freiheit und Verantwortung und mit Entscheidungskompetenz ausgestattet ausfüllen muß. Außerdem ist es Aufgabe der Regierungen, sich in einen internationalen Dialog zu begeben, um die nationalen Politiken entsprechend abzustimmen.

IV.

Die Staaten der Europäischen Union haben diese Herausforderung nun auch im Bereich der Stadtentwicklungspolitik erkannt, denn die soeben vornehmlich für Asien aufgezeigten Trends machen auch vor Europa nicht halt. Und Europa, das zu 80 % in Städten lebt, braucht leistungsfähige, sozial verträgliche und umweltfreundliche Städte, um in der weltweiten Wirtschaftskonkurrenz die Standortqualität zu sichern. Bei der letzten EU-Ministerkonferenz im Juni 1997 haben daher die Städte- und Wohnungsbauminister beschlossen, in Zukunft zu einem verbesserten Erfahrungsaustausch und ggf. zu einer Koordinierung zu kommen. Wir alle sind dabei von der Idee geleitet, daß ähnliche Probleme möglicherweise ähnliche Lösungsansätze und Instrumente erfordern.

Analog dazu einigten sich die Mitgliedstaaten der Europäischen Union auf einer Raumordnungsministerkonferenz auf die „Grundlagen der europäischen Raumordnungspolitik". Hauptziel dieser europäischen Politik ist danach die Gewährleistung der Nachhaltigkeit bei der Entwicklung der Regionen und Städte in der Europäischen Union.

Schon heute sind grenzüberschreitende Programme bei der Europäischen Union Tagesgeschäft. Nun müssen wir auch dahin kommen, daß wir die Stadtentwicklung vor allem in den grenznahen Bereichen miteinander verzahnen. Ein aktuelles Beispiel für die Evidenz dieser Forderung sind die jeweiligen Kaufkraftströme, die an der deutschen Westgrenze den Bau von sogenannten „Factory Outlet Centers" in den jeweiligen Grenzregionen ausgelöst haben und die Innenstädte der benachbarten Städte entsprechend berühren.

V.

Die Notwendigkeit internationaler Zusammenarbeit im Bereich nachhaltiger Entwicklung ist auch einer der Gründe, warum sich Deutschland entschlossen hat, im Jahr 2000 im Zusammenhang mit der EXPO 2000, die unter dem Motto „Mensch-Natur-Technik" in Hannover stattfinden wird, einen Weltstädtebaukongreß mit dem Titel „Urban 21" in Berlin durchzuführen. In dessen Vorbereitungen sind vor allem die Länder Brasilien, Südafrika und Singapur einbezogen. Bundeskanzler Kohl hat diesen Kongreß zusammen mit den Präsidenten der vorgenannten Länder bei der Sondergeneralversammlung der Vereinten Nationen im Juni 1997 vorgestellt. Er ist Bestandteil einer großen Umweltinitiative der vier Länder und erhält so höchste politische Priorität. Wir werden die Bürgermeister der größten Megacities der Welt zu diesem Kongreß einladen, ebenso wie wir Experten und Interessierte aus allen Teilen der Welt erwarten. Er soll ein weiterer Meilenstein auf dem Weg zur nachhaltigen Entwicklung unserer Städte sein und er soll den Prozeß weiter beleben.

Als inhaltliche Grundlage des Kongresses soll ein Bericht „Urban 21" erarbeitet werden, der die gegenwärtigen Tendenzen der Stadtentwicklung in der Welt analysiert und, als Antwort auf ökologische und sozial nachteilige Entwicklungstendenzen, Leitbilder für eine weltweit nachhaltige städtebauliche Entwicklung entwickelt. Grundlage sind die Agenda 21 von Rio, die Habitat-Agenda und die Erklärung von Istanbul.

Zu diesem Zweck wurde eine internationale Kommission gebildet, die sich aus weltweit anerkannten Politikern und Experten zusammensetzt. Wir wünschen uns, daß die Vorbereitung des Kongresses international verfolgt und begleitet wird.

Die Konferenz wird also den Dialog, den wir in Rio begonnen und in Istanbul weitergeführt haben, aufnehmen und vor allen Dingen die Planungsaspekte und die Probleme der infrastrukturellen Entwicklung berücksichtigen. Gleichzeitig wird dieser Kongreß eine Vorbereitungsstation für die Zwischenbilanz sein, die die Generalversammlung der Vereinten Nationen bei Ihrer Sondersitzung zum Istanbul-Prozeß im Jahr 2001 ziehen wird.

Ich möchte Sie alle einladen, an der Vorbereitung und Durchführung dieser Konferenz teilzuhaben und Ihre Vorstellungen und Gedanken für eine nachhaltige städtische Entwicklung beizutragen.

Ein Zeichen haben wir bereits vorgestern am Welt-Habitat-Tag, dem 6. Oktober 1997, gesetzt, als wir zusammen mit den Vereinten Nationen in Bonn einen Festakt begingen, um den Auftakt eines großen deutschen Modellprojektes „Städte der Zukunft" zu setzen und internationale Modelle nachhaltiger beteiligungsorientierter Entwicklung zu ehren.

Bei der Erarbeitung dieses Modellprojektes „Städte der Zukunft" haben wir erlebt, wie schwierig es ist, die Forderungen, die wir in Istanbul und Rio gestellt haben und seitdem immer wieder wiederholen, auch in die Praxis umzusetzen. Oft scheitert es an der Notwendigkeit des Interessenausgleichs auf der kommunalen Ebenen, an mangelnden Ressourcen menschlicher und finanzieller Art, aber – und das gibt viel Mut diesen Weg weiterzugehen –, selten an der Bereitschaft vieler Beteiligter, die Situation zu ändern und auf der lokalen Ebene wichtige Schritte hin zu einer nachhaltigen Entwicklung zu tun.

Da wir alle wissen, daß diese Schritte der Bewußtseinsbildung, die anschließend zu Taten führen, nach und nach und bei verschiedenen Gelegenheiten und in verschiedenen Gremien getan werden müssen, danke ich Ihnen herzlich für Ihr Interesse an dieser Thematik.

Literatur:

Weizäcker, E.U. von, A.B. Lovins u. L.H. Lovins (1996): Faktor Vier – Doppelter Wohlstand, halbierter Naturverbrauch. München.

SITZUNG 1
KONZEPTE EINER NACHHALTIGEN ENTWICKLUNG
Sitzungsleitung: Heinz Karrasch und Fred Scholz

EINLEITUNG

Heinz Karrasch (Heidelberg)

Der technisch-ökonomische Fortschritt hat über viele Jahrzehnte den daran beteiligten Ländern einen steigenden Wohlstand gebracht. Negative Folgeerscheinungen schienen mit verhältnismäßig kleinen „Reparaturen", die man als Umweltnachsorge bezeichnen kann, in den Griff zu bekommen zu sein. Zwar fehlte es schon Ende der 60er Jahre und zu Anfang der 70er Jahre nicht an Mahnungen, daß es „Grenzen des Wachstums" gäbe; aber solche Äußerungen wurden als Panikmache abgetan. In den 70er, 80er und 90er Jahren sind mit zunehmender Tendenz gravierende Umweltschäden registriert worden, die sich von den Problemen der Vergangenheit vor allem durch ihre Dimension unterscheiden. Sie haben grenzüberschreitende Ausmaße angenommen. Globale Veränderungen sind erkennbar – auch, wenn es noch an der Präzision von Prognosen über ihre Gewichtung gegenüber natürlichen Einflußfaktoren mangelt. Zu den immer bedrohlicher werdenden Herausforderungen gehört neben den Umweltauswirkungen und dem ungehemmten Ressourcenverbrauch die sich vertiefende Polarität zwischen den entwickelten und unterentwickelten Ländern.

Die Notwendigkeit zu einer Umkehr ist nicht nur von wissenschaftlicher Seite, sondern auch von den verantwortlichen Politikern erkannt worden und findet ihren Ausdruck in dem Begriff des „sustainable development", der ins Deutsche verschieden übersetzt wird: am treffendsten wohl mit „nachhaltiger Entwicklung". Dabei ist die Zukunftsvorsorge die zentrale Zielsetzung. Die am meisten zitierte Definition ist diejenige des sogenannten Brundtland-Berichtes oder präziser des Berichtes der World Commission on Environment and Development. Darin wird unter nachhaltiger Entwicklung eine Entwicklung verstanden, die die Erfordernisse der gegenwärtigen Generation erfüllt, ohne das Vermögen zukünftiger Generationen zu gefährden, ihren eigenen Bedürfnissen zu entsprechen (WCED 1987, S. 43). Der Brundtland-Bericht bildet die Basis für die Agenda 21, die auf der Konferenz für Umwelt und Entwicklung der Vereinten Nationen (UNCED) in Rio de Janeiro im Jahre 1992 von über 170 Staaten verabschiedet wurde und die das Aktionsprogramm für eine umweltverträgliche, nachhaltige Entwicklung im 21. Jahrhundert beinhaltet. Inzwischen gibt es Aktionsprogramme auf der nationalen Ebene (BUNR 1997), der zwischenstaatlichen Ebene (CEC 1992) und vor allem der lokalen Ebene (z.B. Stadt Heidelberg 1997).

Eine Grundposition nachhaltiger Entwicklung ist neben der Zukunftsfähigkeit der Einklang von ökologischer, ökonomischer und sozialer Entwicklung. Diese Koppelung ist das Novum; aber zwischen politischer Wunschvorstellung und Realität besteht eine Diskrepanz. Der Begriff „nachhaltige Entwicklung" darf nicht zu einer „Wortblase" werden, den die Entscheidungsträger wegen seiner Verschwommenheit nach Belieben interpretieren können. Wer freilich am Anfang mehr erwartet, hängt einer Illusion nach; denn natürlich sind alle offiziellen Reports und Aktionsprogramme Kompromißpapiere, in denen fehlender Konsens durch unverbindliche Formulierungen ersetzt wird.

Die Wissenschaft sollte einen Beitrag leisten, die Zielsetzungen zu konkretisieren und Kriterien zu entwickeln, die quasi als Meßlatte bei der Bewertung anzulegen sind. Diesem Anliegen dienen auch die Leitthemensitzungen II des Geographentages. In der ersten Leitthemensitzung geht es um die Konzepte einer nachhaltigen Entwicklung und die spezifischen Beiträge, die die Geographie beizusteuern hat. Dabei sollte der Erwartungshorizont nicht zu hoch angesetzt werden. Obwohl die Geographie durch ihren integrativen Ansatz für die anstehende Aufgabe prädestiniert ist, befindet sie sich wie auch die anderen Disziplinen in der Orientierungsphase, mit dem neuen Gegenstand umzugehen. Von den vier Vorträgen soll in drei Vorträgen der fachspezifische Beitrag der Physischen Geographie und der Sozialgeographie thematisiert werden. Im vierten Vortrag wird die Konzeption einer nachhaltigen Entwicklung in den Ländern des Nordens behandelt.

Zur besseren Einordnung seien noch zwei grundsätzliche Beiträge vorangestellt: Das Modell einer nachhaltigen Entwicklung und die Konkretisierungsstufen nachhaltiger Entwicklung. In dem in Abb. 1 dargestellten Modell werden sechs Ebenen unterschieden. Die Steuerung geht von der Bevölkerungs- und Wirtschaftsentwicklung aus (I). Die anthropogenen Aktivitäten (II) werden in Sektoren unterteilt, die auf die Lithosphäre, Atmosphäre, Hydrosphäre und Biosphäre (III) einwirken und Umweltdegradierungen bzw. Umweltbelastungen (IV) hervorrufen. Zur Minimierung dieser Auswirkungen müssen geeignete Maßnahmen (V) ergriffen werden. Die Maßnahmen sind an den Grenzen einer nachhaltigen Entwicklung (VI) zu orientieren, was durch die folgenden Bewertungskriterien geschieht:
1. Die Auswirkungen anthropogener Aktivitäten müssen vorhersagbar sein.
2. Die ökologische Tragfähigkeit bzw. Belastbarkeit darf nicht überschritten werden.
3. Bei jeglicher Nutzung ist die Ressourceneffizienz in einer Langzeitperspektive zu gewährleisten.

Was die Kriterien 1 und 2 anbelangt, so existiert ein beträchtlicher Forschungsbedarf. Daraus muß aber keine Handlungsstagnation resultieren, da mit flexiblen Kriterien operiert werden kann, die jeweils dem Erkenntnisfortschritt angepaßt werden. Das Kriterium 3 knüpft an die Harmonisierung von ökologischen und ökonomischen Ansprüchen an. Eine Ressourcenschonung in der Langzeitperspektive besteht vorerst nur in der Theorie. Unter dem Aspekt der Zukunftsfähigkeit dürften Ressourcen nur in dem Umfang genutzt werden, wie sie sich im gleichen Zeitintervall wieder regenerieren oder im Kreislaufverfahren zurückgewonnen werden.

Der Maßnahmenkatalog enthält sowohl klassische Ansätze zur Lösung von Umweltproblemen als auch neuartige Wege, auf deren verstärkte Anwendung es entscheidend ankommen wird. Eine wesentliche Voraussetzung für den Erfolg ist die internationale Vernetzung. Hilfreich könnte das Prinzip der Joint Implementation sein, womit eine wesentliche Erweiterung gegenüber den bisher diskutierten Anwendungsmöglichkeiten der Emissionsreduktion gemeint ist.

Die Umsetzung nachhaltiger Entwicklung ist ein langwieriger Prozeß. Deshalb macht es Sinn, von „Konkretisierungsstufen nachhaltiger Entwicklung" zu sprechen. In Abb. 2 werden vier Stufen unterschieden, womit zugleich verdeutlicht werden soll, welch ein Bewußtseinswandel zu vollziehen ist, um von der untersten Stu-

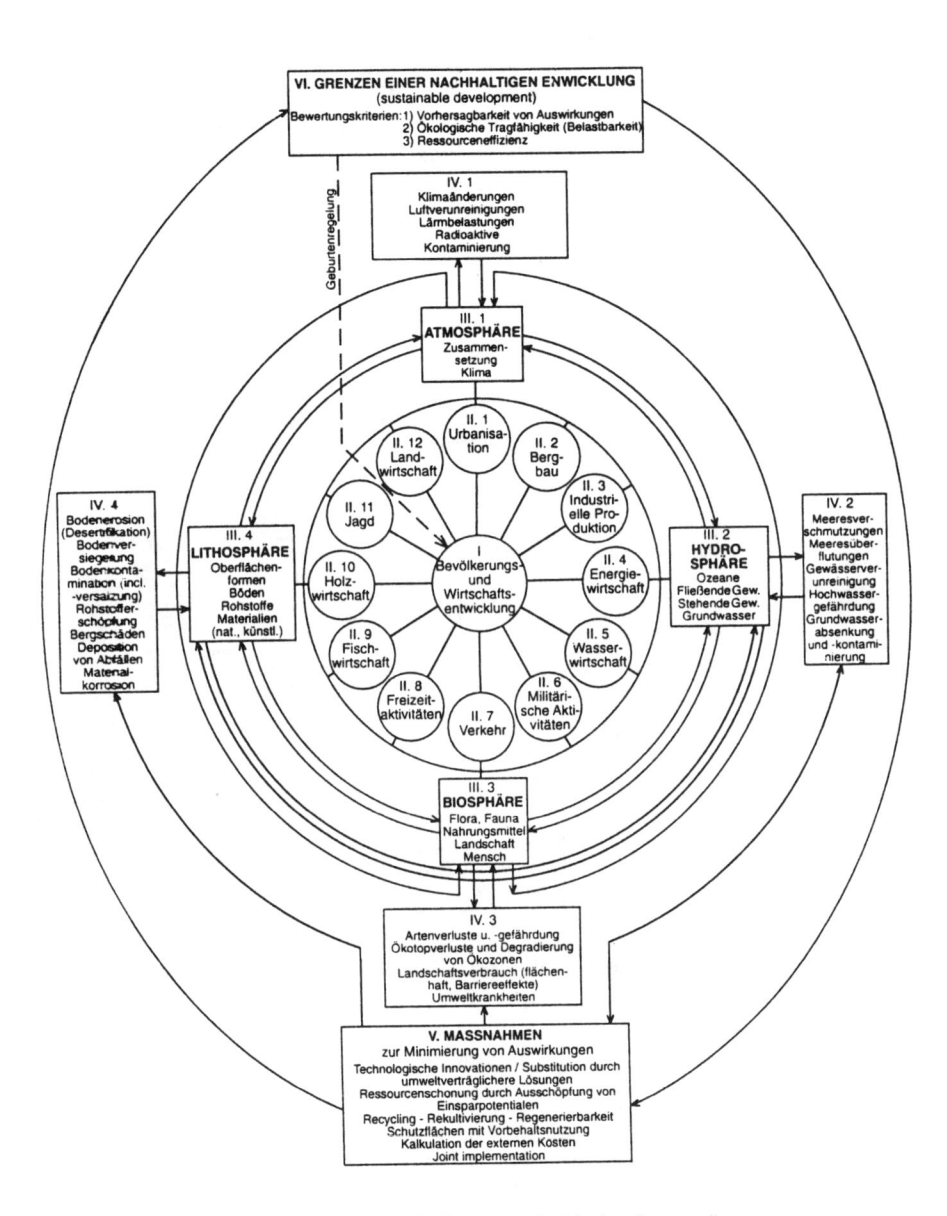

Abbildung 1: Modell einer „sustainable development"

fe zur obersten zu gelangen, nämlich von einer anthropozentrischen Sichtweise zu einer ökozentrischen Sichtweise, in der Biodiversität als ein Eigenwert angesehen wird, unabhängig von dem Nutzen für den Menschen. Mit den Konkretisierungsstufen wird ein Rahmen geliefert, wie Konzepte nachhaltiger Entwicklung anzulegen sind: nicht im Durchmarsch auf das Idealziel hin, das so utopisch erscheint, daß letztlich wegen fehlender gesellschaftlicher Akzeptanz gar nichts geschieht, sondern schrittweise. Dabei ist nicht unbedingt Gleichmarsch angesagt. Einzelne Vorreiter könnten eine Beschleunigung bewirken. Wenn die Koppelung von ökologischer, ökonomischer und sozialer Entwicklung zwischenzeitlichen Störungen unterliegen sollte, ist auch eine Rückentwicklung von einer höheren auf eine niedrigere Konkretisierungsstufe denkbar. Um dergleichen zu verhindern, kommt es auf die Vernetzung der verschiedenen Handlungsebenen an.

Stufen nachhaltiger Entwicklung	Wirtschaft Räumliche Dimension	Technologie	Gesellschaft	Philosophie
0 Trendszenario (Business as usual)	Maximierung von Produktion und Wachstum; Globalisierung	Kapitalintensiv; Fortschreitende Automatisierung	Gerechte Verteilung nicht angestrebt; Sehr begrenzter Dialog zwischen oben und unten	**Anthropozentrisch** (Ressourceninwertsetzung)
1 Schwache Ansätze nachhaltiger Entwicklung	Wachstumsorientierung unter Beachtung von Umweltkosten; Ansätze lokaler Selbstversorgung	Kapitalintensiv, partiell arbeitsintensiv; End - of - pipe	Gerechte Verteilung als marginale Forderung; Von oben nach unten gerichtete Initiativen	
2 Starke Ausrichtung auf nachhaltige Entwicklung	Wirtschaft harmonisiert mit Umweltbelangen; Verstärkte lokale Selbstversorgung	Gemischt arbeits- u. kapitalintensiv; Kreislauftechnologie	Gerechte Verteilung als Anspruch; Offener Dialog	
3 Ideale Konzeption nachhaltiger Entwicklung	Qualitatives Wachstum (Lebensqualität anstelle von Lebensstandard); Umfassende lokale Selbstversorgung	Arbeitsintensiv; Höchste Effizienz der Ressourcenschonung	Gerechte Verteilung in bezug auf die heutige Menschheit und zukünftige Generationen	(Biodiversität als Eigenwert) **Ökozentrisch**

Abbildung 2: Konkretisierungsstufen nachhaltiger Entwicklung (in Anlehnung an Baker u.a. 1997)

Literatur:

Baker, S., M. Kousis, D. Richardson u. S. Young (1997): Introduction: the theory and practice of sustainable development in EU perspective. In: Baker, S. u.a. (Hg.): The politics of sustainable development. London u. New York.
BUNR – Bundesministerium für Umwelt, Naturschutz und Reaktorsicherheit (Hg.) (1997): Schritte zu einer nachhaltigen, umweltgerechten Entwicklung. Bonn.
CEC – Commission of the European Communities (Hg.) (1992): Towards Sustainability: A European Community Programme of Policy and Action in Relation to the Environment and Sustainable Development. Brussels.
Karrasch, H. (1995): Sustainable Development – eine Herausforderung für die Geographie in Forschung und Lehre. In: HGG-Journal 9, S. 2–6.
Stadt Heidelberg (1997): Nachhaltiges Heidelberg. Für eine lebenswerte Umwelt. Heidelberg.
WCED – World Commission on Environment and Development (Hg.) (1987): Our Common Future. New York.

KONZEPTIONELLE BEGRÜNDUNG ZUR HUMAN- UND PHYSIOGEOGRAPHISCHEN BETEILIGUNG AN DER NACHHALTIGKEITSDEBATTE

Urs Wiesmann (Bern)

Bereits mit dem Brundtland-Bericht (1987) und spätestens seit dem Umweltgipfel in Rio (Robinson 1992) ist „Nachhaltige Entwicklung" zum entwicklungs- und umweltpolitischen Kernbegriff geworden. „Nachhaltigkeit" wurde in der Folge derart positiv gewertet, daß entwicklungsbezogene Publikationen, entwicklungspolitische Diskussionsforen und konkrete Projektanträge kaum darauf verzichten konnten, den Begriff zu bemühen. Die weltweit hohe Akzeptanz, die der Nachhaltigkeitsbegriff nach wie vor erfährt, bietet die nicht zu unterschätzende Chance, den Dialog zwischen gegensätzlichen entwicklungs- und umweltpolitischen Interessen und Standpunkten zu erneuern. Auf der anderen Seite birgt diese Akzeptanz aber auch die akute Gefahr, daß das weitgehend diffus gebliebene Konzept der „nachhaltigen Entwicklung" zur politischen Leerformel wird, in deren Schutz sich verschiedenste Partikularinteressen politisch und wirtschaftlich durchzusetzen versuchen. Diese Gefahr gründet u.a. darin, daß die Nachhaltigkeitsdebatte die Kluft zwischen umfassendem Anspruch und konkreter Operationalisierung bisher nur begrenzt überbrücken konnte, was inzwischen zu einem Abklingen der Euphorie der frühen 90er Jahre geführt hat.

Dem vorliegenden Beitrag liegt die These zugrunde, daß die Kluft zwischen Anspruch und Operationalisierung u.a. darin begründet ist, daß der Gehalt der normativen Dimension von Nachhaltigkeit und deren Implikationen in der bisherigen Debatte zuwenig explizit thematisiert worden sind. Entsprechend konzentriert sich der Beitrag nicht auf die Diskussion zu Strategien nachhaltiger Entwicklung (vgl. dazu etwa Bätzing 1993; Noppeney/Rüling 1992; Harborth 1991; IUCN u.a. 1991), sondern auf definitorische und konzeptionelle Aspekte unter besonderer Berücksichtigung der ökologischen Dimension von Nachhaltigkeit. Die kurz gefaßten Überlegungen dazu, die weitgehend auf der ausführlicheren Diskussion in Wiesmann (1995, 1997) beruhen, werden es erlauben, die Bedeutung human- und physiogeographischer Beteiligung an der Nachhaltigkeitsdebatte anzusprechen und zu begründen.

1. Fragen aufgrund des normativen Charakters von Nachhaltigkeit

In der aktuellen Diskussion herrscht weitgehend Einigkeit darüber, daß Nachhaltigkeit ein normatives Konzept repräsentiert (vgl. etwa Hammer 1995), was bedeutet, daß es mit Wertsetzungen bzw. Soll-Werten verbunden ist. Soll-Werte sind aber immer gesellschaftliche Setzungen, das heißt, sie lassen sich nicht aus Ist-Werten ableiten, worauf bereits David Hume (1906) mit dem „naturalistischen Fehlschluß" (zit. nach einer Übersetzung von Lipps) hingewiesen hat. Damit stellt sich eine *erste Frage: Wer bzw. welche Gesellschaft setzt die Soll-Werte nachhaltiger Entwicklung und welches sind die entsprechenden Wertungsdimensionen?*

Aufgrund seines normativen Charakters zielt das Konzept der nachhaltigen Entwicklung nicht auf Zustands-, sondern auf Werterhaltung. Dabei wird diese Werterhaltung seit dem Brundtland-Bericht (1987) in Bezug zu „zukünftigen Generationen" gesetzt, was konsequenterweise aber bedeutet, daß sich Nachhaltigkeit auf die Werte dieser „zukünftigen Generationen" beziehen müßte. Damit stellt sich eine *zweite Frage: Wie können heute zukünftige Werte und Wertungsdimensionen nachhaltiger Entwicklung antizipiert werden?*

Wenn sich Nachhaltigkeit auf Werterhaltung bezieht, so ist eine Entwicklung dann nachhaltig, wenn sich die entsprechenden Zustandsveränderungen nicht als negative Werteveränderungen auf den zugrundeliegenden Wertungsdimensionen niederschlagen. Das Konzept nachhaltiger Entwicklung bedingt also die Kombination eines Ist- bzw. Wirkungsfokus und eines Soll- bzw. Wertungsfokus. Damit stellt sich eine *dritte Frage: Wie kann die notwendige Kombination von Ist- und Sollbetrachtung erreicht werden und welche Rollen kommen dabei verschiedenen Akteurkategorien – insbesondere auch wissenschaftlichen Akteuren – zu?*

Die Bearbeitung dieser drei Fragen, die sich aus dem normativen Charakter von Nachhaltigkeit ergeben, ist entscheidend für die Konkretisierung und Operationalisierung des Konzeptes nachhaltiger Entwicklung. Bevor wir im folgenden die drei Fragen kurz diskutieren, möchten wir vorerst begründen, weshalb wir diese Diskussion auf die ökologische Dimension nachhaltiger Entwicklung eingrenzen.

2. Das Ungleichgewicht der Wertungsdimensionen nachhaltiger Entwicklung

Wie erwähnt, ist der Begriff der Nachhaltigkeit erst im Zusammenhang mit der gesellschaftlichen Wertung von Sachverhalten sinnvoll und bezieht sich auf die langfristige Erhaltung von Soll-Werten der entsprechenden Wertungsdimensionen. Bezüglich des Konzeptes der „nachhaltigen Entwicklung" besteht inzwischen weitgehend Konsens darüber, daß es die drei generellen Wertungsdimensionen der wirtschaftlichen, soziokulturellen und ökologischen Nachhaltigkeit umfaßt (vgl. etwa Bätzing 1993; Arts 1994; Messerli 1994; Hammer 1995; Wiesmann 1995). Diese drei Dimensionen werden etwa als das „magische Dreieck" nachhaltiger Entwicklung bezeichnet (s. Abb. 1).

Der im „magischen Dreieck" abgebildete Konsens zum Konzept der nachhaltigen Entwicklung ist aber mit grundsätzlichen Konkretisierungs- und Operationalisierungsproblemen verbunden:

Da sich der Begriff der Nachhaltigkeit auf die Erhaltung von Soll-Werten bezieht, folgt, daß die Aussagekraft, Eindeutigkeit und Operationalisierbarkeit von nachhaltiger Entwicklung von der Klarheit, Erfaßbarkeit und gesellschaftlich-politischen Verhandelbarkeit der mit ihr verbundenen Werte und Wertungsdimensionen abhängig ist. Diese Klarheit, Erfaßbarkeit und Verhandelbarkeit ist im magischen Dreieck aber nicht gegeben. Dies ändert sich auch dann kaum, wenn die Werte betrachtet werden, die in der Nachhaltigkeitsdebatte etwa mit den drei genannten Wertungsdimensionen in Verbindung gebracht werden (beispielsweise materielle Existenzsicherung, wirtschaftliche und kulturelle Entwicklungs- und Entfaltungsmöglichkeiten, geistige, kulturelle und politische Vielfalt, ökologische Stabilität, Funktions- oder Regenerationsfähigkeit etc.). Die ungenügende Auseinandersetzung um die konkreten Inhalte der Wertungsdimensionen im magischen Dreieck erklärt, weshalb nachhaltige Entwicklung ein kaum operationalisierbares Konzept geblieben ist.

Wertungs- und Wirkungsfokus im 'magischen Dreieck' nachhaltiger Entwicklung

Wirtschaft — Wirtschaftliche Nachhaltigkeit

Gesellschaft — Soziokulturelle Nachhaltigkeit

Raumnutzung

Umwelt — Ökologische Nachhaltigkeit

Legende:

◄▪▪▪► Wertungsfokus (Soll-Betrachtung): Zielkonflikte und -konvergenzen nachhaltiger Entwicklung

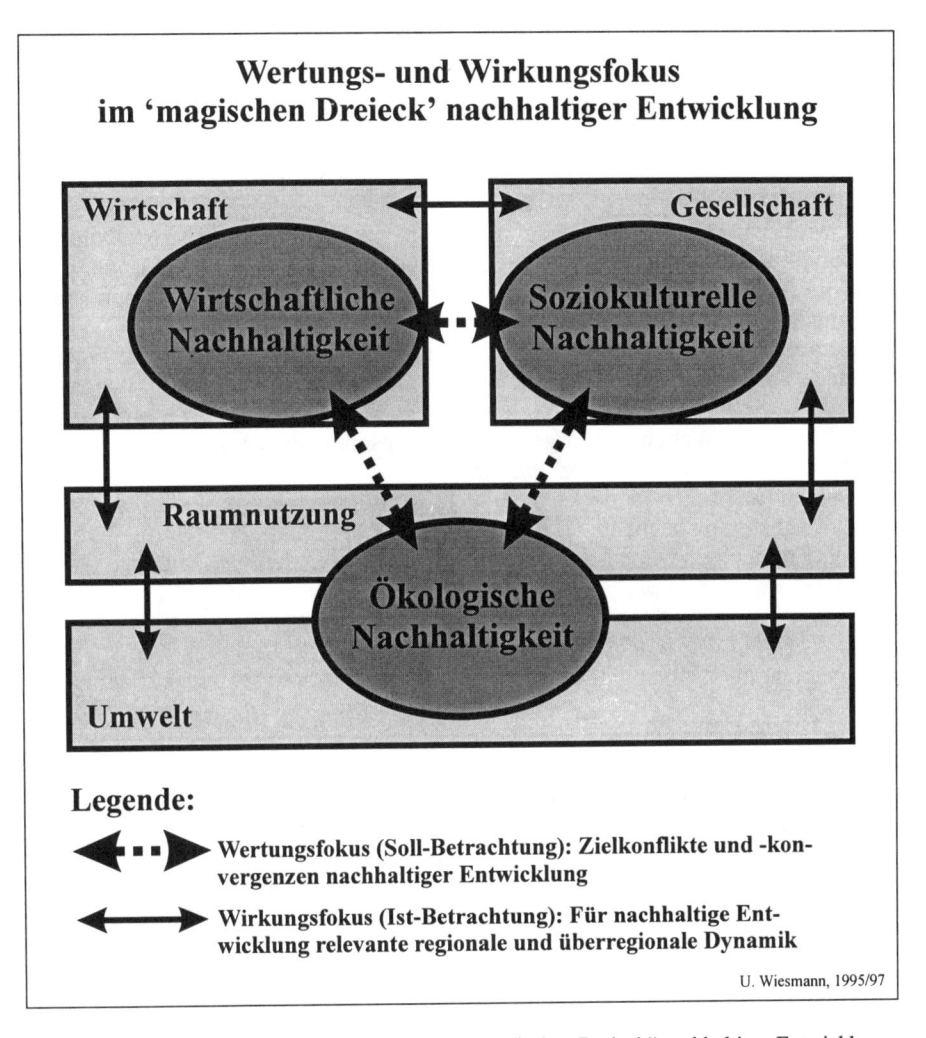

◄────► Wirkungsfokus (Ist-Betrachtung): Für nachhaltige Entwicklung relevante regionale und überregionale Dynamik

U. Wiesmann, 1995/97

Abbildung 1: Wertungs- und Wirkungsfokus im „magischen Dreieck" nachhaltiger Entwicklung

Darüber hinaus weist die Abb. 1 auf Zusammenhänge hin, die zu einem zweiten, noch gravierenderen Problem führen: Die Soll-Werte nachhaltiger Entwicklung lassen sich zwar einzeln bewerten und verhandeln (= Wertungsfokus), die ihnen zugrundeliegenden Ist-Zustände verändern sich hingegen nicht unabhängig voneinander, da sie in den Wirkungskontext von Mensch-Umwelt-Systemen eingebunden sind (= Wirkungsfokus). Dies bedeutet, daß Versuche, eine der Wertungsdimensionen im Sinne nachhaltiger Entwicklung zu beeinflussen, sich ebenfalls in Werteveränderungen der übrigen Dimensionen niederschlagen. Problematisch ist dabei, daß diese Wirkungen in der Regel nicht zu gleichgerichteten Werteveränderungen führen, sondern daß sich positive und negative Veränderungen auf den Wertungsdimensionen nachhaltiger Entwicklung gegenüberstehen. Aus dieser konfliktuösen Situation folgt zwingend, daß Entwicklung immer nur graduell nachhaltig sein kann und daß es *die* nachhaltige Entwicklung nicht gibt. Dies bedeutet aber, daß immer mehrere Möglichkeiten graduell nachhaltiger Entwicklungen gegeneinander abgewogen werden müssen.

Dieses Abwägen impliziert politisch-gesellschaftliche Prozesse der Konsensfindung, in deren Verlauf sich unterschiedliche Interessen bezüglich der gewünschten wirtschaftlichen, gesellschaftlichen und ökologischen Entwicklung artikulieren müssen. Welche der graduell nachhaltigen Entwicklungsmöglichkeiten dabei gewählt wird, ist insbesondere abhängig von Macht- und Interessenkonstellationen, von der Meßbarkeit und Sensitivität der verschiedenen Wertungsdimensionen sowie vom Steuerungspotential bezüglich der Soll-Werte. Es läßt sich nachweisen (Wiesmann 1995, S. 10ff.), daß die Wertungsdimensionen der soziokulturellen und insbesondere der ökologischen Nachhaltigkeit auf all diesen Ebenen entscheidende Nachteile aufweisen. Dies bedeutet, daß im magischen Dreieck ein gravierendes Ungleichgewicht zwischen den Wertungsdimensionen angelegt ist, das im notwendigen Prozeß zur Wahl nachhaltiger Entwicklungsoptionen u.a. zu einer Marginalisierung der ökologischen Dimension führt.

Der im magischen Dreieck abgebildete Konsens erschwert also nicht nur die Operationalisierung nachhaltiger Entwicklung, sondern führt letztlich zur Vernachlässigung derjenigen Dimension, die den Ausgangspunkt der Nachhaltigkeitsdebatte bildete.

3. Nachhaltige Nutzung natürlicher Ressourcen als zentrale Herausforderung

Die kurz umrissenen Grundsatzprobleme, die im generellen Konsens zu nachhaltiger Entwicklung angelegt sind, bedeuten, daß der Bearbeitung und Konkretisierung der ökologischen Nachhaltigkeit zentrale Bedeutung zukommt, falls der Sinnentleerung des Nachhaltigkeitskonzeptes entgegengewirkt werden soll.

Mit der ökologischen Nachhaltigkeit wird nun aber – wie generell im Konzept der nachhaltigen Entwicklung – eine Perspektive auf anthropogene Veränderungen eingenommen. Das heißt, es stehen nicht primär natürliche ökologische Veränderungen und Schwankungen zur Diskussion, sondern anthropogene ökologische Veränderungen (= Wirkungsfokus) und deren Beurteilung auf allfälligen Wertungsdimensionen ökologischer Nachhaltigkeit (= Wertungsfokus). Anthropogene ökologische Veränderungen beruhen auf der direkten oder indirekten, beabsichtigten oder unbeabsichtigten Nutzung natürlicher Ressourcen. Für die ökologische Nachhaltigkeit sind also Ressourcennutzungen entscheidend. Um ökologisch nachhaltig zu sein, müssen die Ressourcennutzungen so gestaltet werden, daß allfällige Soll-Werte auf ökologischen Wertungsdimensionen langfristig erhalten werden können. Die ökologische Dimension nachhaltiger Entwicklung bezieht sich somit auf nachhaltige Ressourcennutzung.

Ressourcennutzungen erfolgen räumlich konkret und die Art und der Grad ihrer ökologischen Auswirkungen sind abhängig von der konkreten Ausprägung der betroffenen Ökosysteme. Damit sind die ökologischen Auswirkungen ebenfalls räumlich verortbar, auch wenn sich – aufgrund ökologischer Prozesse und Wechselwirkungen – der Raum der Ressourcennutzungen und derjenige der ökologischen Wirkungen nicht unbedingt decken. Da damit die ökologischen Auswirkungen von Raumnutzungen erst im konkreten räumlich-ökologischen Kontext ansprechbar und erfaßbar werden, müssen auch Maßnahmen zur Hebung der Nachhaltigkeit von Ressourcennutzungen in konkreten Raumkontexten ansetzen. Dies gilt auch für indirekte Maßnahmen, wie beispielsweise umweltökonomische Ansätze, die so konzipiert werden müssen, daß sie die relevanten Akteure im entsprechenden Raumkontext betreffen (vgl. dazu u.a. Perich 1993).

Aus diesen Überlegungen folgt, daß sich die Bearbeitung der ökologischen Nachhaltigkeit auf die Frage nach der nachhaltigen Nutzung natürlicher Ressourcen im konkreten räumlichen Kontext bezieht. Die Bearbeitung dieser Frage stellt damit eine zentrale Herausforderung beim Versuch der Konkretisierung des Konzeptes der nachhaltigen Entwicklung dar. Entsprechend beschränken sich die nachfolgenden Überlegungen auf diese zentrale Herausforderung.

4. Wertungsdimensionen nachhaltiger Ressourcennutzung

Nachdem wir die Eingrenzung unserer Überlegungen auf nachhaltige Ressourcennutzung als einem der Kernaspekte nachhaltiger Entwicklung begründet haben, können wir uns der Diskussion der eingangs aufgeworfenen Fragen zuwenden (vgl. Abschnitt 1). Die erste Frage bezieht sich dabei auf den gesellschaftlichen Bezugsrahmen und die Wertungsdimensionen von Soll-Werten nachhaltiger Ressourcennutzung. Das heißt, es geht um die Frage, welche Gesellschaft anthropogene Veränderungen von „Natur" wertet und welche Aspekte von „Natur" dabei gewertet werden.

Wenn wir uns vorerst der Suche nach sinnvollen Wertungsdimensionen von „Natur" zuwenden, so muß festhalten werden, daß sich häufig in diesem Kontext verwendete Begriffe wie „ökologisches System" oder „natürliche Ressourcen" kaum zur Umschreibung und Eingrenzung der gesuchten Wertungsdimensionen eignen. Im Falle des „ökologischen Systems", das als Umschreibung der Gesamtheit aller Erscheinungsformen, Eigenschaften und Beziehungen in der Natur aufgefaßt werden kann, ist dies offensichtlich: Der Begriff bezeichnet weder gewertete Natur noch umschreibt er eine limitierte und damit gesellschaftlich verhandelbare Menge von Aspekten, womit ihm zwar im Wirkungs- nicht aber im Wertungsfokus von Nachhaltigkeit Bedeutung zukommt. Im Falle der „natürlichen Ressourcen" ist es etwas weniger offensichtlich, daß sie als Umschreibung der gesuchten Wertungsdimensionen ungeeignet sind, denn Ressourcen bezeichnen gewertete Natur. Das Problem liegt aber darin, daß der gesellschaftliche Bezugsrahmen dieser Wertung unklar bleibt und zwar, weil mit der Verwendung des Begriffes meist implizite Annahmen mitschwingen: Entweder wird angenommen, daß Ressourcen gegebene Eigenschaften von Natur sind, was einem „naturalistischen Fehlschluß" (vgl. oben) gleichkommt, oder es wird implizit die Wertung der gesellschaftlichen Einbindung der abklärenden Akteure – u.a. wissenschaftlicher Akteure – zugrunde gelegt. Dies bedeutet, daß „natürliche Ressourcen" entweder die Gesamtheit aller in Vergangenheit, Gegenwart und Zukunft durch die Menschheit nutzbaren oder als wertvoll bewerteten Komponenten von Natur umfassen, oder daß sie implizit die Wertung einer spezifischen – z.B. westlich-industriellen – Gesellschaft umschreiben. Im ersten Fall sind „natürliche Ressourcen" weder faß- noch verhandelbar und im zweiten Fall wird einem bestimmten gesellschaftlichen Wertungskontext implizit Priorität gegenüber anderen Kontexten eingeräumt.

Diese kurz umrissenen Überlegungen zur begrifflichen Referenz des Wertungsfokus nachhaltiger Ressourcennutzung belegen, weshalb die Diskussion um den Gehalt der ökologische Dimension nachhaltiger Entwicklung kaum vorankommt: Entweder ist sie auf die Expertenebene delegiert oder sie ist in einem „naturalistischen Fehlschluß" gefangen.

Um den geschilderten Problemen zu entrinnen und den normativen Gehalt ökologischer Nachhaltigkeit gesellschaftlich-politisch explizit und verhandelbar zu machen, bietet es sich an, auf den geographischen Begriff des „Naturpotentials" zurückzugreifen. In Anlehnung an Haase (1978) und Graf (1980) bezeichnen Naturpotentiale die Gesamtheit der durch eine bestimmte Gesellschaft zu einem bestimmten Zeitpunkt als nutzbar oder wertvoll bewerteten Komponenten von Natur. Der Begriff bezieht sich also auf gewertete Natur und weist einen konkreten gesellschaftlichen Bezug auf, womit Naturpotentiale als Wertungsdimensionen nachhaltiger Ressourcennutzung geeignet erscheinen (für eine eingehendere Diskussion vgl. Wiesmann 1995).

Dem möglichen Einwand, mit Naturpotentialen würde eine eingeschränkte Perspektive zur ökologischen Nachhaltigkeit eingenommen, muß entgegengehalten werden, daß mit dem Begriff nicht der Wirkungs-, sondern der bisher vernachlässigte Wertungsfokus umschrieben wird. Zudem kann festgehalten werden, daß die oben gegebene Begriffsumschreibung zu Naturpotentialen ein breites Spektrum an Wertungen von Natur impliziert. Um diese Wertungsvielfalt hervorzuheben und zu strukturieren, schlagen wir vor, in der Nachhaltigkeitsdebatte zwischen vier allgemeinen Typen von Naturpotentialen zu unterscheiden (zu einer ausführlicheren Begründung und Illustration vgl. Wiesmann 1995, S. 16ff.):

1. Produktionsorientierte Naturpotentiale, die sich auf das materielle Wohlbefinden beziehen (Beispiele: Bodenfruchtbarkeit, erneuerbare Energiequellen);
2. Physiologisch orientierte Naturpotentiale, die sich auf das physische Wohlbefinden beziehen (Beispiele: Luft- und Trinkwasserqualität, Naturgefahren);
3. Soziokulturelle Naturpotentiale, die sich am psycho-sozialen Wohlbefinden orientieren (Beispiele: religiöse und kulturhistorische Naturwerte, landschaftsästhetische Werte);
4. Eigenwerte von Natur, die sich nicht direkt an der Bedeutung für den Menschen orientieren, sondern die als ethisch begründete Werte Aspekten von Natur zugeordnet werden (Beispiel: Existenzrecht für Pflanzen- und Tierarten).

5. Definition zu nachhaltiger Ressourcennutzung im regionalen Kontext

Mit dem Konzept der Naturpotentiale, das die oben erwähnten vier Typen von Wertungen einschließt, sind sinnvolle Wertungsdimensionen für nachhaltige Ressourcennutzung gefunden worden. Dies insbesondere, weil Naturpotentiale gewertete Natur bezeichnen und einen klaren gesellschaftlichen Bezug aufweisen. Vor diesem Hintergrund wären Ressourcennutzungen dann nachhaltig, wenn sie nicht zu negativen Veränderungen von Naturpotentialen führen.

Diese vorläufige Definition zu nachhaltiger Ressourcennutzung ist aber noch zu unpräzise, denn sie sagt nichts darüber aus, *welcher* gesellschaftliche Bezugsrahmen für die in den Naturpotentialen enthaltenen Wertungen beigezogen werden soll. Da Ressourcennutzungen einen konkreten räumlichen Bezug aufweisen (siehe Abschnitt 3), sind im entsprechenden Kontext mindestens zwei gesellschaftliche Wertungsbezüge von Bedeutung, die sich bezüglich der Wertung von Natur unterscheiden. Dies bedeutet, daß in einem konkreten räumlichen Kontext mindestens zwei Typen von Naturpotentialen zu differenzieren sind, nämlich derjenige, der die Wertungen betroffener lokaler Gesellschaften repräsentiert, und derjenigen, der von relevanten externen Akteuren vertreten wird und in der Regel naturwissenschaftlich und westlich-postindustriell geprägte Wertungen repräsentiert. Die Differenz zwischen diesen beiden Wertungsbezügen und entsprechenden Naturpotentialen kann je nach betrachtetem Kontext größer oder kleiner sein. Sie besteht aber immer – wenn nicht in den Einzelwertungen, dann mindestens in deren Gewichtung – und in keinem Fall stellt der eine Typ von Naturpotentialen lediglich eine Teilmenge des anderen Typs dar (zu einer eingehenderen Begründung vgl. Wiesmann 1995, S. 15ff.).

Auf diesem Hintergrund drängt es sich auf, die beiden Typen von Naturpotentialen begrifflich zu differenzieren. Wir schlagen vor, die durch die betroffene lokale Gesellschaft vorgenommenen Wertungen von Natur als *spezifisches Naturpotential* und die entsprechenden externen Wertungen als *generelles Naturpotential* zu bezeichnen. Mit dem Attribut „spezifisch" wird die je partikuläre gesellschaftlich-kulturelle Situation hervorgehoben, während das Attribut „generell" unterstreicht, daß die naturwissenschaftlich-technische und westlich-(post-)industrielle Perzeption und Wertung von Naturkomponenten weltweit von Entscheidungsträgern und Eliten mindestens teilweise adaptiert worden ist. Auch wenn damit das generelle Naturpotential im realen Kontext oft machtvoller vertreten wird, ist das spezifische nicht dem generellen Naturpotential untergeordnet, denn beide sind prinzipiell auf gleichem Niveau, da sie beide gesellschaftlich gebunden sind.

Angesichts der gesellschaftlichen Differenzierung von Naturpotentialen stellt sich nun die Frage, ob das spezifische oder das generelle Naturpotential Bezugsgröße zur Beurteilung der ökologischen Nachhaltigkeit von Ressourcennutzungen sein soll. Für beide Varianten lassen sich Argumente finden, und gleichzeitig läßt sich nachweisen, daß beide zu kurz greifen: Spezifisches und generelles Naturpotential sind Wertungsbezüge der Gegenwart und werden sich in Zukunft parallel zum ökonomischen, sozialen, kulturellen, technischen, wissenschaftlichen und ethischen Wandel verändern. Damit stellt sich die eingangs begründete zweite Frage nach der Antizipation zukünftiger Werte und Wertungsdimensionen (siehe Abschnitt 1).

Da sich der zukünftige Wertewandel nicht prognostizieren läßt, schlagen wir vor, das Problem dadurch anzugehen, daß das spezifische *und* das generelle Naturpotential als Wertungsdimensionen nachhaltiger Ressourcennutzung beigezogen werden. Durch die *Und-Bedingung* wird ein breites Wertungsfeld aufgespannt, das mit höherer Wahrscheinlichkeit zukünftige Wertungsdimensionen enthält, als wenn lediglich das spezifische oder – was in der Praxis häufiger ist – das generelle Naturpotential zur Beurteilung des Nachhaltigkeitsgrades von Ressourcennutzungen beigezogen würde. Im weiteren spricht die Möglichkeit zur expliziten Auseinandersetzung zwischen lokaler Gesellschaft und intervenierenden externen Akteuren für die Berücksichtigung beider Typen von Naturpotentialen.

Vor dem Hintergrund dieser Überlegungen kann nun ein Versuch zur Definition nachhaltiger Ressourcennutzung unternommen werden, wenn zusätzlich berücksichtigt wird, daß Ressourcennutzungen raumübergreifende Wirkungen auslösen können (vgl. auch Abschnitt 3):

Definition (1): Ressourcennutzung in einem räumlich-regionalen Kontext kann dann als nachhaltig bezeichnet werden, wenn die Ressourcennutzung langfristig weder innerhalb noch außerhalb dieses Kontextes zu negativen Werteverschiebungen auf den Wertungsdimensionen der spezifischen und generellen Naturpotentiale führt.

Gemäß Foy/Daly (1989) ist damit eine „starke Nachhaltigkeit" umschrieben, denn die gegebene Definition verlangt Werterhaltung auf allen relevanten Wertungsdimensionen, womit die Substitution zwischen negativen und positiven Werteveränderungen ausgeschlossen wird. Dies ist aber eine unrealistische Forderung, denn jede Ressourcennutzung wird in mindestens einer Wertungsdimension aus den spezifischen und generellen Naturpotentialen zu negativ bewerteten Veränderungen führen. Dies bedeutet, daß nicht Nachhaltigkeit an sich, sondern der *Grad* der Nachhaltigkeit von Ressourcennutzungen definiert werden muß, was im Sinne der „schwachen Nachhaltigkeit" (Foy/Daly) das Einschließen von Wertesubstitution impliziert. Damit ergibt sich eine zweite Definition, die sich auf den Nachhaltigkeitsgrad von Ressourcennutzungen bezieht:

Definition (2): Der Grad der Nachhaltigkeit von Ressourcennutzungen in einem regionalen Kontext wird bestimmt durch den gesellschaftlich ausgehandelten Akzeptanzgrad der Bilanz von negativen und positiven Werteverschiebungen auf den Wertungsdimensionen der spezifischen und generellen Naturpotentiale.

6. Strukturmodell zur nachhaltigen Ressourcennutzung im regionalen Kontext

Mit den Definitionen zu nachhaltiger Ressourcennutzung und zum Nachhaltigkeitsgrad von Ressourcennutzungen haben wir uns auf die Ebene des Wertungsfokus bezogen. In Bezug auf die Operationalisierung des Nachhaltigkeitskonzeptes impliziert dieser Fokus Aushandlungsprozesse zwischen regionsinternen und -externen Sichten und Wertungen zu Ressourcennutzungen und Naturpotentialen (vgl. dazu auch CDE 1995). Zur Ermittlung des Nachhaltigkeitsgrades von Ressourcennutzungen sind diese Aushandlungsprozesse zwar notwendig, aber keineswegs hinreichend, denn sie setzen eine prospektive Abschätzung von nutzungsbedingten Veränderungen derjenigen Komponenten von Natur voraus, die in den Naturpotentialen bewertet werden. Dies bedeutet, daß der den Definitionen zugrundeliegende Wertungsfokus (Soll-Betrachtung) mit einem Wirkungsfokus (Ist-Betrachtung) kombiniert werden muß, um den Grad nachhaltiger Ressourcennutzung in einem konkreten Kontext ansprechen zu können. Dies entspricht der eingangs begründeten dritten Frage (vgl. Abschnitt 1).

Die Grundzüge der Verbindung zwischen Wertungs- und Wirkungsfokus sind in Abb. 2 dargestellt, womit sich ein Strukturmodell zum Konzept nachhaltiger Ressourcennutzung in einem konkreten Kontext ergibt: Der zentrale Ausgangspunkt des Wirkungsfokus ist das Raumnutzungssystem des betrachteten räumlichen Kontextes. Das Raumnutzungssystem ist in ein dynamisches sozioökonomisches und soziokulturelles System eingebunden und umfaßt alle menschlichen Aktivitäten, die, beabsichtigt oder unbeabsichtigt, Wirkungen auf Komponenten des ökologischen Systems ausüben. In Abhängigkeit der konkreten Charakteristika der betroffenen ökologischen Systeme greifen die aktuellen und zukünftigen Ressourcennutzungen des Raumnutzungssystems in ökologische Prozesse und Muster ein und lösen innerhalb und außerhalb des betrachteten räumlichen Kontextes ökologische Verände-

Heuristisches Strukturmodell zum Konzept nachhaltiger Ressourcennutzung im regionalen Kontext

Region

Raumnutzungssystem
Aktivitäten, die natürliche Ressourcen nutzen.
Grad der Differenzierung in Zeit und Raum.
Verhältnis von produzierenden und reproduzierenden Aktivitäten.

Spezifisches Naturpotential
Spezifische Perzeption und Bewertung von Potentialen & Limitierungen von Komponenten des ökologischen Systems durch die lokale Gesellschaft und lokale Akteure.
I.d.R. integralere Wertung der vier Typen als im generellen Naturpotential.

Generelles Naturpotential
Wissenschaftlich-technische Wertung und Gewichtung von vier Typen von Potentialen:
(1) Produktionsorientiertes &
(2) Physiologisch orientiertes Naturpotential,
(3) Soziokulturelle Werte,
(4) Ethisch begründeter Eigenwert von Natur

Regions-externe generelle & spezifische Naturpotentiale

Ökologisches System
Ökologische Muster und Prozesse.
Natürliche Variabilität in Zeit und Raum.
Pufferkapazität bezüglich anthropogener Einflüsse.
Regionsübergreifende Prozessräume.

Legende:

⬌ Wertungsfokus (Soll-Betrachtung): Gesellschaftsspezifische Wertung und Gewichtung natürlicher Komponenten.

⬌ Wirkungsfokus (Ist-Betrachtung): Physische Prozesse und ökologische Auswirkungen von Aktivitäten; gesellschaftliche Prozesse.

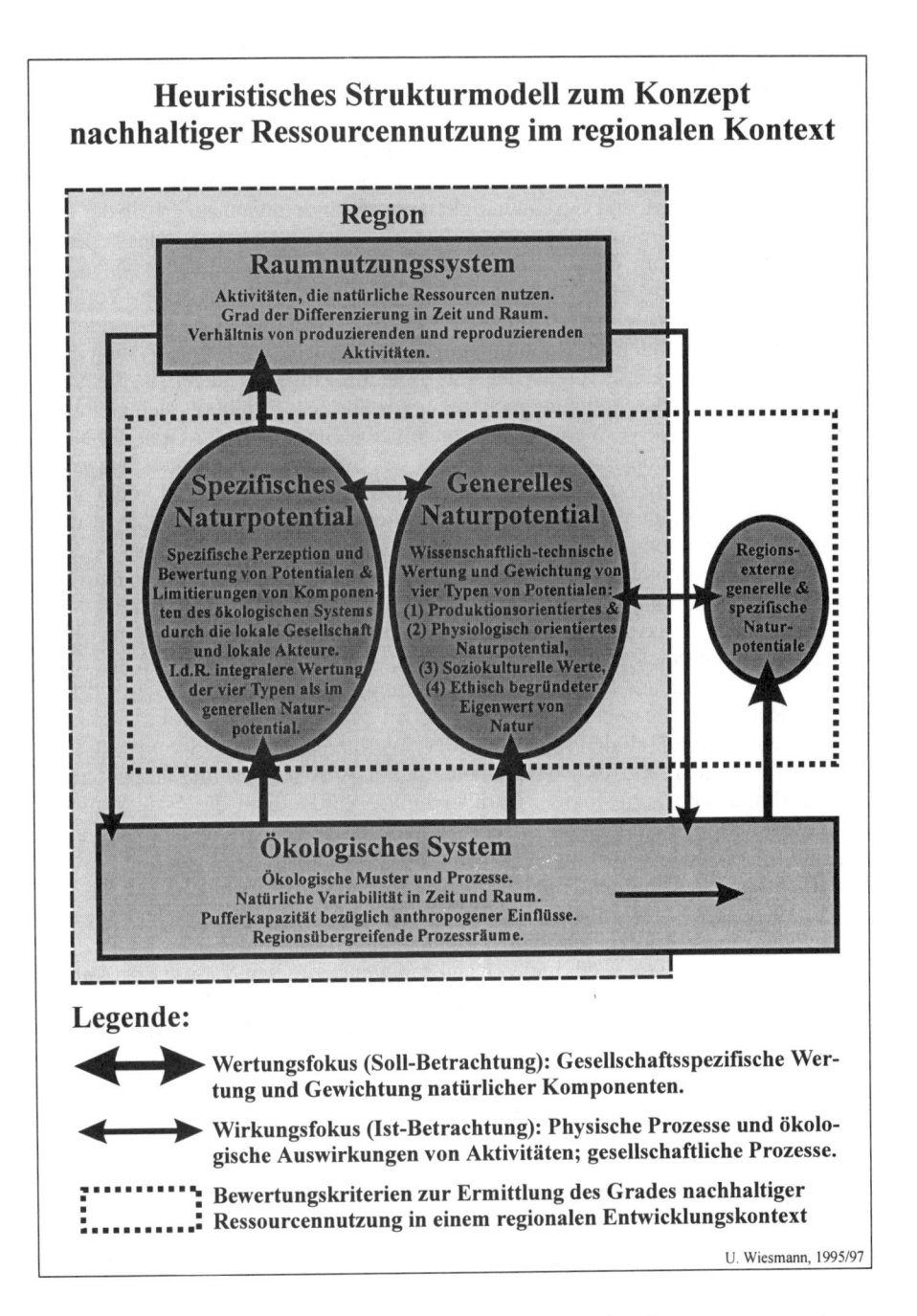

⌐ ⌐ Bewertungskriterien zur Ermittlung des Grades nachhaltiger Ressourcennutzung in einem regionalen Entwicklungskontext

U. Wiesmann, 1995/97

Abbildung 2: Heuristisches Strukturmodell zum Konzept nachhaltiger Ressourcennutzung im regionalen Kontext

rungen aus. Eine Teilmenge dieser ökologischen Veränderungen wird durch die innerhalb und außerhalb des regionalen Kontextes betroffenen Bevölkerungen und/ oder durch externe Expertise wahrgenommen und gewertet. Ob sich die Veränderungen dabei als positive oder negative Werteverschiebungen in den entsprechenden spezifischen und generellen Naturpotentialen niederschlagen, hängt davon ab, ob entsprechende Wertungsdimensionen in den Naturpotentialen enthalten sind und ob die Größenordnung und Geschwindigkeit der Veränderungen außerhalb der üblichen Schwankungsbreite der bewerteten Naturkomponenten liegen. Dies bedeutet, daß der Übergang vom Wirkungsfokus (Wirkungen des Raumnutzungssystems im ökologischen System) zum Wertungsfokus (Wertung der ökologischen Veränderungen in den Naturpotentialen) mit einer Selektion und Gewichtung verbunden ist. Falls sich die Wirkungen des Raumnutzungssystems im ökologischen System dabei in negativen Werteveränderungen der Naturpotentiale niederschlagen, ist die Nachhaltigkeit der Ressourcennutzung nicht mehr gewährleistet, und falls sich gleichzeitig positive und negative Werteveränderungen einstellen, kann der Grad der Nachhaltigkeit von Ressourcennutzung aufgrund des Substitutionsprinzipes ausgehandelt werden. Negative Veränderungen im spezifischen Naturpotential können sich zudem in Anpassungen im Raumnutzungssystem niederschlagen, während diese direkte Rückkoppelung aus dem generellen Naturpotential und aus regionsexternen spezifischen Naturpotentialen nicht gegeben ist, sondern allenfalls indirekt über Prozesse im sozioökonomischen und soziokulturellen System erfolgen kann.

Diese kurz umrissenen Grundzüge des Strukturmodells zeigen, daß das Konzept der nachhaltigen Ressourcennutzung einen unvollständigen, offenen und dynamischen Regelkreis aus Wirkungs- und Wertungsfokus abbildet: Die Auswirkungen des Raumnutzungssystems im ökologischen System (Wirkungsfokus) schlagen sich in den Naturpotentialen selektiv nieder (Wertungsfokus) und können im Falle des regionsinternen spezifischen Naturpotentials zu Anpassungen im Raumnutzungssystem führen (Wirkungsfokus). Darüber hinaus verdeutlicht das Strukturmodell auch die Position, die mit dem Konzept zur nachhaltigen Ressourcennutzung in der Nachhaltigkeitsdiskussion eingenommen wird. Diese Position läßt sich mit folgenden Stichworten zusammenfassen (vgl. auch Wiesmann 1995, S. 23ff.):

1. Das Konzept zur Nachhaltigkeit von Ressourcennutzungen betrachtet gewertete Natur in einem dynamischen Wirkungskontext.
2. Die Wertungen von Natur und von anthropogen bedingten Naturveränderungen weisen einen expliziten gesellschaftlichen Bezugsrahmen auf.
3. Durch den konkreten räumlichen Bezug erhalten die gesellschaftlichen Wertungen einen hohen Konkretisierungsgrad.
4. Überregionale und globale Bezüge zur räumlich konkreten Nachhaltigkeit von Ressourcennutzungen werden hergestellt.

7. Grundzüge eines Ansatzes zur Evaluation nachhaltiger Ressourcennutzung

Die Bearbeitung der eingangs formulierten drei Fragen (vgl. Abschnitt 1) hat zu einer konzeptionellen Konkretisierung nachhaltiger Ressourcennutzung in Form des vorgestellten Strukturmodelles geführt. Unsere Überlegungen zielten dabei aber nicht lediglich auf theoretisch-konzeptionelle Klärung, sondern sie orientierten sich am Anwendungsanspruch, der drohenden Marginalisierung und Sinnentleerung der ökologischen Dimension nachhaltiger Entwicklung entgegenzuwirken (vgl. Abschnitt

2). Mit diesem Anspruch ist die Frage nach dem Beitrag des entwickelten Konzeptes zur Operationalisierungsdiskussion aufgeworfen. Wie oben begründet, mißt sich dieser Beitrag in erster Linie daran, ob es gelingt, die ökologische Dimension in die Diskussion um nachhaltige Entwicklung explizit einzubringen und verhandelbar zu machen. Dies setzt voraus, daß der Grad ökologischer Nachhaltigkeit – bzw. der Grad nachhaltiger Ressourcennutzung – in einem spezifischen Kontext konkret erfaßt bzw. abgeschätzt werden kann (vgl. auch Abschnitt 3).

Aus dem vorgestellten Konzept lassen sich vorerst zwei zentrale Folgerungen zu dieser Evaluationsfrage ziehen: Einerseits impliziert der offene Regelkreis zwischen Wirkungs- und Wertungsfokus, daß sich lokale Selbstregulation bezüglich nachhaltiger Ressourcennutzung in *jedem* konkreten Fall nur bedingt einstellt, womit sich eine Notwendigkeit zur expliziten Evaluation ergibt. Andererseits läßt sich zeigen, daß sich weder die Bewertungskriterien noch die ökologischen Wirkungen von Ressourcennutzungen abschließend und umfassend ansprechen lassen. Aus diesen Folgerungen ergibt sich die paradoxe Situation, daß explizite Evaluation zu nachhaltiger Ressourcennutzung notwendig und gleichzeitig nur beschränkt möglich ist.

Aus dieser Situation folgt, daß in einem konkreten Evaluationsverfahren eine Selektion betrachteter und verhandelter Aspekte vorgenommen werden muß. Dies kann vorerst dadurch erreicht werden, daß explizite Basisbewertungen von spezifischen und generellen Naturpotentialen an den Anfang der Evaluation gestellt werden. Damit läßt sich die Wirkungsanalyse von Ressourcennutzungen und die Bewertung entsprechender Veränderungen von Naturkomponenten auf diejenigen Wirkungskomplexe eingrenzen, die mit den betrachteten Naturpotentialen in direkter Beziehung stehen. Die Evaluation nachhaltiger Ressourcennutzung kann dadurch weiter eingegrenzt werden, daß Kriterien zur Auswahl besonders bedeutender oder gefährdet erscheinender Aspekte der spezifischen und generellen Naturpotentiale für die Basisbewertung entwickelt werden. Beispielsweise läßt sich begründen, daß es sinnvoll ist, vorerst Priorität bei der Ermittlung von spezifischen Naturpotentialen zu setzen, die im Nutzungssystem als besonders limitierend erscheinen, und Aspekte des generellen Naturpotentials komplementär dazu zu bearbeiten. Durch eine derartige Eingrenzung und Konzentration innerhalb der Basisbewertung wird wiederum eine zielgerichtete Beschränkung innerhalb der Wirkungsanalyse und der Bewertung von Veränderungen erreicht.

Das Evaluationsverfahren, das sich aus dem vorgestellten Konzept ableiten läßt, kann hier nicht eingehender dargelegt und diskutiert werden (vgl. dazu aber Wiesmann 1995, S. 29–38). Hingegen läßt sich bereits aus den kurz angedeuteten Grundzügen ableiten, daß die Evaluation nachhaltiger Ressourcennutzung in einem konkreten Kontext zwingend als eine iterative Annäherung aus der Kombination von Aushandlungsprozeß und Wirkungsanalyse – bzw. Wirkungsabschätzung – aufgefaßt werden muß. So verstanden, stärkt der Evaluationsprozeß nicht nur die ökologische Dimension in den Aushandlungsprozessen zu nachhaltiger Entwicklung, sondern er leistet direkte Beiträge zu nachhaltigerer Ressourcennutzung. Diese etwas gewagt erscheinende Schlußfolgerung konnte mit konkreten Anwendungsbeispielen in Kenya (Wiesmann 1997) und noch eindrücklicher in Mali (Gabathuler 1997) belegt werden.

8. Schlußfolgerungen zur geographischen Beteiligung an der Nachhaltigkeitsdebatte

Im vorliegenden Beitrag sind konzeptionelle Überlegungen zu nachhaltiger Entwicklung und insbesondere zu deren ökologischer Dimension mit dem Ziel angestellt worden, die Bedeutung human- und physiogeographischer Beteiligung an der Nachhaltigkeitsdebatte abzuklären. Bevor wir jedoch spezifische Schlußfolgerungen zur Geographie ziehen können, stellt sich die generellere Frage nach dem Stellenwert von Wissenschaft in der Debatte um das normative Konzept der nachhaltigen Entwicklung und insbesondere der ökologischen Nachhaltigkeit.

Aufgrund unserer konzeptioneller Ausführungen läßt sich schließen, daß die Beiträge des wissenschaftlichen Diskurses, sowie diejenigen konkreter wissenschaftlicher Forschung zentral sind. Diese zentralen Beiträge sind einerseits auf konzeptioneller Ebene gefordert, auf der der drohenden Marginalisierung und Sinnentleerung der ökologischen Dimension nachhaltiger Entwicklung mit der Weiterentwicklung von Ansätzen zur Operationalisierung nachhaltiger Ressourcennutzung entgegengewirkt werden muß. Andererseits ist wissenschaftliche Forschung in der konkreten Applikation des skizzierten Konzeptes zur nachhaltigen Ressourcennutzung gefordert und zwar sowohl auf der Ebene des Wirkungsfokus, auf der die Dynamik von Ressourcennutzungen und deren ökologischer Wirkungen prospektiv analysiert und abgeschätzt werden müssen, als auch auf der Ebene des Wertungsfokus, auf der transparente und damit verhandelbare Wertungen von Naturpotentialen erarbeitet werden sollten.

Auf dem Hintergrund dieses Stellenwertes von Wissenschaft in der Nachhaltigkeitsdebatte und im Konzept zur nachhaltigen Ressourcennutzung lassen sich folgende Schlußfolgerungen zur entsprechenden Position der Geographie ziehen:

1. Mit ihrem konkreten räumlich-ökologischen und gesellschaftlichen Bezug scheint die Geographie prädestiniert, wichtige Teile der geforderten wissenschaftlichen Beiträge zu leisten.
2. Die Physiogeographie kann dabei bedeutende Beiträge zur Ermittlung genereller Naturpotentiale und zur prospektiven Wirkungsanalyse liefern.
3. Die Humangeographie kann bedeutende Beiträge zur Ermittlung der spezifischen Naturpotentiale sowie zu potentiellen Steuerungsansätzen erarbeiten.

Unsere konzeptionellen Überlegungen implizieren, daß diese potentiell bedeutenden Beiträge der Geographie aber nur dann sinnvoll realisierbar sind, wenn sie folgenden Aspekten Rechnung tragen:

4. Die potentiellen physio- wie humangeographischen Beiträge bedingen die Einbindung in inter- und transdisziplinäre Kommunikations-, Zusammenarbeits- und Selektionsprozesse (vgl. Abschnitte 6 und 7).
5. Die wissenschaftlichen – und damit auch die geographischen – Beiträge müssen als Teil eines breit abgestützten Aushandlungsprozesses aufgefaßt werden und bedingen entsprechend eine explizite Auseinandersetzung wissenschaftlicher Akteure mit den übrigen beteiligten Akteurkategorien.

Zusammenfassend läßt sich festhalten, daß die Geographie eine bedeutende Position in der Nachhaltigkeitsdebatte und in deren konkreter Umsetzung einnehmen könnte. Dies bedingt aber, daß der tradierte geographische Syntheseanspruch zugunsten erweiterter Inter- und Transdisziplinarität aufgelockert wird und daß sich die Geographie mindestens teilweise aus einem selbstreferenzierenden Wissenschaftssystem löst. Mit anderen Worten, die Fähigkeit zur zielgerichteten wissenschaftlichen und gesellschaftlichen Öffnung wird für die Position der Geographie in der Nachhaltigkeitsdebatte mitbestimmend sein, denn eine geographische Beteiligung drängt sich zwar auf, ist aber nicht a priori zwingend.

Literatur:

Arts, B. (1994): Nachhaltige Entwicklung. Eine begriffliche Abgrenzung. In: Peripherie 54, S. 6–27.

Bätzing, W. (1993): Nachhaltige Naturnutzung im Alpenraum. Erfahrungen aus dem Agrarzeitalter als Grundlage einer nachhaltigen Alpen-Entwicklung in der Dienstleistungsgesellschaft. = Veröffentlichungen der Kommission für Humanökologie 5, Österreichische Akademie der Wissenschaften. Wien.

CDE – Centre for Development and Environment (1995): Natürliche Ressourcen – nachhaltige Nutzung. = Bericht zu Entwicklung und Umwelt 14. Bern.

Foy, G. u. H. Daly (1989): Allocation, Distribution and Scale as Determinants of Environmental Degradation: Case Studies of Haiti, El Salvador and Costa Rica. = World Bank, Environmental Department Working Paper 19. Washington.

Gabathuler, E. (1997): Formation en gestion durable de ressources naturelles – apprendre avec la population: Atelier pilote à Boundioba, Mali. Bern.

Graf, D. (1980): Naturpotentiale und Naturressourcen – Bemerkungen aus ökonomischer Sicht. In: Petermanns Geographische Mitteilungen 124, S. 53–57.

Haase, G. (1978): Zur Ableitung und Kennzeichnung von Naturpotentialen. In: Petermanns Geographische Mitteilungen 122, S. 113–125.

Hammer, T. (1995): Nachhaltige ländliche Entwicklung in Westafrika: Neue Forschungsperspektiven. In: Sottas, B. u. L. Roost Vischer (Hg.): Überleben im afrikanischen Alltag. S. 379–392. Bern u. Berlin.

Harborth, H.J. (1991): Dauerhafte Entwicklung statt globale Selbstzerstörung: Eine Einführung in das Konzept des „sustainable development". Berlin.

Hume, D. (1906): Ein Traktat über die menschliche Natur. Übersetzung und Anmerkungen von T. Lipps. Hamburg.

IUCN, UNEP u. WWF (1991): Caring for the Earth. A Strategy for Sustainable Living. Gland.

Messerli, P. (1994): Nachhaltige Naturnutzung: Diskussionsstand und Versuch einer Bilanz. In: Bätzing, W. u. H. Wanner (Hg.): Nachhaltige Naturnutzung. = Geographica Bernensia P 30, S. 141–144. Bern.

Noppeney, C. u. C. Rüling (1992): „Sustainable Development": Nachhaltiges Wirtschaften in Markt und Demokratie. In: GAIA 4, S. 226–231.

Perich, I. (1993): Umweltökonomie in der entwicklungspolitischen Diskussion. = Berichte zu Entwicklung und Umwelt 8. Bern.

Robinson, N.A. (Hg.) (1992): Agenda 21 and the UNCED Proceedings. Vol. I. New York, London u. Rome.

Wiesmann, U. (1995): Nachhaltige Ressourcennutzung im regionalen Entwicklungskontext. Konzeptionelle Grundlagen zu deren Definition und Erfassung. = Bericht zu Entwicklung und Umwelt 13. Bern.

Ders. (1997): Sustainable Regional Development in Rural Africa: Conceptual Framework and Case Studies from Kenya. = Geographica Bernensia, African Studies 14. Bern.

World Commission on Environment and Development (1987): Our Common Future. Oxford u. New York.

SOZIALGEOGRAPHISCHE ANALYSE RAUMBEZOGENER NACHHALTIGER ZUKUNFTSPLANUNG

Martin Coy (Tübingen)

1. Nachhaltige Entwicklung als raumbezogene Zukunftsplanung

Nachhaltige Entwicklung (sustainable development) avancierte in den letzten Jahren zum Leitbild des gesellschaftlichen Umbaus im Spannungsfeld zwischen ökonomischen Zielen, sozialen Interessen und ökologischen Notwendigkeiten. Von ihm werden die globalen Debatten gleichermaßen bestimmt wie die Auseinandersetzungen auf der nationalen und lokalen Handlungsebene. Der Bericht der Brundtland-Kommission liefert die heute aufgrund ihrer Konsensfähigkeit, aber auch ihrer Unverbindlichkeit, am meisten zitierte Definition nachhaltiger Entwicklung. Sie wird dort charakterisiert als „Entwicklung, die die Bedürfnisse der Gegenwart befriedigt, ohne zu riskieren, daß künftige Generationen ihre eigenen Bedürfnisse nicht mehr befriedigen können" (zitiert nach Hauff 1987, S. 46). Bei aller Beliebtheit des Begriffs sind seine Verschwommenheit und die geradezu widersprüchlichen Inhalte, die ihm je nach ideologischer Grundhaltung und politischer Zielrichtung zugewiesen werden, nicht zu übersehen. Soll nachhaltige Entwicklung nicht in der Mottenkiste modischer Schlagwörter verschwinden, ist eine interdisziplinäre Diskussion zu ihrer theoretischen Grundlegung, zu den normativ-ethischen Implikationen, den Handlungsebenen, zur Operationalisierung sowie zur Meßbarkeit mittels geeigneter Indikatoren vonnöten (vgl. zu den allgemeinen Grundlagen nachhaltiger Entwicklung Harborth 1993; Huber 1995; Bätzing/Wanner 1994; Fritz/Huber/Levi 1995; Kreibich 1996; Kastenholz/Erdmann/Wolff 1996 sowie aus explizit sozialwissenschaftlicher Perspektive Brand 1997).

Dabei stellen sich prinzipielle Fragen, deren Beantwortung in Abhängigkeit von den jeweiligen theoretischen Ausgangspositionen unterschiedlich ausfallen wird:
1. Kann es überhaupt eine universell gültige Definition von „Nachhaltigkeit" geben, und wie sind die unterschiedlichen Inhalte von Nachhaltigkeit zu gewichten (ökologische, ökonomische, soziale, kulturelle Nachhaltigkeit usw.)?
2. Wie sind die politisch-gesellschaftlichen Rahmenbedingungen zur Realisierung nachhaltiger Entwicklung zu verändern (Politik nach der Maxime „weiter so wie bisher", „sozial-ökologische Modernisierung" oder „grundsätzliche Korrektur des industriellen Zivilisationsmodells", vgl. Brand 1997, S. 22)?
3. Wie kann unter unterschiedlichen gesellschaftlichen Rahmenbedingungen der zur Realisierung nachhaltiger Entwicklung notwendige Bewußtseinswandel aller Akteure in Gang gesetzt werden?

Nachhaltige Entwicklung im Sinne *raumbezogener* Zukunftsplanung muß sich auf unterschiedliche, miteinander verflochtene Maßstabsebenen und Raumkategorien beziehen. Strategien nachhaltiger Entwicklung sind nur dann sinnvoll, wenn sie versuchen, dem Spannungsverhältnis zwischen Globalisierung und Regionalisierung – und damit dem Spannungsverhältnis zwischen globalen Konzentrationsprozessen, ihren regionalen und lokalen Auswirkungen, aber auch ihren regionalen und lokalen Gegenströmungen – Rechnung zu tragen (vgl. hierzu Krätke 1995; Danielzyk/Oßenbrügge 1996). Wichtige parallele Maßstabsebenen nachhaltiger Entwicklung sind deshalb einerseits die globale Ebene, auf der die Rahmenbedingungen für Nachhaltigkeit durch Veränderung aktueller Regimestrukturen (vor allem hinsichtlich des Nord-Süd-Verhältnisses) zu schaffen sind. Andererseits muß auf der regionalen und lokalen Ebene der „Alltagswelten" unter Berücksichtigung der ökosystemaren Gegebenheiten, der kulturellen Ausgangsbedingungen und der sozioökonomischen Vernetzungen das Schlagwort „lokal handeln, global denken" in konkrete Maßnahmen übertragen werden (vgl. beispielsweise die in der Studie „Zukunftsfähiges Deutschland" des Wuppertal-Instituts vertretenen Leitbilder, BUND/Misereor 1996, S. 265ff., sowie den Ansatz der *Lokalen Agenda 21*, ICLEI 1996). Ein sozialgeographischer Beitrag zur Diskussion um nachhaltige Entwicklung kann deshalb sowohl auf der Makroebene als auch auf der Mikroebene ansetzen. Er sollte in jedem Fall die Einflüsse und Interessenkonflikte zwischen den unterschiedlichen Maßstabsebenen thematisieren.

Neben dem synchronischen Gegenwartsbezug ist die diachronische Zukunftsorientierung des Nachhaltigkeitsprinzips von besonderer Bedeutung. So geht es beispielsweise im sozioökonomischen Kontext nicht nur um die möglichst kurzfristige Herbeiführung eines höheren Maßes an Gerechtigkeit, sondern mindestens ebenso um einen „Generationenvertrag" zur langfristigen Sicherung der Lebensgrundlagen in der Welt.

Nachhaltige Entwicklung bezieht sich vor diesem räumlich-zeitlichen Hintergrund auf die Dimensionen der natürlichen Umwelt, der wirtschaftlichen Prozesse, der gesellschaftlich-sozialen Rahmenbedingungen und der individuellen Lebenswelten, die über materielle Stoffströme und Handlungen, über Normen und politische Entscheidungsprozesse miteinander verbunden sind (vgl. Abb. 1). Innerhalb und zwischen diesen Dimensionen gilt es, Interessenkonflikte auszugleichen, neue Leitbilder zu formulieren und konkrete Maßnahmen im Sinne der Zukunftsplanung zu entwickeln. Dabei muß die Auseinandersetzung um nachhaltige Entwicklung auf unterschiedlichen gesellschaftlichen Diskursebenen stattfinden: einer grundlegenden normativ-ethischen (Gerechtigkeit, Selbstbegrenzung usw.), einer politischen (zum Beispiel hinsichtlich des Nord-Süd-Verhältnisses oder hinsichtlich neuer politischer Orientierungen), einer praktisch-planerischen (Strategien nachhaltiger Entwicklung) sowie einer individuenbezogenen Ebene (Bereitschaft zu Verhaltensänderungen, Verzicht usw.).

Ressourcenschutz, Grundbedürfnisbefriedigung und Fragen der Identität müssen gleichberechtigt im Zentrum nachhaltiger Entwicklung stehen. Dem liegt die Erkenntnis zugrunde, daß die aktuelle weltweite „ökologische Krise" weniger eine „Krise der Natur" als vielmehr eine „Krise der Kultur" ist (Glaeser 1992), denn Umwelt, ihre Gestaltung und Veränderung müssen in einer gesellschaftswissenschaftlichen Interpretation aufgrund der Formen gesellschaftlicher Naturaneignung als sozial und kulturell „produziert" angesehen werden. Ein Beitrag der Geographie zur Nachhaltigkeitsdebatte muß sich unter Nutzung ihrer fachspezifischen Kompetenzen dieser Rahmensetzungen bewußt sein.

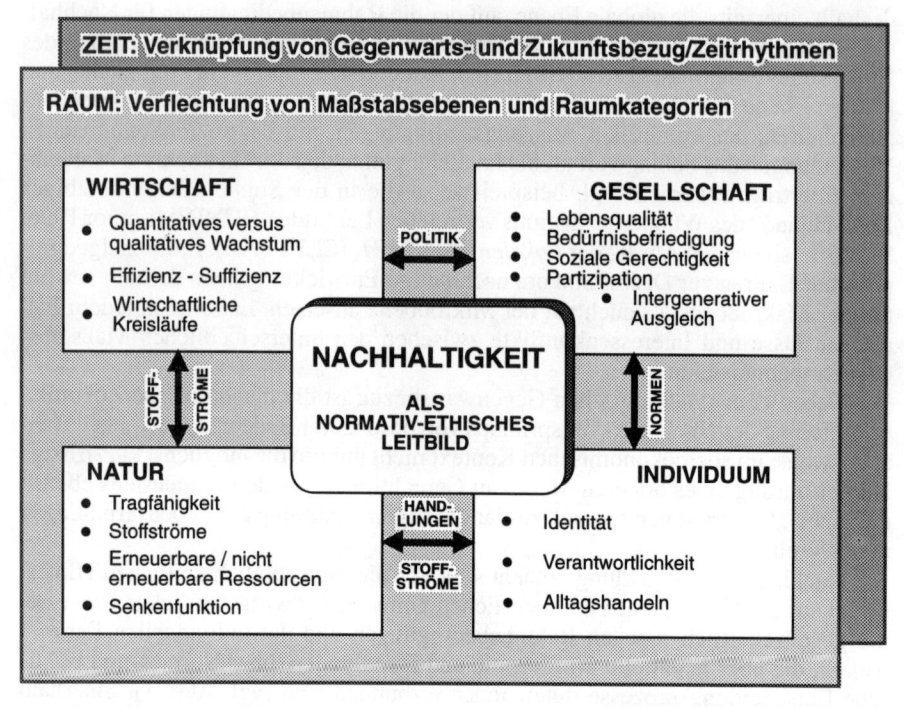

```
┌─────────────────────────────────────────────────────────────────┐
│ ZEIT: Verknüpfung von Gegenwarts- und Zukunftsbezug/Zeitrhythmen │
├─────────────────────────────────────────────────────────────────┤
│ RAUM: Verflechtung von Maßstabsebenen und Raumkategorien         │
└─────────────────────────────────────────────────────────────────┘
```

WIRTSCHAFT
- Quantitatives versus qualitatives Wachstum
- Effizienz - Suffizienz
- Wirtschaftliche Kreisläufe

← POLITIK →

GESELLSCHAFT
- Lebensqualität
- Bedürfnisbefriedigung
- Soziale Gerechtigkeit
- Partizipation
- Intergenerativer Ausgleich

↕ STOFFSTRÖME   ↕ NORMEN

NACHHALTIGKEIT ALS NORMATIV-ETHISCHES LEITBILD

NATUR
- Tragfähigkeit
- Stoffströme
- Erneuerbare / nicht erneuerbare Ressourcen
- Senkenfunktion

← HANDLUNGEN →
← STOFFSTRÖME →

INDIVIDUUM
- Identität
- Verantwortlichkeit
- Alltagshandeln

Entwurf: Martin Coy 1997   *Grafik: Ute Woeckner*

Abbildung 1: Dimensionen nachhaltiger Entwicklung

2. Geographie und nachhaltige Entwicklung: eine sozialgeographische Perspektive

In zahlreichen geographischen Arbeiten wird in den unterschiedlichsten räumlichen Zusammenhängen auf Aspekte der nachhaltigen Entwicklung Bezug genommen, ohne daß im Moment jedoch ein genuin geographischer Beitrag zur theoretischen Fundierung des Konzepts erkennbar ist (vgl. z.B. Boesler 1993; Ehlers 1995).

Unter der Voraussetzung, daß sich Analysen zur nachhaltigen Entwicklung mit den Verflechtungen zwischen den Ebenen der Natur, der Ökonomie, der Gesellschaft und des Individuums beschäftigen müssen, wird der sozialgeographische Beitrag von den drei letztgenannten Bereichen ausgehen. Humanökologische Grundprinzipien sind hierbei ebenso erkenntnisleitend wie die Analyse der Auswirkungen sich verändernder gesellschaftlicher Regulationsweisen auf den Wandel sozioökonomischer Strukturen, auf Naturverwertung und (umweltbeeinflussendes) Handeln. Entsprechend können die folgenden Fragestellungen für einen sozialgeographischen Beitrag zur Nachhaltigkeitsdiskussion herausgestellt werden:

- Wie wirkt sich das Handeln der Menschen auf die Veränderung des Landschaftshaushalts aus, und wie anfällig beziehungsweise widerstandsfähig reagieren Ökosysteme auf degradierende Eingriffe des Menschen (*sensitivity, resilience* bzw. *criticality*)? (vgl. hierzu beispielsweise Kasperson u.a. 1995).

- Wie unterscheiden sich die sozioökonomischen und ökologischen Verwundbarkeiten (*vulnerability*) der sozialen Gruppen in Abhängigkeit von gesellschaftlicher Stellung, Wirtschaftsweisen, Lebensstilen, Ressourcenverbrauch und Ressourcenzugang?
- Welche traditionellen oder modernen Strategien angepaßter Ressourcennutzung im Sinne „nachhaltiger Lebensstile" existieren, welchen *constraints* unterliegen sie, wie können sie erhalten bzw. angepaßt werden, und wie können sie für das Design nachhaltiger Entwicklungsstrategien genutzt werden? (vgl. Beispiele bei Ehlers 1995).
- Wie können für ressourcenzehrende Lebens- und Wirtschaftsweisen nachhaltige, ökologisch, sozioökonomisch und kulturell angepaßte Alternativen konzipiert werden? Wie können sie in partizipative Planungsstrategien einfließen und welche Rahmenbedingungen sind zu ihrer Umsetzung erforderlich?
- Welche Raumkategorien (Naturräume, administrativ definierte Räume, wirtschaftlich-funktional oder sozial-kulturell definierte Räume usw.) sind für die Umsetzung von Konzepten nachhaltiger (Raum-)Entwicklung geeignet, existieren ideale oder kritische Größen „nachhaltiger Regionen", und wie sind diese räumlichen Kategorien in konkreten Regionen zu definieren und abzugrenzen?

Generell können zwei miteinander verflochtene Analyseebenen einer sozialgeographischen Betrachtung nachhaltiger Entwicklung herausgestellt werden:

1. *Eine strukturelle Ebene.* Hierbei muß es darum gehen, die wirtschaftlichen, politischen und sozialen Rahmenbedingungen realer Entwicklungen den normativen Zielsetzungen nachhaltiger Entwicklung auf unterschiedlichen räumlichen Maßstabsebenen gegenüberzustellen. Wenn *Sozialverträglichkeit* als Gerechtigkeitsziel im Sinne der Schaffung gleichwertiger Lebensbedingungen ein zentrales Anliegen nachhaltiger Entwicklung ist, so ist hiermit implizit die Frage nach Ursachen, Form und Ausmaß von *Sozialunverträglichkeit* bisheriger Entwicklung verbunden (vgl. hierzu Dangschat 1997, S. 178ff.). Die geographische Untersuchung (sozial-)räumlicher Disparitäten unterschiedlichen Maßstabs liefert hierfür wichtige Erkenntnisse: seien dies beispielsweise die Verstärkung oder der Ausgleich von Disparitäten im Nord-Süd-Verhältnis im Zeichen der Globalisierung, die sozialräumlichen Auswirkungen regionaler Disparitäten oder kleinräumigere Phänomene wie Segregation in den Städten oder agrarstrukturelle Ungleichheiten.

2. *Eine Ebene des Handelns.* Als Leitbild gesellschaftlicher Entwicklung muß Nachhaltigkeit insbesondere handlungsorientiert verstanden werden. Nachhaltige Entwicklung setzt umweltverantwortliches, aber auch sozialverträgliches Handeln voraus (vgl. Kaufmann-Hayoz/Di Giulio 1996). Neben der strukturellen Analyse von gesellschaftlich-räumlichen Rahmenbedingungen stellt sich insofern die Frage nach den Akteuren in ihrem jeweiligen sozio-ökologischen Milieu, nach den Motiven und Formen ihres Handelns. (Umwelt-) Bewußtsein und Wissen, zum Beispiel auch im Sinne „traditionellen Wissens", Wahrnehmungen sowie individuelle und gruppenspezifische Wertsetzungen, die letztendlich das Transformationspotential von Lebensweisen und Lebensstilen beeinflussen, sind hierbei von Bedeutung. Perzeptionsgeographische Untersuchungen, die Frage nach Aktionsräumen oder auch die Analyse alltäglicher Regionalisierungen im Sinne des „alltäglichen Geographie-Machens" (Werlen 1995) weisen in diese Richtung.

Sozialgeographische Analyse kann somit in mehrfacher Hinsicht einen Beitrag zur Nachhaltigkeitsdebatte leisten: Sie kann einerseits mit der Untersuchung wirtschafts- und sozialräumlicher Strukturen und ihrer Veränderungsdynamik unter Anwendung quantitativer und qualitativer Methoden zum Verständnis realer sozioökonomischer Milieus und ihres Wandels beitragen. Diese sind sodann unter Heranziehung des Kriteriums der Sozialverträglichkeit auf den Grad ihrer Nachhaltigkeit beziehungsweise Nicht-Nachhaltigkeit zu überprüfen. Des weiteren können die wirtschaftlichen, sozialen und kulturellen Regelmechanismen von Naturaneignung und Naturverwertungsprozessen, das heißt der gesellschaftliche Umgang mit knappen natürlichen Ressourcen, im Zentrum eines sozialgeographischen Beitrags zur nachhaltigen Entwicklung stehen. Die Umweltverträglichkeit von Lebensformen und Lebensstilen ist hierbei ein wichtiger Aspekt. Interessenkonflikte und Raumnutzungskonkurrenzen, die sich ja oftmals auf den ungleichen Zugang zu Ressourcen zurückführen lassen, stellen eine weitere sozialgeographische Analyseebene dar, die bei der Diskussion der Umsetzungschancen nachhaltiger Entwicklung von Bedeutung ist. Über die Status quo-Analyse hinausgehend können sozialgeographische Untersuchungen zu den Mensch-Umwelt-Beziehungen und ihrer Dynamik für die Erarbeitung von Szenarien zukünftiger gesellschaftlicher und räumlicher Entwicklung im Sinne der „prognostischen Geographie" genutzt werden und somit einen direkten Beitrag zur Zukunftsplanung leisten (vgl. Stiens 1996).

3. Handlungsfelder nachhaltiger Zukunftsplanung zwischen Globalisierung und Regionalisierung

Der räumliche Maßstab, auf dem nachhaltige Entwicklung ansetzen muß, ist für die geographische Analyse zweifellos besonders relevant. Die oben genannten Forschungsfelder zeigen dabei die notwendige enge Verknüpfung der unterschiedlichen Maßstabsebenen. So lehren die Transformation zahlreicher Regionen der Dritten Welt in Funktionsräume kolonialer und postkolonialer Extraktion sowie die Disparitäten verstärkenden Folgen der aktuellen Globalisierung in Nord *und* Süd, daß nachhaltige Zukunftsplanung ohne Berücksichtigung des Spannungsverhältnisses zwischen Globalisierung und Regionalisierung zweifellos zu kurz greift.

Gerade auf der globalen Ebene kommt nachhaltige Entwicklung über die inzwischen zahlreichen Verlautbarungen, Konventionen und Absichtserklärungen der internationalen Konferenzen hinausgehend nur im Schneckentempo voran. Zwar existiert mit der *Agenda 21* eine umfangreiche Handlungsanleitung zu nachhaltiger Entwicklung auf allen Politikfeldern, allerdings haben sich bisher nur die wenigsten Staaten zu einer Umsetzung in verbindliche nationale oder regionale Pläne entschließen können. Hierin drückt sich die fehlende Bereitschaft zur Veränderung internationaler Regimestrukturen und eine unzureichende ordnungspolitische Handlungskompetenz der Regierenden angesichts der durch ökonomische Interessen gesteuerten Globalisierung aus. Die Reorganisation des „globalen Akkumulationsraumes" wirkt sich infolge von Deregulierung und Flexibilisierung alltagsweltlich auf allen Ebenen erlebbar in der Fragmentierung von Gesellschaften und Räumen zwischen Inklusion und Exklusion aus.

Dabei reagieren die Regionen auf den Globalisierungsprozeß unterschiedlich. Es bilden sich „Aufsteiger" und „Verlierer", die entweder ihre Potentiale zur Anpassung einsetzen können oder zunehmend von der Entwicklung „abgekoppelt" werden. Nachhaltigkeit als Leitbild globaler Entwicklung muß, wenn sie nicht politisches Lippenbekenntnis bleiben soll, den destrukturierenden wirtschaftlichen, sozialen und kulturellen Auswirkungen der Globalisierung ebenso entgegenwirken wie zur Lösung der globalen Umweltprobleme beitragen. Dabei können wirtschafts- und sozialgeographische Untersuchungen der Folgen des Globalisierungsprozesses sowie der Anpassungsmechanismen von Regionen oder Gruppen einen wichtigen Beitrag zur Evaluierung von Chancen und Limitationen nachhaltiger Entwicklungspfade leisten.

Trotz aller Enträumlichung und Beschleunigung infolge der durch moderne Kommunikationsformen ermöglichten Globalisierung, trotz der Überlagerung des *space of places* durch den *space of flows*, bleibt die überschaubare regionale und lokale Maßstabsebene für die alltäglichen Lebenszusammenhänge der Menschen, für ihre Einbindung in konkrete Produktionsverhältnisse und soziale Reproduktionsbedingungen entscheidend. Nachhaltige Entwicklung, verstanden als *raumbezogene* Strategie der Zukunftsplanung, wird deshalb insbesondere hier ansetzen müssen.

In vielen Ländern haben Regionalverwaltungen entsprechende Initiativen in Gang gesetzt. Die sozialgeographische Analyse lokaler und regionaler Milieus, die sich aus den Interdependenzen zwischen wirtschaftlichen Strukturen und Abhängigkeiten, sozialen Beziehungen und Konflikten sowie politischen Machtverhältnissen bilden und sich auf die naturräumlichen Gegebenheiten (Ressourcennutzung, Umweltdegradierung) auswirken, stellt eine wichtige Grundlage für die Formulierung angepaßter Strategien dar. Denn einen einzigen „Königsweg" nachhaltiger (Regional-)Entwicklung kann es nicht geben, wenn man nicht Gefahr laufen will, die Fehler technokratischer Entwicklungskonzepte der Vergangenheit nun unter dem Leitziel des Ressourcenerhalts zu wiederholen. Für die Formulierung angepaßter Strategien sind deshalb Aussagen zu endogenen Potentialen, zur Bedeutung sozialer und wirtschaftlicher Netzwerke, zur Relevanz von Grenzen (bestimmt zum Beispiel durch die Aktionsräume der Akteure), zur Tragfähigkeit sowie zur Verwundbarkeit der regionalen Gruppen wichtig (vgl. Abb. 2).

Die Nachhaltigkeit regionaler Entwicklungen muß sich auf unterschiedlichen Ebenen beziehungsweise Raumkategorien erweisen. Ihre Realisierungsbedingungen werden durch die auf diesen Ebenen vorherrschenden Strukturen und Prozesse bestimmt. Im wirtschaftsräumlichen Zusammenhang geht es um die Stabilität regionaler Produktionsstrukturen, die einerseits durch das Ausmaß der funktionalen Abhängigkeiten und andererseits durch inter- und intraregionale Verflechtungen beeinflußt wird. Im Vordergrund stehen die Sicherung der Arbeit und die Versorgungsbedürfnisse der Bevölkerung. Kleinräumige Wirtschaftskreisläufe haben hierbei eine besondere Bedeutung. Im sozialräumlichen Kontext beeinflussen neben Aspekten der Bevölkerungsstruktur und -dynamik soziokulturelle und räumliche Interessenkonflikte sowie Identifikationsmuster, die die lebensweltlichen Strukturen prägen, die Chancen und Grenzen nachhaltiger Regionalentwicklung. Schließlich sind die Leitbilder und Entscheidungsspielräume der politischen Akteure und zivilgesellschaftlichen Gruppen sowie die beispielsweise durch finanzielle Restriktionen beeinflußte Handlungsfähigkeit der öffentlichen Institutionen entscheidend für die Umsetzbarkeit nachhaltiger Regionalentwicklung.

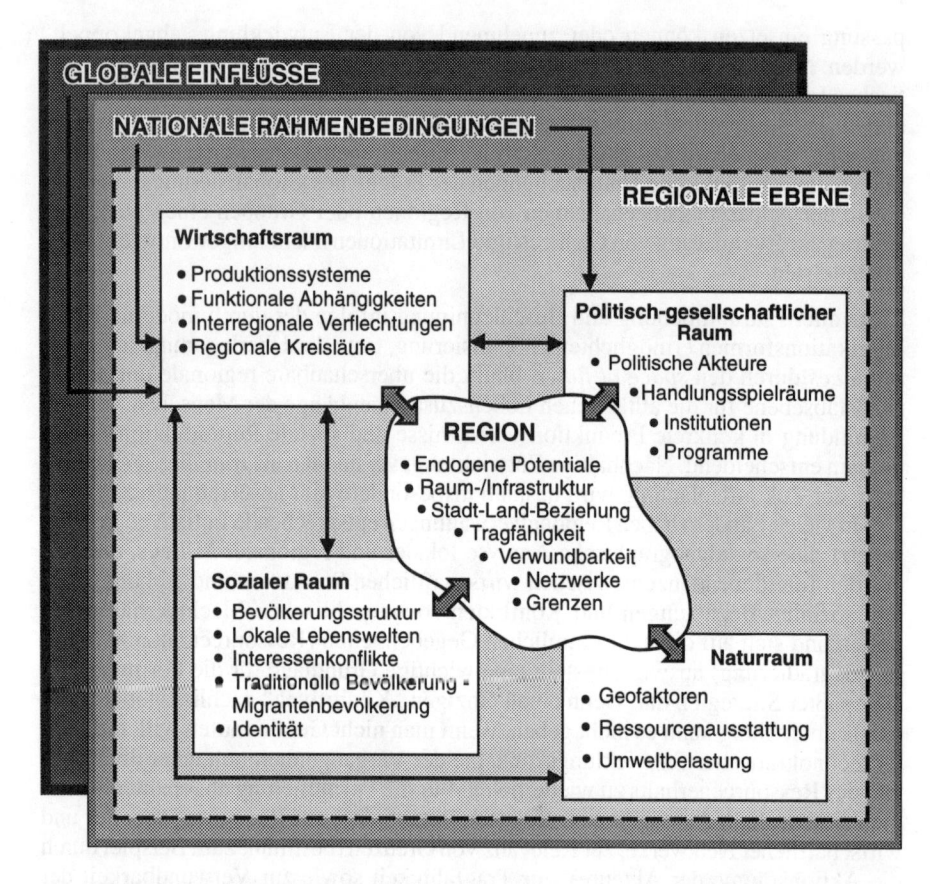

GLOBALE EINFLÜSSE

NATIONALE RAHMENBEDINGUNGEN

REGIONALE EBENE

Wirtschaftsraum
- Produktionssysteme
- Funktionale Abhängigkeiten
- Interregionale Verflechtungen
- Regionale Kreisläufe

Politisch-gesellschaftlicher Raum
- Politische Akteure
- Handlungsspielräume
- Institutionen
- Programme

REGION
- Endogene Potentiale
- Raum-/Infrastruktur
- Stadt-Land-Beziehung
- Tragfähigkeit
- Verwundbarkeit
- Netzwerke
- Grenzen

Sozialer Raum
- Bevölkerungsstruktur
- Lokale Lebenswelten
- Interessenkonflikte
- Traditionelle Bevölkerung - Migrantenbevölkerung
- Identität

Naturraum
- Geofaktoren
- Ressourcenausstattung
- Umweltbelastung

Entwurf: Martin Coy 1997   *Grafik: Ute Woeckner*

Abbildung 2: Determinanten nachhaltiger Regionalentwicklung

Bei den Zielen nachhaltiger Zukunftsplanung auf der regionalen Ebene ist neben dem Natur- und Ressourcenschutz und neben umweltverträglicher Wirtschaftsentwicklung ebenso der Schutz regionaler Eigenart und kultureller (kulturlandschaftlicher) Identität von Bedeutung. Schließlich ist für die Akzeptanz neuer Leitbilder die Partizipation aller Akteure am Entwicklungsprozeß und die Berücksichtigung ihrer Bedürfnisse grundlegend.

Zu diesen Fragen besitzt die Sozialgeographie bereits empirischen Erfahrungsschatz, der für den Entwurf von Strategien nachhaltiger Regionalentwicklung zu nutzen ist. Dabei kommt es auf die Verfeinerung des methodischen Instrumentariums und die Erarbeitung aussagekräftiger Indikatorensysteme an. Amtliche Statistiken allein reichen sicherlich nicht aus, um die komplexen Zusammenhänge regionaler Mensch-Umwelt-Beziehungen zu erfassen.

4. Lokale Handlungsfelder nachhaltiger Zukunftsplanung: das Beispiel der Stadtentwicklung

Auf der lokalen Ebene ist die Übertragung des Nachhaltigkeitsprinzips auf die zukünftige Entwicklung städtischer Räume besonders wichtig. Die Mehrzahl der Menschen lebt bereits in Städten. Zusätzlich wird der Verstädterungsgrad besonders in der Dritten Welt weiterhin stark ansteigen. In den Städten treffen sozioökonomische und ökologische Probleme in besonderer Weise aufeinander, zumal die Stadtbewohner im Verlauf der Urbanisierung hinsichtlich ihrer Reproduktionsformen und ihrer Produktionsweisen der Natur zunehmend entfremdet wurden. Gleichzeitig kennzeichnen hohes Konfliktpotential und Sozialunverträglichkeit in Form von Arbeitslosigkeit, Verarmung, Marginalisierung, Gewalt und Anonymität den Alltag in den fragmentierten Städten.

Neben den Problemen, die es durch nachhaltige Stadtentwicklung zu lösen gilt, weisen Städte mindestens ebenso zahlreiche Potentiale für die Realisierung nachhaltiger Lebensweisen auf. Konzentrierte Siedlungsformen ermöglichen eine effizientere Versorgung mit Infrastrukturen, Energie oder Dienstleistungen und beugen – potentiell – dem Flächenverbrauch vor. Aktuelle Leitbilder der Stadtplanung („Stadt der kurzen Wege", Funktionsmischung, Nachverdichtung) weisen in diese Richtung. Auch existiert in den Städten ein Innovationspotential, das für den Anstoß zu einer nachhaltigen Entwicklung genutzt werden kann. Die „Pluralisierung der Lebensstile" ist insbesondere ein Phänomen des städtischen Wandels (vgl. Helbrecht/Pohl 1995), wobei in Ansätzen bereits ein veränderter, verantwortlicherer Umgang mit der Natur festzustellen ist. Schließlich besitzt die Zivilgesellschaft in den Städten einen höheren Organisationsgrad und infolgedessen bessere Artikulations- und Partizipationsmöglichkeiten.

Insofern scheint es nur folgerichtig zu fordern, daß nachhaltige Entwicklung insbesondere in den Städten einsetzen und sich von ihnen ausgehend verbreiten muß (vgl. Birzer/Feindt/Spindler 1997; Dangschat 1997). Nachhaltige Stadtentwicklung bedeutet, ökologische, wirtschaftliche und soziokulturelle Belange in einer Strategie der kurzfristigen Verbesserung (aktuelle Verteilungsgerechtigkeit) und langfristigen Sicherung der kollektiven Lebensqualität (intergenerative Gerechtigkeit) zu vereinen. Städtische Zukunftsplanung muß Synergieeffekte zwischen den einzelnen Handlungsfeldern der Stadtentwicklung anstreben. Sie sollte auf unterschiedlichen, miteinander verflochtenen Maßstäben ansetzen: Haushalt, Nachbarschaft/Quartier, Stadt, Stadt-Umland, Städtesystem.

Bei allen Unterschieden, die in den zahlreichen Definitionsversuchen zur nachhaltigen Stadtentwicklung festzustellen sind (vgl. Haughton/Hunter 1994), können doch die allgemeinen Zielrichtungen und Handlungsebenen folgendermaßen zusammengefaßt werden:
1. *Ebene der Umwelt- und Infrastrukturordnung:* Langfristige Erhaltung der Ressourcenbasis durch umweltverträgliches Stadtmanagement in unterschiedlichen Bereichen (z.B. Energie, Wasser, Verkehrssysteme, Stadthygiene, Flächenbewirtschaftung).
2. *Ebene der Arbeits- und Sozialordnung:* Langfristige Sicherung der kollektiven Lebensqualität durch Befriedigung der Grundbedürfnisse (Wohnen, Arbeiten, Gesundheit usw.) aller Stadtbewohner, prioritär der besonders „verwundbaren" Gruppen.

3. *Ebene der kollektiven urbanen Lebensweisen und individuellen Lebensstile:* Zukunftsfähige Veränderung der städtischen Lebensweisen durch Bewußtseinsbildung, Stärkung von Identität und Verantwortung für den gemeinschaftlichen Lebensraum (Partizipation und Orientierung des Handelns an ökologischen und sozialen Prinzipien).
4. *Vernetzungsebene:* Berücksichtigung der Vernetzungen lokaler Strukturen und der Folgen lokalen Handelns auf anderen Maßstabsebenen (Stadt-Umland-Verflechtungen, Globalisierungsfolgen, regionale bis globale Auswirkungen lokalen Handelns).

Die zentrale Frage lautet allerdings mehr denn je, wie vor dem Hintergrund der in „Zitadellen" und „Ghettos" fragmentierten Städte diese Prinzipien nachhaltiger Stadtentwicklung in konkrete Stadtpolitik und -planung sowie in umweltverantwortliches Handeln der Akteure umgesetzt werden. Hierbei können sozialgeographische Untersuchungen zu sozialräumlichen Fragmentierungsprozessen, zur Differenzierung städtischer Lebensstile, zu Wahrnehmung, Ortsbindung und raumbezogener Identität – Themen, die die geographische Diskussion der letzten Jahre in starkem Maß beherrscht haben – einen Beitrag zum Verständnis lokaler Mensch-Umwelt-Verhältnisse und ihrer Auswirkungen auf konkretes Handeln liefern.

Eine Grundvoraussetzung nachhaltiger Stadtentwicklung ist in der Schaffung politischer und institutioneller Rahmenbedingungen auf lokaler Ebene zu sehen, die einer Umsetzung der Prinzipien nachhaltiger Entwicklung förderlich sind. Ein Leitprinzip öffentlichen Handelns muß darin liegen, Spielräume zur Entfaltung existierender Potentiale zu schaffen. Das bedeutet, daß die Betroffenen in die Lage versetzt werden müssen, ihre Bedürfnisse zu artikulieren und ihre Interessen effektiv wahrzunehmen (*enablement* und *empowerment*) (vgl. z.B. Mitlin/Satterthwaite 1994). Solche Strategien, und damit nachhaltige Stadtentwicklung, können zweifellos nicht aus der bis heute dominierenden *top-down*-Perspektive staatlicher und kommunaler Planung allein betrieben werden, sondern erfordern ebenso die Bereitschaft, mit dem *bottom-up*-Ansatz im Sinne der Partizipation Ernst zu machen.

Die aktuellen Initiativen zahlreicher Städte, in Erfüllung des Kapitels 28 des bei der Weltumweltkonferenz von Rio de Janeiro verabschiedeten Aktionsprogramms *Agenda 21* zur Umsetzung nachhaltiger Entwicklung eine sogenannte *Lokale Agenda 21* zu erstellen, könnten trotz aller Schwierigkeiten lokale Wege zu einer nachhaltigen Stadtentwicklung aufzeigen (vgl. ICLEI 1996; Dangschat 1997; Niemann 1997). Dabei geht es darum, unter breiter Beteiligung der lokalen Zivilgesellschaft lokale Probleme zu analysieren, Bewußtsein bei den städtischen Akteuren zu schaffen, Leitbilder der Entwicklung zu diskutieren, Ziele zu formulieren und in kommunale Handlungsprogramme umzusetzen. Gerade für diese Form der im alltagsweltlichen Umfeld ansetzenden nachhaltigen Zukunftsplanung können anwendungsbezogene sozialgeographische Analysen lokaler Strukturen, Prozesse und Konflikte wichtige Grundlagen liefern. Für die Umsetzung der in den *Lokale Agenda*-Foren erzielten Ergebnisse ist es jedoch erforderlich, daß sich die politischen und wirtschaftlichen Handlungsspielräume der Kommunen ändern und der *Lokale Agenda*-Prozeß in nationale und internationale Strategien nachhaltiger Zukunftssicherung eingebettet ist.

Wie die hier angesprochenen Beispiele der Regional- und Stadtentwicklung zeigen, findet Sozialgeographie in der Analyse aktueller gesellschaftlicher Konfliktfelder und ihrer Umweltfolgen, die aufgrund globaler Vernetzung auf ein kompliziertes Geflecht interner und externer Einflüsse zurückzuführen sind, vielfältige Ansatzpunkte für einen anwendungsorientierten Beitrag zu nachhaltiger Zukunftsplanung. Anknüpfend an ihre Fachkompetenz der Untersuchung von Strukturen und Prozessen in konkreten ökologisch, sozioökonomisch und kulturell differenzierten Regionen und unter Einbeziehung der aktuellen interdisziplinären theoretisch-methodischen Diskussion zum Leitbild der nachhaltigen Entwicklung füllt sozialgeographische Forschung das Spannungsverhältnis zwischen Globalisierung und Regionalisierung mit empirischen Inhalten und kann über den Vergleich regionaler Erfahrungen zur Erarbeitung umwelt- und sozialverträglicher Entwicklungspfade beitragen.

Nachhaltige Entwicklung, verstanden als normativ-ethisches Leitbild, ist eine Aufforderung gerade an die Geographie, auf der Basis wissenschaftlicher Erkenntnisse klare Positionen zu den Gegenwartsproblemen des Ressourcenverbrauchs, der Armut, der Ungerechtigkeit und Ungleichheit der Lebenschancen zu beziehen. Insofern ist eine „engagierte Geographie" im Bartels'schen Sinne gefordert (Bartels 1978).

Literatur:

Bätzing, W. u. H. Wanner (Hg.) (1994): Nachhaltige Naturnutzung im Spannungsfeld zwischen komplexer Naturdynamik und gesellschaftlicher Komplexität. = Geographica Bernensia P30. Bern.
Bartels, D. (1978): Raumwissenschaftliche Aspekte sozialer Disparitäten. In: Mitteilungen der Österreichischen Geographischen Gesellschaft 120, H. 2, S. 227–242.
Birzer, M., P.H. Feindt u. E.A. Spindler (Hg.) (1997): Nachhaltige Stadtentwicklung. Konzepte und Projekte. Bonn.
Boesler, K.-A. (1993): „Sustainability" (Nachhaltigkeit) – ein Schlüsselbegriff der modernen Wirtschaftsgeographie? In: Würzburger Geographische Arbeiten 87, S. 549–561.
Brand, K.-W. (Hg.) (1997): Nachhaltige Entwicklung. Eine Herausforderung an die Soziologie. = Soziologie und Ökologie 1. Opladen.
BUND u. Misereor (Hg.) (1996): Zukunftsfähiges Deutschland. Ein Beitrag zu einer global nachhaltigen Entwicklung. Basel, Boston u. Berlin.
Danielzyk, R. u. J. Oßenbrügge (1996): Globalisierung und lokale Handlungsspielräume. Raumentwicklung zwischen Globalisierung und Regionalisierung. In: Zeitschrift für Wirtschaftsgeographie 40, H. 1/2, S. 101–112.
Dangschat, J. (1997): Sustainable City – Nachhaltige Zukunft für Stadtgesellschaften? In: Brand 1997, S. 169–191.
Ehlers, E. (1995): Traditionelles Umweltwissen und Umweltbewußtsein und das Problem nachhaltiger landwirtschaftlicher Entwicklung. In: Erdmann, K.-H. u. H.G. Kastenholz (Hg.): Umwelt- und Naturschutz am Ende des 20. Jahrhunderts. Probleme, Aufgaben und Lösungen. S. 155–174. Heidelberg.
Fritz, P., J. Huber u. H.W. Levi (Hg.) (1995): Nachhaltigkeit in naturwissenschaftlicher und sozialwissenschaftlicher Perspektive. Stuttgart.
Glaeser, B. (1992): Natur in der Krise? Ein kulturelles Mißverständnis. In: Glaeser, B. u. P. Teherani-Krönner (Hg.): Humanökologie und Kulturökologie. Grundlagen – Ansätze – Praxis. S. 49–70. Opladen.
Hahn, E. (1992): Ökologischer Stadtumbau. Konzeptionelle Grundlegung. = Beiträge zur Kommunalen und Regionalen Planung 13. Frankfurt am Main.
Harborth, H.-J. (1993): Dauerhafte Entwicklung statt globaler Selbstzerstörung. Eine Einführung in das Konzept des „Sustainable Development". Berlin.
Hauff, V. (Hg.) (1987): Unsere gemeinsame Zukunft. Der Brundtland-Bericht der Weltkommission für Umwelt und Entwicklung. Greven.

Haughton, G. u. C. Hunter (1994): Managing sustainable urban development. In: Haughton, G. u. C. Hunter (Hg.): Perspectives towards sustainable environmental development. S. 111–129. Aldershot.
Helbrecht, I. u. J. Pohl (1995): Pluralisierung der Lebensstile: Neue Herausforderungen für die sozialgeographische Stadtforschung. In: Geographische Zeitschrift 83, H. 3/4, S. 222–237.
Huber, J. (1995): Nachhaltige Entwicklung. Strategien für eine ökologische und soziale Erdpolitik. Berlin.
ICLEI (1996): Lokale Agenda 21. = Schriftenreihe des Bundesministeriums für Raumordnung, Bauwesen und Städtebau 499. Bonn.
Kasperson, R.E., J.X. Kasperson, B.L. Turner II, K. Dow u. W.B. Meyer (1995): Critical environmental regions: concepts, distinctions, and issues. In: Kasperson, J.X., R.E. Kasperson u. B.L. Turner II (Hg.): Regions at risk. Comparisons of threatened environments. S. 1–41. Tokyo, New York u. Paris.
Kastenholz, H.G., K.-H. Erdmann u. M. Wolff (Hg.) (1996): Nachhaltige Entwicklung. Zukunftschancen für Mensch und Umwelt. Heidelberg.
Kaufmann-Hayoz, R. u. A. Di Giulio (Hg.) (1996): Umweltproblem Mensch. Humanwissenschaftliche Zugänge zu umweltverantwortlichem Handeln. Bern, Stuttgart u. Wien.
Krätke, S. (1995): Globalisierung und Regionalisierung. In: Geographische Zeitschrift 83, H. 3/4, S. 207–221.
Kreibich, R. (Hg.) (1996): Nachhaltige Entwicklung. Leitbild für die Zukunft von Wirtschaft und Gesellschaft. Weinheim u. Basel.
Mitlin, D. u. D. Satterthwaite (1994): Cities and sustainable development. = Global Forum 94, Background document. Manchester.
Niemann, S. (1997): Lokale Agenda 21. Neue Ära der Stadtplanung oder Dokument für die Schublade? In: Angewandte Geographie 21, H. 2, S. 31–37.
Stiens, G. (1996): Prognostik in der Geographie. Braunschweig.
Werlen, B. (1995): Sozialgeographie alltäglicher Regionalisierungen. Band 1: Zur Ontologie von Gesellschaft und Raum. = Erdkundliches Wissen 116. Stuttgart.

PHYSIOGEOGRAPHISCHE ANALYSE RAUMBEZOGENER NACHHALTIGER ZUKUNFTSPLANUNG

Manfred Meurer (Karlsruhe)

Bei Ausführungen zu *Nachhaltigkeit* bzw. *nachhaltiger Zukunftsforschung* handelt es sich zweifellos um ein medienwirksames, mitunter aber auch „schillerndes" Thema, wie die seit ca. fünf Jahren rapide anwachsende diesbezügliche Literatur sowie über 17.000 Texteinträge im Internet erkennen lassen. Die in den Medien und politischen Statements vielfach kolportierte *Nachhaltigkeit* bzw. *sustainable development* kann inzwischen dennoch als einer der wichtigsten Termini in der Entwicklungszusammenarbeit und der lokalen bis globalen Umweltdiskussion gelten.

1. Nachhaltigkeit aus Sicht von Ökologie und Physiogeographie

Gerade für Physiogeographie und Ökologie ist es äußerst schwierig und bis jetzt höchstens ansatzweise gelungen, ein in sich stringentes Konzept mit quantifizierbaren Parametern für *nachhaltige Strategien* zu benennen (s. Haber 1994). Aus dem *politisch-normativen Konzept* ergeben sich für seine Umsetzung erhebliche Probleme. So bleiben zahlreiche entscheidende Fragen offen, wie z.B. über die Auslegung von Art, Qualität und Zeithorizont der angesprochenen „Bedürfnisse" zwischen den Generationen (*intergenerativ*) bzw. zwischen entwickelten und sog. „unterentwickelten" Staaten (*intragenerativ*). Ferner bestehen über die Realisierungschancen dieses Konzeptes stark abweichende Einschätzungen. Nach Bechmann u.a. (1994, S. 64) muß als wesentliche Bedingung sichergestellt sein „daß die Funktionen der Umwelt für Mensch und Gesellschaft als Quelle für erneuerbare und nicht-erneuerbare Ressourcen, als Aufnahmemedien für Reststoffe (Emissionen und Abfälle) und als Lebensgrundlage (life-support-systems) durch deren Inanspruchnahme für Produktion und Konsum nicht dauerhaft gefährdet werden." Brenck (1992, S. 389) postuliert:
- „Möglichst sparsame Nutzung nicht erneuerbarer Ressourcen, und zwar nur in dem Umfang, in dem durch kompensatorische Investitionen die Reichweite der Reserven erhalten bleibt. Erneuerbare Ressourcen dürfen nur im Umfang ihrer Regenerationsrate genutzt werden.
- Der Umfang anthropogener Belastungen der Umwelt durch Emissionen etc. darf die Verarbeitungskapazitäten der verschiedenen Umweltsysteme (carrying capacities) nicht überschreiten und die Lebensbedingungen des Menschen und anderer Spezies nicht gefährden" (s.a. Bechmann u.a. 1994, S. 65).

Zugleich ergibt sich aus der *intergenerativen Gerechtigkeit* die zwingende Notwendigkeit, die Vorräte an nicht-erneuerbaren Ressourcen abzuschätzen, um den ökologisch verträglichen Nutzungsumfang festlegen zu können. Gleiches gilt für produktionsbedingte Belastungsgrenzwerte (*critical loads*) der angestrebten Nachhaltigkeit (s. Nagel u.a. 1994). Dabei ist zu berücksichtigen, „daß gegenwärtig Orientierungs-, Richt- und Grenzwerte wissenschaftlich nur bedingt begründbar und daher auch umstritten sind. Dies gilt insbesondere für den so schwierig faßbaren ökotoxikologischen Bereich. Ihre Akzeptanz als Komponenten eines Bewertungssystems wird zusätzlich dadurch belastet, daß bei ihrer Definition häufig wirtschaftliche Interessen einfließen" (Fränzle 1993, S. 15). Dazu merken Nagel u.a. (1994, S. 1) an: „Der Forderung, daß Umweltindikatoren im Sinne einer dauerhaft-umweltgerechten Entwicklung aufzeigen müssen, durch welche Beeinträchtigungen die Gleichgewichte eines Ökosystemgefüges derart gestört werden, daß die nachhaltige Wirksamkeit der natürlichen Strukturen, Funktionen und Prozesse und damit die Kompensation anthropogener Störungen nicht gewährleistet ist, entsprechen die Critical Loads and Levels. Sie ermöglichen, Umweltqualitätsziele zu entwickeln, die sich auf das Erreichen oder Erhalten einer bestimmten Umweltqualität richten. Es ist daher möglich und zuweilen notwendig, Umweltqualitätsziele für verschiedene zeitliche Abschnitte zu definieren, die unterschiedlich hohe Schutzniveaus repräsentieren (Target Loads & Levels)." In diesem Bereich zeichnet sich folglich ein zunehmender Regelungsbedarf ab, um zu einer effizienten Standardisierung und aussagekräftigen Einzel-Umweltindikatoren (*mediale Betrachtungsweise*) oder aggregierten Umweltindikatoren (*systemarer Ansatz*) zu gelangen.

In den vergangenen Jahren haben Forschergruppen verstärkte Bemühungen unternommen, um mit Hilfe von Indikatorsystemen das *Konzept der Nachhaltigkeit* zu operationalisieren (s. Walz/Block 1995). Dazu haben Opschoor/Reijenders (1991, S. 8ff.) drei unterschiedliche Arten von Indikatoren ausgegliedert:
- *Umweltbelastungsindikatoren* (*environmental pressure indicators*): sie zeigen die Dynamik anthropogen bedingter Umweltbelastungen an;
- *Umweltauswirkungsindikatoren* (*environmental effect indicators*): sie geben Informationen über eine geänderte Umweltqualität und beziehen sich auf unterschiedliche Umweltkompartimente und -bedingungen für biotische und abiotische Rezeptoren;
- *Nachhaltigkeitsindikatoren*: sie sollen den Umweltzustand anzeigen, der im Rahmen einer zukunftsfähigen Entwicklung anvisiert wird (s.a. Bechmann u.a. 1994).

Zugleich sollen spezielle Indikatorensysteme für eine nachhaltige Entwicklung auf jeden Fall Indikatoren für
- Umweltbelastungen, aktuelle Zustände der Umweltqualität und Anpassungskapazitäten der Umwelt,
- erneuerbare und nicht-erneuerbare Ressourcen und
- Biodiversität

enthalten (Opschoor/Reijnders 1991, S. 16). Problematisch wird der Einsatz dieser Indikatoren jedoch durch die große Komplexität und die unterschiedliche Art der Vernetzung dieser Umweltparameter und bei großräumigen länderübergreifenden bis globalen Belastungsanalysen.

Hier stellt sich die zentrale Frage, wie leicht die Indikatoren erfaßt und quantifiziert werden können, aber auch, wie sich Kontrolle, zeitliche und räumliche Sensitivität und das Verständnis über Umweltindikatoren durch Nichtfachleute sicherstellen lassen (s. Bechmann u.a. 1994). Aus pragmatischen Überlegungen bieten sich entweder aggregierte oder repräsentative bzw. kritische Indikatoren an, die jedoch methodische Schwierigkeiten, z.B. aufgrund ihrer verschiedenen Dimensionen, beinhalten. Lösungsansätze zeigen sich bei Energieressourcen durch Verwendung kalorischer Werte, z.B. Steinkohle-Einheiten (StKE), oder bei säurebildenden Emissionen durch Säure-Äquivalente. Zudem wird zur Zeit über dimensionslose Indikatoren diskutiert, die zu einem Referenzwert bzw. gewünschten Zustand oder Nutzungsumfang von Umwelt bzw. Ressource in Beziehung gesetzt werden und dadurch einen Wandel anzeigen können (s. Bechmann u.a. 1994, S. 69–70).

Eine ausschließlich wissenschaftlich begründete Vorgehensweise ist somit aktuell weder aufgrund methodischer und kognitiver Defizite noch aus umweltpolitischer Sicht realisierbar. Will man politisch relevante Indikatoren zur Verfügung stellen, dann müssen entsprechende Kompromisse eingegangen werden. Bereits eingesetzt werden komplexe Umweltindikatoren wie Treibhaus- oder Ozonpotential. Es gilt also, möglichst rasch ein *Konzept nachhaltiger Entwicklung* einschließlich ökologischer Indikatoren bereitzustellen.

Vorteile des Grenzwertprinzips sind dabei nach Fränzle (1993, S. 15) *Praktikabilität, leichte Überwachung* durch moderne Analyseverfahren, *Anpassungsfähigkeit bei Erkenntnisfortschritten* und große *Rechtssicherheit*. Bei den rechtlich unverbindlichen *Orientierungs-* oder *Richtwerten* zeichnet sich somit im Rahmen einer vorausplanenden Zukunftsforschung dringender Handlungsbedarf ab. Hier bietet sich im sektoralen umweltmedialen wie auch im ökosystemaren Rahmen ein wichtiges Handlungsfeld für die Physiogeographie.

Aus dem weiten Feld der physisch-geographischen Nachhaltigkeitsdebatte und -studien, die in weiteren Fachsitzungen thematisiert werden, sollen exemplarisch herausgegriffen werden:
- die *Forstwirtschaft*, wo das Prinzip der Nachhaltigkeit am frühesten entwickelt und teilweise auch praktiziert wurde;
- der *Klimaschutz* mit bedrohlichen Phänomenen wie der Zerstörung der Ozonschicht durch FCKWs oder der Treibhausproblematik, charakterisiert anhand der CO_2-Problematik;
- die *Biodiversität* mit dem bislang noch größten wissenschaftlichen Klärungsbedarf (s. WBGU 1996, S. 6).

2. Nachhaltigkeit und Forstwirtschaft

Hans Carl von Carlowitz prägte 1713 in seiner Schrift *Silvicultura oeconomica* den Begriff der Nachhaltigkeit (s. Barthelmeß 1972). Damit kam Wäldern anstelle bloßer Ausbeutung (Exploitation) die Funktion erneuerbarer Ressourcen für eine dauerhafte und gleichmäßige Versorgung mit Nutz- und Brennholz zu. Durch die Preußische Staatsforstverwaltung wurde dieses Nachhaltigkeitsprinzip auf größeren Flächen umgesetzt. Hinzu traten ethische Überlegungen, wonach kein Raubbau am Wald betrieben werden dürfe, sondern den nachfolgenden Generationen leistungsstarke Waldbestände zu hinterlassen seien. Neben diesen rein materiellen Funktionen (Haupt- und Nebennutzungen) finden schließlich auch immaterielle (die sog. Schutz- und Wohlfahrtswirkungen) Berücksichtigung. So wird unter Nachhaltigkeit die Erhaltung eines *funktionsfähigen Systems* und die langfristige Leistungsfähigkeit dieses Ökosystems und der Umwelt verstanden, um die vielfältigen Bedürfnisse der heutigen und auch zukünftiger Generationen sicherstellen zu können (s. Kohnle 1993; Deutscher Bundestag 1994a; Thomasius/Schmidt 1996). Inzwischen ist der Nachhaltigkeitsbegriff als fester Bestandteil von Bundeswald- und Landeswaldgesetzen ebenso wie im Bundesnaturschutzgesetz verankert.

Das Konzept der *naturnahen Waldwirtschaft* basiert dabei auf *Gleichgewicht*, *Stabilität* und *Elastizität* von Waldökosystemen (s. Burschel/Huss 1987). Ungleichgewichte werden dagegen durch nicht standortgemäße Baumarten- und Herkunftswahl, Entkopplung von Auf- und Abbauprozessen (z.B. durch Kahlschlag) und/oder nutzungsbedingten übermäßigen Stoffentzug herbeigeführt (s. Thomasius/Schmidt 1996). Die ökologische Stabilität des Bestandes hängt dabei insbesondere von der genetischen Diversität und vom geochemischen Kreislauf ab. Unter letzterem versteht man die Erhaltung der Bodenfruchtbarkeit trotz Schadstoffeintrages und anthropogen bedingter Störungen, ein wichtiges physiogeographisches Forschungsfeld in den verschiedenen Ökozonen der Erde.

Eine Nivellierung, d.h. Verringerung der natürlichen Strukturvielfalt von Forsten wirkt sich negativ auf Flora und Fauna aus. Aufgrund zerstörter und reduzierter Biotopstrukturen geht die Artenzahl zurück, und die Biodiversität wird reduziert. So fehlen wegen des Einschlags von Nutzholz in der waldbaulichen Optimalphase weitgehend Terminal- und Zerfallphase. Damit verringert sich der Totholzanteil, der im Naturwald 30–70 %, im Wirtschaftswald jedoch nur noch wenige Prozent am Gesamtholz beinhaltet (s. Brechtel 1992). Es entfallen damit vor allem die Standortvoraussetzungen für extrem angepaßte Waldbewohner, und Naturschutzaspekte gelangen deutlich ins Hintertreffen. So konstatiert Plachter (1991), daß die Forstwirtschaft aufgrund einer überwiegend *naturfernen Wirtschaftsweise* nach der Landwirtschaft der zweitwichtigste Verursacher des Artenrückganges in der Bundesrepublik sei (vgl. Korneck/Sukopp 1988; Kaule 1991). Daraus resultieren weltweit Forderungen nach dem Schutz von Wäldern und mehr *naturnahen Waldsystemen* mit hoher Stabilität, standortgemäßer Baumartenmischung sowie stufigem Bestandesaufbau, völkerrechtlich verbindlich fixiert in einer „Waldkonvention" oder einem „Waldprotokoll") (s. WBGU 1996).

3. Nachhaltigkeit und Klimaschutz

In zahlreichen Verlautbarungen und Konferenzen ist in den letzten Jahren auf die erheblichen Gefahren anthropogen bedingter globaler Klimabeeinträchtigung hingewiesen und ein nachhaltiger Klimaschutz gefordert worden (s. Deutscher Bundestag 1990, 1994a, 1994b). Nach der 1. Konferenz der Vertragsstaaten der Klimarahmenkonvention in Berlin sind die großen Hoffnungen, die in sie gesetzt worden sind – wie rasche Reduktion des Verbrauchs fossiler Energieträger sowie des CO_2-Ausstoßes – merklich gedämpft worden. Denn es wurde kein Protokoll beschlossen, sondern nur ein Mandat für die Vorlage eines Reduktionsprotokolls in zwei Jahren erteilt. Demgegenüber drängt der WBGU (1996, S. 7 u. 103–106) aufgrund des zwingenden Handlungsbedarfes, die CO_2-Emissionen weltweit jährlich um 1 % zu reduzieren, weitere Treibhausgase einzubeziehen und zu verringern sowie Strategien zu konzipieren, die Umstellungskosten bei gleicher ökologischer Wirksamkeit reduzieren. Gerade am Beispiel von CO_2 können eindrucksvoll umfangreiche Beiträge der geographischen Teildisziplinen von der raum-zeitlichen Erfassung bis hin zur Entwicklung von Minderungsstrategien im Rahmen einer Politikberatung aufgezeigt werden.

Als von der eigentlichen Umsetzung her erfolgreicher haben sich dagegen die im *Montrealer Protokoll* geforderten Verringerungen anthropogener Quellgase, die Chlor und Brom in der Stratosphäre freisetzen und damit zu gravierenden Schäden am stratosphärischen Ozonschutzschild führen, herausgestellt (s. Deutscher Bundestag 1994b). So dürfte nach WBGU (1996, S. 7) das troposphärische Belastungsmaximum von Chlor und Brom 1994 erreicht worden sein und seitdem absinken. Dennoch ist aber auf die zum Teil sehr hohe Persistenz dieser Substanzen hinzuweisen, die z.B. bei Schwefelhexafluorid (SF_6) und Tetrafluormethan (CF_4) eine atmosphärische Verweildauer von 3.200 bzw. 50.000 Jahren beinhalten (s. WBGU 1996, S. 110). Durch spezielle multilaterale Fonds müßten aber zugleich entsprechende Mittel bereitgestellt werden, um die aktuellen hohen Produktions- und Verbrauchsziffern von FCKW durch den Einsatz von klima-unschädlichen Substituten auch in den Schwellen- und Entwicklungsländern zu reduzieren.

Aus diesen beiden gegensätzlichen Beispielen wird ersichtlich, daß Wissen über ökologische Zusammenhänge und Gefahren, die durch anthropogene Eingriffe in Ökosysteme hervorgerufen werden, allein nicht ausreicht, sondern wirksame Veränderungen erst durch rasches politisches Handeln sichergestellt werden können. Wirksame erste Ansätze zeigen sich im Rahmen der Lokalen Agenda 21 auf kommunaler Ebene (s. Klima-Bündnis/Allianza del Clima 1993).

4. Nachhaltigkeit und Biodiversität

Als beachtenswertes Ergebnis der Konferenz der Vereinten Nationen für Entwicklung und Umwelt in Rio de Janeiro gilt die Verabschiedung der „Konvention über Biologische Vielfalt" (Nairobi 1992), die den hohen ökologischen und ökonomischen Wert von Genen und Arten bis hin zu Ökosystemen aufzeigt (s. BMU 1995). Zugleich gewinnen damit pflanzliche und tierische Ökotypen bzw. lokale genetische Ressourcen einen erheblichen ökologischen und ökonomischen Stellenwert („Bioprospektierung"). So haben sich bei extensiver Flächenbewirtschaftung in traditionellen Kulturlandschaften zahlreiche „alte" bzw. einheimische Lokalrassen mit ihrem speziellen Genpool erhalten können, die für die Pflanzenzüchtung weltweit von unschätzbarer Bedeutung sind. In diesem vergleichsweise jungen Forschungsbereich zeichnen sich jedoch nicht nur für den mittel-, sondern insb. auch für den ost- und südeuropäischen Raum sowie die sog. Entwicklungsländer noch erhebliche Wissensdefizite ab, die durch gezielte lokale und regionale Inventuren auch von Vegetationsgeographen verringert werden könnten. Empfehlungen für einen schonenden Umgang mit biologischen Ressourcen sowie eine verstärkte nachhaltige Landnutzung auf nationaler Ebene wurden bereits in den „Lübecker Grundsätzen des Naturschutzes" (1993) verabschiedet.

Die *Biodiversitätskonvention* stellt ein völkerrechtlich verbindliches Abkommen aus dem Jahre 1993 und zugleich einen Querschnittsansatz zum Schutz der globalen Biodiversität dar (s. WBGU 1996, S. 9). Biodiversität bzw. biologische Vielfalt beinhaltet danach sowohl die Zahl der Pflanzen- und Tierarten als auch deren Variabilität (*genetische Diversität*). Die biologische Vielfalt besitzt einen Wert an sich (*ökozentrierte Betrachtung* – Eigenrecht der biologischen Vielfalt auf Existenz) – sowie anthropogene Nutzwerte (*anthropozentrische Sicht* – Sicherung der Ernährung, genetische Basis für Kulturpflanzen und Nutztiere, Pharmaka und Medizin, sonstige Rohstoffe, ästhetische und emotionale Nutzenstiftungen), die als Ressourcen (Konsum-, Produktions-, indirekte Nutzungs-, Options- und Existenzwerte) auch ökonomisch zu bewerten sind (s. WBGU 1996, S. 172; Hampicke u.a. 1991). Trotz dieser Erkenntnisse zeichnen sich weiterhin international und global drastische Verluste der biologischen Vielfalt ab (s. Wilson 1992), wie in den vergangenen Wochen auch die Medienberichte über riesige Waldbrände in Indonesien erahnen lassen. Die ebenfalls für Deutschland nachgewiesenen erheblichen Reduzierungen der Biodiversität wurden von Erz (1983), Kaule (1991) sowie Korneck/ Sukopp (1988) nachgewiesen. Vorwiegende Ursachen sind die Zerstörung von Lebensräumen (Habitate und Biotope) durch nicht nachhaltige Formen von Land- und Forstwirtschaft, Besiedlung, Verkehr und/oder Tourismus (s. Plachter 1991, 1996); des weiteren flächenhafte Luft-, Gewässer- und Bodenbelastungen sowie Einträge von Pestiziden im Rahmen von nicht umweltverträglichen Formen von Land- und Bodennutzung. Weitere Gründe sind Übernutzung von Pflanzen- und Tierarten als Rohstoffe oder Nahrungsmittel sowie der zunehmende verdrängungsbedingte Verlust alter Sorten durch sogenannte Hochleistungsrassen („Gen-Erosion"). Globale Schätzungen gehen von einem Artenverlust von 10–50 % des gesamten Arteninventars in den nächsten 50 Jahren aus (s. Wilson 1992). Bedenkt man, daß die Entwicklungsländer über die größte Biodiversität verfügen und beispielsweise von den wichtigsten 20 landwirtschaftlichen Nutzpflanzen 95 % auf deren genetischem Material basieren (s. WBGU 1996, S. 176), dann zeichnen sich bereits in diesem Sektor gravierende irreversible Schäden ab. Nach einer durch das Umweltministerium in Auftrag gegebenen Studie von Hampicke u.a. (1991) über die volkswirtschaftliche Bedeutung bzw. Kosten- und Wertschätzung des Arten- und Biotopschutzes sind Ausgaben von etwa einer Milliarde DM pro Jahr nötig, um allein das Überleben wildlebender Arten in Deutschland zu sichern. „Die Ursachen für den Arten- und Biotopschwund sind letztlich ökonomischer Art; die Probleme des Arten- und Biotopschutzes sind in ähnlicher Weise wie bei anderen Umweltnutzungskonflikten als Verknappungsphänomene zu interpretieren" (Hampicke u.a. 1991, S. 11).

Grundlegende Beachtung muß daher künftig auch dem Wandel über Bedeutung und Aufgaben des Naturschutzes – vom Arten- und Biotopschutz zum Flächenschutz – eingeräumt werden. Dabei gilt es vor allem, die zahlreichen offenen Fragen nach neuen Leitbildern im Naturschutz zu beantworten (s. Plachter 1996).

Indikatoren für die Biodiversität könnten nach Bechmann u.a. (1994, S. 68) z.B. der Anteil von Naturschutzflächen an der Gesamtfläche eines Landes oder die Artenvielfalt selbst sein. Forschungsbedarf zur biologischen Vielfalt besteht nach WBGU (1993) vor allem bei Wechselwirkungen zwischen biologischer Vielfalt und Ökosystemfunktion, Anpassung von Pflanzen- und Tierarten an den Klimawandel; aber auch bei der ökonomischen Bewertung der biologischen Vielfalt sowie der Entwicklung von Konzepten, um strukturelle, die Vielfalt von Arten und Lebensräumen beeinträchtigende Veränderungen von Landschaften zu erkennen. Des weiteren müssen Früherkennungsverfahren (Monitoring) für stark gefährdete Arten und Ökosysteme als Basis für mittel- bis langfristige Schutzmaßnahmen entwickelt sowie Nachweise über den Artenrückgang und dessen Auswirkungen auf Mensch und Umwelt erbracht werden.

Aufgabenstellungen für Physio- bzw. Biogeographen/innen im Rahmen von Arten-, Biotop-, Naturschutz und Biodiversität sind demnach z.B.:
- Analyse der Umweltauswirkungen verschiedener Nutzungsformen, wie z.B. der konventionellen mitteleuropäischen Forstwirtschaft (Altersklassenwald/Kahlschlagnutzung) im Vergleich mit naturgemäßer Forstwirtschaft oder integrativen Systemen der Agroforstwirtschaft.
- Nachweis von Interaktionen zwischen Organismen in Biozönosen der Nutzökosysteme unter Einbeziehung von Nutzpflanzen und -tieren.

- Unterstützung von Schwellen- und Entwicklungsländern bei Aufbau von wissenschaftlichen Infrastrukturen zur Erfassung von Biodiversität und Naturschutzmanagement.
- Beteiligung bei der Bioprospektierung und wirtschaftlich gerechte Vermarktung zwischen Industriestaaten und den sog. Entwicklungsländern.

5. Nachhaltigkeit, Umweltbewußtsein und Umweltbildung

Neben der Erforschung und der praxisrelevanten Umsetzung von nachhaltigen Strategien sollte von physiogeographischer Seite den Themenbereichen *Umweltbewußtsein* und *Umweltbildung* ein höherer Stellenwert als bislang eingeräumt werden (s. Erdmann 1993; Erdmann/Kastenholz 1996; Haubrich 1996). Exemplarische Aufgabenstellungen können anhand der Agenda 21 von Rio, der Klimarahmenkonvention und der Konvention über die Biologische Vielfalt, aufgezeigt werden (s. WBGU 1996, S. 20–21). Sie beinhalten Aspekte wie:

- Veränderung der Konsumentengewohnheiten; ausgehend von nicht nachhaltigem Produktions- und Verbrauchsverhalten sind lokale bis internationale Gegenstrategien zu konzipieren (Sparstrategien „Negawatt" und Förderung von vergleichsweise umweltverträglichen „Öko-Produkten");
- Initiativen der Kommunen (Lokale Agenda 21, Klima-Bündnis der Städte, ÖPNV);
- Bildung und Ausbildung sowie öffentliches Interesse an den Ursachen und Auswirkungen von Klimaänderungen mit konkreten Anleitungen zum umweltverträglichen Verbraucherverhalten;
- Allgemeine Bewußtseinsbildung zur ökologischen und ökonomischen Bedeutung von Biodiversität und notwendigen Umsetzungsmaßnahmen; dazu eignet sich beispielsweise in besonderem Maße die Einbeziehung von Naturschutzgebieten, Biosphärenreservaten und Nationalparks.

6. Notwendigkeit eines gesamteuropäischen Konzeptes für eine nachhaltige umweltmedienübergreifende Entwicklung

Nationalstaatliche Insellösungen sind im politisch zusammenwachsenden Europa weder sinnvoll noch nachhaltig, wie an unterschiedlichsten Beispielen der medialen Umweltbelastung eindrucksvoll belegt werden kann. Staatenübergreifende Lösungsansätze sind daher erforderlich. Aufgrund der dramatischen politischen Wandlungen muß der Osten Europas gebührend in diese Sanierungsmaßnahmen einbezogen werden. Aus umweltpolitischer Sicht ist diese Notwendigkeit unumstritten. Bereits wenige Zahlenangaben, wie sie im Juni 1991 vom damaligen Bundesumweltminister Töpfer auf der Umweltministerkonferenz in Prag vorgelegt wurden, verdeutlichen diesen Sachverhalt: „Aus der Analyse der Umweltschäden in der Studie ergibt sich, daß der Staubausstoß im tausend Quadratkilometer großen oberschlesischen Industrierevier mit 600.000 Tonnen größer ist als in allen alten Bundesländern. In Oberschlesien beträgt der Staubniederschlag im Jahr 400 Tonnen je Quadratkilometer, stellenweise sogar 1000 Tonnen. Das ist zehnmal so viel wie im Ruhrgebiet. In der Sowjetunion sind 70 Prozent der reinigungsbedürftigen Abwässer nicht geklärt. In 600 Städten ist eine vorschriftsmäßige Reinigung nicht gewährleistet. Von den

Einleitungen in der Tschechoslowakei im Einzugsgebiet der Elbe sind nur 35 Prozent der Gewässer gereinigt. In Polen sind es nur 12 Prozent. Von 3800 Großunternehmen in Polen haben nur 37 Prozent eine Kläranlage. Von Weizsäcker weist darauf hin, daß das Wasser der Weichsel nicht einmal für industrielle Zwecke geeignet sei, geschweige denn fürs Trinkwasser" (F.A.Z. Wirtschaft vom 19.6.1991). Eine wesentliche Überlegung ist in diesem Zusammenhang die Kosteneffizienz eingesetzter Finanzmittel. Danach lassen sich mit denselben Sanierungsmitteln im Osten bzw. in den sog. Entwicklungsländern weitaus höhere Entlastungen der Umwelt erzielen, als dies in Deutschland der Fall wäre, wie der typische Kostenverlauf einer Steigerung des Reinigungsgrades oberhalb von 90 % erkennen läßt (s. von Weizsäcker 1990).

Aber nicht allein die finanzielle Unterstützung ist entscheidend, sondern auch die logistische Unterstützung bei Aufbau von Umweltbehörden und Meßnetzen sowie der Konzipierung gesetzlicher Umweltstandards.

Internationale Abkommen und Vereinbarungen sind daher unerläßlich. Damit einhergehen muß ein vernetztes und über die Ländergrenzen hinwegreichendes Denken und Handeln im Rahmen von Nachhaltigkeit und Umweltschutz. Hier zeigen sich bislang noch deutliche Umsetzungsdefizite, die es in den nächsten Jahren verstärkt abzubauen gilt. Sowohl bei diesen Konzeptionen als auch bei deren Realisierungen können Geographen/innen wichtige Beiträge leisten. Die Hauptbedenken gelten dabei zweifellos der aktuellen angespannten finanziellen Situation der öffentlichen Haushalte. Dennoch müssen folgende Forderungen an die nachhaltige Zukunftsplanung im deutschen und europäischen Rahmen umgehend realisiert werden:

- umfassender Wissensaustausch und Technologie-Transfers in die Länder Osteuropas;
- Effizienzsteigerung und Harmonisierung nationaler und internationaler Umweltvereinbarungen;
- Effizienzkontrolle eingeleiteter Umweltprogramme anhand von Nachhaltigkeitskriterien;
- stärkere Einbeziehung von Verfahren zur Erfassung von Umweltverträglichkeit und Nachhaltigkeit in die universitäre Geographenausbildung, z.B. anhand von Projektstudien;
- höherer Stellenwert einer fachübergreifenden Umweltbildung in Schule und Universität.

7. Visionen zur nachhaltigen Zukunftsplanung aus physisch-geographischer Sicht

Lassen Sie mich die vorangestellten exemplarischen Überlegungen und Visionen zu einer raumbezogenen nachhaltigen und generationenübergreifenden Zukunftsplanung aus physisch-geographischer Sicht resümeeartig zusammenfassen:
1. Das Konzept der Nachhaltigkeit ist ohne konkreten Raumbezug nicht sachgerecht umzusetzen. Es ist daher fallweise eine mikro- bis makroskalige Betrachtungsweise erforderlich, deren kompetente Realisierung eine maßgebliche Beteiligung von Geographen/innen zwingend erforderlich macht.
2. Das Konzept der Nachhaltigkeit läßt sich ohne konkrete Zeitbezüge nicht sinnvoll verwirklichen. Um fundierte und weitgehend abgesicherte Grundlagen für

die anvisierte Zukunftsplanung bereitstellen zu können, müssen umweltbezogene Fakten aus Gegenwart und Vergangenheit herangezogen werden. Klima- und Klimafolgenforschung liefern fundierte Belege für diese Aussage. Raumzeitliche mikro- bis makroskalige Analysen sind zentrale Forschungsinhalte von Physischen Geographen/innen in Geomorphologie, Klimatologie, Hydrologie, Vegetations- und Zoogeographie sowie Landschaftsökologie. Sie müssen und werden daher auch zukünftig kompetente Partner in sektoralen sowie in übergreifenden interdisziplinären Forschungsvorhaben sein, deren Ziel die Erfassung von Naturhaushalten und Landschaftspotentialen sowie deren zeitlicher Wandel ist. Dazu steht ein umfangreicher fachspezifischer Katalog an Methoden und Instrumenten bereits zur Verfügung, der sich in den vergangenen Jahrzehnten bewährt hat und einer ständigen Weiterentwicklung unterliegt, wie neueste Datierungs- und Fernerkundungsverfahren – hier insbesondere der Radareinsatz – oder spezifische GIS und Modellansätze belegen.

3. Wenn Nachhaltigkeit soziale, ökonomische und ökologische Aspekte beinhalten soll, die zudem notwendigerweise mikro- bis makroskalige Raumbezüge einbeziehen müssen, dann ergeben sich automatisch bei einer Bearbeitung derartiger nachhaltiger Strategien enge Berührungspunkte zwischen Physio- und Anthropogeographie, was neue und intensivere innerfachliche Kooperations- und Partizipationsformen erforderlich macht. So besitzt die exakte Analyse der Volumenanteile atmosphärischer Gase zunächst einen nur geringen gesellschaftlichen Stellenwert. Erst ihre konkrete Einbindung in ein raum-zeitliches Koordinatensystem sowie der Nachweis von daraus resultierenden sozio-ökonomischen Konsequenzen für die jeweiligen Räume und die betroffenen Bevölkerungsgruppen werden in einer politischen Abwägung zu entsprechenden politischen Handlungsweisen führen. Beispiele hierfür sind die Studien über das „Ozonloch" und seine räumlichen Auswirkungen auf mögliche Ertragseinbußen des marinen Planktons sowie auf Zunahmen von Hautkrebserkrankungen oder aber die großflächige Brandrodung von Tropenwäldern mit entsprechenden Konsequenzen für die Treibhausproblematik und einer darauf basierenden möglichen Verschiebung von Klima-, Vegetations- und Anbauzonen.

4. Bei dem sich immer stärker abzeichnenden regionalen und globalen Wandel unserer Umwelt und einer erforderlichen Neubewertung von Ressourcen, Ressourcenverbrauch und damit einhergehender Umweltbelastung müssen die bisherigen tradierten Konzepte der Raumnutzung kritisch überprüft und gegebenenfalls modifiziert werden. Zugleich gilt es, geeignete Umweltindikatoren, Umweltstandards und Umweltqualitätsziele zu entwickeln, sie mit zunehmendem Wissens- und Technikstand ständig weiterzuentwickeln und in die jeweiligen Umweltgesetzgebungen mit einzubeziehen. Hier zeichnet sich ein enormer Forschungsbedarf in den nächsten Jahrzehnten ab, bei dem Geographen/innen insgesamt eine wichtige Rolle spielen werden.

5. Die Feststellung, daß nicht regenerative Ressourcen endlich sind, ist profan; weniger dagegen die Notwendigkeit eines raumbezogenen Ressourcenmanagementes, das grundsätzlich alle Umweltmedien einzubeziehen hat. Hierzu müssen neue Konzepte der Einsparung, der Substitution nicht regenerativer Ressourcen und der Wiederverwertung entwickelt werden. Die bislang vorliegenden Konzepte zu Klima- und Klimafolgenforschung, Trinkwasser-, Gewässer-, Boden-, Arten- und Naturschutz, an denen Geographen/innen entscheidend mitgewirkt haben, zeigen ökozonal differenzierte Strategien auf, die sowohl durch

weitere empirische Geländestudien als auch durch parallele Modellierung und Simulation in den nächsten Jahrzehnten in verstärktem Umfang fortgesetzt werden müssen. Der gezielte Einsatz der bewährten geographischen Werkzeuge Fernerkundung und GIS bietet sich hierzu selbstverständlich an.
6. Ein bislang weniger von physischen Geographen/innen besetzter Tätigkeitsbereich ist der der Technikfolgenabschätzung. Er nimmt nicht nur in Industriestaaten, sondern auch in sog. Entwicklungsländern erheblich an Bedeutung zu. Seine Einsatzmöglichkeiten reichen z.B. von zu entwickelnden Konzepten bei Trinkwasserverknappung, Gewässerbelastung, Hochwasserschutz, Bodenkontamination, stadtklimatologischen und lufthygienischen Belastungen bis hin zum Monitoring einer Gefährdung von Pflanzen- und Tierbeständen oder gar einer gravierenden großflächigen Störung und Zerstörung von marinen, limnischen und/oder terrestrischen Ökosystemen. Spektakulärste Beispiele dazu bietet zur Zeit zweifellos die großflächige Zerstörung von tropischen und borealen Wäldern, aber auch die Treibhaus- und Ozonproblematik. An raumspezifischen Belastungsanalysen und Sanierungsstrategien besteht somit dringender Bedarf.
7. Mit weiterhin wachsender Datenfülle und immer komplexeren Fragestellungen von lokaler bis globaler Dimension wird es für den einzelnen Wissenschaftler bzw. für kleine Arbeitsgruppen erheblich schwieriger, die „Datenflut" in zentrale und weniger bedeutsame Informationen zu separieren und aus dem zum Teil sprunghaft anwachsenden Kenntnisstand heraus sachgerechte wissenschaftliche Empfehlungen geben und kompetente politische Entscheidungsvorgaben anbieten zu können, sei es im Rahmen von Entwicklungshilfe, sei es bei Fragen zu Klimawandel und Klimaschutz oder Boden- und Naturschutz. Dazu wird eine noch stärkere Einbeziehung multimedialer Techniken unverzichtbar sein. Für derartige komplexe Entscheidungsvorgänge, die fundierte mikro- bis makroskalige Kenntnisse des jeweiligen Natur- und Kulturraumes zwingend erforderlich machen, sollte und dürfte Geographen/innen im Rahmen einer sachgerechten raumbezogenen Politikberatung in den kommenden Jahren wieder eine erhöhte Sachkompetenz beigemessen werden.
8. Geographen/innen verfügen bereits heute über ein umfangreiches spezielles methodisches Instrumentarium sowie ein großes raumbezogenes Wissen über Mensch und Umwelt, so daß sie die erforderliche Sachkompetenz für eine ökozonal differenzierte nachhaltige Zukunftsplanung in toto besser als Vertreter jeder anderen Fachdisziplin nachweisen können. Über das eigene Fach hinaus – wo dieser Sachverhalt jedoch nicht unumstritten ist – muß diese Einschätzung durch inhaltlich und räumlich weit aufgefächerte Tagungen – wie den Geographentag – und eine umfassendere Information der Medien über zentrale Resultate konkreter inner- und interdisziplinär ausgerichteter Forschungsprojekte zur nachhaltigen Nutzung des Systems Mensch – Umwelt einer größeren Öffentlichkeit bewußt gemacht werden.

Literatur:

Barthelmeß, A. (1972): Umwelt des Menschen. Freiburg u. München.
Bechmann, G., R. Coenen u. F. Gloede (1994): Umweltpolitische Prioritätensetzung. Verständigungsprozesse zwischen Wissenschaft, Politik und Gesellschaft. = Materialien zur Umweltforschung 21, hg. vom Rat von Sachverständigen für Umweltfragen (SRU). Stuttgart.

BMU (1995): Umweltpolitik – Bericht der Bundesregierung zur Umsetzung des Übereinkommens über die biologische Vielfalt in der Bundesrepublik Deutschland. Bonn.
Brechtel, F. (1992): Alt- und Totholz voller Leben. Oppenheim.
Brenck, A. (1992): Moderne umweltpolitische Konzepte: Sustainable Development und ökologisch-soziale Marktwirtschaft. In: Zeitschrift für Angewandte Umweltforschung, H. 4, S. 379–413.
Burschel, P. u. J. Huss (1987): Grundriß des Waldbaus. Hamburg u. Berlin.
Deutscher Bundestag (Hg.) (1990): Schutz der Erde, eine Bestandesaufnahme mit Vorschlägen zu einer neuen Energiepolitik. Dritter Bericht der Enquête-Kommission des 11. Deutschen Bundestages „Vorsorge zum Schutz der Erdatmosphäre". = Zur Sache – Themen parlamentarischer Beratung 19/90, 2 Bde. Bonn.
Deutscher Bundestag, Enquête-Kommission „Schutz der Erdatmosphäre" (Hg.) (1994a): Klimaschutz durch umweltgerechte Landwirtschaft und Erhalt der Wälder. Dritter Bericht der Enquête-Kommission. Bonn.
Deutscher Bundestag (Hg.) (1994b): 3. Bericht der Bundesregierung an den Deutschen Bundestag über Maßnahmen zum Schutz der Ozonschicht. Bonn.
Erdmann, K.-H. u. H.G. Kastenholz (Hg.) (1996): Umwelt- und Naturschutz am Ende des 20. Jahrhunderts. Berlin.
Erz, W. (1983): Artenschutz im Wandel. In: Umschau 83, S. 695–700.
F.A.Z. Wirtschaft vom 19.6.1991.
Fränzle, O. (1991a): Ökosystemforschung und Umweltbeobachtung als Grundlage der Raumplanung. In: MAB-Mitteilungen 33, S. 26–39.
Ders. (1991b): Zukunftsorientierte Umweltforschung im Rahmen des Deutschen MAB-Programmes. In: Verhandlungen der Gesellschaft für Ökologie XIX/III, S. 545–562.
Ders. (1993): Umweltbewertung und Ethik – Das Beispiel der Ökotoxikologie. In: Erdmann K.-H.(Hg.): Perspektiven menschlichen Handelns – Umwelt und Ethik. S. 1–18. 2. Aufl. Bonn.
Haber, W. (1994): Ist „Nachhaltigkeit" (sustainability) ein tragfähiges ökologisches Konzept? In: Verhandlungen der Gesellschaft für Ökologie 23, S. 7–17.
Hampicke, U., K. Tampe, H. Kiemstedt, T. Horlitz, M. Walters u. D. Timp (1991): Kosten und Wertschätzung des Arten- und Biotopschutzes. = UBA-Berichte 3/91. Berlin.
Haubrich, H. (1996): Nutzung und Bewahrung der Erde durch geographische Erziehung und Forschung. In: Geographie heute 17, H. 138, S. 4–9.
Kaule, G. (1991): Arten- und Biotopschutz. Stuttgart.
Klima-Bündnis/Allianza del Clima (1993): Klima lokal geschützt. Aktivitäten europäischer Kommunen. München.
Kohnle, U. (1993): Wald, Ökologie und Naturschutz. Stuttgart.
Korneck, D. u. H. Sukopp (1988): Rote Liste der in der Bundesrepublik Deutschland ausgestorbenen, verschollenen und gefährdeten Farn- und Blütenpflanzen und ihre Auswertung für den Arten- und Biotopschutz. In: Schriftenreihe für Vegetationskunde 19, S. 1–210. Bonn-Bad Godesberg.
Müller, C. u. F. Müller (1992): Umweltqualitätsziele als Instrumente zur Integration ökologischer Forschung und Anwendung. In: Kieler Geographische Schriften 85, S. 131–166.
Nagel, H.-D., G. Smiatek u. B. Werner (1994): Das Konzept der kritischen Eintragsraten als Möglichkeit zur Bestimmung von Umweltbelastungs- und -qualitätskriterien – Critical Loads & Critical Levels. = Materialien zur Umweltforschung 20. Stuttgart.
Nisbet, E.G. (1994): Globale Umweltveränderungen – Ursachen, Folgen, Handlungsmöglichkeiten. Heidelberg.
Opschoor, H. u. L. Reijnders (1991): Towards sustainable development indicators. In: Kuik, O. u. H. Verbruggen (Hg.): In search of indicators of sustainable development. S. 7. Dordrecht, Boston u. London.
Plachter, H. (1991): Naturschutz. Stuttgart.
Ders. (1996): Der Beitrag des Naturschutzes zu Schutz und Entwicklung der Umwelt. In: Erdmann/Kastenholz 1996, S. 197–254.
SRU – Der Rat von Sachverständigen für Umweltfragen (1996): Konzepte einer dauerhaft-umweltgerechten Nutzung ländlicher Räume. Stuttgart.
Thomasius, H. u. P. Schmidt (1996): Wald, Forstwirtschaft und Umwelt. In: Buchwald, K. u. W. Engelhard (Hg.): Umweltschutz – Grundlagen und Praxis 10. Bonn.
Walz, R. u. N. Block (1995): Synopse ausgewählter Indikatorenansätze für sustainable development. Fraunhofer-Institut für Systemtechnik und Innovationsforschung (FH-ISI). Karlsruhe.

WBGU – Wissenschaftlicher Beirat der Bundesregierung Globale Umweltveränderungen (1993): Welt im Wandel: Grundstruktur globaler Mensch-Umwelt-Beziehungen. Jahresgutachten 1993. Bonn.

Ders. (1996): Welt im Wandel: Wege zur Lösung globaler Umweltprobleme. Jahresgutachten 1995. Berlin u. Heidelberg.

Weizsäcker, E.U. von (1990): Erdpolitik: ökologische Realpolitik an der Schwelle zum Jahrhundert der Umwelt. 2. Aufl. Darmstadt.

Wilson, E.O. (1992): Ende der biologischen Vielfalt. Heidelberg.

GEOGRAPHISCHE ÜBERLEGUNGEN ZU EINER NACHHALTIGKEIT SICHERNDEN ZUKUNFTSPLANUNG IN DEN LÄNDERN DES „NORDENS"

Karl Mannsfeld (Dresden)

1. Einleitung

Der Zentralbegriff „Nachhaltigkeit", welcher seit dem Erscheinen des Brundtland-Berichtes vor zehn Jahren zum Schlüsselwort für eine notwendige Neubesinnung menschlichen Handelns gegenüber den natürlichen Lebensgrundlagen wurde, leidet weniger an den oft widersprüchlichen Inhalten, welche die Öffentlichkeit damit verbindet, sondern unter fehlenden Konzepten zur Umsetzung, leidet unter mangelnden Empfehlungen zur Operationalisierung der Grundidee. Dennoch bildet der Terminus eine starke Klammer für Beiträge von Natur- und Geisteswissenschaften, von Politik und Planung, wenn es um die Thematisierung eines Hauptzieles heutiger Gesellschaftspolitik geht, nämlich: die wirtschaftliche Entwicklung mit der ökologischen Tragfähigkeit zu verbinden, um so künftigen Generationen noch eine lebenswerte und auch nutzbare Umwelt zu hinterlassen. Die aus einem solchen Grundverständnis abgeleiteten beispielhaften Überlegungen dürfen stellvertretend für den industrialisierten Norden der Erde am Beispiel Deutschlands vorgenommen werden.

2. Zukunftsplanung und Nachhaltigkeit

Wenn Planung die Beschäftigung mit der Zukunft bedeutet, wenn es die gedankliche Vorwegnahme beabsichtigten Handelns für die Ordnung und Entwicklung von Räumen darstellt, dann muß sie sich an Kriterien der einleitend beschriebenen Nachhaltigkeit orientieren, die das Verhältnis von Nutzung und Erhaltung des Naturkapitals (z.B. Naturressourcen) betreffen. Folgende Punkte beschreiben das Problem:
- Die Abbau- und Nutzungsrate erneuerbarer Naturressourcen soll deren Regenerationsrate nicht übersteigen (Prinzip der Erhaltung der ökologischen Leistungsfähigkeit/Funktionsfähigkeit).
- Die Nutzung nichterneuerbarer Naturressourcen soll nur in dem Umfang erfolgen, wie eine Substitution durch erneuerbare oder eine höhere Produktivität durch nicht erneuerbare Naturressourcen gelingt (Prinzip der Steigerung der Nutzungseffektivität).
- Zeitmaß und Intensität anthropogener Einflüsse (Stoffeinträge, Prozeßeingriffe) sollen sich an der bestehenden Belastung und potentiellen Belastbarkeit des jeweiligen Landschaftshaushaltes orientieren (Prinzip des Gleichgewichtes zwischen Eingriff und Raumstruktur).

Wenn Zukunftsplanung den Grundprinzipien der Nachhaltigkeit entsprechen soll, müssen die Planungsfelder den veränderten Anforderungen entsprechen. Sie liegen besonders auf Innovationen im Sinne von Erneuerungsprozessen. Vorrangig werden die Wirtschaft, werden Verkehr, Infrastruktur und Kommunikation, aber auch die Bevölkerungsentwicklung, Lebensstil- und Konsumgewohnheiten als solche innovativen Planungsfelder gesehen.

Wenn auch die Geographie das Instrument der Zukunftsplanung beeinflussen will, so muß zunächst an die Grundvorstellung erinnert werden: Die Geographie faßt die uns umgebende natürliche und gestaltete Umwelt (Realobjekt Geobiosphäre) als Wirkungsgefüge von physikalisch-chemischen, biotischen und anthropogenen Faktoren eines Ökosystems auf und untersucht als seinen wichtigsten räumlichen Repräsentanten die Landschaft. Diese wiederum kann komplementär durch kultur- wie naturgeographische Analysen erkundet, und, was noch bedeutsamer für die Zukunftsplanung ist, bewertet werden.

Es ist für die Akzeptanz der Geographie existentiell, daß sie diesen Objektansatz beibehält, weil der seit einigen Jahrzehnten stärker betonte Subjektansatz („Handeln von Subjekten im Raum") nicht nur beim Objektansatz ausreichend mitberücksichtigt wird, sondern einseitiger Subjektbezug auch eine unvollständige Sachperspektive vermittelt und somit die Mitwirkungsfähigkeit der Geographie bei der Lösung gesamtgesellschaftlicher Aufgaben schmälert.

3. Nachhaltigkeitsaspekte in aktuellen gesellschaftlichen Handlungsfeldern

Kontroverse Debatten ranken sich um die Ansicht, daß wirtschaftliche Effizienz bei der Nutzung von Naturressourcen größtmöglichen Wohlstand sichern soll. Was ist das für eine Wohlstandsvorstellung, die am Ende des 20. Jahrhunderts unter Beachtung der erkennbaren Anzeichen von Ressourcenerschöpfung, von Klimaveränderungen u.a. Gültigkeit beansprucht? Die landläufige Vorstellung jedenfalls, daß der Mensch unbegrenzt seine Wünsche realisiert, kann als Fazit auf die Formel gebracht werden: Es ist das Ziel der Menschen, immer weniger zu tun, aber gleichzeitig immer mehr zu haben. Das aber kann nicht als zukunftsfähig bezeichnet werden! Es führt letztlich zu einer Gesellschaft mit verkümmerter Beziehungsfähigkeit, auch zu Natur und Umwelt und damit zu einer Barriere für das so dringend erforderliche Umweltbewußtsein. Eine noch immer steigende Umweltkriminalität unterstreicht das Defizit in bedrückender Weise. Offensichtlich ist eine Mehrheit der Bewohner des Nordens (noch) nicht bereit, über einen Wandel der Wertsysteme ernsthaft nachzudenken. Auch bringen es die politischen Systeme in Europa nicht fertig, die Fehlentwicklungen aufzuhalten und Ansatzpunkte für eine Änderung menschlicher Verhaltensweisen aufzuzeigen. Es fehlt an Institutionen, denen Kompetenz und Autorität zugebilligt wird.

Umweltgerechte, weil nachhaltige Wirtschaft bedeutet, daß das Anwachsen wirtschaftlicher Aktivitäten in den Landschaftsräumen, und das sind neben industriell oder gewerblich bedingten auch zunehmend solche des Freizeitfonds, von Störungen des Landschaftshaushaltes (Umweltbelastungen) entkoppelt wird. Dennoch bleibt aus der Sicht notwendiger globaler Gerechtigkeit zwischen den heutigen und künftigen Generationen die Frage zu klären, in welchem Zustand und in welcher Nutzfähigkeit wir die natürlichen Lebensgrundlagen weitergeben, die uns heute noch zur Verfügung stehen. In diesem Zusammenhang wird häufig die Vorstellung entwickelt, wir dürften sogar einen qualitativ geringerwertigen natürlichen Kapitalstock weitergeben, wenn wir diesen Verlust durch eine bessere Infrastruktur im weitesten Sinne ausgleichen. Kann man aber den Bau von Straßen, Schulen und Fabriken gegen Feuchtgebiete, Trockenrasen und eine hohe Artenvielfalt aufrechnen? Eine hierbei unterstellte Kompatibilität zwischen den verschiedenen Kapitalformen hat meines Erachtens nichts mehr mit der aus der Knappheit der Naturgüter angestrebten Preis- und Kostenwirksamkeit zum Schutz der Naturressourcen zu tun.

Dennoch gehen die Ökonomen und daher auch viele Wirtschaftsgeographen von der Vorstellung aus, daß es zwischen den Nutzungsmöglichkeiten des natürlichen Kapitalstockes (Naturraum mit seinen nutzbaren Eigenschaften und Prozessen) und denen des künstlichen (u.a. Maschinen, Produktionsverfahren) vielfältige Ersetzbarkeits- (oder Substitutions-) beziehungen gibt. Dabei werden drei theoretische Ansätze diskutiert, auf die besonders Renn/Kastenholz (1996) hingewiesen haben (vgl. Abb. 1):

1. Die klassische Ressourcentheorie setzt auf die Kräfte des Marktes und läßt lediglich marktkonforme Änderungen des Preissystems zu.
2. Die evolutorische Ökonomik verneint das Grundprinzip von Angebot und Nachfrage und bevorzugt statt dessen staatliche Interventionen zum Aufbau solcher organisatorischer Strukturen in Politik und Wirtschaft, die das Leistungsvermögen des Naturhaushaltes nicht überfordern, also umweltschonend sind.
3. Noch drastischer greift die ökologische Ökonomik in die menschlichen Existenzbedingungen ein, weil sie von vorgegebenen ökologischen Rahmenbedingungen ausgeht, d.h. Effizienz wird partiell durch Suffizienz ersetzt, was soviel wie bewußte Einschränkung im Ressourcenverbrauch, in den Konsumgewohnheiten und im Lebensstil bedeutet (z.B. Kommunikation statt Mobilität).

Inwieweit die Gesellschaften des Nordens fähig oder bereit sind, sich von dem „neoklassischen" Konzept zu lösen, kann nicht sicher beurteilt werden.

Als ein wirkungsvolles Element auf dem Weg zu einer auf Nachhaltigkeit basierenden Zukunftsplanung galt längere Zeit eine ökologische Steuerreform, die eine Lenkungsfunktion für einen Strukturwandel in den Ländern des Nordens entfalten sollte. Der ursprüngliche Ansatz einer Ökosteuer, welche die Energieerzeugung und den Ausstoß von CO_2 verteuern und den Faktor Arbeit verbilligen sollte, ist, auch unter dem Einfluß der beschwichtigenden Diskussion zu globalen Klimaveränderungen, immer mehr in den Hintergrund getreten. Mit dem verbliebenen, aber weitgehend sinnentleerten Begriff sollen heute in manchen europäischen Ländern schlichtweg nur Haushaltslöcher gestopft werden. Auf die Mehrschichtigkeit einer Ökosteuer machte u.a. auch Loske (1996) aufmerksam, der den ursprünglichen Ansatz in den Industrieländern noch für sinnvoll hält, aber darauf hinwies, daß die häufig verschuldeten energie- und rohstoffexportierenden Länder des Südens am Gewinn der Steuer in den Importländern nicht beteiligt seien und so die Asymmetrie auf dem Weltmarkt eher verschärft als abgebaut wird. Trotz des Grundansatzes, diese Steuer aufkommensneutral zu erheben, ist für die Zukunft, falls das Instrument wirklich zum Tragen kommt, an eine Gewinnbeteiligung für die Entwicklungsländer zu denken.

Hohen investiven Aufwendungen zur Erhaltung der natürlichen Lebensgrundlagen stehen vielfach nur geringe Erlöse daraus gegenüber. Deshalb hat die staatliche Umweltpolitik den ordnungsrechtlichen Rahmen stark ausgestaltet. Dem lag die Annahme zugrunde, daß, wenn alle zur Einhaltung von Normen und Grenzwerten angehalten werden, sich Umweltschutz auch „rechnet". Allerdings sind der Lenkungs- und Steuerungsfunktion des ordnungsrechtlichen Rahmens auch Grenzen gesetzt. In Deutschland sind Standards teilweise nur mit unserem hohen Niveau von Wissenschaft und Technik zu rechtfertigen. Angesichts solcher erreichter Grenzwerte wie 0,004 Nanogramm Dioxin/m^3 Abluft bei Müllverbrennungsanlagen (z.B. Siemens-Schwel-Brenn-Verfahren) sind Diskussionen über die Bedenklichkeit solcher High-tech-Lösungen rational nicht mehr nachzuvollziehen.

Ausgangspunkt	Konzept	Anwendungs-bereich	Maßnahmen
Neoklassik (Ressourcenansatz)	Ökoeffizienz	Betrieb	• Kostentransparenz • Least-Cost-Planning • Umwelt-Audits • Öko-Controlling
		Volkswirtschaft	• Internalisierung externer Effekte durch Ökoabgaben, Steuern, Zertifikate
Evolutorische Ökonomik	Innovation	Technik	• Förderung umweltschonender Technik • Anreizsysteme für zielgerichtete Technikentwicklung
		Organisation	• Förderung von Selbstorganisation und resilienten Institutionen • Diskursive Formen der Kooperation
Ökologische Ökonomik	Suffizienz	Individuum	• Anreizsysteme für „Bescheidenheit" • Verständnis von ökologischen Grenzen wecken • Förderung von Wertewandel
		Gesellschaft	• Leitbild: Koevolution von Natur und Kultur • Soziale Vernetzung von Initiativen • Anreizsysteme zur Verringerung von Stoffflüssen

Abbildung 1: Klassifikation der ökonomischen Konzepte zur Nachhaltigkeit (nach Renn/Kastenholz 1996)

Andererseits weist das Umweltrecht inzwischen deutliche Züge der Überregulierung auf, was letztlich zu hohen Kostenbelastungen führt, die ihrerseits die wirtschaftliche Effektivität schmälern. 800 Umweltgesetze (in Bund und Ländern) mit über 2.700 Verwaltungsvorschriften belasten die Akzeptanz des Umweltschutzes erheblich. Dabei fällt auch auf, daß das Umweltrecht sich vorrangig an den Bedürfnissen des Menschen, insbesondere seinen wirtschaftlichen Interessen, orientiert, aber die ganzheitliche Sicht, welche auch die Natur einschließt, weitgehend fehlt. Noch immer mangelt es an tragfähigen Leitvorstellungen für diese Komplexität, denen dann der ordnungsrechtliche Rahmen mit seinen Geboten und Verboten, seinen Richt- und Grenzwerten nachgeordnet wird. Dieser Gesetzesrahmen muß der Lösung der gesellschaftlichen Anliegen dienen und nicht umgekehrt, wie es in Deutschland Praxis zu werden scheint!

Um den berechtigten Forderungen der Berücksichtigung externer Kosten im Umweltbereich, einer besseren Kosten-Nutzen-Überprüfung von Maßnahmen und einer verstärkten Prüfung der Umweltverträglichkeit aller Eingriffe in den Landschaftshaushalt entsprechen zu können, ist jedenfalls eine Fortschreibung der bisher überwiegend auf ordnungsrechtliche Instrumente abgestellten Politik nicht geeignet. Einen Weg in die richtige Richtung beschreitet Deutschland mit seinem neuen Raumordnungsgesetz. Der Komplexität des Gegenstandes geschuldet werden künftig Regelungen des Baugesetzbuches, der Baunutzungsverordnung, des Raumordnungs- und Naturschutzgesetzes so gebündelt und aufeinander abgestimmt, daß die Hoffnung auf Entbürokratisierung und auf Vereinfachung des Ordnungsrechtes in ermutigender Weise erfüllt wird (Töpfer 1997).

4. Geographische Beiträge zur Problemlösung

Im Zentrum einer Nachhaltigkeit sichernden Zukunftsplanung steht als logische und praktische Konsequenz aus der Standortbestimmung der Geographie die Landschaft mit ihren ökologischen und ästhetischen Werten, aber auch ihre Leistungsfähigkeit, so daß ihre weitgehende Unversehrtheit bei multifunktioneller Nutzung zu garantieren ist. Als Leitplanung des raumbezogenen Umweltschutzes kommt daher der Landschaftsplanung zunehmend Bedeutung zu. Dieser wiederum wird in besonderer Weise durch eine konkrete Anwendung der Leitbildproblematik entsprochen.

Umweltpolitische Zieldefinitionen werden heute in der Abstufung Umweltziel – Umweltqualitätsziel – Umwelthandlungsziel gehandhabt. In allen drei Betrachtungs- und Arbeitsebenen können Geographen, sowohl aus natur- wie kulturgeographischer Sicht, wertvolle Beiträge leisten. Unter den dazu vorhandenen theoretisch-methodischen Ansätzen ragen heraus:

A. Theorie der geographischen Dimensionen

Die Theorie systematisiert die Größenordnungen geographischer Betrachtungsweise, gibt hierbei vom Einzelstandort bis in die globale Ebene der Landschaftsgürtel die unterschiedliche methodische Herangehensweise zur Analyse und Bewertung landschaftlicher Raumstrukturen vor und objektiviert damit die Anwendungsbezogenheit der Ergebnisse. Haase (1996, S. 205) charakterisiert die Erkenntnis, daß die verschiedenen räumlichen Größenordnungen der Untersuchungsobjekte jeweils spezifische Untersuchungsverfahren und Darstellungsmittel erfordern, mit den Worten: „Die Entwicklung der Geotopologie auf der einen und der Geochorologie auf der anderen Seite als tragende Fundamente der Landschaftsökologie und der Behandlung regionaler Raumstrukturen gehört zu den bedeutendsten Fortschritten in der Geographie der letzten beiden Jahrzehnte."

B. Ökosystem-Ansatz

Die Anwendung des Systemkonzeptes mit der Bestimmung von Beständigkeit, Vielfalt und Veränderlichkeit landschaftlicher Ökosysteme sichert die ganzheitliche Betrachtung auf allen Planungsebenen durch gezielte Untersuchungen zur Quantifizierung von Stoffumsatz und -verlagerungsvorgängen. Damit liefert das Ökosystem-Konzept Maßstäbe für die Beurteilung von Umweltfolgen nach geplanten oder durchgeführten Maßnahmen bzw. im positiven Sinne der Umweltverträglichkeit von Planungen und tatsächlichen Eingriffen.

C. Indikator-Ansatz

Als Konsequenz der anthropogenen Prägung der uns umgebenden Raumstrukturen (Kulturlandschaft) sind Landschaftsveränderungen bzw. -wandel bestimmende Erscheinungen in unserer Umwelt. Diesen Prozeß durch geeignete geo- und/oder biowissenschaftliche sowie auch soziale Indikatoren im Sinne der bestehenden Umweltqualität zu erfassen und für die räumliche Gesamtplanung zu interpretieren, ist eine wesentliche Aufgabe der Landschaftsprognose, wie sie in zunehmendem Maße durch geographische Arbeiten getragen wird.

D. Naturraumpotential-Konzept

In der Zukunftsplanung spielt vor allem die Effizienz der Naturressourcennutzung eine ausschlaggebende Rolle. Dazu hat die Geographie mit dem Konzept der Naturraumpotentiale und Landschaftsfunktionen (vgl. Haase 1978; Durwen 1996) einen tragfähigen Arbeitsansatz im Rahmen der Landschaftsdiagnose vorgelegt, dessen Ziel es ist, das Leistungsvermögen von Landschaften für verschiedenartige gesellschaftliche Anforderungen (z.B. biotischer Ertrag, Wasserdargebot, Rohstoffgewinnung, Abfallbeseitigung) einschließlich der Kriterien zur Sicherung der Erhaltung des Landschaftshaushaltes zu ermitteln. Das bewährte Konzept kann im Sinne der Nachhaltigkeitsvorstellungen in besonderer Weise dazu beitragen, den Verbrauch von Naturressourcen und damit auch Umweltbelastungen abzubauen, die Wohlfahrtswirkung des Naturdargebotes aber zu steigern.

E. Ökonomie der Naturnutzung

Ein weiterer, aber noch wenig erprobter Ansatz wird seit einiger Zeit in der „Ökologisierung" von Planung und Politik gesehen (vgl. Leser 1991, S. 49). Man muß sich fragen, ob diese begriffliche Fassung nicht von vornherein die öffentliche Akzeptanz begrenzt. Wesentlich mehr Verständnis könnte in den direkt angesprochenen gesellschaftlichen Bereichen der Vorschlag einer stärkeren Betonung der „Ökonomie der Naturnutzung" finden.

Da wir ohnehin von einem verschwommenen Ökologiebild in der Öffentlichkeit ausgehen müssen, wäre die Verbindung von Wirtschaftlichkeit bei der Nutzung der Naturressourcen mit der Nachhaltigkeitsvorstellung wesentlich einsichtiger. Da es kaum verbindliche Maßstäbe für die Ökologisierung von Planung und Politik gibt (falls man sich nicht in die Nähe einer Öko-Diktatur begeben will), liegt dort wohl eine Ursache für den geringen Nachhall, den diese Intention gefunden hat. Unter Hinweis auf Überlegungen bei Richter (1988) hat Unterseher (1991) hingegen den erstmals von Bechmann gebrauchten Begriff „Landschaftsökonomie" aufgegriffen und vorgeschlagen, die im Konzept der geographischen Landschaftsforschung sorgfältig analysierten Leistungen des Landschaftshaushaltes (Naturraumpotentiale, Landschaftsfunktionen u.ä.) als knappe Güter zu behandeln. Eine solche Problemsicht, durch wirtschaftliche Anreize den Ressourcenverbrauch zu optimieren, kommt den Anwendungsbereichen (Politik, Planung, Wirtschaft) mehr entgegen. Für die Inanspruchnahme von Naturgütern müssen die notwendigen Kosten in die betriebliche Kalkulation einfließen, wie auch die zunehmende Begrenzung durch Technik- und Naturrisiken als Folge bisheriger Wirtschaftsweise zu quantifizieren ist.

5. Ausblick

Das wiederentdeckte Prinzip der Nachhaltigkeit (die Forstwirtschaft des frühen 19. Jahrhunderts kannte es bereits) ist heute die zentrale Forderung an die wirtschaftliche, ökologische und soziale Entwicklung. Obwohl die Länder des Nordens auf diesem Wege ein beachtliches Stück vorangekommen sind, reicht das Erreichte keinesfalls aus. Daß es Veranlassungen gibt, vor allzu viel Euphorie in der Annahme zu warnen, eine immer diffenziertere Betrachtung des Nachhaltigkeitskonzeptes bedeute schon den Lösungsansatz des globalen Mensch-Umwelt-Problems, belegt letzlich auch eine Ende 1996 vom Bundesministerium für Umwelt publizierte Studie einer repräsentativen Bevölkerungsumfrage über das Umweltbewußtsein in Deutschland. Die Studie förderte zutage, daß lediglich 11 % der westdeutschen und gar nur 7 % der ostdeutschen Bundesbürger mit Inhalt und Begriff der Nachhaltigkeit etwas anfangen können. Auch die Geographie bleibt daher aufgerufen, den Anteil und die Vielseitigkeit ihrer Lösungsangebote zu erhöhen.

Literatur:

Brundtland, G.H. (1987): Our common future. Oxford.
Bundesministerium für Umwelt, Naturschutz und Reaktorsicherheit (Hg.) (1996): Umweltbewußtsein in Deutschland – Ergebnisse einer repräsentativen Bevölkerungsumfrage. Bonn.
Durwen, K.-J. (1995): Landschaftsökologie und Vegetationskunde als Grundlage der Landnutzung. In: Nürtinger Hochschulschriften 13, S. 45–82.
Haase, G. (1978): Zur Ableitung und Kennzeichnung von Naturpotentialen. In: Petermanns Geographische Mitteilungen 122, H. 2, S. 113–125.
Leser, H. (1991): Landschaftsökologie. = UTB 521. Stuttgart.
Loske, R. (Hg.) (1996): Zukunftsfähiges Deutschland – ein Beitrag zu einer global nachhaltigen Entwicklung. Basel.
Neef, E. (1969): Der Stoffwechsel zwischen Gesellschaft und Natur als geographisches Problem. In: Geographische Rundschau 21, S. 453–459.
O'Riordan, T. (Hg.) (1996): Umweltwissenschaft und Umweltmanagement. Berlin, Heidelberg u. New York.
Renn, O. u. H. Kastenholz (1996): Ein regionales Konzept nachhaltiger Entwicklung. In: GAIA 5, H. 2, S. 86–102.
Richter, U. (1988): Ein Beitrag zur Landschaftsökonomie. In: Wissenschaftliche Mitteilungen des

Instituts für Geographie und Geoökologie der Akademie der Wissenschaften 27, S. 44–53. Leipzig.

Töpfer, K. (1997): Was kommt nach Habitat II? – Deutschland und die globale Herausforderung. In: Sachsenkurier: Zeitschrift des Sächsischen Städte- und Gemeindetages, H. 3, S. 132–134.

Unterseher, E. (1991): Bodenschutz und Landschaftsökonomie. In: Regio Basiliensis 32, H. 2, S. 27–30.

SITZUNG 2
RESSOURCEN UND TRAGFÄHIGKEIT
Sitzungsleitung: Otto Fränzle und Urs Wiesmann

EINLEITUNG

Otto Fränzle (Kiel)

Politik für eine dauerhaft nachhaltige Entwicklung, welche die Verbesserung der ökonomischen und sozialen Lebensbedingungen mit der langfristigen Sicherung der natürlichen Lebensgrundlagen in Einklang zu bringen sucht, bedarf der wissenschaftlichen Vorbereitung und Absicherung. Nachhaltigkeit setzt das Bewahren, aber auch die Entwicklung und das Wachstum des komplexen Gefüges von Ressourcen und Funktionen voraus; denn aus jedem Ressourcenbestand – seien es nun Populationen, Ökosysteme, Sprachen, Kenntnisse oder Wirtschaftsweisen und -branchen – ist stets und unabwendbar einiges zum Verschwinden verurteilt. Soll die Stabilität des betroffenen Gesamtsystems in der wirkungsvollsten Weise aufrecht erhalten werden, müssen die entstehenden Lücken gefüllt werden. Da dies nur bedingt durch Altes geschehen kann, erfordert Nachhaltigkeit neben quantitativem, ersetzendem Wachstum auch qualitative Entwicklung, Neuschöpfung oder, wie Binnig es nannte, „Kreativität von Mensch und Natur".

Grundlegend für die Erfassung von Strukturwandel und Evolution sind einmal Prigogines Untersuchungen zur Thermodynamik offener Systeme und Eigens Arbeiten über Hyperzyklen, zum anderen die Chaostheorie Thoms sowie die Theorie der Fraktalität, wo vor allem H. Poincaré, Lorenz, R. May, Mandelbrot und Feigenbaum zu nennen sind. Während früher angestrebt wurde, Systeme aus Bereichen chaotischen Verhaltens herauszuhalten und daher diesbezügliche Fragestellungen auch wissenschaftlich weithin ausgeklammert blieben, verbreitet sich heute die Einsicht, „daß genau dieses Wissen über Entwicklung, Strukturwandel, Indeterminiertheit und Kreativität" (Grossmann 1995) benötigt wird, um neue Produkte zu entwickeln oder neue Ansätze in der Regionalplanung verfügbar zu machen. Daher darf Nachhaltigkeit auch nicht als jenes Patentrezept zum Überleben mißverstanden werden, das Busch-Lüty (1992) etwas sarkastisch als „konsensstiftende Leerformel" bezeichnet hat; denn die strategische Formulierung und Durchsetzung nachhaltiger Entwicklungen ist oft genug schwierig und unbequem. Beispielsweise können oder müssen technische Systeme aufgegeben bzw. im Zuge von Entwicklungsprozessen durch andere ersetzt werden, in Ökosystemen müssen Populationen verschwinden und ganze Biozönosen tiefgreifend umstrukturiert werden. Ein spezifisches Problemfeld von großer Tragweite ergibt sich aber in den Systemen, wo der Mensch als Schlüsselart auftritt, da hier eine einfache Abkoppelung von Teilsystemen oder Ersetzungsprozesse nicht angängig erscheinen, vielmehr die gleichzeitige und unterschiedlich wichtende Betrachtung strategischer Systemkriterien – vor allem der Lebensfähigkeit – und menschlicher Werte und Normen erforderlich ist (Fränzle 1997; Grossmann u.a. 1997).

Soll Gerechtigkeit zwischen den Generationen politisch organisiert werden, so gewinnt die Wohlstandsfunktion und deren zeitlicher Verlauf eine besondere Bedeutung (Eisenberg/ Renner 1996). Wird eine derartige Funktion direkt aus der Formalkinetik des zu diskutierenden Prozesses und seiner Ressourcennutzung hergeleitet, reagiert sie dennoch unterschiedlich sensitiv auf Variationen der Verfügbarkeit bzw. Substituierbarkeit von Rohstoffen. Mit dem Verfahren einer wirtschaftswissenschaftlich weiterentwickelten stöchiometrischen Netzwerkanalyse (Fränzle u.a. 1997) läßt sich das Zeitverhalten als Reaktion auf rückläufige Ressourcenverfügbarkeit fassen. Es zeigt sich dann, daß soziale Gerechtigkeit sich jedenfalls auf längere Sicht nicht finanzieren läßt, ohne der Vollbeschäftigung nahezukommen. Beschäftigungskrise und Ressourcen(über-)nutzung sind wiederum eng miteinander verknüpft; denn wo beispielsweise Rationalisierungszwänge aus hohen Lohnnebenkosten entstehen, beinhaltet der Fortbestand eines Arbeitsplatzes eine stetig zunehmende Rohstoffausbeutung. „Wachstum" im klassischen Wortsinne kann daher kaum die Lösung des fundamentalen Gerechtigkeitsproblems bringen, und das Kriterium der Nachhaltigkeit würde ohnehin verletzt.

Zu beachten ist ferner, daß Erfindungen und neue soziale Organisationsformen sowie Wechselwirkungen als Taktgeber für Zeitskalen fungieren können; dies bedeutet, daß die so eingeführte historische Dimension insbesondere bei verstärkter Nutzung nachwachsender Rohstoffe mit derjenigen von Ökosystemen (einschließlich anthropogen gesteuerter) korrespondiert. Weil aber stofflich vollständig reversible Prozeßführungen auch bei weitestgehender Nutzung regenerativer Energieträger und nachwachsender Rohstoffe ökonomisch unrealistisch sind, schließt die Definition des Begriffes „Nachhaltigkeit" die Angabe eines Zeitfensters ein. Auf ein solches Fenster, d.h. einen Bezugszeitraum, werden verschiedene Kriterien, wie die Menge verfügbarer Ressourcen, die ökologischen Konsequenzen ihrer Nutzung und Dissipation, abgebildet. „Vollständige" Entwicklungsphasen einer technischen Zivilisation („technological styles" im Sinne Freemans 1986) zeichnen sich dann durch Materialwechsel bei Weiternutzung von Basiskomponenten wie etwa Motoren, Computern oder Automaten mit Implikationen für realistische Zeithorizonte von Nachhaltigkeit aus. Die Rolle biotischer, also autokatalytischer Subsysteme in den verschiedenen Stoffströmen hängt in diesem Zusammenhang daran, daß alle Teilsysteme auf einer Zeitskala, die sehr viel länger ist als Lebensdauer jeweils charakteristischer Organismen, erhalten bleiben.

Die augenfälligste Nachhaltigkeitsbedrohung folgt dann aus dem stark nichtlinearen Verhalten gut verlaufender Wirtschaftsprozesse oder prosperierender Branchen (Fränzle 1997). Nichtlinearität kann jedoch Branchen reaktivieren, wenn sie auf Stoffkreisläufe im agrarischen, materialwirtschaftlichen oder auch chemischen Bereich setzen. Dagegen bedeutet der Übergang vom Unternehmenserfolg durch Innovationen oder Dienstleistungen zur bloßen Kapitalanhäufung keinen Ausweg aus dynamischen Zwängen, sondern ist lediglich ein Ausweichen in eine primitive Form katalyseanalogen Verhaltens. Im Vergleich zur Entwicklung neuer Kooperationsstrukturen ist also Geldanhäufung anfälliger gegenüber chaotischer Wirtschaftsdynamik als der von Diversifizierungs- oder Innovationsanstrengungen ausgehende Erfolg.

Die folgenden Beiträge entfalten die vorstehend zusammengefaßten Ansätze exemplarisch in dreierlei Hinsicht. Erdmann zeigt anhand deutscher Biosphärenreservate, die im Rahmen des UNESCO-Programms „Mensch und Biosphäre" zu einem zentralen Konzept geworden sind, wie verschiedene Ansätze zu einer nachhaltigen Entwicklung erprobt und umgesetzt werden können. Besondere Beachtung finden dabei naturgüterschonende und naturhaushaltsverträgliche Nutzungs- und

Bewirtschaftungsweisen. Schröder verknüpft am Beispiel der Bodennutzung ökologische Nachhaltigkeit mit der thermodynamisch gefaßten Stabilität von Ökosystemen, die sich anhand von Stoffbilanzen ermitteln läßt. Die für die Ernährung der ständig wachsenden Weltbevölkerung bedeutsamste Form der Bodendegradierung ist die Erosion durch Wasser, deren Ursachen und Folgen in ein wechselseitiges sozioökonomisches und geoökologisches Beziehungsgefüge eingeordnet werden. Hurni u.a. stellen schließlich anhand sehr instruktiver Fallbeispiele drei Instrumente zur nachhaltigen Ressourcennutzung vor, die zur Zeit auf verschiedenen administrativen Maßstabsebenen erfolgreich zur Anwendung gelangen.

Literatur:

Busch-Lüty, C., H.P. Dürr u. H. Langer (Hg.) (1992): Ökologisch nachhaltige Entwicklung von Regionen. = Politische Ökologie, Sept. 1992.

Eisenberg, W. u. U. Renner (1996): Das Prinzip der Nachhaltigkeit. In: Eisenberg, W. u.a. (Hg.): Synergie, Syntropie, Nichtlineare Systeme. Heft 2: Nachhaltigkeit. S. 16–35. Leipzig.

Fränzle, O. (1997): Harmony between ecology and economy – methodological reflections on the concept of sustainable development. In: Journal of the Korean Geographical Society 32, S. 285–298.

Fränzle, S. (1997): Nachhaltigkeit, Gesellschaft und Entscheidungsstrukturen – Randbedingungen einer schöpfungsverträglichen Ethik. In: UFZ – Umweltforschungszentrum Leipzig-Halle GmbH: Symposium „Nachhaltigkeit – Bilanz und Ausblick". Leipzig.

Fränzle, S., W.D. Grossmann u. K.-M. Meiss (1997): Ein zukunftsorientiertes Konzept für Leben, Wirtschaft und Umwelt in der Informationsgesellschaft. In: Ring, I. (Hg.): Nachhaltige Entwicklung in den Industrie- und Bergbauregionen – Eine Chance für den Südraum Leipzig? S. 248–278. Leipzig.

Freeman, C. (1986): Design, Innovation und Long Cycles in Economic Development. New York.

Grossmann, W.D. (1995): Lebensfähigkeit von Zivilisationen, Unternehmen und Institutionen. In: Dürr, H.P. u. F.-T. Gottwald (Hg.): Umweltverträgliches Wirtschaften: Denkanstöße und Strategien für eine ökologisch nachhaltige Zukunftsgestaltung. S. 147–164. Münster.

Grossmann, W.D., S. Fränzle, K.M. Meiss, T. Multhaup u. A. Rösch (1997): Soziologisch/ ökonomisch und ökologisch lebensfähige Entwicklung in der Informationsgesellschaft. = UFZ-Bericht Nr. 8/1997. Leipzig.

NACHHALTIGE ENTWICKLUNG ALS REGIONALE PERSPEKTIVE

Karl-Heinz Erdmann (Bonn)

1. Zur Entwicklung des Begriffs der nachhaltigen Entwicklung

Mitte der 60er Jahre dieses Jahrhunderts häuften sich die Hinweise, daß der Umgang des Menschen mit den natürlichen Ressourcen irreversible Schäden bei Mensch und Natur zur Folge haben kann. Um diesen Entwicklungen entgegenzuwirken, wurden verschiedenartige Ansätze und Strategien entwickelt. Als besonders vielversprechender Lösungsansatz erwies sich dabei das aus der Forstwirtschaft stammende Konzept der Nachhaltigkeit. Damit dieses Konzept auch auf andere menschliche Lebensbereiche übertragen werden konnte, war eine inhaltliche Ausweitung und stärkere methodische Fundierung des Konzepts erforderlich. Hierzu hat insbesondere das 1970 von der UNESCO initiierte Programm „Der Mensch und die Biosphäre" (MAB) wichtige Pionierarbeit geleistet (vgl. Erdmann/Nauber 1995). Neben theoretischen Programmbeiträgen stehen mehr als 2.000 MAB-Pilotprojekte, die mit dem Ziel durchgeführt wurden und werden, den abstrakten Begriff der Nachhaltigkeit praxisnah umzusetzen.

Weltweite Aufmerksamkeit erfuhr das Konzept der Nachhaltigkeit durch die Tätigkeit der „World Commission on Environment and Development" (WCED). Dieses Gremium, das im Jahre 1983 von der Generalversammlung der Vereinten Nationen ins Leben gerufen wurde, hatte die Aufgabe, ein zukunftsweisendes Programm für die Menschheit auf dem Planeten Erde zu formulieren. Mit ihrem Bericht „Unsere gemeinsame Zukunft", dem sogenannten Brundtland-Bericht (vgl. Hauff 1987), legte die Kommission 1987 Handlungsempfehlungen zur Einleitung von Maßnahmen einer nachhaltigen Entwicklung vor. Unter dem im Bericht verwendeten Terminus „sustainable development" wird ein durch politische und gesellschaftliche Entwicklungen geförderter Prozeß verstanden, welcher die Bedürfnisse der gegenwärtig lebenden Bevölkerung befriedigt, ohne die Lebensbedingungen zukünftiger Generationen zu gefährden, und der damit gleichermaßen ökologisch, ökonomisch und sozial dauerhaft tragfähig ist (vgl. Quennet-Thielen 1996). Im deutschsprachigen Raum wird der internationale Terminus „sustainable development" mehrheitlich mit „nachhaltige Entwicklung" wiedergegeben. Der Rat von Sachverständigen für Umweltfragen (SRU) verwendet als deutschsprachiges Synonym „dauerhaft-umweltgerechte Entwicklung" (SRU 1994).

Im Juni 1992 führten die Vereinten Nationen in Rio de Janeiro die Konferenz für Umwelt und Entwicklung (United Nations Conference on Environment and Development, UNCED) durch (vgl. BMU 1993). Sie gilt als Indiz für die weltweite Aufnahme des Gedankengutes der Nachhaltigkeit und die gestiegene Bereitschaft, die aktuellen umwelt- und entwicklungspolitischen Herausforderungen anzunehmen. Die anläßlich dieser Konferenz verabschiedete AGENDA 21 stellt besonders das Leitbild „sustainable development" heraus. Seitdem bestimmt es in wachsendem Maße die gesellschaftspolitischen Diskussionen auf internationaler und nationaler Ebene.

2. Inhaltliche Konkretisierung einer nachhaltigen Entwicklung

Trotz der Popularisierung des Konzeptes der Nachhaltigkeit besteht bislang keine einhellige Meinung darüber, wie die zunächst normativ geprägte Leerformel einer nachhaltigen Entwicklung im Detail gefüllt werden kann und soll (vgl. Ehlers 1995; Kastenholz u.a. 1996). Dementsprechend lassen sich heute – infolge unterschiedlicher Akzentuierungen und Interpretationen – verschiedenartige Ansätze, Schwerpunkte und Strategien bei der Theoriebildung wie auch bei der Operationalisierung von Nachhaltigkeit unterscheiden (vgl. u.a. Renn/Kastenholz 1996). Unstrittig ist lediglich die Prämisse, daß Konzepte einer nachhaltigen Entwicklung gleichermaßen ökologische, ökonomische und soziale Aspekte integrieren müssen. D.h., ein konzeptionelles Leitbild, das einer nachhaltigen Entwicklung verpflichtet sein will, hat neben ökologischen Belangen zur Erhaltung der natürlichen Lebensgrundlagen in gleicher Weise auch den Menschen mit seinen wirtschaftlichen, sozialen, kulturellen und ethischen Ansprüchen zu berücksichtigen.

Konzepte und Maßnahmen einer nachhaltigen Entwicklung können auf unterschiedliche Bezugs- und Handlungsebenen ausgerichtet werden. Zu unterscheiden ist hier der internationale, nationale und regionale Kontext. Insbesondere bei der praktischen Umsetzung entsprechender Konzepte und Maßnahmen zeigt sich, daß der räumliche Bezugsrahmen eine zentrale Bedeutung besitzt. Beispielsweise existieren
- globale Rahmenbedingungen (u.a. der von der OPEC festgesetzte Ölpreis),
- supranationale Rahmenbedingungen (u.a. die von der EU festgelegten Agrarpreise) und
- nationale Rahmenbedingungen (u.a. die Besteuerung der Autokraftstoffe),

die menschliches Handeln unmittelbar beeinflussen und dazu führen, daß natürliche Ressourcen in unterschiedlichem Ausmaße genutzt bzw. verbraucht werden. Vor diesem Hintergrund kann es zum einen das Ziel einer nachhaltigen Entwicklung sein, auf der internationalen und nationalen Ebene die einzelnen naturrelevanten Steuergrößen in eine Richtung zu modifizieren, die Natur und Umwelt weniger belasten. Ein anderer Weg zu einer nachhaltigen Entwicklung könnte darin bestehen, auf der Grundlage der derzeit geltenden überregionalen Einflußfaktoren mit dem aktuellen Stand des Wissens und der Technik auf regionaler Ebene Konzepte einer nachhaltigen Entwicklung zu konzipieren, zu erproben und zu implementieren. Mit dem Begriff „Region" werden sowohl politisch-administrative, klar definierte Gebietseinheiten wie Kreise bzw. kreisfreie Städte, Regierungsbezirke und Bundesländer belegt, als auch räumliche Einheiten wie Planungsregionen, Aktions- und Lebensräume (vgl. Spehl/Tischer 1994).

Ein integriertes, auf die regionale Ebene zielendes Konzept bietet den Vorteil, daß sowohl handelnde Akteure als auch Betroffene die Notwendigkeit von Maßnahmen einer nachhaltigen Neuorientierung besser erkennen und zu einem Mitwirken motiviert werden können. Ziel einer nachhaltigen Regionalentwicklung ist es, Kreativität, Erfindungsgeist und Engagement der in der Region lebenden und wirtschaftenden Menschen zu unterstützen, zu fördern und so gut wie möglich zur Geltung kommen zu lassen. In einem überschaubaren Umfeld kann durch eine vermehrte Konfrontation des Einzelnen mit den Folgen seines Tuns die Fähigkeit und Bereitschaft gefördert werden, Verantwortung für das eigene Handeln – somit auch für sein natur- und umweltrelevantes Handeln – zu übernehmen.

Der regionale Ansatz entspricht darüber hinaus der Heterogenität der Naturraumausstattung eines Staates. Ob und inwieweit sozial und ökonomisch tragfähige Konzepte zusätzlich mit dem Terminus „nachhaltig" belegt werden können, hängt insbesondere auch von der ökologischen Wirkung dieser Konzepte ab. Da die ökologische Wirkung in Abhängigkeit von der örtlichen Ausprägung des Naturhaushalts und Lebensraumgefüges sehr stark differieren kann, ist eine regional angepaßte, standortgerechte Entwicklung von Konzepten sowie deren Umsetzung und regelmäßige Evaluierung unerläßlich (vgl. Fränzle u.a.1997).

3. Biosphärenreservate als Modellregionen einer nachhaltigen Entwicklung

Bislang ist der überwiegende Teil der Literatur zur nachhaltigen Entwicklung theoretischen Konzepten und Ansätzen gewidmet. Lediglich der weltweite Gebietsverbund der Biosphärenreservate hat derzeit eine praktische Umsetzung von regionalen Konzepten einer nachhaltigen Entwicklung zum Ziel (Erdmann 1996). Bei Biosphärenreservaten handelt es sich um regionale Ausschnitte von Natur- und Kulturlandschaften, die von der UNESCO im Rahmen des MAB-Programms international anerkannt werden und als Modelllandschaften zur Etablierung nachhaltiger Lebens- und Wirtschaftsweisen dienen (vgl. AGBR 1995).

Seit der Gründungsphase der ersten Biosphärenreservate im Jahre 1976 bis heute wurde die den Biosphärenreservaten zugrunde liegende Konzeption in vielfältiger Weise weiterentwickelt. Aus der Sicht der UNESCO sind Biosphärenreservate nicht mehr – wie noch Mitte der 70er Jahre – als Schutzgebiete zu führen. Vielmehr werden sie als raumordnerischer Ansatz verstanden, mit dem funktional sehr unterschiedliche Landschaftsteile in einem Gesamtkonzept zusammengefaßt werden. Neben Schutz- und Pflegeaspekten – im engeren Naturschutzverständnis – ist es vorrangiges Ziel der Biosphärenreservate, auf der überwiegenden Fläche nachhaltige Landnutzungsmodelle zu etablieren (UNESCO 1996). Um den daraus erwachsenden vielfältigen Anforderungen gerecht werden zu können, sind Biosphärenreservate – abgestuft nach der Intensität menschlicher Tätigkeit – in drei gleichwertige Bereiche mit unterschiedlichen Aufgabenschwerpunkten gegliedert (Deutsches MAB-Nationalkomitee 1996, S. 15f.):

- die Kernzone dient dem Schutz der vom Menschen unbeeinflußten natürlichen Entwicklung,
- die Pflegezone dient der Erhaltung historisch gewachsener Kulturlandschaften, und
- die Entwicklungszone dient der Erarbeitung von Perspektiven einer modernen naturverträglichen Wirtschaftsentwicklung. Die Entwicklungszone kann gegebenenfalls eine Regenerationszone enthalten.

Seit der Einrichtung der ersten Biosphärenreservate im Jahre 1976 hat die UNESCO bis heute weltweit 352 Biosphärenreservate in 87 Staaten anerkannt (Stand: 1.1. 1998).

Deutschland ist seit 1979 an dem Aufbau des internationalen Verbundes der Biosphärenreservate beteiligt. Seitdem hat die UNESCO in Deutschland insgesamt dreizehn Biosphärenreservate mit einer Gesamtfläche von 15.447 km^2 anerkannt (Stand: 1.1.1998).

Im folgenden werden anhand des Biosphärenreservates Rhön beispielhafte Modellvorhaben einer nachhaltigen Entwicklung vorgestellt und diskutiert. Dabei stehen insbesondere die regionalen Wirkungen und Perspektiven im Mittelpunkt der Betrachtung.

4. Nachhaltige Regionalentwicklung am Beispiel des Biosphärenreservates Rhön

Die im Länderdreieck von Bayern, Hessen und Thüringen gelegene Rhön repräsentiert eine typische Kulturlandschaft Deutschlands, die durch vielfältige, vom Menschen gestaltete Biotoptypen und zahlreiche seltene und gefährdete Tier- und Pflanzenarten charakterisiert wird. Lange Zeit galt die Rhön als vernachlässigte und rückständige Region mit nur geringen Entwicklungsperspektiven. Mit der Anerkennung als UNESCO-Biosphärenreservat im Jahre 1991 hat sich dies grundlegend geändert. Durch den Auftrag, modellhafte Konzepte einer nachhaltigen Entwicklung zu erarbeiten, zu erproben und umzusetzen, hat die Rhön wichtige neue Impulse erhalten, die sich bereits heute für Mensch und Natur positiv auswirken (vgl. Pokorny 1996).

Jahrhundertelange menschliche Nutzungen haben in der Rhön eine Landschaft entstehen lassen, die eine große biologische Vielfalt aufweist und auch für den Tourismus eine zentrale Bedeutung besitzt. Besonders attraktiv sind die weiträumigen Kalkmagerrasen mit ihren vielfältigen Orchideenbeständen. Entstanden ist dieser Landschaftstyp im Laufe der Zeit durch fortwährende Rodungen und die Nutzung der Flächen als Schafweide. Nicht zuletzt durch die politischen Wandlungen 1989/1990 änderten sich die wirtschaftlichen Rahmenbedingungen, so daß in der Rhön mit der Schafhaltung kein ausreichendes Einkommen mehr erzielt werden konnte. Einerseits gingen dadurch Arbeitsplätze verloren, andererseits war die Erhaltung der als wertvoll eingestuften Kulturlandschaft gefährdet. Um die Kalkmagerrasen in der Rhön dauerhaft zu sichern, mußten Wege gesucht und gefunden werden, mit denen die Schafhaltung auch zukünftig fortzuführen ist.

In dieser Situation konnte auf eine Initiative des Naturschutzes zurückgegriffen werden, die 1984 einsetzte und die Erhaltung des Rhönschafes zum Ziel hatte. Das Rhönschaf ist eine robuste und genügsame bodenständige Schafrasse, die in früherer Zeit weit über die Rhön hinaus verbreitet war. Bereits seit der Mitte des 19. Jahrhunderts gehen die Bestandszahlen zurück und erreichen Ende der 50er Jahre dieses Jahrhunderts mit nur noch 300 eingetragenen Herdbuchtieren in der Bundesrepublik Deutschland ihren Tiefpunkt. Ursache dieser rückläufigen Entwicklung ist insbesondere die Bevorzugung von Fleischschafrassen mit einem höheren Schlachtgewicht. Mit Hilfe von Spendengeldern wird seit Mitte der 80er Jahre vom „Bund für Umwelt und Naturschutz in Deutschland e.V." (BUND) und „Bund Naturschutz in Bayern e.V." (BN) eine Herdbuchherde aufgebaut. Ausgehend von 40 Muttertieren ist diese – durch Nachzucht und Zukauf – auf ca. 800 Muttertiere angewachsen.

Zusammen mit zeitlich befristeten landwirtschaftlichen Fördermitteln konnten inzwischen mehrere Schäfer gewonnen werden, auch weiterhin den Landschaftspfleger „Schaf" einzusetzen. Das erste Ziel – die Erhaltung der Schafrasse in Verbindung mit landwirtschaftlicher Nutzung – war somit erreicht.

Das zweite Ziel galt dem Aufbau einer Vermarktungsstruktur für Rhönschafprodukte. Dies geschieht vor dem Hintergrund, daß die langfristige Erhaltung des Rhönschafes letztlich nur durch seine Marktfähigkeit gesichert werden kann. So wurden mit der lokalen Gastronomie Wege ausgelotet, wie die Rhöner Küche um Schaf- und Lammfleisch ergänzt werden könnte – ein Novum, da bis zu diesem Zeitpunkt derartige Gerichte in der Rhön nicht üblich waren. Ein dauerhafter Absatzmarkt mußte geschaffen werden, um langfristige wirtschaftliche Unabhängigkeit zu erreichen. Während viele Gastronomiebetriebe die erste Phase der Markteinführung des Rhönschafes zurückhaltend verfolgten, ist diese abwartende Haltung – nicht zuletzt aufgrund der Erfolge der innovativ tätigen Gastronomen – sehr stark rückläufig. Durch diese Entwicklung ist mit der steigenden Nachfrage nach Rhönlammfleisch auch dessen Marktpreis beim Erzeuger von durchschnittlich 8,00 DM/kg zu Beginn des Projektes auf heute ca. 13,00 DM/kg gestiegen.

Ausgehend von der Rhönschaf-Initiative begannen einige junge Gastwirte, weitere naturverträglich hergestellte landwirtschaftliche Produkte der Rhön in die Speisenzubereitung mit aufzunehmen, um so ihr Angebot zu erweitern. Das Ergebnis ist, daß sich heute zahlreiche Gastronomiebetriebe einer regionaltypischen Küche verschrieben haben, die in erster Linie naturverträglich produzierte Waren aus der Rhön verwenden. Dies hat zur Gründung der Initiativen „Aus der Rhön – für die Rhön e.V." und „Rhöner Charme Vermarktungsinitiative" geführt, wodurch der lokale Absatz von Produkten der ökologischen Landwirtschaft gestärkt werden konnte.

Insbesondere bei Touristen fanden die neuen Gerichte großen Anklang, so daß nach Möglichkeiten gesucht wurde, weitere heimische Produkte in der Gastronomie einzusetzen. Diese Überlegungen führten 1994 zur Gründung der „Rhöner Apfelinitiative e.V." durch Obstbauern, Kelterer und Gastronomen, welche – über die Förderung des Absatzes von Produkten aus rhöntypischen Streuobstbeständen – langfristig deren Erhaltung und Weiterentwicklung zum Ziel hat. So werden die aus diesen Beständen geernteten Äpfel bereits zu Wein, Likör und Chips verarbeitet. In Zukunft ist beabsichtigt, die Produktpalette weiter zu vergrößern.

Diese Umorientierungen im Gastgewerbe haben zum Teil zu einem Wandel der Kundschaft geführt. Die neuen Gäste erfahren über ausführliche Beschreibungen in den Speisekarten, daß der Verzehr von Rhöner Produkten dazu beiträgt, die attraktive Landschaft zu erhalten. Sie sind deshalb gerne bereit, die etwas höheren Preise zu zahlen.

Zunehmend werden auch außerlandwirtschaftliche Berufsfelder in die Entwicklungsprojekte mit einbezogen. Zu erwähnen ist hier z.B. das holzverarbeitende Handwerk. So wird beim Wohnungsneubau bzw. -umbau wieder vermehrt Holz aus heimischen Beständen verwendet. Auch bei der Erneuerung von Inneneinrichtungen in Hotels und Gastronomiebetrieben wird ebenfalls zunehmend heimisches Holz nachgefragt. Damit konnten – über die Verwendung einer in der Region vorkommenden Ressource – Arbeitsplätze für die einheimische Bevölkerung erhalten oder zum Teil sogar neu geschaffen werden.

Mit der dem Naturschutz entstammenden Initiative zur Erhaltung des Rhönschafs ist es gelungen, neue – auch wirtschaftlich tragfähige – regionale Strukturen zu initiieren. Die eingeleiteten Entwicklungen haben dazu geführt, daß die in der Rhön lebenden Menschen in ihrer Landschaft wieder Arbeit finden. Eine neue selbstbewußte Identität beginnt sich in der Rhön herauszubilden: Menschen beginnen, stolz auf ihre Region zu sein.

5. Zusammenfassung

Nachhaltige Entwicklung ist ein modisches Schlagwort, das der Konkretisierung und inhaltlichen Ausgestaltung bedarf. Am Beispiel des Biosphärenreservates Rhön konnte aufgezeigt werden, welche neuen regionalen Perspektiven sich aus einem integrativen Neuansatz der nachhaltigen Entwicklung, der ökologische, ökonomische und soziale Aspekte gleichermaßen berücksichtigt, ergeben können. Nachhaltige Entwicklung auf regionaler Ebene stellt eine Chance für Mensch und Natur dar, die genutzt werden sollte.

Literatur:

AGBR – Ständige Arbeitsgruppe der Biosphärenreservate in Deutschland (Hg.) (1995): Biosphärenreservate in Deutschland. Leitlinien für Schutz, Pflege und Entwicklung. Berlin, Heidelberg u.a.

BMU – Bundesministerium für Umwelt, Naturschutz und Reaktorsicherheit (1993): Konferenz der Vereinten Nationen für Umwelt und Entwicklung im Juni 1992 in Rio de Janeiro: Agenda 21. Bonn.

Deutsches MAB-Nationalkomitee (Hg.) (1996): Kriterien zur Anerkennung und Überprüfung von Biosphärenreservaten der UNESCO in Deutschland. Bonn.

Ehlers, E. (1995): Traditionelles Umweltwissen und Umweltbewußtsein und das Problem nachhaltiger landwirtschaftlicher Entwicklung. In: Erdmann, K.-H. u. H.G. Kastenholz (Hg.): Umwelt- und Naturschutz am Ende des 20. Jahrhunderts. Probleme, Aufgaben und Lösungen. S. 155–174. Berlin, Heidelberg u.a.

Erdmann, K.-H. (1996): Biosphärenreservate in Deutschland. Modellandschaften einer dauerhaft umweltgerechten Entwicklung. In: Bork, H.-R., G. Heinritz u. R. Wießner (Hg.): Raumentwicklung und Umweltverträglichkeit. = Tagungsbericht und wissenschaftliche Abhandlungen. 50. Deutscher Geographentag Potsdam vom 2.–5. Oktober 1995. Band 1. S. 111–118. Stuttgart.

Erdmann, K.-H. u. J. Nauber (1995): Der deutsche Beitrag zum UNESCO-Programm „Der Mensch und die Biosphäre" (MAB) im Zeitraum Juli 1992 bis Juni 1994, mit einer englischen Zusammenfassung. Bonn.

Fränzle, O., F. Mülle. u. W. Schröder (Hg.) (1997): Handbuch der Umweltwissenschaften. Grundlagen und Anwendungen der Ökosystemforschung. Landsberg am Lech.

Hauff, V. (Hg.) (1987): Unsere gemeinsame Zukunft. Greven.

Kastenholz, H.G., K.-H. Erdmann u. M. Wolff (Hg.) (1996): Nachhaltige Entwicklung. Zukunftschancen für Mensch und Umwelt. Berlin, Heidelberg u.a.

Pokorny, D. (1996): Nutztiere und Kulturpflanzen im Biosphärenreservat Rhön. Vernetzte Strategien zur Erhaltung der Kulturlandschaft. In: Begemann, F., C. Ehlin u. R. Falge (Hg.): Vergleichende Aspekte der Nutzung und Erhaltung pflanzen- und tiergenetischer Ressourcen – Nutztiere. Tagungsband eines Symposiums vom 7. bis 9. Oktober 1996 in Mariensee. = Schriften zu Genetischen Ressourcen. Schriftenreihe des Informationszentrums für Genetische Ressourcen (IGR) der Zentralstelle für Agrardokumentation und -information (ZADI) 5, S. 101–110. Bonn.

Quennet-Thielen, C. (1996): Nachhaltige Entwicklung: Ein Begriff als Ressource der politischen Neuorientierung. In: Kastenholz/Erdmann/Wolff 1996, S. 9–21.

Renn, O. u. H.G. Kastenholz (1996): Von der Theorie zur Praxis: Perspektiven einer nachhaltigen Entwicklung. In: Erdmann, K.-H. u. J. Nauber (Hg.): Beiträge zur Ökosystemforschung und Umwelterziehung III. = MAB-Mitteilungen 38. S. 27–37. Bonn.

Spehl, H. u. M. Tischer (1994): Regionale Ansätze und Projekte nachhaltiger Entwicklung. = Naret-Diskussionspapier Nr. 4. Trier.

SRU – Der Rat von Sachverständigen für Umweltfragen (1994): Umweltgutachten 1994 für eine dauerhaft-umweltgerechte Entwicklung. Stuttgart.

UNESCO (Hg.) (1996): Biosphärenreservate. Die Sevilla-Strategie und die internationalen Leitlinien für das Weltnetz. Bonn.

NACHHALTIGE NUTZUNG NATÜRLICHER RESSOURCEN ZWISCHEN VISION UND REALITÄT

Hans Hurni, Karl Herweg und Eva Ludi (Bern)

1. Einleitung

Die Nutzung natürlich regenerierbarer Ressourcen ist eine zentrale Herausforderung nachhaltiger Entwicklung. Im globalen Maßstab werden Bodendegradation, die Verfügbarkeit von Wasser sowie Biodiversitätsverlust als Kernprobleme bezeichnet, die in allen Land-Ökozonen der Erde unter verschiedensten sozio-kulturellen Voraussetzungen vorkommen (WBGU 1996, S. 131). Trotz dieser scheinbaren Indifferenz der Umweltschädigungen gegenüber der sozio-ökonomischen Dimension bestehen wesentliche Unterschiede im globalen Vergleich hinsichtlich deren Art, Ausprägung, Auswirkungen und Möglichkeiten zur Vermeidung bzw. Behebung. Unter Bezugnahme auf das sogenannte „Sahel-Syndrom" wird im zitierten Bericht festgehalten, daß die sozio-ökonomische Disposition für Desertifikation große, länderspezifische Unterschiede aufweist (WBGU 1996, S. 145). Damit ist ein wesentlicher Kritikpunkt an den Konzepten der Tragfähigkeit und Belastbarkeit (im Englischen *Carrying capacity*) angesprochen, die sich vorwiegend anhand lokalspezifischer, bio-physischer Parameter definierten und deshalb seit längerer Zeit als überholt gelten. Der Begriff *Carrying capacity* wurde deshalb in der internationalen Diskussion ab Mitte der 70er Jahre abgelöst vom Konzept der *Land capability*.

Die „Tragfähigkeit eines Landstücks" bezeichnete hierbei ein Potential für eine bestimmte Art der Landnutzung oder eine spezielle Management-Technik (FAO 1976; Dent/Young 1981, S. 129). Der Begriff *Land capability* bestimmte dabei weder die beste noch die profitabelste Nutzung eines Bodens, sondern einen generellen Bereich seiner Nutzungsmöglichkeiten. Es zeigte sich aber auch hier bald, daß die Tragfähigkeit einer bestimmten Ressourcendisposition eines Raumes zusätzlich zur Landnutzung wesentlich von (Bio-)Technologie, Kapital, Energie, Arbeit und Wissen sowie externen Ressourcen wie Wasser, Luft und Strahlung und schließlich ökonomischen, politischen und institutionellen Gegebenheiten und Opportunitäten abhängt. Zum Beispiel zeigte Maro (1990), wie die Tragfähigkeit der Landnutzung am Mount Kilimanjaro dank der Einführung von Kaffee als neues Agrarprodukt nachhaltig gesteigert werden konnte. Tiffen u.a. (1994) konnten am Beispiel des Machakos-Distrikts in Kenia zeigen, daß lokale Landnutzende dank besserer Vermarktungsmöglichkeiten und anderer Faktoren in den letzten Jahrzehnten die Bodenerosion wirksam bekämpfen konnten und damit eine wesentlich höhere Tragfähigkeit des Raumes erreichten.

Auf internationaler Ebene wird seit einigen Jahren an einem neuen Konzept der „nachhaltigen Entwicklung" gearbeitet, das neben der räumlichen und zeitlichen Dimension auch das sozio-kulturelle, politisch-administrative und ökonomische System des jeweiligen Umfeldes mit einbezieht. Laut Brundtland-Bericht (1987) erfüllt nachhaltige Entwicklung „die Bedürfnisse der jetzigen Generation, ohne die Möglichkeiten der zukünftigen Generation einzuschränken, ihre Bedürfnisse erfüllen zu können". Im Zuge der Diskussion zur nachhaltigen Nutzung natürlich regenerierbarer Ressourcen wurde auch das Konzept der Tragfähigkeit weiterentwickelt und wird heute unter der Bezeichnung *Sustainable Land Management (SLM)* diskutiert (vgl. Dumanski 1994). *SLM* wird als „System von Technologien und/oder planerischen Maßnahmen" definiert, „mit dem Ziel, ökologische mit sozio-ökonomischen und politischen Prinzipien der Landnutzung für landwirtschaftliche und andere Zwecke zu integrieren, um intra- und intergenerationelle Gerechtigkeit zu erreichen" (vgl. Hurni u.a. 1996).

Die Zielsetzung von *SLM* beinhaltet trotz ihrer logischen Stringenz nach wie vor zahlreiche Herausforderungen:
- Für wen und in welchem Sinn ist eine Ressourcennutzung nachhaltig? Z.B. wird ein Bauer nach betriebswirtschaftlichen Kriterien urteilen, eine Umweltforscherin nach ökologischen, und ein Politiker möglicherweise nach machtpolitischen Aspekten. Frauen und Männer eines bäuerlichen Haushaltes beurteilen ihrerseits Nachhaltigkeit verschieden.
- Wo ist Ressourcennutzung nachhaltig? Z.B. kann Wassernutzung in einem tropisch humiden Hochland für seßhafte Bauern und die Tourismusindustrie durchaus nachhaltig sein, aber gleichzeitig für Nomaden im angrenzenden ariden Tiefland Wasserknappheit und Existenzkampf bedeuten.
- Wie lange ist eine Nutzung nachhaltig? Wie können wir heute abschätzen, was die nächste Generation als wertvolle Ressourcen und nachhaltige Nutzung ansieht?

Diese Fragen zeigen, daß *SLM* von Standpunkten und Bewertungen abhängt und Interessenskonflikte beinhaltet. Nachhaltigkeit als solches gibt es nicht, aber Ressourcennutzung kann mit der Zeit nachhaltiger oder weniger nachhaltig werden (vgl. Wiesmann 1995). Letzteres ist leider immer noch die Regel. In zahlreichen Landnutzungssystemen der sogenannten „Dritten Welt" sind nur sehr wenige dynamische Steigerungen der Tragfähigkeit wie in den Beispielen vom Mount Kilimanjaro oder Machakos-Distrikt zu beobachten. Hier geht es vielmehr darum, Vermeidungsstrategien zu verfolgen, welche zum Ziel haben, die gegenwärtig ablaufenden Tragfähigkeitsverminderungen infolge der eingangs beschriebenen Kernprobleme zu bekämpfen.

Im Zuge der *SLM*-Diskussion wurde eine Reihe von Instrumenten zur nachhaltigen Ressourcennutzung entwickelt, welche in der konkreten Forschungs- und Entwicklungszusammenarbeit zum Einsatz gelangten. Wegen ihres transdisziplinären, d.h. interdisziplinär-partizipativen Ansatzes und der breiten Anwendbarkeit in unterschiedlichen sozio-ökonomischen Umfeldsystemen haben diese Instrumente auch ein Anwendungspotential in der europäischen Umwelt- und Raumentwicklung und sollen deshalb an dieser Stelle vorgestellt und anhand konkreter Fallbeispiele illustriert werden.

2. Planungs-Instrumente zur nachhaltigen Ressourcennutzung

Im Zuge der *SLM*-Konzeptentwicklung sowie der internationalen Erfahrungen schälte sich der *„Multilevel stakeholder approach to sustainable land management"* als Lösungsansatz komplexer Ressourcennutzungsprobleme heraus (Abb. 1). Wesentlichstes Merkmal dieses Ansatzes ist der Einbezug möglichst aller Interessenskategorien auf institutioneller wie auf persönlicher Ebene, von den Landnutzenden über Haushalte, Gemeinden, regionalen, staatlichen bis zu internationalen Institutionen. Dabei gilt es zu beachten, daß die einzelnen *Stakeholder*-Kategorien keineswegs als homogene Gruppen zu betrachten sind, sondern weiter nach Geschlecht, Alter, ökonomischem Status, Besitzstand, religiöser Orientierung, etc. differenziert werden müssen. In Abb. 1 ist die Vielzahl an Verflechtungen am Beispiel nachhaltiger Bodennutzung illustriert. Es hat sich gezeigt, daß der Nichteinbezug einer einzigen Kategorie zum Scheitern der Lösungsbemühung führen kann. In diesem Sinne sind auch die heutigen Bemühungen für internationale Abkommen wie die Biodiversitäts- oder die Desertifikations-Konvention zu sehen, die zwar unabdingbar, aber niemals hinreichend sind, da sie nur einzelne *Stakeholders* mit einbeziehen.

Mit steigender Komplexität der Konzepte wird deren Umsetzung in die Praxis schwieriger. Der Tragfähigkeits- und Belastbarkeitsansatz orientierte sich weitgehend an bio-physischen Klassifikationskriterien. *SLM* dagegen geht mit der Berücksichtigung und Kombination biophysischer und sozio-ökonomischer Faktoren viel weiter. Während angenommen wurde, daß sich z.B. Stoffflüsse unter ähnlichen naturräumlichen Bedingungen ähnlich verhalten, impliziert die Erweiterung um sozio-ökonomische Kriterien einen höheren Grad an zeitlich-räumlicher Dynamik und Unberechenbarkeit. Es geht also nicht mehr um einen naturräumlichen Rahmen, der bestimmte Landnutzungsweisen vorschreibt oder gar eine ideale Nutzung impliziert. Im Zentrum steht der lokalspezifische Handlungsspielraum der landnutzenden Bevölkerung. Dieser sollte einerseits über eine Veränderung der äußeren sozio-ökonomischen und politischen Rahmenbedingungen und andererseits über die Verbesserung der Fähigkeiten und Kapazitäten der Landnutzenden selbst so gestaltet werden, daß eine nachhaltigere Ressourcennutzung eingeleitet wird.

Der „*Multilevel stakeholder approach to sustainable land management*" führt letztlich dazu, daß *SLM* nicht mehr nur von außen, d.h. der Wissenschaft definiert werden kann, sondern vermehrt auch von innen, von den lokalen Interessensgruppen mitgestaltet wird (vgl. CDE 1995). Waren diese im Tragfähigkeitskonzept noch weitgehend entmündigt, so stellt das *SLM*-Konzept einen großen Schritt in Richtung Eigenverantwortung dar, einer Grundvoraussetzung für das eigentliche Ziel, die nachhaltige Entwicklung.

Eine methodische Konkretisierung des oben beschriebenen Konzepts auf regionaler und kommunaler Ebene ist das *Sustainable Development Appraisal (SDA)*, welches vor allem für die Planung von Entwicklungsprogrammen zur nachhaltigen Nutzung natürlich regenerierbarer Ressourcen eingesetzt wird (Hurni/Ludi, in Vorb.). Abb. 2 gibt einen Überblick über die verschiedenen Ablaufschritte, die im folgenden kurz beschrieben werden. In einem ersten Teil steht die partizipative Analyse des gegenwärtigen Entwicklungsstandes im Vordergrund. Hierbei geht es um die oben beschriebene Gegenüberstellung einer interdisziplinären, wissenschaftlichen Sicht einerseits und lokalem Wissen der Landnutzenden und anderer Interessensgruppen andererseits. Das Ziel dieser Analyse ist die Definition einer gemeinsamen, allgemein akzeptablen Wissensbasis als Ausgangspunkt einer Entwicklungsplanung (vgl. Wiesmann 1997). Analyseschritte sind die gemeinsame Problemformulierung und die Deklaration der verschiedenen Absichten zur Erreichung eines (gemeinsamen) Ziels. Weiter erfolgt eine partizipative Raumtypisierung aufgrund gemeinsamer Kriterien (z.B. Ressourcenzustand, Nutzungstypen, Zugangstypen etc.) und die Beschreibung der verschiedenen Akteurkategorien bezüglich Raumnutzung (z.B. Landnutzende, Reichtumskategorien, Besitztumskategorien, Anspruchskategorien, externe Raumanspruchskategorien etc.).

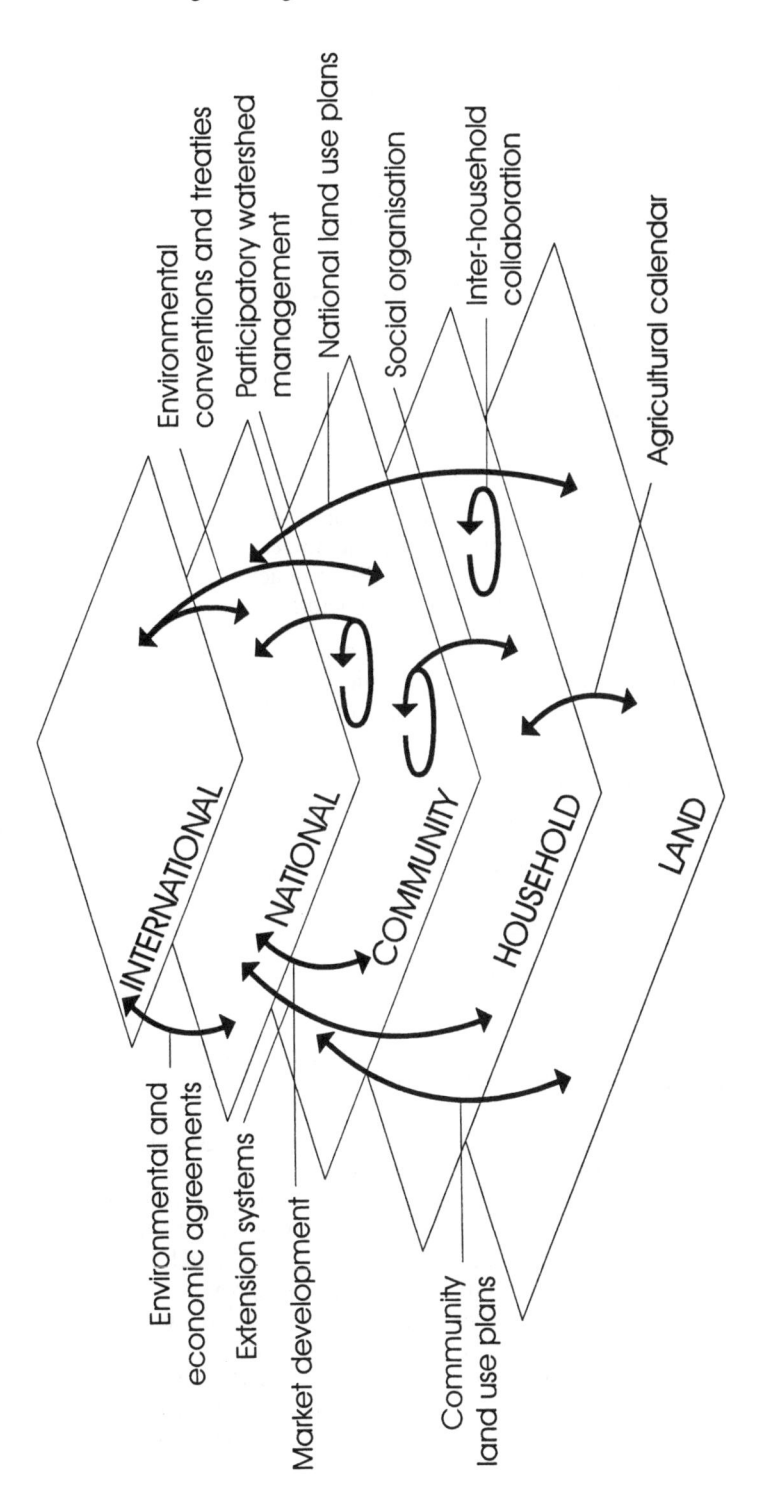

Abbildung 1: Interventionsniveaus und Tätigkeitsbereiche nachhaltiger Ressourcennutzung *(Sustainable Land Management, SLM)* (Hurni u.a. 1996)

> **Sustainable Development Appraisal (SDA)**
> Major elements and steps
>
> PREPARATION OF SDA
> - Assessment of problem context and initial development goals
> - Definition of core areas and supplementary areas for SDA
> - Situation-specific selection of SDA methods
>
> PART I: PARTICIPATORY ASSESSMENT OF CURRENT SITUATION
> - Elaboration of a spatial typology
> - Elaboration of an actor typology
> - Relations between actors and space
> - Biophysical interactions of spatial units
> - Socio-economic interactions of actors
> - Assessment of major changes and trends
>
> PART II: PARTICIPATORY EVALUATION OF DEVELOPMENT
> - Evaluation of change by different actors (stakeholders)
> - Needs, options and constraints as seen by different actors
> - Development of visions as seen by different actors
>
> PART III: COMPILATION OF DEVELOPMENT PROFILES
> - Compilation of local (village and/or community) development profiles (LDPs)
> - Compilation of a regional development profile (RDP)
> - Synthesis and recommendations on sustainability issues
>
> INTEGRATION OF SDA RESULTS
> - Initiation of multi-stakeholder negotiations on situation-specific goals of sustainable development
> - Negotiations on actions needed on the different actor levels
> - Participators planning of implementation and follow-up

Abbildung 2: Überblick über die Analyseschritte nachhaltiger Entwicklung *(Sustainable Development Appraisal, SDA)* im regionalen Kontext (Hurni/Ludi, in Vorbereitung)

Wichtigster Bereich der Nachhaltigkeitsanalyse ist die differenzierte Analyse der Interaktionen für jeden Raumtyp der Untersuchungsregion. Dazu gehört auch die Untersuchung der Dynamik des Wandels (z.B. Degradation, Nutzungsdruck, Nutzungswandel, Änderung der Rechtslage etc.), die als Ausgangspunkt für die Entwicklungsdiskussion im zweiten Teil des *SDA* dient.

Die partizipative Evaluation der Entwicklungsmöglichkeiten einer Region orientiert sich im zweiten Teil des *SDA* an den Potentialen der verschiedenen Interessenskategorien, welche ihre Entwicklungsvisionen erarbeiten und darstellen (vgl. Abb. 2). Auch hier ist eine gemeinsame Plattform unabdingbar. Bedürfnisse, Möglichkeiten und Einschränkungen differenzieren sich unterschiedlich je nach Raumbezug und Akteurkategorie. Eine Synthese der unterschiedlichen Entwicklungssichtweisen ergibt dabei nicht zwangsläufig eine gemeinsame Basis für Entwicklung, kann aber zur Klärung diffuser Vorstellungen, offener oder verdeckter Konflikte und konkreten Empfehlungen für nächste Schritte führen, die die Interessensgemeinschaft unternehmen kann.

Auf Gemeindeebene kann das *SDA* schließlich in Teil III zum Beispiel als *Village Development Profile (VDP)* konkretisiert werden (s. auch Abb. 3). Hierbei geht es darum, eine gemeinsame, partizipativ erarbeitete Wissensbasis für Gemeindeentwicklung zu erstellen, die einerseits eine Momentaufnahme des bio-physischen, sozio-ökonomischen, kulturellen und politisch-administrativen Umfeldes umreißt und die Entwicklungsmöglichkeiten der unterschiedlichen Akteure aufzeigt, und andererseits auch der Langzeitbeobachtung der Gemeinde dient. Die konkrete Erfahrung mit diesem Instrument beschränkte sich zwar bisher auf wenige Räume in sogenannten Drittweltländern, aber es wurden immerhin ca. 30 Dorfbeispiele mit konkreten Entwicklungsplanungen erarbeitet.

Village Development Profile (VDP)

1. VILLAGE OVERVIEW

    (Summary of main information, including visual impression, location map, land use map, and statistical information on population, land use and natural resources)

2. PRESENT STATUS OF VILLAGE

- **Socio-economic Institutions and Infrastructure**
  (E.g., number of houses, households, people; household size, land holding size, draught animals, religious buildings, schools, markets, mills, restaurants, traders, economic specialisation's, health facilities, nutritional status, access to centres, distances to centres, village history, institutions, land tenure)
- **Land Use and Farming Systems**
  (E.g., land use types, crops and cropping calendar, fallow cycle, farming system, traditional resource management, land use problems)
- **Natural Resources**
  (E.g., altitudinal range, altitudinal belts according to agroclimatic zones, slope classes, climate, vegetation, wildlife, wood, grass, water, soils)

3. VILLAGE DYNAMICS AND TRENDS

- **Population Dynamics**
  (E.g., migration, growth rates, mortality)
- **Land Use Changes**
  (E.g., intensification, expansion, abandonment)
- **Natural Resource Dynamics**
  (E.g., degradation, rehabilitation, protection)

4. VILLAGE DEVELOPMENT NEEDS, OPTIONS AND CONSTRAINTS

- **Village Development Needs as seen by Different Stakeholders**
  (E.g., natural resource conservation such as protection, soil and water conservation, afforestation; agricultural development such as crop production, livestock improvement, technological innovations, irrigation, land security, agricultural extension and inputs; secondary and tertiary development such as education, health facilities, access, water, mill, legal system, tourism, market and trading, banking system; socio-cultural development such as information, social security, services for reproductive health)
- **Village Development Options and Constraints**
  (According to the needs expressed above, differentiated by stakeholders, and specifying who should take action: villagers, government administration, or external institutions)

Abbildung 3: Inhalte eines *Village Development Profile (VDP)* als Konkretisierung der Analyse nachhaltiger Entwicklung *(Sustainable Development Appraisal, SDA)*

Damit ergibt sich für einen bestimmten Raumtyp nicht eine einzige, aus vorbestimmten Kriterien ableitbare oder vorhersagbar Entwicklungsmöglichkeit, sondern eine Vielzahl von Szenarien, die die lokale Selbstbestimmung einschließen. Die dabei notwendigerweise auftretenden Interessenskonflikte sind Teil der Entwicklungsrealität und werden nun offener angesprochen. Damit kommt das *SLM*-Konzept, und im Konkreten das *SDA* und das *VDP*, aber auch an eine große politische Hürde, die nicht leicht zu überwinden sein dürfte. Zu wessen Gunsten die Interessenskonflikte ausgehen, ist eine Frage bestehender Machtverhältnisse und inwieweit diese verändert werden können. Der zu erwartende Widerstand gewichtiger Akteure gegen eine Abgabe von Macht und Kontrolle könnte den Aushandlungsprozeß, der dem *SLM*-, *SDA*-, und *VDP*-Vorgehen zugrunde liegt, zu einem endlosen Verhandlungsprozeß verkommen lassen oder ihn gar zunichte machen.

3. Fallbeispiele und Schlußfolgerungen

Die Vision der nachhaltigen Nutzung natürlich regenerierbarer Ressourcen wird meist in konkreten Fallbeispielen an der Realität relativiert. Hierbei zeigen sich auch die Möglichkeiten und Grenzen der oben beschriebenen Instrumente zur Entwicklungsplanung. Große Interessenskonflikte treten zum Beispiel am Ostabhang Madagaskars auf, wo traditionelle Wanderhackbaukulturen die letzten Naturraumflächen mit hoher Biodiversität verdrängen (Brand 1997). Internationale Institutionen unter der Ägide der Weltbank entwickelten in Zusammenarbeit mit nationalen Institutionen 1989 einen Umweltaktionsplan, um mit einer Serie von Schutzgebieten und umliegenden Pufferzonen die letzten Regenwälder zu bewahren. Bis heute ist es aber nicht gelungen, echte Alternativen für Kleinbauernfamilien zu finden, deren traditionelle Landnutzung immer noch die ökonomisch attraktivste Tätigkeit ist. Eine umfassende *SDA* zeigte allerdings konkrete Opportunitäten, u.a. im Gartenbau, intensiviertem Reisanbau auf bewässerten Terrassen, Nebenerwerbsmöglichkeiten außerhalb der Landwirtschaft sowie die Regelung von Nutzungsrechten auf individueller und dörflicher Ebene (Terre-Tany 1997).

Eine ähnliche Situation im Konflikt zwischen Naturschutz und Wanderhackbau bestand Anfang der 80er Jahre in Nordwest-Thailand (vgl. Hurni 1980). Die konsequent durchgesetzte Ordnungspolitik der Regierung, mit Aufforstung der wichtigsten Hügelzonen, führte dort zu einer Verdrängung der Kleinbauern in entlegenere Gebiete und Nachbarländer.

Beispiele für eine relative Stabilisierung der Tragfähigkeit unter gegebenen Landnutzungssystemen finden sich schließlich in zahlreichen tropischen Hochländern, z.B. in den Anden Venezuelas, dem Berggebiet Sri Lankas oder dem Hochland Äthiopiens (Hurni 1997). Allen Beispielen gemeinsam ist die Erfahrung, daß mit Technologien wie Bodenschutzmaßnahmen allein zwar die ökologische Nachhaltigkeit verbessert werden kann, daß sich aber die Tragfähigkeit eines Raumes nicht erhöht. Mit Hilfe der beschriebenen Konzepte und Instrumente können die potentiellen Entwicklungsmöglichkeiten besser identifiziert und gezielt gefördert werden, so daß das Landnutzungssystem letztlich doch nachhaltiger gestaltet werden kann.

Zusammenfassend sind für nachhaltige Nutzung natürlicher Ressourcen folgende Erkenntnisse wichtig:

- Nachhaltige Entwicklung ist ein hochgestecktes Ziel. Was nachhaltig ist, läßt sich nur in einem konkreten Umfeld bestimmen. Wenn sich die beteiligten Interessengruppen nicht einigen können, kann dieses Ziel auch nicht erreichbar sein. Daher kann es immer nur darum gehen, eine bestimmte Ressourcennutzung tendenziell nachhaltiger als vorher zu gestalten.
- Es sind Maßnahmen und situationsgerechte Technologien notwendig, die einer Vielzahl von physischen und sozio-ökonomischen Faktoren gerecht werden müssen. Sie sollten eine ausgewogene Mischung aus technischem Standard, ökologischer Verträglichkeit, Wirtschaftlichkeit und sozialer Akzeptanz darstellen und sich am Handlungsspielraum der lokalen Bevölkerung orientieren. Dieser hängt ab von innerbetrieblichen Zielen, Ausstattung mit Produktionsfaktoren, Erfahrungen und Strategien, sowie ökologischen, sozio-ökonomischen, kulturellen, politischen und institutionellen Rahmenbedingungen.
- Umweltbedingungen und Rahmenbedingungen, aber auch Betriebs- und Anbaustrukturen sind Veränderungen unterworfen. Es gibt kaum Standardsituationen. Also sind Alternativen statt Standards gefragt, flexible Methoden und Instrumente der Diagnose, des Monitorings und der Evaluation, Kombinationsmöglichkeiten statt Einzeltechnologien.
- Die Wahrscheinlichkeit, situationsgerechte Technologien und ausgewogene Ressourcennutzung zu erreichen ist dann höher, wenn partizipativ gearbeitet wird, also ein Maximum an lokalem Wissen und externer Erfahrung zusammenfließt.
- Als pragmatische Vorgehensweise bietet sich an, von lokalen, akzeptierten Technologien auszugehen und diese mit externer Hilfe, zum Beispiel der Entwicklungszusammenarbeit zu modifizieren. Das bedeutet einerseits, daß mehr Zeit investiert werden muß, denn Partizipation bedeutet aushandeln. Andererseits wird aber das Risiko von Fehlschlägen vermindert.
- Die Aufgabe der Wissenschaft verlagert sich dabei insofern, als sie sich weniger um die Aufstellung global gültiger Nachhaltigkeitskriterien bemüht, sondern mehr um die Entwicklung von Methoden und Methodologien, wie diese Kriterien in den vielfältigen Landnutzungssystemen der Erde gesucht, d.h. partizipativ ermittelt werden können.

Literatur:

Brand, J. (1997): La dégradation des ressources naturelles sous culture sur brûlis. In: Communcations des pays, 4ème conférence internationale de l'Association pour les Montagnes Africaines (AMA) et de la African Highlands Initiative (AHI). Antananarivo. Im Druck.

Brundtland, G.H. (Hg.) (1987): Our common future. The World Commission on Environment and Development. Oxford.

CDE – Centre for Development and Environment (1995): Natürliche Ressourcen - Nachhaltige Nutzung. = Berichte zu Entwicklung und Umwelt 14. Bern.

Dent, D. u. A. Young (1981): Soil survey and land evaluation. London u. Boston.

Dumanski, J. (Hg.) (1994): Proceedings of the international workshop on sustainable land management for the 21st century. Vol. 1: workshop summary. Agricultural Institute of Canada. Ottawa.

FAO (1976): Framework for land evaluation. = Soil Bulletin 32. Rome.

Hurni, H. (1980): Bodenerosion in Oekosystemen mit Brandrodungshackbau in Nord-Thailand. In: Regio Basiliensis XXI 3, S. 29–41.

Ders., with the assistance of an international group of contributors (1996): Precious earth. From soil and water conservation to sustainable land management. International Soil Conservation Organisation (ISCO), and Centre for Development and Environment (CDE). Bern.

Ders. (1997): Soil conservation policies and sustainable land management: a global overview. In: Napier u.a. (Hg.): Soil and water conservation policies: successes and failures. Soil and Water Conservation Society. Ankeny/USA. Im Druck.

Hurni, H. u. E. Ludi (in Vorbereitung): Reconciling conservation with sustainable development. A participatory study in villages inside and around the Simen Mountains National Park, Ethiopia. Centre for Development and Environment (CDE). Bern.

Maro, P.S. (1990): Agricultural land management under population pressure: the Kilimanjaro experience, Tanzania. In: Messerli, B. u. H. Hurni (Hg.): African mountains and highlands, problems and perspectives. S. 311–326. Bern.

Terre-Tany (Hg.) (1997): Un système agro-écologique dominé par le Tavy: la région de Beforona, falaise est de Madagascar. = Cahiers du Projet Terre-Tany, numéro 6. FOFIFA. Antananarivo.

WBGU – Wissenschaftlicher Beirat der Bundesregierung Globale Umweltveränderungen (1996): Welt im Wandel. Herausforderungen für die deutsche Wissenschaft. Jahresgutachten 1996. Berlin u. Heidelberg.

Wiesmann, U. (1995): Nachhaltige Ressourcennutzung im regionalen Entwicklungskontext. Konzeptionelle Grundlagen zu deren Definition und Erfassung. = Berichte zu Entwicklung und Umwelt 13. Bern.

Ders. (1997): Sustainable regional development in rural Africa: conceptual framework and case studies from Kenya. = African Studies Series. Bern. Im Druck.

NACHHALTIGE BODENNUTZUNG UND WELTERNÄHRUNGSLAGE

Winfried Schröder (Kiel)

1. Zum Thema

Unter der einschränkenden Randbedingung, daß der entscheidende Schlüssel für eine Verbesserung der Welternährungslage in einer Neuordnung des Weltwirtschaftssystems liegt, ist es das Ziel des Beitrages, Ansätze der Ökologischen Geographie zur Erarbeitung eines anwendbaren Nachhaltigkeitskonzeptes vorzustellen. Dazu wird zunächst der Nachhaltigkeitsbegriff aus ökologischer Sicht am Beispiel der Welternährungslage erörtert. Trotz ihrer positiven Entwicklung ist sie ein andauerndes Problem von elementarer Bedeutung, an dem die Verflechtung der drei Zieldimensionen des umweltpolitischen Leitbildes der Nachhaltigkeit besonders deutlich wird. Denn mit ihm wird angestrebt, die menschlichen Lebensbedingungen unter gleichberechtigter Berücksichtigung *sozialer, ökonomischer* und *ökologischer* Belange zu entwickeln. Deshalb wird im vorliegenden Artikel die Landnutzungsplanung als ein für die weitere Verbesserung und langfristige Sicherung der Welternährung wichtiges Instrument betrachtet. Hierfür wesentliche methodische Grundlagen sind das Bodenmonitoring sowie die hierauf gestützte flächenbezogene Bodenerosionsabschätzung und Stoffbilanzierung. Der hierzu in Deutschland vorliegende Entwicklungsstand wird dargestellt und hinsichtlich seiner Übertragbarkeit auf andere Räume bewertet.

2. Welternährungslage

A. Problemkomplex

Alljährlich soll der Welternährungstag am 16. Oktober, dem Gründungstag der Food and Agriculture Organization of the United Nations (FAO), an eines der größten und unnötigsten Probleme der Menschheit erinnern: Hunger und Unterernährung. Die Problemursachen sind vielfältig und können sehr vereinfacht als gesellschaftlich-politisch, wirtschaftlich und ökologisch bedingt betrachtet werden, wobei Armut als Hauptursache gilt (FAO/WHO 1992; Oltersdorf/Weingärtner 1996, S. 23 u. 152). Entsprechend der Vielschichtigkeit des Bedingungsgefüges von Hunger und Unterernährung müßten die Fragen *„Was ist Hunger? Warum sind so viele Menschen unterernährt? Wie kann das Ernährungsproblem gemildert werden?"* differenzierter beantwortet werden als dies hier geschehen kann. Daher sei für ausführlichere Informationen und weiterführende Literatur beispielhaft auf die Veröffentlichungen von Manshard/Mäckel (1995), Oltersdorf/Weingärtner (1996) sowie FAO (1995) verwiesen.

B. Unterernährung als ein Problem der Welternährung

Die Welternährungslage ist grob durch drei Probleme beschreibbar: Überernährung, Mangelernährung und Unterernährung (zur weiteren Differenzierung Oltersdorf/

Weingärtner 1996, S. 138). Wenn der menschliche Körper mehr Energie verbraucht als er in Form von Nahrung aufnimmt, so ist seine Energiebilanz defizitär: Unterschreitet die tägliche Energiezufuhr den physiologischen Bedarf, ist der Körper kalorisch unterversorgt. Er zehrt aus und verliert an Gewicht. Dauert diese Situation länger an, so kommt es zu Untergewicht, Krankheit und schließlich zum Tod. Bei Kindern wird zusätzlich die geistige und körperliche Entwicklung eingeschränkt. Eine quantitative Beschreibung der Unterernährung ist mit einem Schätzfehler unbekannter Größe in Tab.1 wiedergegeben. Sie zeigt, daß die Zahl der unterernährten Menschen seit Ende der sechziger Jahre global deutlich gesunken ist. Jedoch schert Afrika aus dieser Tendenz aus.

Tabelle 1: Zeitliche Entwicklung und regionale Differenzierung der chronischen Unterversorgung (FAO/WHO 1992, S. 9; Oltersdorf/Weingärtner 1996, S. 139)

	1969 – 1971		1979 – 1981		1988 – 1990	
	(Mio.)	(%)	(Mio.)	(%)	(Mio.)	(%)
Afrika	101	35	128	33	168	33
Asien, pazifischer Raum	751	40	645	28	528	19
Lateinamerika, karibischer Raum	54	19	47	13	59	13
Naher Osten	35	22	24	12	31	12
Menschen in allen oben genannten „Entwicklungsregionen"	941	36	844	26	786	20

Innerhalb der in Tab. 1 genannten Regionen leben 75 % der unterernährten Menschen auf dem Lande, wo die Rohstoffe für die Nahrungsmittel produziert werden. *Eine* Folge der ungleichen Verteilung von Nahrungsmitteln zwischen Stadt und Land sind die Landflucht und das Bevölkerungswachstum in den Städten, das in den Ländern mit niedrigem und mittlerem Einkommen 3,7 % gegenüber durchschnittlich 1,9 % beträgt.

Das in Abschnitt 3 erwähnte Phänomen der ungleichen Ressourcenverteilung ist auch ein besonders wichtiger Einflußfaktor für die Ernährung der Weltbevölkerung. Denn die weltweit produzierten Nahrungsmittel reichen an sich aus, um jeden Menschen mit 2700 Kalorien pro Tag, d.h. hinreichend zu ernähren (Oltersdorf/ Weingärtner 1996, S. 45f.). Jedoch ist eine ausreichende Ernährung generell nur dort anzutreffen, wo genügend produziert wird und/oder Geld zum Kauf von Nahrung vorhanden ist. Eine Schwierigkeit besteht also im Zugang zu den vorhandenen Nahrungsressourcen bzw. in deren Verteilung.

Die quantitative Beschreibung der Entwicklung von Nahrungsproduktion und -versorgung sowie des Bevölkerungswachstums läßt verschiedene Interpretationen zu. Sie lassen sich hier nicht erschöpfend, sondern nur selektiv darlegen:
1. Der oben genannten positiven Entwicklung in der Versorgungssituation entspricht, daß die Nahrungsproduktion weltweit, also in den Industriestaaten *und* in den „Entwicklungsländern" stärker gestiegen ist als das Bevölkerungswachstum. Die Ausnahme bei dieser Entwicklung macht abermals Afrika.
2. Eine hohe Bevölkerungsdichte ist nicht immer mit Unterernährung verknüpft. Nur in einigen Ländern wie z.B. Bangladesh besteht eine positive statistische Beziehung zwischen diesen beiden Phänomenen. Doch dies ist keine Widerle-

gung der These, daß das Bevölkerungswachstum *eine* wichtige Ursache für die Welternährungsprobleme ist. Denn wie das Beispiel Afrika zeigt, kommt es neben Verteilung und Verfügbarkeit von Nahrung entscheidend auf das quantitative Verhältnis des Bevölkerungswachstums zur Agrarproduktion bzw. Nahrungsmittelproduktion an (Zahlen hierzu in Oltersdorf/ Weingärtner 1966, S. 110: Tab. 5 u. S. 120: Tab. 31). Besorgniserregend ist, daß die aus weiter unten genannten energetischen Gründen für die Sicherung bzw. Verbesserung der Ernährungssituation wichtige Weltgetreideproduktion pro Kopf im Zeitraum 1980 bis 1993 stagniert und danach die Weltnahrungsmittelproduktion pro Kopf ohne Gegenmaßnahmen rückläufig sein dürfte.

3. Mehr als die Hälfte der „Entwicklungsländer" wären aufgrund ihrer Produktionsmöglichkeiten einschließlich der ökosystemaren Ausstattung in der Lage, ihren Nahrungsmittelbedarf mehr als doppelt zu decken und so zu verhindern, daß sich die Schere zwischen Nahrungsmittelproduktion und Bevölkerungswachstum öffnet (BML 1994; Oltersdorf/Weingärtner 1996, S. 97f. u. 147). Hierbei käme es allerdings entscheidend darauf an, die Ökosysteme standortangepaßt im Sinne der differenzierten Bodennutzung (Haber 1970, 1971; Schmidt/ Haase 1990; Schmidt u.a.1995) durch Planung langfristig sozial, ökonomisch und ökologisch zu optimieren (Abschnitt 5).

4. Sehr wichtig sind auch die Abhängigkeit von Nahrungsmittelimporten bzw. der Selbstversorgungsgrad. Er nahm in den meisten Staaten Afrikas seit den 60er Jahren ab (Oltersdorf/Weingärtner 1996, S. 34f. u. 43f.). In diesem Zusammenhang ist auch auf das Ausmaß der Exportorientierung zu verweisen, die Arbeitskräfte und Anbaufläche bindet und somit den Selbstversorgungsgrad vermindern kann (ebd., S. 30). Überdies ist die Verwertung der Agrarprodukte bedeutsam; denn die direkte Nutzung pflanzlicher Kalorien als Nahrung ist energetisch drei- bis zwölfmal effektiver als die Umwandlung pflanzlicher Kalorien in tierische. Das bedeutet, daß mit derselben Anbaufläche deutlich mehr Menschen ernährt werden könnten, wenn weniger Fleisch produziert würde. Die Eßgewohnheiten wirken also nicht nur auf den individuellen Ernährungszustand. Vielmehr können sie darüber hinaus als statistisch zu Buche schlagendes kollektives Verhaltensmuster auch die Welternährungslage beeinflussen. So bezog beispielsweise die Bundesrepublik Deutschland 1994 die Hälfte ihrer Futtermittel aus Staaten der „Dritten Welt". Eine vergleichbare „Anziehungskraft" üben alle Industriestaaten aus. Sie sorgen damit für eine Verlagerung von Bodennährstoffen aus den Erzeugerstaaten in die Verbraucherländer und dort für die Überdüngung von Böden und Gewässern. Diese Globalisierung der anthropogenen Stoffströme ist ebensowenig mit ökologischer, ökonomischer und sozialer Nachhaltigkeit zu vereinbaren wie die Industrialisierung der Landwirtschaft und die mit ihr einhergehende Verstädterung (Haber 1994, S. 173). Denn die drei genannten Entwicklungen führen zu einer räumlichen Entkoppelung von Stoffströmen, die bereits auf Ökosystemebene z.B. zu ökologisch nachteiligen Veränderungen bodenchemischer Merkmale von Waldböden führt (Fränzle u.a. 1985, S. 52ff.; Ulrich 1994a, 1994b). Diese Bodenveränderungen können sich auf den Holzertrag und insofern auch ökonomisch auswirken (Abschnitt 3).

3. Nachhaltigkeit aus ökologischer Sicht

A. Geschichte und Bedeutung des Begriffs

Aus der historischen Erfahrung von produktionsbiologischen und ökonomischen Folgen einer langfristigen, noch heute bodenchemisch nachweisbaren Entkoppelung von Stoffkreisläufen durch eine ca. 1000jährige vorindustrielle Waldnutzung (Malessa 1995) wurde Nachhaltigkeit seit dem 19. Jahrhundert ein wesentliches Ziel der Forstwirtschaft. Nachhaltige Waldbewirtschaftung soll langfristig einen standortbezogen ökologisch und ökonomisch optimalen Holzertrag gewährleisten (Bathelmeß 1972; Kramer 1985), wurde aber bislang nur in Einzelfällen realisiert (von Rotenhahn 1997).

Naheliegenderweise wird der forstwirtschaftliche Nachhaltigkeitsbegriff mit der Vorstellung von Fruchtbarkeit und „Gesundheit" des Bodens verknüpft (Klapp 1958; Schnack 1954; Sekera 1951). Da die Böden die regulatorischen Hauptkompartimente terrestrischer Ökosysteme sind, ist es sinnvoll, den Nachhaltigkeitsbegriff als Leitbild und Grundlage für die Indikation von Ökosystemzuständen und deren Bewertung z.B. im Sinne des Konzepts der Ökosystemgesundheit zu nutzen, das sich bis Hutten (1788) zurückverfolgen läßt.

Im forstökologischen Zusammenhang setzt Nachhaltigkeit voraus, daß unter sonst gleichen Randbedingungen der Stoffhaushalt der Böden nicht so weit verändert wird, daß für die Lebewesen des Ökosystems „Wald" kritische Stoffgehalte erreicht werden. Hierfür müßten die beim Aufbau der Biomasse aus dem Boden aufgenommenen Stoffe nach der Holzernte (Biomasseexport) ihm in entsprechender Menge und Qualität wieder zugeführt werden.

„Nachhaltigkeit" gewann dann erst sehr viel später als eine der deutschen Formulierungen für das in dem sogenannten *Brundlandt*-Bericht (Hauff 1987) propagierte „sustainable development" Bedeutung. Anläßlich der zweiten Weltkonferenz für Umwelt und Entwicklung in Rio de Janeiro 1992 wurde Nachhaltigkeit zum Leitbild der internationalen Umweltpolitik erklärt (Haber 1998, S. 127f.; Kopfmüller 1998, S. 147ff.). Dies ist ein wichtiger Fortschritt, doch Begriffe bedürfen der Konkretisierung bzw. der Operationalisierung, wenn sie – wie in der *Agenda 21* der Rio-Deklaration gefordert – einen Handlungsbezug aufweisen, also auch praktische Bedeutung erlangen sollen (Kopfmüller 1998, S. 155ff.). Hierfür wichtige Grundprinzipien der internationalen Umweltpolitik sind (BMU 1997, S. 9 u. 71–73):

1. Ökologie, Ökonomie und soziale Sicherheit bilden eine untrennbare Einheit und stellen das „Zieldreieck der Nachhaltigkeit" dar.
2. Nachhaltiges Leben und Wirtschaften muß drei Managementregeln genügen:
   - Die Nutzung erneuerbarer Ressourcen darf langfristig nicht ihre Regenerationsrate übersteigen.
   - Die Nutzung nicht-erneuerbarer Ressourcen darf dauerhaft nicht größer sein als die Substitution ihrer Funktionen.
   - Die Freisetzung von Stoffen und Energie darf auf Dauer nicht größer sein als die Anpassungsfähigkeit der Ökosysteme.
3. Politik und Wissenschaft sind gleichermaßen aufgerufen, die unter den Punkten (1) und (2) aufgeführten Grundsätze in Maßnahmen zur nachhaltigen Ökosystemnutzung und Landschaftsentwicklung umzusetzen.

B. Landschaftsentwicklung unter Nachhaltigkeitsgesichtspunkten

Die Evolution des Ökosystems „Erde" hat ergeben, daß viele der stofflichen und energetischen Lebensgrundlagen für Pflanzen, Tiere und Menschen räumlich ungleich verteilt sind. Auf diese Randbedingungen haben sich die biotischen Ökosystemelemente durch Auslese und Anpassung eingestellt, zum Teil haben sie jene auch beeinflußt (Haber 1998, S. 128ff.; Schröder 1992, S. 149f.).

Die also je nach den standörtlich differenzierten Stoff- und Energieflüssen abgelaufene Ökosystementwicklung läßt sich mit verschiedenen theoretischen Ansätzen beschreiben. Einer davon könnte als das „Stabilitätsparadigma" bezeichnet werden, das zunächst in der Physik und in der Chemie, später auch in der Ökologie einen wichtigen Interpretationsrahmen für empirische Befunde darstellt. Gigon/ Grimm (1997) haben ein System zur Operationalisierung des ökologischen Stabilitätsbegriffes erarbeitet. Ein anderer Ansatz, der mittlerweile in den Naturwissenschaften einschließlich der Ökologie wie auch in den Wirtschafts- und Sozialwissenschaften als Basistheorie fungiert und deshalb besonders wertvoll ist, ist die Thermodynamik offener Systeme (Glansdorff/Prigogine 1971; Prigogine 1947; Prigogine u.a. 1972a, 1972b). Die thermodynamische Interpretation des Stabilitätsbegriffes (Fränzle 1994; Jørgensen 1997; Leopold/Langbein 1962; Riedl 1973; Ulrich 1994a, 1994b) würde beispielsweise bedeuten, daß die Erhaltung des mittels Stoff- und Energieflußmessungen empirisch faßbaren thermodynamischen Fließgleichgewichtes zentrale Voraussetzung für ökologische Nachhaltigkeit ist.

Auch aktuell gibt es Prozesse, die Ressourcenverlagerungen bewirken. Dies ist zum einen beispielsweise die Erosion durch Wind und Wasser, die zur Bodenverlagerung zwischen ressourcenärmeren und -reicheren Standorten führt und dadurch diesbezügliche Unterschiede verstärkt oder aber vermindert (Abschnitt 4). Zum anderen werden Stofftransporte auch durch menschliche Aktivitäten bewirkt. Die Intensität dieser anthropogenen Veränderungen des Stoffhaushaltes von Ökosystemen hat im Verlaufe der bisherigen zivilisatorischen Entwicklung – bei regionalen Unterschieden – insgesamt zugenommen. So hat der Mensch nach dem Übergang vom Jäger- und Sammlertum zum seßhaften Ackerbauerntum ursprüngliche Ökosysteme durch Pflanzen- und Tierzucht sowie erhöhten, über die bloße Kompensation hinausgehenden Stoff- und Energieeinsatz in Richtung höherer Erträge pro Flächeneinheit verändert. Das trifft insbesondere seit der Industrialisierung zu. Sie führte zu einer verstärkten Arbeitsteilung, die aus der reinen Subsistenzlandwirtschaft eine marktorientierte Landwirtschaft werden ließ. Diese hatte – als zur Selbstversorgung befähigtes System – die wachsende und nicht subsistenzfähige Stadtbevölkerung zu versorgen.

Dieser so zusammenfassend beschriebene Wandel von ursprünglichen zu anthropogen veränderten Ökosystemen ist ein Übergang von dem nachhaltigen System „Naturlandschaft" hin zu den die Kulturlandschaft prägenden, nicht nachhaltigen Stadt-Umland-Systemen. Die räumliche Reichweite dieser nicht nachhaltigen Systeme hat sich von der lokalen und regionalen bis hin zur globalen Maßstabsebene erweitert (Haber 1998, S. 128ff.; zu Mitteleuropa siehe Küster 1995).

Diese mit Schlagworten wie „Nachhaltigkeit/sustainability", „dauerhaft umweltgerechte Entwicklung" oder „global change" bezeichnete Entwicklung prägt seit Rio die internationale Umweltdebatte. Die Konkretisierung der in dieser Diskussion benutzten Begriffe ist eine wichtige Aufgabe anwendungsorientierter ökologischer sowie wirtschafts- und sozialwissenschaftlicher Forschung, die idealerweise gemeinsam von den genannten drei Fächergruppen als *Integrative Umweltforschung* (Schröder 1996, S. 143 u. 159ff.; 1998) durchzuführen wäre. Hierbei sollte sich die Geographie aus wissenschaftsethischen und disziplinhistorischen Gründen aufgerufen fühlen, den als insgesamt klein eingeschätzten Beitrag der Wissenschaft zur Minderung der ökologisch, ökonomisch und sozial problematischen Welternährungslage durch interdisziplinäre Synergieeffekte zu optimieren (Jortner 1995; Meyer-Abich 1977, S. 33f.). Hiervon würde die Theoriebildung der beteiligten Fächer sicherlich profitieren.

C. Die demographisch-ökologische Transformationstheorie als integrative Theorie der Nachhaltigkeit

Einen wichtigen Schritt in die zuletzt angesprochene Richtung stellt die Idee einer demographisch-ökologischen Transformationstheorie dar, deren Grundzüge auf Hauser (1990, S. 44–57) zurückgehen. Ihr ökologischer Teil wird für die vorliegende Arbeit durch Einführung der obigen Aussagen zur ökologischen Nachhaltigkeit modifiziert. In dieser Form läßt sie sich als Rahmen einer integrativen Theorie der Nachhaltigkeit nutzen. Denn es werden die demographischen Entwicklungen sowie die damit verknüpften sozialen, ökonomischen und ökologischen Erscheinungen in dem Konstrukt „Lebensqualität" zusammengeführt. Ernährungssicherheit und andere Aspekte der Lebensqualität werden mitbedingt von der Ökosystemqualität, die ihrerseits von der Ökosystemnutzung und -belastbarkeit abhängt. Letztere ist mit Stoffbilanzen empirisch faßbar und unter Stabilitätsgesichtspunkten interpretierbar. Vor diesem Hintergrund wird anschließend untersucht, ob die oben beschriebene Steigerung der weltweiten Agrarproduktion die Belastbarkeit des Ökosystemkompartiments Boden überschritten und ihre Qualität chemisch und physikalisch verändert hat.

Kasten 1: Modell der demographisch-ökologischen Transformation (erweitert nach Hauser 1990, S. 44–57)

	Demographische Transformation		
	prä-transformativ	transformativ	post-transformativ
Sterberate	hoch	niedrig	niedrig
Geburtenrate	hoch	hoch	niedrig
„Entwicklungsländer"	⇒⇒⇒⇒⇒⇒⇒⇒⇒⇒⇒⇒⇒		
Industrieländer	⇒⇒⇒⇒⇒⇒⇒⇒⇒⇒⇒⇒⇒⇒⇒⇒⇒⇒⇒⇒⇒		
	Ökologische Transformation		
	I $N \cong B$		**II a** $N > B$ **II b** $N \to N'$
(1) $LQ = f(ÖQ)$ (2) $ÖQ = f(N, B)$ (3) $B = f(S/R)$ (4) $S/R = f(F, S)$	LQ: Lebensqualität (z.B. Ernährungssicherheit), $ÖQ$: Ökosystemqualität, N: Nutzung, N': Folgenutzung B: Ökosystembelastbarkeit, S/R: Ökosystemstabilität/-resilienz F: Ökosystemfunktion, S: Ökosystemstruktur		

D. Nachhaltige Bodennutzung?

In Abschnitt 2 wird festgestellt, daß sich die Welternährungslage in den letzten dreißig Jahren verbessert hat. Diese Entwicklung ist aus sozialen bzw. humanitären Gründen zweifellos einschränkungslos positiv zu bewerten. Doch im Sinne des Leitbildes der Nachhaltigkeit ist zu fragen, ob diese Bewertung auch unter ökologischen Aspekten so eindeutig bleiben kann. Oder anders ausgedrückt: War die Bodennutzung ökologisch nachhaltig, auf der diese sozial positive Entwicklung beruht? Oder: Mit welchen ökologischen Nebenwirkungen wurde die Verbesserung „erkauft"?

Ein zusammenfassender quantitativer Vergleich der Flächenentwicklung in der Landnutzung und Produktivität bei der Erzeugung von Grundnahrungsmitteln (detailliertere Zahlen in Oltersdorf/Weingärtner 1996, S. 111 u. 115) zeigt, daß die o.g. Steigerung der landwirtschaftlichen Produktion in erster Linie auf eine Steigerung der Produktivität zurückzuführen ist (Tab. 2). Hingegen nimmt die landwirtschaftliche Fläche weltweit kaum zu, zum Teil ist sie sogar rückläufig.

Tabelle 2: Beiträge zum Wachstum der landwirtschaftlichen Produktion in % (FAO 1993; Heidhues 1994, S. 66; Paulino 1986)

Regionen	Zeitraum	Flächenexpansion	Ertragssteigerung
Asien ohne China	1961–1970	51	49
	1971–1980	32	68
	1981–1992 (b)	4	96
Lateinamerika	1961–1970	66	34
	1971–1980	33	47
	1981–1992 (b)	(a)	100
Afrika südlich der Sahara	1961–1970	100	(a)
	1971–1980	50	50
	1981–1992 (b)	92	8
„Entwicklungsländer" insgesamt	1961–1970	30	70
	1971–1980	20	80
	1981–1992 (b)	16	84
(a) negativ	(b) nur Getreide		

Die Zahlen der Tab. 2 geben jedoch keinen Hinweis darauf, ob die ihnen zugrunde liegenden Flächen von Jahr zu Jahr dieselben sind, oder aber einige aus der Nutzung genommen und durch neue ersetzt werden. Für diese Annahme spricht alleine schon die Rodung tropischer Wälder, die nicht nur der Holzernte, der Anlage von Stauseen, der Ausbeutung von Erzlagerstätten oder der Gewinnung von Feuerholz dient, sondern auch der agrarischen Inwertsetzung. Rodung durch Holzeinschlag „zwecks Gewinnung neuer landwirtschaftlicher Anbaufläche ist unbestritten der gewichtigste direkte Grund für die „Abholzung" in der Dritten Welt" (Hauser 1990, S. 111). So wuchs in Lateinamerika die Weidefläche zwischen 1961 und 1978 um 53 % (vgl. Abschnitt 2), während die Waldfläche um 39 % abnahm. Ferner führte die Gewinnung agrarischer Nutzflächen durch Brandrodung in Afrika, Asien und Lateinamerika zu einem Waldrückgang von 70 %, 50 % bzw. 35 %.

Ungeachtet der Bewertung der Unsicherheiten bei der Interpretation der Daten zur Flächenexpansion (Tab. 2) setzt ökologische Nachhaltigkeit voraus, daß Böden standörtlich differenziert genutzt werden. Dies beinhaltet zum einen die Berücksichtigung des traditionellen Wissens der jeweilig ortsansässigen Bevölkerung. Zum anderen wäre es aber bei der inzwischen erreichten Überprägung traditioneller Wirtschaftsweisen durch industrielle Nutzungsformen, die kurzfristig höhere Erträge erbringen, aber sehr bald zur Bodendegradierung führen (Tab. 3), wohl in vielen Fällen unrealistisch davon auszugehen, zukünftig ohne eine ökologisch orientierte Landnutzungsplanung auszukommen.

4. Folgen ökologisch nicht nachhaltiger Bodennutzung

A. Definition Bodendegradierung

Eine weltweit vergleichende Analyse und Bewertung des biologischen, chemischen und physikalischen Bodenzustands (WBGU 1994) bestätigt die Annahme, daß „ein großer Teil des bisherigen Wachstums ... durch Anwendung nicht-nachhaltiger Produktionspraktiken erreicht" wurde (Hauser 1991, S. 401f.). Damit im Zusammenhang zu sehen sind Bodendegradierungen. Dies sind negativ bewertete Veränderung von Böden infolge von Erosion (Bodenabtrag, -transport und -akkumulation durch Wasser und Wind), andere physikalische Prozesse (z.B. Verdichtung) und chemische Vorgänge (An- und Abreicherung von Stoffen im Bodenprofil, z.B. Nährstoffverlust, Versalzung, Kontamination oder Versauerung).

B. Flächenbezogene Quantifizierung von Ursachen und Erscheinungsformen der Bodendegradierung

Tab. 3 zeigt, daß weltweit insgesamt 1965 Mio. ha Nutzfläche als degradiert eingestuft werden. Davon sind 56 % (1095 Mio. ha) durch Wasser-Erosion, 28 % durch Wind-Erosion, 4 % durch andere physikalische Prozesse und 12 % durch chemische Veränderungen der Böden in ihrer Produktionsqualität eingeschränkt. Die chemische Degradierung ist überwiegend (137 Mio. ha bzw. 7 %) auf Nährstoffverluste zurückzuführen.

Auf 63 % (1232 Mio. ha) von weltweit 1965 Mio. ha degradierter Nutzfläche sind Überweidung und intensive landwirtschaftliche Nutzung Ursache für die verschlechterte Bodenqualität. In Nordamerika sind dies 96 % (92 Mio. ha) und in Afrika 74 % (364 Mio. ha). Waldrodungen sind auf 578 Mio. ha (29 %) Ursache für Bodendegradierung. In Europa, Südamerika und Asien sind es sogar 40 bis 42 %. Weltweit kommt es auf 82 % der Rodungsflächen zu Wasser-Erosion und auf 11 % zu chemischen Bodenveränderungen.

Die chemische Degradierung ist größtenteils auf Überweidung bzw. intensive Landwirtschaft (61 %) und Waldrodung (26 %) zurückzuführen. Flächenmäßig weniger bedeutsam ist die Übernutzung von Wäldern (4 %) sowie die industrielle Produktion (9 %).

Erosion durch Wasser wird überwiegend durch Überweidung (54 %) und Waldrodungen (43 %) verursacht. In Asien (746 Mio. ha bzw. 38 %) und Afrika (494 Mio. ha bzw. 25 %) liegt der Großteil der degradierten Flächen. Hauptursachen der Bodendegradierung in Asien sind auch Überweidung und intensive Landwirtschaft (54 %) sowie Waldrodungen (40 %). Die Waldrodungen in Asien machen 52 % (298 Mio. ha) der weltweiten Rodungen aus.

Tabelle 3: Bodennutzung und Folgewirkungen (WBGU 1994 und eigene Berechnungen)

Art der Degradierung	Ursachen der Bodendegradierung											I bis IV	
	I Rodung von Wäldern			II Übernutzung von Wäldern			III Überweidung / Landwirtschaft			IV Industrie			
	a	b	c	a	b	c	a	b	c	a	b	d	e
Wasser-Erosion	471	43	82	38	3	29	586	54	48			1095	56
Wind-Erosion	44	8	8	85	16	64	420	77	34			549	28
Chemische Veränderung	62	26	11	10	4	7	147	61	12	22	9	241	12
• Nährstoffverlust												137	7
• Versalzung												76	4
• Kontamination												22	1
• Versauerung												6	<1
Physikalische Veränderung	1	1	<1				80					81	4
Raumbezug													
	f	g		f	g		f	g		f	g	h	i
Welt	578	29		133	7		1232	63		22	1	1965	100
	k	l	m	k	l	m	k	l	m	k	l	n	o
Afrika	67	14	12	63	13	47	364	74	30			494	25
Asien	298	40	52	46	6	35	401	54	33	1	<1	746	38
Südamerika	100	41	17	12	5	9	132	54	11			244	12
Mittelamerika	14	23	2	11	18	8	37	60	3			62	3
Nordamerika	4	4	1				92	96	8			96	5
Europa	84	42	15	1	1	1	114	57	9			199	10
Ozeanien	12	12	2				91	88	7			103	5

a: Mio. ha, *b:* (a) in % von (d), *c:* (a) % von (f), *d:* Zeilensumme Mio. ha,
e: (d) in % von (h) *f:* Summe über (a) bzw. (k) in Mio. ha, *g:* (f) in % von (h),
h: Summe über (f), (d) bzw. (n) in Mio. ha; *i:* Summe über (e) bzw. (o) in %;
k: Mio. ha; *l:* (k) in % von (n); *m:* (k) in % von (f); *n:* Summe über (k) in Mio. ha

C. Erklärung, Prognose und Technologie als Säulen angewandter Umweltwissenschaft

Ein Ziel nachhaltigkeitsorientierter Bodennutzungsplanung wäre es, das Ausmaß der Bodendegradierung (Tab. 3) nicht weiter anwachsen zu lassen. Hierzu bedarf es neben der quantitativen Erfassung der Degradierungserscheinungen zum einen der *Erklärung* ihrer Entstehung. Zum anderen sind aus diesen Ursache-Wirkungs-Analysen Maßnahmen *(Technologien)* zur Problemverminderung sowie planungsrelevante räumliche und zeitliche Verallgemeinerungen *(Prognosen)* abzuleiten (zu *Erklärung, Prognose* und *Technologie* siehe Schröder 1998). Im folgenden seien beispielhaft Grundzüge einer physikalischen Erklärung der wassergebundenen Bodenerosion vorgestellt. Daran schließen sich in Abschnitt 5 methodische Erörterungen über die Prognose von Bodenerosion und Stofftransport in Böden an.

D. Physikalische Erklärung des Bodenabtrags

Geomorphologisch wirksam ist Niederschlag nur dann, wenn der Freilandniederschlag *(N)* größer ist als die Interzeption *(I)* durch die Pflanzendecke. Ist diese Randbedingung erfüllt, dann kann zum einen durch den Tropfenaufschlag Bodenmaterial verlagert werden *(splash erosion, rain drop erosion)*. Neben dieser direkten Folge des Tropfenaufschlags kommt es zur Verdichtung des Bodens durch die Aufprallenergie. Folge davon ist die Verminderung der Infiltrationskapazität, was zu einer Zunahme des oberflächlichen Abflusses führt. Dies bedeutet unter sonst gleichen Randbedingungen eine Erhöhung der Erosivität des fließenden Wassers und des Bodenabtrags.

Zum anderen kommt es zu Bodenabtrag dann, wenn das Verhältnis F von *Erodierbarkeit (Erodibilität, shear strength)* und *Erosivität (shear stress)* kleiner 1 ist. Die durch das fließende Wasser auf den Untergrund ausgeübten Scherkräfte müssen also größer sein als die seine Bestandteile zusammenhaltenden Kräfte, welche als Scherwiderstand wirken. Oberflächlicher Abfluß entsteht immer dann, wenn der effektive Niederschlag *(N – I)* größer ist als die Wasserspeicherung an der Bodenoberfläche *(S^*)* und die Infiltrationskapazität des Bodens *(F^*)* *(Horton overland flow,* Kasten 2) oder die Feldwasserkapazität *(P^*)* und die Sickerwasserrate *(HG)* *(saturation overland flow,* Kasten 3) (Fränzle 1976, S. 76; White u.a. 1984, S. 27f. u. 258).

Kasten 2: Horton overland flow

$$N - I > F^* + S^*$$

N: Freilandniederschlag

I: Interzeption

F^*: Infiltrationskapazität
(= Menge effektiven Niederschlags $N - I$, der in einer bestimmten Zeit ein definiertes Bodenvolumen durchsetzt; hängt ab von Niederschlagsdauer, Bodenfeuchte zu Beginn der Infiltration, Körnung, Art und Menge der Sorptionsträger, Vegetationsbedeckung, Menge und Größe der frei dränenden Poren)

S^*: Speichervermögen der Bodenoberfläche durch Adhäsion und Bodenunebenheiten (Pfützen)

Kasten 3: Saturation overland flow

$$N - I > P^* + HG^*$$

P^*: Feldkapazität
(= Wassermenge, die ein Bodenquantum gegen die Schwerkraft nach vollständiger Sättigung speichern kann; hängt ab von Ton- u. Schluffgehalt, Menge organischer Substanz, Zahl mittlerer und feiner Poren)

HG: Sickerwasserrate

Kasten 4: Erodierbarkeit und Erosivität

$$F = \frac{c + (\tau z \cos^2 \alpha - u) \tan\phi}{\tau z \cos\alpha \sin\alpha} \quad \begin{array}{l}\text{„Erodierbarkeit / shear strength"}\\ \hline \text{„Erosivität / shear stress"}\end{array}$$

$F > 1$ ($\Rightarrow$ Stabilität)
$F < 1$ ($\Rightarrow$ Instabilität, Bodenabtrag)

c Kohäsion, τ Gewicht des Bodenvolumens, z Mächtigkeit des Bodenvolumens, α Hangwinkel, u Porenwasserdruck, ϕ Grenzwinkel der inneren Reibung

Der unter den in Kasten 4 zusammengefaßt beschriebenen Randbedingungen realisierte Bodenabtrag umfaßt drei Teilprozesse:
- *Loslösung* der Teilchen von der Bodenoberfläche („detachment") („Erosion" i.S.v. Hjulström 1935, S. 298),
- *Transport* der Teilchen und
- *Ablagerung* (Sedimentation, Akkumulation) der Bodenteilchen.

Loslösung und Transport von Bodenteilchen erfolgt, wenn die dafür benötigte Energie in Form der kinetischen Energie des Tropfenaufschlags und/oder des Oberflächenabflusses die die Bodenteilchen zusammenhaltenden Ad- und Kohäsionskräfte übesteigt. Die nach der Loslösung verbleibende kinetische Restenergie verbleibt für den lateralen Transport von gelösten, schwebenden bzw. suspendierten Stoffen oder Geröllfracht. Transportiert wird also nur, wenn die Kraft des Transportmediums größer als die Gewichtskraft des transportierten Teilchens ist. Der Transportvorgang endet dort, wo die kinetische Energie nicht mehr zum Transport des anstehenden Materials ausreicht.

Dieses zusammenfassend dargelegte Verständnis der Bodenabtragung ist Grundlage für die Entwicklung von Landnutzungskonzepten zur Vermeidung, Überwachung und Prognose der Bodendegradierung durch Erosion. Eine entsprechende Bodennutzungsplanung liefe – technisch gesprochen – auf eine Überlagerung von Standorttyp und realisiertem bzw. gewünschtem Nutzungstyp hinaus (Lenz/Haber 1990, S. 384) (Abschnitt 5).

E. Ausmaß des Bodenabtrags

Die Quantifizierung der weltweiten Bodenabtragsraten ist mit großen Unsicherheiten behaftet. Denn lediglich die USA verfügen über ein im Fünfjahresrhythmus durchgeführtes Bodenerosionsmonitoring (Hauser 1990, S. 150 u. 166). Auf den diesbezüglichen Stand in Deutschland wird in Abschnitt 5 eingegangen.

Vor allem die Humusbestandteile der Böden sind von Erosion durch Wind und Wasser betroffen. Dies ist bodenchemisch und produktionsbiologisch besonders nachteilig, da die organische Substanz u.a. sehr wichtig für die Feldwasserkapazität und den Nährstoffgehalt der Böden ist (Leinweber 1995). Deshalb werden in Tab. 4 Schätzdaten über die weltweiten Humusverluste der agrarisch genutzten Flächen, zur Anbauflächengröße sowie Zahlen zur Bevölkerungsentwicklung zusammengestellt und aufeinander bezogen.

Die Zahlen unterstreichen die Besorgnis, daß die Verbesserung der Welternährungslage „ökologisch teuer erkauft" wurde. Wie die zuverlässigen Zahlen des amerikanischen Bodenerosionsmonitoring zeigen, ist Bodenabtrag nicht nur ein Problem der sogenannten Entwicklungsländer. Auch in den hochindustrialisierten Staaten ist von bodenökologisch erheblichen Humusverlusten auszugehen. Dies ist insofern für die Ernährungssituation der materiell armen Länder alarmierend, denn diese dürften auch weiterhin auf Nahrungsmittel aus den Industriestaaten angewiesen sein (Hauser 1990, S. 150). Somit kommt es entscheidend darauf an, daß die Industrieländer selbst Bodenerosionsschutz betreiben. Die dabei gewonnenen methodischen Erfahrungen sollten ärmeren Staaten für den Aufbau eigener Systeme zur Planung und Überwachung der Landnutzung angeboten werden. Deshalb soll in Abschnitt 5 der Stand des Bodenmonitoring in Deutschland analysiert und bezüglich seiner Übertragbarkeit bewertet werden.

Tabelle 4: Globale Schätzdaten für Bevölkerung, Anbauflächen und Humusverluste (Zahlen aus Hauser 1990, S. 151 u. 166)

	1980	1985	1990	1995	2000	Veränderung 1980 - 2000
Bevölkerung [Mrd]	4.42	4.83	5.28	5.73	6.20	+ 40 %
Anbaufläche [Mrd ha]	1.26	1.28	1.30	1.32	1.34	+ 6 %
Humusverluste [Mrd t] weltweit	22.60	23.10	23.50	23.90	24.20	+ 7 %
USA			1.7			
GUS			2.5			
China			4.3			
Indien			4.7			
Humusvorrat [Mrd t]	3500	3385	3270	3150	3030	– 13 %
Humus pro Kopf [t]	792	701	619	550	489	– 38 %
Anbaufläche pro Kopf [ha]	0.26	0.27	0.25	0.23	0.22	– 24 %

5. Landnutzungsplanung für ökologisch nachhaltige Bodennutzung

A. Bodenmonitoring in Deutschland

Seit Ende der 80er Jahre haben die Bundesländer auf der Grundlage der Bodenschutzkonzeption (BMI 1985) und der Maßnahmen zum Bodenschutz (BMU 1989) sogenannte *Bodendauerbeobachtungsflächen (BDF)* eingerichtet. Sie sollen u.a. als Grundlage für einen vorsorgenden, nachhaltigen Bodenschutz durch Normwerte und Planung dienen. Das Bundesbodenschutzgesetz (BBodSchG) sieht den Aufbau eines Bundesbodeninformationssystems auf der Grundlage der *BDF* vor. Hierfür sollen die Bundesländer dem Bund auf den *BDF* erhobene „*Daten über den physikalischen, chemischen und biologischen Bodenzustand sowie dessen Veränderung*" ebenso wie „*Daten über Gehalte der Böden an umweltgefährdenden Stoffen sowie die Einträge dieser Stoffe, jeweils in Verbindung der Nutzung der Böden*" in aggregierter Form liefern (§ 19 BBodSchG).

Zur Konkretisierung dieser Rechtsnorm wurde ein Instrument entwickelt, mit dem die bislang nur länderspezifisch angewendeten Kriterien Datenvergleichbarkeit und Repräsentativität (SAG/UAG 1991) in bezug auf die zitierten inhaltlichen Kriterien des § 19 BBodSchG für das gesamte Bundesgebiet statistisch operationalisiert werden können (Schröder u.a. 1998), so wie es bislang nur in Brandenburg und Schleswig-Holstein geschehen ist (Cordsen 1993; Daschkeit u.a. 1993; Kothe/Schmidt 1994; Kuhnt 1989). Es basiert auf einem Geographischen Informationssystem und umfaßt neben den statistischen Verfahren *CART* (Breiman u.a. 1984; Stech 1996) und *Multidimensionale Nachbarschaftsanalyse* (Vetter 1989; Vetter/Maass 1994; Schröder u.a. 1992) zwei Informationsstränge. Der erste enthält Informationen aus einer schriftlichen Befragung über Meßgrößen, Gelände- und Labormethoden sowie die Qualität der Datenerhebung auf allen *BDF* (Kluge/Heinrich 1994; Schröder u.a. 1991). Der zweite ergänzt diese Informationen zur Vergleichbarkeit der auf *BDF* erhobenen empirischen Daten um *verfügbare (!)* BRD-flächendeckende Daten über Standortmerkmale, die i.S.d. § 19 BBodSchG relevant sind (Tab. 5).

Die Flächeninformationen 3 bis 5 (Tab. 5) wurden aus langjährigen Daten von rund 1300 Stationen des Deutschen Wetterdienstes (Meyer/Schirmer 1985; MHD-DDR 1978; Müller-Westermeier 1990; Schirmer/Vendt-Schmidt 1979) nach variogrammanalytischer Prüfung mittels *Kriging*-Interpolation erzeugt (Heinrich 1994a, 1994b) und danach zusammen mit denen über die potentielle natürliche Vegetation und die orographische Höhenlage (Nr. 1 u. 2 in Tab. 5) mit *CART* zu einem ökologischen Standortmerkmal verdichtet (Standortmerkmal 6 in Tab. 5). Die häufigkeitsstatistische und raumstrukturelle Repräsentanz jeder Rasterfläche in bezug auf die Standortmerkmale 6, 7 und 8 wird durch den *Multidimensionalen Nachbarschaftsrepräsentanzindex (MNR)* nach Vetter/Maass (1994) metrisiert. Das so erzeugte 9. Standortmerkmal kann zusammen mit den Informationen über die Datenvergleichbarkeit genutzt werden, um die bestehenden 630 *BDF* nach ihrer operational definierten bundesweiten Repräsentativität und Vergleichbarkeit der auf ihnen erhobenen Daten in eine Rangfolge zu bringen und diese entsprechend beim Aufbau eines Bodeninformationssystems zu berücksichtigen.

Tabelle 5: Datenschichten im Geographischen Informationssystem Boden (Schröder u.a. 1998)

SM* Nr.	DS** Anzahl	Bezeichnung	Quelle
01	1	Potentielle Natürliche Vegetation	Bundesamt für Naturschutz
02	1	Orographische Höhe	UNEP/GRID
03	12	Monatsmittelwerte Sonnenscheindauer	Schröder u.a. (1998)
04	12	Monatsmittelwerte Niederschlag	Schröder u.a. (1998)
05	12	Monatsmittelwerte Temperatur	Schröder u.a. (1998)
06	1	ökologisches Standortmerkmal	Schröder u.a. (1998)
07	1	Bodentypen i.S.v. BÜK 1000	Hartwich u.a. (1995)
08	1	Landnutzung	Bundesamt für Gewässerkunde
09	4	Repräsentanz-Indices (RI, MNR)	Schröder u.a. (1998)
10	1	Standortkoordinaten der 89 statistisch „idealen" Bodenmonitoringflächen	Schröder u.a. (1998)
11	1	Standortkoordinaten der 71 repräsentativsten *BDF*	Schröder u.a. (1998)
12	1	Gesamtdeposition Ca, K, Mg	Universität Stuttgart
13	2	Gesamtdeposition oxidierter N (1989, 1993)	Universität Stuttgart
14	2	Gesamtdeposition reduzierter N 1989, 1993)	Universität Stuttgart
15	2	Gesamtdeposition oxidierter S	Universität Stuttgart
16	27	Hintergrundgehalte As, Cd, Cr, Cu, Hg, Ni, Pb, Sb, Sn für Acker, Grünland, Wald	LABO (1995) Bundesanstalt für Geowissenschaften und Rohstoffe (BGR)
17	1	Standortkoordinaten der Luftmeßnetze der Bundesländer	Schröder u.a. (1998)
18	1	Standortkoordinaten des EU-Level-II-Meßnetzes	Schröder u.a. (1998)
19	1	Standortkoordinaten des UBA-Immissionsmeßnetzes	UBA
20	1	Standortkoordinaten der *BDF*	BGR
*SM: Standortmerkmal **DS: Datenschicht			

Die Standortmerkmale 12 bis 16 wurden trotz ihrer fachlichen Eignung nicht in die statistischen Berechnungen einbezogen, da sie noch nicht alle flächendeckend vorliegen. Weiterhin konnten Informationen über den physikalischen Bodenzustand nicht berücksichtigt werden. Zum einen liegen keine flächendeckenden Quantifizierungen über Bodenverdichtungen vor. Zum anderen konnten beispielsweise die zur Abschätzung des Bodenabtrags erforderlichen Basisdaten nicht in der in Abschnitt 4 nahegelegten Form zusammengeführt werden. Denn die für die Schätzung der

Erodierbarkeit notwendigen Angaben zur Bodentextur sind zwar vorhanden, doch ließen sie sich nicht beschaffen. Zudem ist die derzeit einzige bundesweite Darstellung der *Erosivität* fachlich problematisch: Zwar läßt sich eine räumliche Autokorrelation der von Sauerborn (1994) für verschiedene Stationen des Deutschen Wetterdienstes nach Wischmeier/Smith (1978) ermittelten Niederschlagserosivitätsfaktoren variogrammanalytisch nachweisen. Doch die mit dem *Kriging*-Verfahren vorgenommene Extrapolation der für einzelne DWD-Stationen berechneten R-Faktoren auf Flächen, für die keine Meßdaten vorliegen, ist mit hohen Schätzvarianzen verknüpft, die eine räumliche Verdichtung des Datenfeldes nahelegen (zum methodischen Ansatz vgl. z.B. Streit u.a. 1995).

Somit läßt sich festhalten: Das deutsche Bodenmonitoring läßt sich derzeit in bezug auf die Kriterien Datenvergleichbarkeit und Repräsentativität der *BDF* für die Standortmerkmale potentielle natürliche Vegetation, orographische Höhenlage, Sonnenscheindauer, Niederschlag, Lufttemperatur, Bodengesellschaft und Landnutzung beschreiben und bewerten. Hingegen sind entsprechende Aussagen z.B. hinsichtlich der stofflichen Belastung oder des Bodenerosionsrisikos derzeit noch nicht möglich. Dies liegt in erster Linie daran, daß vorhandene Daten nicht zur Verfügung gestellt werden.

Zum Teil gilt die letzte Feststellung auch für die Daten der Reichsbodenschätzung, die für Bodenschutzaufgaben des Bundes neben den Daten von *BDF* sehr wichtig wären. Denn ihre räumliche Auflösung übertrifft mit 50 m * 50 m die aller anderen bodenschutzrelevanten Daten. Bodenmonitoring auf *BDF* und Reichsbodenschätzung *(RBS)* sollten als Bodenmonitoring unterschiedlicher Intensität und räumlicher Differenzierung betrachtet werden. Ihre komplementäre Nutzung wäre von großem Wert für den Aufbau eines Bundesbodeninformationssystems als Grundlage einer maßstäblich und standörtlich differenzierenden Bodennutzungsplanung (Schmidt u.a. 1995). Denn aus *RBS*-Daten können Informationen über Bodenarten, Bodentypen bzw. Bodenformen und bodenphysikalische Eigenschaften automatisiert abgeleitet werden (Benne u.a. 1990; Reiche 1993), die als Eingabeparameter für Wasser- und Stofftransportmodelle wie *WASMOD / STOMOD* sowie als Grundlage für die auf statistische Verfahren einschließlich GIS gestützte räumliche Extrapolation der damit berechneten Stoffverlagerungen dienen (Göbel 1996; Reiche 1991, 1994, 1995, 1996). Auf diese Weise lassen sich Daten der *BDF* auf andere, weniger intensiv untersuchte Räume vergleichbarer standortökologischer Ausstattung und für Planungszwecke einsetzen. Dies ist im Sinne nachhaltiger Bodennutzung neben der ökologischen Ableitung vorsorgeorientierter Bodennormwerte (Schröder 1995) für die Landnutzungsplanung auf der Grundlage einer differenzierten Bodennutzung (Haber 1971, 1972; Lenz/Haber 1991) wichtig.

BDF sind ihrerseits sehr gut geeignet, empirische Daten zur Kalibrierung und Validierung von Stofftransportmodellen oder für Erosionsmodelle bereitzustellen. Bei der Suche nach hierfür geeigneten *BDF* ist das oben beschriebene Geographische Informationssystem eine praktische Hilfe. Denn im Gegensatz zu traditionellen naturräumlichen Gliederungen (Meynen u.a. 1962; Renners 1991) lassen sich die Einheiten der darin enthaltenen Standortklassifikation (Nr. 6 in Tab. 5) hinsichtlich der ihr zugrundegelegten Merkmale statistisch beschreiben. Der Einsatz von Stoffverteilungsmodellen, die auf diese Weise mit empirischen Daten validiert werden, welche für statistisch „homogene" Standorteinheiten repräsentativ sind, kann dazu beitragen, den Aufwand des Intensivmonitoring auf *BDF* zu verringern und die dort erhobenen Daten planungsrelevant in die Fläche zu extrapolieren.

B. Übertragbarkeit des Monitoringkonzeptes

Die Verknüpfung der Welternährungsfrage mit methodischen Aspekten des Bodenmonitoring, der Bodenerosionsprognose und der Stoffflußmodellierung mag „weit hergeholt" erscheinen. Sicherlich besitzen weltwirtschaftspolitische Entscheidungen für die Lösung des Ernährungsproblems erstrangige Bedeutung. Doch ist weitgehend unbestritten, daß auf der nationalen Ebene die Landnutzungsplanung im Sinne einer differenzierten Bodennutzung zum Tragen kommen müßte. Diese Einschätzung gründet nicht nur auf der Analyse einschlägiger deutscher Literatur (z.B. Schmidt/Haase 1990; Schmidt u.a. 1995). Vielmehr zeigen internationale Diskussionen, daß die Erforderlichkeit der Landnutzungsplanung international erkannt wird, auch von materiell armen Ländern (Schröder u.a. 1996). Dieser Notwendigkeit sollten die reichen Staaten zum einen selbst durch geeignete Maßnahmen entsprechen. Ferner sind sie gehalten, solche nachhaltigkeitsorientierte Bodennutzungs- und Bodenschutzsysteme durch internationale Entwicklungszusammenarbeit zu fördern. Die dafür notwendigen Instrumente sind grundsätzlich übertragbar und sollten pragmatisch eingesetzt werden. Die vermeintlich schlechtere Datenlage in den „Entwicklungsländern" sollte davon nicht abhalten. Denn einerseits ist es damit – wie in Abschnitt 5 gezeigt – auch in Deutschland nicht zum Besten bestellt. Zum anderen sollte man stets versuchen, vorhandene Informationen zu nutzen. Ein Beispiel unter vielen ist ein statistischer Ansatz der agraren Standortplanung in Ghana (Fränzle u.a. 1980; Fränzle/Killisch 1994). Ferner sollten die Biosphärenreservate im *UNESCO*-Programm „Man and the Biosphere (MAB)" für die Entwicklung und Erprobung nachhaltiger Landnutzungs- und Überwachungskonzepte viel stärker als bisher genutzt werden.

Danksagung

Das Bundesministerium für Umwelt, Naturschutz und Reaktorsicherheit / Umweltbundesamt hat die Entwicklung des Geographischen Informationssystems Boden (Schröder u.a. 1998) finanziell gefördert. Ohne die Bereitstellung von Daten durch die in Tab. 5 genannten Institutionen und ohne meine Mitarbeiter Dipl.-Geol. Gunther Schmidt und Dipl.-Geogr. Carsten Stech wäre dieses Vorhaben nicht durchzuführen gewesen.

Literatur:

Barthelmeß, A. (1972): Wald – Umwelt des Menschen. Freiburg.
Benne, I., H.-J. Heineke u. R. Nettemann (1990): Die DV-gestützte Auswertung der Bodenschätzung. Erfassungsanweisung und Übersetzungsschlüssel. Hannover.
BMI – Bundesministerium des Innern (1985): Bodenschutzkonzeption. Bonn.
BMU – Bundesministerium für Umwelt, Naturschutz und Reaktorsicherheit (1989): Maßnahmen zum Bodenschutz. Bonn.
Dass. (1997): Auf dem Weg zu einer nachhaltigen Entwicklung in Deutschland. Bonn.
Breiman, L., A. Friedman, R. Olshen u. C.J. Stone (1984): Classification and regression trees (*CART*). Monterey, Wadsworth, Inc.
BML – Bundesministerium für Ernährung, Landwirtschaft und Forsten (Hg.) (1994): FAO-aktuell 17/94. Bonn.

Cordsen, E. (1993): Boden-Dauerbeobachtung in Schleswig-Holstein. In: Mitteilungen der Deutschen Bodenkundlichen Gesellschaft 72, S. 859–862.
Daschkeit, A., P. Kothe u. W. Schröder (1993): Repräsentanzanalyse zur Auswahl von Bodendauerbeobachtungsflächen in Brandenburg. = Abschlußbericht im Auftrag des Zentrums für Agrarlandschafts- und Landnutzungsforschung e.V., Institut für Bodenforschung, Eberswalde-Finow. Kiel.
FAO – Food and Agriculture Organization of the United Nations (1993): Production Yearbook. Various years. Rome.
Dies. (Hg.) (1995): Dimensions of need. An atlas of food and agriculture. Rome.
FAO u. WHO – World Health Organization (1992): International conference on nutrition. Nutrition and development – A global assessment. Rome.
Fränzle, O. (1976): Der Wasserhaushalt des amazonischen Regenwaldes und seine Beeinflussung durch den Menschen. In: Amazoniana VI (1), S. 21–46.
Ders. (1994): Thermodynamic aspects of species diversity in tropical and ectropical plant communities. In: Ecological Modelling 75/76, S. 63–70.
Fränzle, O. u. W.F. Killisch (1994): Die Biplot-Analyse als Instrument der Umweltbeobachtung und Planung. In: Schröder, W., L. Vetter u. O. Fränzle (Hg.): Neuere statistische Verfahren und Modellbildung in der Geoökologie. S. 255–281. Braunschweig u. Wiesbaden.
Fränzle, O., W.F. Killisch, A. Ingenpass u. K. Mich (1980): Die Klassifizierung von Bodenprofilen als Grundlage agrarer Standortplanung in Entwicklungsländern. Ein Beispiel aus dem Savannengebiet Nordost-Ghanas. In: Catena 7, S. 353–381.
Fränzle, O., W. Schröder u. L. Vetter (1985): Saure Niederschläge als Belastungsfaktoren. Synoptische Darstellung möglicher Ursachen des Waldsterbens. = Umweltforschungsplan des Bundesministers des Innern, Forschungsbericht 106 07 046/13, im Auftrag des Umweltbundesamtes. Kiel.
Gigon, A. u. V. Grimm (1997): Stabilitätskonzepte in der Ökologie: Typologie und Checkliste für die Anwendung. In: Fränzle, O., F. Müller u. W. Schröder (Hg.): Handbuch der Umweltwissenschaften. Grundlagen und Anwendungen der Ökosystemforschung. Kap. III–2.3. Landsberg am Lech.
Glansdorff, P. u. I. Prigogine (1971): Thermodynamic theory of structure, stability and fluctuations. New York.
Göbel, B. (1996): Wasser- und Stofftransport auf zwei Maßstabsebenen. Diss. Kiel.
Haber, W. (1971): Landschaftspflege durch differenzierte Bodennutzung. In: Bayerisches Landwirtschaftliches Jahrbuch 48, Sonderheft 1, S. 19–35.
Ders. (1972): Grundzüge einer ökologischen Theorie der Landnutzungsplanung. In: Innere Kolonisation 21, S. 294–298.
Ders. (1994): Nachhaltige Nutzung: Mehr als ein neues Schlagwort? In: Raumforschung und Raumordnung, H. 3, S. 169–173.
Ders. (1998): Nachhaltigkeit als Leitbild einer natur- und sozialwissenschaftlichen Umweltforschung. In: Daschkeit, A. u. W. Schröder (Hg.): Perspektiven natur- und sozialwissenschaftlicher Umweltforschung = Umweltnatur- und Umweltsozialwissenschaften – UNS, Bd. 1, S. 127–146. Berlin.
Hartwich, R., J. Behrens, W. Eckelmann, G. Haase, A. Richter, G. Roeschmann u. R. Schmidt (1995): Bodenübersichtskarte der Bundesrepublik Deutschland 1 : 1.000.000. Karte mit Erläuterungen, Textlegende und Leitprofilen. Hannover.
Hauff, V. (Hg.) (1987): Unsere gemeinsame Zukunft. Greven.
Hauser, J.A. (1990): Bevölkerungs- und Umweltprobleme der Dritten Welt. Bd. 1. Bern u. Stuttgart.
Ders. (1991): Bevölkerungs- und Umweltprobleme der Dritten Welt. Bd. 2. Bern u. Stuttgart.
Heidhues, F.J. (1994): Ernährungssicherung, Landwirtschaft und technischer Fortschritt. In: Deutsche Welthungerhilfe (Hg.): Weltbevölkerung und Welternährung. = Tagungsberichte der Deutschen Welthungerhilfe e.V. 4, S. 65–70. Bonn.
Heinrich, U. (1994a): Flächenschätzung mit geostatistischen Verfahren – Variogrammanalyse und Kriging. In: Schröder, W., L. Vetter u. O. Fränzle (Hg.): Neuere statistische Verfahren und Modellbildung in der Geoökologie. S. 145–164. Braunschweig u. Wiesbaden.
Ders. (1994b): Flächenhafte Ableitung der Klimaparameter Niederschlag und Temperatur mittels geostatistischer Verfahren. In: Schröder, W., L. Vetter u. O. Fränzle (Hg.): Neuere statistische Verfahren und Modellbildung in der Geoökologie. S. 283–295. Braunschweig u. Wiesbaden.

Hjulström, F. (1935): Studies on the morphological activities of rivers as illustrated by the River Fyris. In: Bulletin of the Geological Institute of Upsala 25, S. 221–527.
Hutten, J. (1789): Theory on the earth; or an investigation of laws observable in the composition, dissolution and restoration of land upon the globe. In: Transactions of the Royal Society of Edinburgh 1, S. 209–304.
Jørgensen, S.E. (1997): Thermodynamik offener Systeme. In: Fränzle, O., F. Müller u. W. Schröder (Hg.): Handbuch der Umweltwissenschaften. Grundlagen und Anwendungen der Ökosystemforschung. Kap. III–1.6. Landsberg am Lech.
Jortner, J. (1995): Ethics in modern science. A framework for discussion. In: Chemistry International 17, No. 5, S. 161–164.
Klapp, E. (1958): Lehrbuch des Acker- und Pflanzenbaus. Berlin.
Kluge, W. u. U. Heinrich (1994): Statistische Sicherung geoökologischer Daten. In: Schröder, W., L. Vetter u. O. Fränzle (Hg.): Neuere statistische Verfahren und Modellbildung in der Geoökologie. S. 31–67. Braunschweig u. Wiesbaden.
Kopfmüller, J. (1998): Das Leitbild einer global zukunftsfähigen Entwicklung. Perspektiven seiner Operationalisierung am Beispiel der Klimaproblematik. In: Daschkeit, A. u. W. Schröder (Hg.): Perspektiven natur- und sozialwissenschaftlicher Umweltforschung = Umweltnatur- und Umweltsozialwissenschaften – UNS, Bd. 1, S. 148–169. Berlin.
Kothe, P. u. R. Schmidt (1994): Nachbarschaftsanalytische Ausweisung repräsentativer Bodendauerbeobachtungsflächen in Brandenburg. In: Schröder, W., L. Vetter u. O. Fränzle (Hg.): Neuere statistische Verfahren und Modellbildung in der Geoökologie. S. 225–237. Braunschweig u. Wiesbaden.
Kramer, H. (1985): Begriffe der Forsteinrichtung. = Schriftenreihe der Forstlichen Fakultät der Universität Göttingen und Mitteilungen der Niedersächsischen Forstlichen Versuchsanstalt 48, 3. überarb. u. erw. Aufl. Göttingen.
Küster, H. (1995): Geschichte der Landschaft in Mitteleuropa. Von der Eiszeit bis zur Gegenwart. München.
Kuhnt, D. (1989): Boden-Dauerbeobachtungsflächen in Schleswig-Holstein. Auswahl und Einrichtung. In: Mitteilungen der Deutschen Bodenkundlichen Gesellschaft 59/II, S. 923–926.
LABO – Bund-Länder-Arbeitsgemeinschaft Bodenschutz (1995): Hintergrund- und Referenzwerte für Böden. Bodenschutz 4. München.
Leinweber, P. (1995): Organische Substanzen in Partikelgrößenfraktionen. Zusammensetzung, Dynamik und Einfluß auf Bodeneigenschaften. = Vechtaer Studien zur Angewandten Geographie und Geographie 15. Vechta.
Lenz, R. u. W. Haber (1990): Kritische Anmerkungen zur Forstdüngung aus landschaftsökologischer Sicht. In: Natur und Landschaft 65, H. 7/8, S. 382–387.
Leopold, L.B. u. W.B. Langbein (1962): The concept of entropy in landscape evolution. = Theoretical Papers in the Hydrologic and Geomorphic Sciences. Washington.
Malessa, V. (1995): Die vorindustrielle Nutzung von Waldökosystemen und ihre Auswirkungen auf den Ökosystemzustand. Analyse zur Versauerung von Waldböden durch vorindustrielle Nutzungen und ihre Bedeutung für rezente Versauerungsschübe am Beispiel des Westharzes. In: Forst und Holz 50, Nr. 10, S. 307–311.
Manshard, W. u. R. Mäckel (1995): Umwelt und Entwicklung in den Tropen. Naturraum und Landnutzung. Darmstadt.
Meyer-Abich, K. (1977): Was ist ein Umweltproblem? Zur Kritik des Cartesianismus in der Wahrnehmung der Natur. In: Lob, R.E. u. H.W. Wehling (Hg.): Geographie und Umwelt. Forschung, Planung, Bewußtseinsbildung. S. 14–35. Regensburg.
Meyer, A. u. H. Schirmer (1985): Das Klima der Bundesrepublik Deutschland. Lieferung 3: Mittlere Lufttemperaturen für Monate und Jahr. Zeitraum: 1931 – 1960. Reihe: Deutscher Wetterdienst. Offenbach am Main.
Meynen, E., J. Schmithüsen, J. Gellert, E. Neef, H. Müller-Miny u. J.H. Schultze (1962): Handbuch der naturräumlichen Gliederung Deutschlands. Bad Godesberg.
MHD-DDR – Meteorologischer Dienst der Deutschen Demokratischen Republik (Hg.) (1978): Klimatologische Normalwerte für das Gebiet der Deutschen Demokratischen Republik (1901–1950). Berlin.
Müller-Westermeier, G. (1990): Klimadaten der Bundesrepublik Deutschland, Zeitraum 1951–1980. Offenbach am Main.

Oltersdorf, U. u. L. Weingärtner (1996): Handbuch der Welternährung. Bonn.
Paulino, L. (1986): Food in the third world. Past trends and projections to 2000. = International Food Policy Research Institute (FPRI) Research Report 52. Washington D.C.
Prigogine, I. (1947): Étude thermodynamique des phénomènes irréversibles. Liège.
Prigogine, I., G. Nicolis u. A. Babloyantz (1972a): Thermodynamics of evolution. In: Physics Today, S. 23–28.
Dies. (1972b): Thermodynamics of evolution. In: Physics Today, S. 38–44.
Reiche, E.-W. (1991): Entwicklung, Validierung und Anwendung eines Modellsystems zur Beschreibung und flächenhaften Bilanzierung der Wasser- und Stickstoffdynamik in Böden. = Kieler Geographische Schriften 79. Kiel.
Ders. (1993): REIBOTRA. Ein Programm zur Übersetzung der Reichsbodenschätzung. Nach Übersetzungsregeln von *Fleischmann, Benne u.a., Cordsen, Siehm*. Kiel.
Ders. (1994): Modelling water and nitrogen dynamics on catchment scale. In: Ecological Modelling 75/76, S. 371–384.
Ders. (1995): Ein Modellsytem zur Erstellung regionaler Wasser- und Stoffbilanzen. In: Ostendorf, B. (Hg.): Räumlich differenzierte Modellierung von Ökosystemen. = Bayreuther Forum Ökologie 13, S. 121–128.
Ders. (1996): *WASMOD*. Ein Modellsystem zur gebietsbezogenen Simulation von Wasser- und Stoffflüssen. Darstellung des aktuellen Entwicklungsstandes. In: EcoSys 4, S. 143 – 163.
Riedl, R. (1973): Energie, Information und Negentropie in der Biosphäre. In: Naturwissenschaftliche Rundschau 26, H. 10, S. 413–420.
Renners, M. (1992): Geoökologische Raumgliederung der Bundesrepublik Deutschland. = Forschungen zur deutschen Landeskunde 235. Trier.
Rotenhan, S. Freiherr von (1997): Naturgemäße Waldwirtschaft. Ziele, Grundsätze und Erfahrungen. In: Bundesministerium für Umwelt, Naturschutz und Reaktorsicherheit (Hg.): Ökologie. Grundlage einer nachhaltigen Entwicklung in Deutschland. Fachgespräch am 29. und 30. April 1997 im Wissenschaftszentrum Bonn. o.S. Bonn.
SAG/UAG (1991): Konzeption zur Einrichtung von Boden-Dauerbeobachtungs-flächen. = Arbeitshefte Bodenschutz 1. München.
Sauerborn, P. (1994): Die Erosivität der Niederschläge in Deutschland. Ein Beitrag zur quantitativen Prognose der Bodenerosion durch Wasser in Mitteleuropa. = Bonner Bodenkundliche Abhandlungen 13. Bonn.
Schirmer, H. u. V. Vendt-Schmidt (1979): Das Klima der Bundesrepublik Deutschland. Lieferung 1: Mittlere Niederschlagshöhen für Monate und Jahr. Zeitraum: 1931 – 1960. Reihe: Deutscher Wetterdienst. Offenbach am Main.
Schmidt, R. u. G. Haase (1990): Globale Probleme der landwirtschaftlichen Bodennutzung und der anthropogenen Bodendegradierung. In: Geographische Berichte 134, S. 29–38.
Schmidt, R., W. Schröder u. M. Tapkenhinrichs (1995): Soil data for models and resource management at different scales. In: Transactions 15th World Congress of Soil Science, Acapulco/Mexico, 6a, S. 58–66.
Schnack, F. (1954): Der deutsche Wald. Bonn.
Schröder, W. (1992): Immissionsbelastungen und Umweltschäden. Gedanken zum Verhältnis von Ökologie und Umwelterziehung. In: Natur und Landschaft 67, H. 4, S. 149–152.
Ders. (1995): Normwerte im Bodenschutz als Bestandteile landschaftlicher Leitbilder. In: Mitteilungen aus der Norddeutschen Naturschutzakademie 6, H. 1, S. 36–46.
Ders. (1996): Einsatz von Biosphärenreservaten für Integrative Umweltbeobachtung und -bewertung sowie Naturschutz. In: Beiträge der Akademie für Natur- und Umweltschutz Baden-Württemberg 23, S. 143–167.
Ders. (1998): Ökologie und Umweltrecht als Herausforderung natur- und sozialwissenschaftlicher Forschung und Lehre. In: Daschkeit, A. u. W. Schröder (Hg.): Perspektiven natur- und sozialwissenschaftlicher Umweltforschung. = Umweltnatur- und Umweltsozialwissenschaften – UNS, Bd. 1, S. 329–357. Berlin.
Schröder, W., O. Fränzle, H. Keune u. P. Mandry (Hg.) (1996): Global monitoring of terrestrial ecosystems. Berlin.
Schröder, W., O. Fränzle, A. Daschkeit, F. Bartels, A. Kaske, A. Kerrines, G. Schmidt u. C. Stech (1998): Organisation und Methodik des Bodenmonitoring. = Umweltbundesamt-Texte 21/98. Berlin.

Schröder, W., C.-D. Garbe-Schönberg u. O. Fränzle (1991): Die Validität von Umweltdaten – Kriterien für ihre Zuverlässigkeit: Repräsentativität, Qualitätssicherung und -kontrolle. In: Umweltwissenschaften und Schadstoff-Forschung – Zeitschrift für Umweltchemie und Ökotoxikologie 3, Ausg. 4, H. 7, S. 237–241.
Schröder, W., L. Vetter u. O. Fränzle (1992): Einfluß statistischer Verfahren auf die Bestimmung repräsentativer Standorte für Umweltuntersuchungen. In: Petermanns Geographische Mitteilungen 136, H. 5/6, S. 309–318.
Sekera, F. (1951): Gesunder und kranker Boden. Berlin.
Stech, C. (1996): Ein statistisches Verfahren zur Klassifikation und Auswahl von Standorten für die ökologische Umweltbeobachtung – dargestellt am Beispiel Europas. Diplomarbeit Kiel.
Streit, U., M. Blum, C. Uhlenküken, K. Brinkkötter-Runde, W. Beckers, G. Börner, M. Becker, J, Voigt, T. Krüger, P. Reinirkens, C. Vartmannn u. T. Baller (1995): Digitale Bodenbelastungskarten. Ermittlung und Auswertung von Daten zur stofflichen Belastung von Böden in Nordrhein-Westfalen (1. Teilprojekt im Auftrag des Landesumweltamtes Nordrhein-Westfalen). Essen.
Ulrich, B. (1994a): Nutrient and acid-base budget of Central European forest ecosystems. In: Hüttermann, A. u. D.L. Godbold (Hg.): Effects of acid rain on forest processes. S. 1–50. New York.
Ders. (1994b): Process hierarchy in forest ecosystems: An integrative ecosystem theory. In: Hüttermann, A. u. D.L. Godbold (Hg.): Effects of acid rain on forest processes. S. 353–397. New York.
Vetter, L. (1989): Evaluierung und Entwicklung statistischer Verfahren zur Auswahl von repräsentativen Untersuchungsobjekten für ökotoxikologische Problemstellungen. Diss. Kiel.
Vetter, L. u. R. Maass (1994): Nachbarschaftsanalytische Verfahren. In: Schröder, W., L. Vetter u. O. Fränzle (Hg.): Neuere statistische Verfahren und Modellbildung in der Geoökologie. S. 103–107. Braunschweig u. Wiesbaden.
Vetter, L., R. Maass u. W. Schröder (1991): Die Bedeutung der Repräsentanz für die Auswahl von Untersuchungsstandorten am Beispiel der Waldschadensforschung. In: Petermanns Geographische Mitteilungen 135, H. 3, S. 165 175.
WBGU – Wissenschaftlicher Beirat Globale Umweltveränderungen der Bundesregierung (1994): Welt im Wandel. Die Gefährdung der Böden. Jahresgutachten 1994. Bremerhaven.
White, I.D., D.N. Mottershead u. S.J. Harrison (1984): Environmental systems. London.
Wischmeier, W.H. u. D.D. Smith (1978): Predicting rainfall erosion losses. = USDA-Agricultural Handbook 537. Washington.

SITZUNG 3
UMWELTBELASTUNG UND HAZARDS
Sitzungsleitung: Robert Geipel und Johann Stötter

EINLEITUNG

Robert Geipel (München)

Die Wissenschaft in der Bundesrepublik Deutschland hat es schwer mit ihrem Zugang zur Hazardforschung. Mitteleuropa ist zu unser aller Glück relativ frei von Naturrisiken wie Erdbeben, Vulkanausbrüchen, Hurrikans, Tornados, Blizzards, von Tsunamis oder Dürren.

Aber es trägt ein großes Risikopotential, das von unserem hohen Grad der Verstädterung, einer gefahrenträchtigen Technologie, von einer sensiblen und „sperrigen" Infrastruktur und von der Branchenzusammensetzung unserer Industrie ausgeht, bei der die Chemie eine überragende Rolle spielt.

Hochwasserrisiken an der Küste und im Binnenland, Erdrutsche, Lawinen, Stürme, Hagelschläge und Küstenabbrüche sind uns vertraut und haben entsprechende Aufmerksamkeit bei unterschiedlichen Wissenschaften, so auch in der Geographie gefunden.

Wer sich mit Naturkatastrophen beschäftigt, erfährt aus seinem wissenschaftlichen und sozialen Umfeld viele Verstärkungen. Man sieht die Sinnhaftigkeit solchen Tuns ein, und es fließen sogar Forschungsgelder, Die Bevorzugung der Erforschung von Naturrisiken kommt sehr anschaulich in der Zusammensetzung des von der Deutschen Forschungsgemeinschaft benannten Wissenschaftlichen Beirats des deutschen IDNDR-Komitees zum Ausdruck. Von seinen zwanzig ständigen Mitgliedern sind zwölf Naturwissenschaftler, drei Ingenieurwissenschaftler und fünf Sozialwissenschaftler im weitesten Sinn (von der Psychologie bis zur Volkswirtschaftslehre). Immerhin drei dieser zwanzig sind Geographen. Die *natural hazards* sind stets in der Beratungen dieses Beirats präsent.

Wer sich hingegen mit technologisch-gesellschaftlichen Risiken, den *man made hazards* befaßt, gerät leicht in die Gefahr, als Nestbeschmutzer unserer Wohlstandsgesellschaft am Pranger zu stehen. Dabei gelten den *man made hazards* überwiegend die Ängste und Befürchtungen der Bevölkerung, wenn man diese selber befragt, wie wir es im Mittelrheinischen Becken um Koblenz und Neuwied getan haben.

Da nun Mitteleuropa nicht allzusehr unter den direkten klassischen Naturrisiken leidet, ist die Motivation von Studierenden, sich der Katastrophenforschung zu widmen, relativ gering ausgeprägt. Kollegen, zu deren Programm Hazardforschung gehört, zögern angesichts der eingeschränkten Berufsmöglichkeiten in der Bundesrepublik Deutschland, Diplomarbeiten oder Dissertationen auf diesem Gebiet zu vergeben, weil sie sich davon nur wenig Stellen auf dem Arbeitsmarkt für ihre Absolventen erwarten. Am ehesten kommen die großen Versicherungsgesellschaften dafür in Frage.

Ein Großteil der Forschung kann angesichts der Verteilung der hauptsächlichen Risiken nur als Auslandsforschung stattfinden und ist entsprechend kostenintensiv.

Diese wissenschaftlichen Bemühungen stehen außerdem dem Konkurrenzdruck aus Staaten gegenüber, in denen, wie etwa den USA, Japan, China oder Rußland und den Nachfolgestaaten der früheren Sowjetunion, der Hazardforschung aus Gründen der Vorkommenshäufigkeit große hochdotierte Forschungsprogramme gewidmet sind, weil es dort zum Teil um nationale Überlebensprobleme geht.

Auslandsforschung über Hazards wäre allerdings in vielen Fällen ein erwünschter Beitrag zur Entwicklungshilfe, wird doch diese häufig gerade in solchen Risikogebieten gebraucht. Dabei werden die dort endemischen Hazards von den Geldgebern nicht immer genügend reflektiert, und es wäre wünschenswert, wenn sie auch in den einschlägigen Auslandsarbeiten unseres Nachwuchses eine stärkere Beachtung fänden.

Auch aus dieser Sicht ist es sehr zu begrüßen, daß an diesem Geographentag ein Arbeitskreis „Naturgefahren – Naturkatastrophen" in paritätischer Besetzung seitens der Physischen Geographie wie der Anthropogeographie von den Kollegen Dikau und Pohl ins Leben gerufen werden soll. Der „Rundbrief", Juni 1997, S. 8, hat darüber berichtet. Dieser Arbeitskreis soll auch der Internationalen Dekade für die Reduzierung von Naturkatastrophen (IDNDR) zuarbeiten. Der Vorsitzende des Wissenschaftlichen Beirats des Deutschen IDNDR-Komitees, Herr Kollege Plate, Karlsruhe, ist der erste Redner dieser Sitzung.

IDNDR – VORBEUGUNG GEGEN NATURKATASTROPHEN ALS MODELL FÜR NACHHALTIGE ENTWICKLUNG

Erich J. Plate (Karlsruhe)

1. Einführung: Naturkatastrophen und ihre Komponenten

Die Welt wird immer wieder mit starken Naturkatastrophen konfrontiert, deren Auswirkungen mindestens lokal, wenn nicht national, das sozio-ökonomische Umfeld drastisch verändern. Sie haben ihre Ursache in extremen Naturereignissen entweder meteorologischen oder geogenen Ursprungs. Eine Katastrophe entsteht jedoch nicht allein durch ein extremes Naturereignis, sondern vielmehr erst dann, wenn Menschen oder ihre Werke in größerem Umfang berührt werden. Die Vereinten Nationen (UNDRO 1987, zitiert in Hanisch 1996, S. 22), definieren Katastrophen wie folgt:
„Eine Katastrophe ist ein Ereignis, in Raum und Zeit konzentriert, bei dem eine Gesellschaft einer schweren Gefährdung unterzogen wird und derartige Verluste an Menschenleben oder materielle Schäden erleidet, daß die lokale gesellschaftliche Struktur versagt und alle oder einige wesentlichen Funktionen der Gesellschaft nicht mehr erfüllt werden können" – was impliziert, daß die betroffenen Menschen auf auswärtige Hilfe angewiesen sind. In diesem Sinne besteht eine Katastrophe immer aus zwei Teilen, einem auslösenden Ereignis und einer betroffenen Gesellschaftsgruppe. Dazu kommt als bestimmender dritter Faktor die Vorsorge, um sich im Katastrophenfalle selbst zu helfen, oder die Katastrophenhilfe.

Extreme meteorologische Ereignisse, wie Hochwasser, Starkwinde, Dürren, aber auch dadurch bewirkte Sekundärerscheinungen wie Hangrutschungen und Lawinen sind die häufigsten Ursachen von Naturkatastrophen. Hochwasser entstehen in erster Linie durch Starkniederschläge wie jüngst an der Oder erlebt. In nördlichen Ländern sind sie oft verbunden mit Schneeschmelzen, wie in früheren Zeiten häufig am Rhein. Oder Hochwasserkatastrophen entstehen durch Sturmfluten, die durch Orkanwinde über dem Meer an die Küsten getrieben werden, wie bei der Hamburger Sturmflut von 1962. In vielen Ländern sind Hochwasser auch eine Folge von Wirbelstürmen, wie Hurricans oder Taifune, die, wie Tornados und zyklonale Stürme im Norden, auch durch heftige Starkwinde große Schäden erzeugen. Auch Dürren, die durch ihre erst allmählich eintretende Wirkung zu besonders lang anhaltenden Schäden führen, sind meteorologischen Ursprungs. Geogene extreme Ereignisse sind Erdbeben und durch sie verursachte Sekundärwirkungen, wie Hangrutschungen und Tsunamiwellen, oder Vulkanausbrüche, die zu besonders spektakulären Katastrophen führen, wie jüngst das Erdbeben von Kobe in Japan oder der Ausbruch des Vulkans Pinatubo auf den Philippinen gezeigt haben.

Der zweite Faktor bei der Entstehung einer Katastrophe sind die dem extremen Naturereignis ausgesetzten Menschen. Ein weit größerer Teil der Weltbevölkerung ist durch Naturkatastrophen betroffen, als man in unserem recht glücklichen Land erkennen kann. Eine Statistik der WMO, wiedergegeben in Tab. 1, zeigt, daß rund 15 % der auf der Erde lebenden Menschen in den letzten fünf Jahren von extremen Naturereignissen betroffen waren, davon bei weitem der größte Anteil vom Hochwasser.

Tabelle 1: Anzahl der von Naturkatastrophen betroffenen Personen, nach Regionen aufgeteilt (Daten wurden von der WMO zur Verfügung gestellt)

	Hochwasser und Hangrutschung	Starkwinde und Wirbelstürme	Erdbeben und Tsunamis	Vulkane
Sub-Sahara	1.503.427	6.320	50.000	1.300
Nordafrika	170.661		12.950	
AFRIKA	**1.674.088**	**6.320**	**62.950**	**1.300**
Zentralamerika	394.822	261.953	208.287	375.700
Karibik	891.597	1.796.898	7000	6.000
Lateinamerika	1.056.758	641.500	87.972	67.340
Nordamerika	64.190	644.000		
AMERIKA	**2.407.367**	**3.344.351**	**303.259**	**449.040**
Ostasien	482.274.090	49.225.464	1.484.800	64.630
Südasien	274.531.636	1.070.000	203.880	
Südostasien	18.421.049	22.232.810	365.947	829.271
Westasien	18.000	50.000	7.000	
ASIEN	**775.244.775**	**72.578.274**	**72.578.274**	**893.901**
EG	380.100	2.000	15.000	7.000
anderes Europa	2.404.349	962	535.000	
EUROPA	**2.784.449**	**2.962**	**550.000**	**7.000**
OZEANIEN	**119.248**	**2.872.000**	**15.000**	**106.070**
DIE WELT	**782.229.927**	**78.803.907**	**3.202.836**	**1.457.311**

Das Ausmaß einer Katastrophe und besonders die Langzeitwirkung werden durch Katastrophenvorsorge und Katastrophenhilfe beeinflußt, die ganz wesentlich zur Bewältigung einer Katastrophe beitragen können. Katastrophenvorsorge ist die vorsorgliche Einrichtung von Organisationen und die Bereitstellung von Hilfsmitteln für den Ernstfall. Katastrophenhilfe umfaßt ein breites Spektrum von Hilfsaktionen, von lokaler Selbsthilfe, nationaler Unterstützung durch Regierungen und staatliche und nichtstaatliche Hilfsorganisationen, bis zu internationaler Unterstützung durch Geberländer und Hilfsorganisationen.

Ereignisgröße, Auswirkung auf Menschen und Sachen und Katastrophenhilfe zusammen beschreiben das gesellschaftliche Problem der Katastrophenbewältigung, das sich nicht allein für Katastrophen natürlicher Herkunft, sondern auch für von Menschen gemachte Katastrophen immer wieder stellt. Das internationale Ausmaß solcher Katastrophen wird immer deutlicher und ist ein auslösendes Moment für die Entstehung der Internationalen Dekade für Katastrophenvorbeugung (International Decade for Natural Disaster Reduction = IDNDR) für das Jahrzehnt von 1990 bis 1999 gewesen.

2. Die Internationale Dekade für Katastrophenvorbeugung

Eine einfache Analyse der Katastrophenauswirkungen zeigt, daß die Anzahl der Toten bei Naturkatastrophen in den Ländern der dritten Welt besonders hoch war, und daß dort Sachschäden auftraten, die nach Angaben der US AID Agency in den

80er Jahren rund 47 Mrd. US-$/Jahr betrugen und damit alle Entwicklungshilfeleistungen der westlichen Geberländer deutlich überstiegen. Die AID Agency schätzte, daß mit einem Aufwand von ca. 40 Mrd. US-$ insgesamt ca. 70 % der Schäden infolge von Naturkatastrophen hätten vermieden und sehr viele Menschenleben gerettet werden können. In den westlichen Ländern traten zwar in diesen Jahren die größeren Sachschäden auf, aber die Anzahl der Toten war vergleichsweise gering. Daraus ist zu erkennen, daß große Naturereignisse durchaus auch in den westlichen Länder auftreten, daß sich jedoch durch gute Vorsorge die Menschen dieser Länder besser schützen können. Unter dem Eindruck der hohen volkswirtschaftlichen Verluste durch Naturkatastrophen hat die Generalversammlung der Vereinten Nationen einen Vorschlag des Präsidenten der Amerikanischen Akademie der Wissenschaften (Academy of Sciences), Prof. Frank Press, aufgegriffen und die 90er Jahre zur Dekade für Katastrophenvorbeugung gegen Naturereignisse erklärt.

Ein erstes Konzept für die Dekade (Tokyo Deklaration 1987) wurde durch einen Expertenkreis aufgestellt, der im wesentlichen aus Wissenschaftlern bestand. In der Resolution 44/236 der Generalversammlung der Vereinten Nationen vom 22.12.1989, die die Dekade festlegte, wurde auf Empfehlung dieser Gruppe ein durch ein Sekretariat in Genf unterstütztes Wissenschaftlich-Technisches Komitee (Scientific and Technological Committee = STC) für die Ausgestaltung der Dekade eingerichtet, das bei seinem ersten Treffen 1991 die ersten Zielvorstellungen für die Dekade erarbeitete. Die Idee der Katastrophenvorbeugung wurde von deutscher Seite sehr unterstützt, der damalige Außenminister Genscher stellte die Mittel bereit für das Sekretariat eines deutschen Nationalkomitees und lud das STC zu seiner konstituierenden Sitzung nach Bonn auf den Petersberg ein. Gastgeber war neben dem Außenminister der damalige Vorsitzende des neugegründeten Deutschen IDNDR Nationalkomitees, Botschafter a.D. G. van Well. Das STC legte drei Punkte als Ziele für die Dekade fest:

„Bis zum Jahr 2000 sollen alle Länder, allein oder im Rahmen von regionalen Absprachen, als Teil einer nachhaltigen Entwicklung folgende Maßnahmen getroffen haben:
- alle im Lande auftretenden Gefährdungen durch natürliche Extremereignisse sollen identifiziert und in Karten dargestellt werden,
- landesweit sollen Pläne zur Katastrophenvorbeugung und zum Katastrophenschutz angefertigt werden,
- alle Länder sollen Zugang zu globalen, regionalen, nationalen und lokalen Vorhersagesystemen haben."

Aus dieser Zielsetzung wird deutlich, daß das STC zunächst betrebt war, für die Dekade den Schwerpunkt auf den vorbeugenden Teil eines Risikomanagements nach dem Schema der Abb. 1 zu legen. Risikomangement ist die Gesamtheit aller systematisch aufeinander abgestimmten Handlungen für die Abwendung bzw. Begrenzung einer Katastrophe aus natürlichen oder anderen Ursachen. Es besteht aus zwei Teilen, der Risikoanalyse und der Risikohandhabung.

```
                        ┌─────────────────────┐
                        │  Risikomanagement   │
                        └──────────┬──────────┘
                ┌──────────────────┴──────────────────┐
        ┌───────┴────────┐                   ┌────────┴─────────┐
        │  Risikoanalyse │                   │ Risikohandhabung │
        └───────┬────────┘                   └────────┬─────────┘
         ┌─────┴─────┐                         ┌─────┴─────┐
```

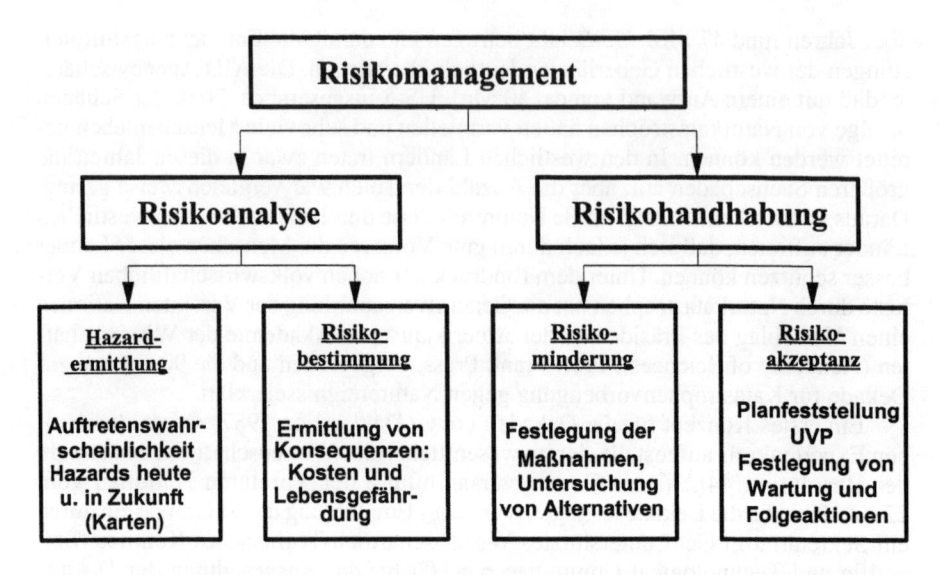

Hazard-ermittlung	Risiko-bestimmung	Risiko-minderung	Risiko-akzeptanz
Auftretenswahr-scheinlichkeit Hazards heute u. in Zukunft (Karten)	Ermittlung von Konsequenzen: Kosten und Lebensgefähr-dung	Festlegung der Maßnahmen, Untersuchung von Alternativen	Planfeststellung UVP Festlegung von Wartung und Folgeaktionen

Abbildung 1: Stufen eines Risikomanagements (nach Plate 1997, verändert)

Die Risikoanalyse ist die Methode zur Erfassung des Gefährdungspotentials und der Ermittlung der daraus entstehenden Konsequenzen. Sie ist eine bewährte Methode zur Prüfung und Bewertung aller derjenigen Prozesse und Handlungen, die zu einer Katastrophe führen können bzw. die die Auswirkungen eines Extremereignisses zu begrenzen vermögen. Der erste Schritt einer Risikoanalyse besteht in der Identifizierung der Gefährdungen, d.h. es werden die möglichen Gefährdungen der Größe nach bestimmt: so z.B. die Gefährdung durch ein Hochwasser vorgegebener Größe oder ein Erdbeben einer bestimmten Stärke auf der Richterskala. Grundlagen hierfür sind wissenschaftlich erarbeitete Daten, und daher ist es nicht verwunderlich, wenn zunächst für die Dekade eine genauere Erfassung der Prozesse und der Daten als Basis für eine Risikoanalyse gefordert wurde. Wissenschaftliche Defizite, die hier vorhanden sind, zu erkennen und zu beseitigen, erschien daher als das erste Ziel der IDNDR. Entsprechend stellte der wissenschaftliche Beirat des Deutschen Nationalkomitees als erste Tätigkeit eine Studie über den Stand des Wissens her und legte diese als wichtiges Ergebnis der ersten Phase der Dekade vor (Plate u.a. 1993).

Eine Risikoermittlung besteht jedoch nicht nur in der Bestimmung der Größe einer Gefährdung, sondern erfordert auch die Zuordnung zur Häufigkeit des Auftretens. Diese wird ausgedrückt durch die Wahrscheinlichkeit, daß ein bestimmtes Ereignis innerhalb eines Jahres erreicht oder überschritten wird. Die Kombination dieser Wahrscheinlichkeit mit der Größe des Ereignisses wird zweckmäßig als Hazard bezeichnet. Idealerweise werden Hazardinformationen in Karten dargestellt, z.B. bei Hochwasseranalysen durch die Darstellung der Höhenlinien von Überflutungsflächen bei Hochwasser vorgegebener Überschreitungswahrscheinlichkeit, und in dieser Form den Entscheidungsträgern zugänglich gemacht. Dazu kommt als zweiter Teil einer Risikoanalyse die Ermittlung der Konsequenzen, z.B. der Schäden, die durch das Auftreten eines Ereignisses entstehen können. Ein Schaden kann aus Todesfällen, Sach-, Gebäude- oder anderen Schäden – z.B. ökologischer oder kultureller Art – bestehen. Alle monetär bewertbaren Schäden werden zu einem Gesamtrisiko zusammengefaßt, das als eine wichtige Größe bei der Entscheidungsfindung für die Vorbeugestrategie dienen kann, z.B. bei einer Kosten-Nutzen-Analyse. Andere Schäden müssen empirisch bewertet werden, z.B. mit Hilfe einer Nutzwertanalyse.

Die Entscheidung darüber, was zur Katastrophenvorbeugung getan wird, hängt allerdings nicht nur von der Bewertung des Risikos ab, sondern auch von den technischen und politischen Randbedingungen. Zunächst bietet sich ein ganzer Katalog von technischen und nicht-technischen Maßnahmen an, die das Risiko mindern können: technische Lösungen in Form von Gebäudestärkung (Höherlegung von Gebäuden bei Gefährdung durch Hochwasser, Verbesserung der Gründung bei Hangrutschgefährdung, Aussteifen der Verbindungen zwischen Dach und Wänden für Erdbeben) oder großräumigen Schutzmaßnahmen (Schutzdeiche oder Rückhaltebecken bei Hochwasser, Hangbefestigung bei Hangrutschgefährdungen). Die einfachste nicht-technische Maßnahme ist die Evakuierung von zu schützenden Menschen und Sachen aus dem gefährdeten Gebiet. Ein Beispiel hierfür ist das Vorgehen der Stadt Rapid City in South Dakota/USA nach einer schweren Hochwasserkatastrophe im Jahre 1972 durch den Rapid Creek, bei der 1200 Gebäude zerstört und 238 Menschen umgekommen sind. Sie hat den Hochwasserschutz für die Zukunft auf die Weise gelöst, daß mit den Nothilfemitteln der Regierung und der Stadt alle zerstörten Häuser aufgekauft und entfernt und die Überflutungsflächen in einen Grüngürtel umgewandelt wurden, der heute nur durch Parks und Sportanlagen genutzt wird (Domeisen u.a. 1996). Es liegt auf der Hand, daß solche Radikallösungen nur in ganz wenigen Fällen durchführbar sind. Als weitere nicht-technische Maßnahme ist die Vorwarnung zu nennen, die zwar einen Sachschaden nur begrenzt verhindern kann, die aber, wenn sie rechtzeitig erfolgt, eine Evakuierung des gefährdeten Gebietes ermöglicht. Besonders erfolgreich sind hier Vorwarnsysteme für Vulkane, die Beispiele des Pinatubo oder auch der Insel Montserrat seien erwähnt, oder aber die Vorhersage der Hochwasser am Rhein bei den großen Hochwassern in den Jahren 1993 und 1995. Eine gute Vorhersage ist heute auch möglich für tropische Wirbelstürme (Lighthill 1997). Eine dritte nicht-technische Möglichkeit, die allerdings bei allen, auch den technischen Alternativen gestärkt werden muß, ist die Vorbeugung durch vorbereitende Maßnahmen (preparedness) in gefährdeten Gebieten: durch die Bereitstellung eines Teams von gut ausgebildeten potentiellen Helfern, durch die Bevorratung mit Lebensmitteln und medizinischen Hilfsmitteln, durch Informieren von und Übungen mit den Betroffenen (insbesondere den besonders gefährdeten Bevölkerungsgruppen: Alten und Schwachen sowie Kindern).

Die Entscheidung über die vorzusehenden Maßnahmen zur Vorbeugung muß, soweit dies über die Kräfte des Einzelnen geht, durch den politischen Prozeß erfolgen. Dabei spielt in demokratischen Ländern auch die Beteiligung der Bevölkerung eine wesentliche Rolle: technische Lösungen, die von außen auferlegt werden, geraten zunehmend in das Kreuzfeuer der Kritik – und das oft mit Recht. Ein eklatantes Beispiel ist der Hochwasserschutz von Bangladesh in den Regionen, in denen Hochwasser durch die Monsunregen an den großen Flüssen Ganges, Brahmaputra und Meghna in der Landesmitte entstehen. Hierfür hat die Weltbank einen von Ingenieuren entwickelten Hochwasserschutzplan (den Flood Action Plan, hierzu z.B. Jessen 1996) vorgeschlagen, der im wesentlichen aus einem System von Deichen an den Flüssen und ihren Nebenarmen bestand. Abgesehen von technischen Schwierigkeiten, die die Machbarkeit dieses Vorschlags von vornherein in Frage stellten, zeigte sich aber auch, daß für die Betroffenen die Überschwemmungen garnicht das Problem waren. Wie eine Studie der Universität Bern (Hofer/Messerli 1997) herausgestellt hat, können die Betroffenen wohl mit dem Hochwasser fertig werden (ein Sprichwort wird zitiert: „Menschen sterben nicht durch das Hochwasser, sondern wenn keine Hochwasser auftreten", d.h. durch Dürren). Schwierige Probleme entstehen demgegenüber durch die Erosion: Bedingt durch die großen Geschiebemengen, die die Flüsse aus dem Himalaja herantragen, ändern die Flüsse ständig ihren Lauf, und dabei werden immer wieder Siedlungen zerstört (Beispiele aus neuerer Zeit: November 1991 4000 Häuser; Januar 1992 10.000 Häuser; Juni bis August 1992 30.000 Häuser). Die technischen Maßnahmen, die hier gefordert sind, sind am ehesten durch Erosionskontrolle zu bewältigen. Die Menschen wissen sich gegen Hochwasser zu wehren, gerüstet durch die ständige Erfahrung mit jährlich wiederkehrenden Fluten. Als sinnvollste Maßnahme gilt der Bau von hochgelegenen Fluchtbauwerken, die in flutfreien Zeiten als Gemeindezentren u.ä. dienen können.

Der Flood Action Plan ist ein gutes Beispiel für die Erkenntnis, daß ein Katastrophenschutz nicht von oben herab eingeführt werden kann, sondern daß er die Betroffenen einbeziehen muß. Katastrophenschutz ist als ein gesellschaftliches Anliegen zu sehen, das in der gemeinsamen Arbeit von Betroffenen und Politikern mit Ingenieuren und Wissenschaftlern optimiert werden muß. Zahlreiche andere Beispiele für diese Erkenntnis lassen sich anführen, wie z.B. in Geipel (1992) zusammengestellt.

3. Die Yokohama Strategie

Bereits zu Beginn der IDNDR wurde auf die über die lokale Situation hinausgehende gesellschaftliche Komponente der Katastrophenvorbeugung hingewiesen (Clausen 1993), die durch eine schematische Anwendung der Methodik der Risikoanalyse nicht berücksichtigt wird. Die Risikoanalyse ist geeignet für lokale Situationen. Katastrophenvorbeugung muß jedoch in dem größeren Rahmen der nachhaltigen Entwicklung eines jeden Landes gesehen werden. Das Prinzip der nachhaltigen Entwicklung (sustainable development) wurde von der Brundtland-Kommission als Entwicklungsprinzip der Zukunft aufgestellt. Danach ist eine Entwicklung dann nachhaltig. wenn sie der gegenwätigen Generation ermöglicht, ihre eigenen Bedürfnisse so zu decken, daß die Möglichkeiten für die Befriedigung der Bedürfnisse zukünftiger Generationen dadurch nicht beeinträchtigt werden. In diesem Sinne ist Katastrophenvorbeugung eine politische Aufgabe, die nicht nur lokal zu lösen ist, sondern die ganze Gesellschaft eines jeden Landes betrifft.

Denn eine Entwicklung kann nur dann nachhaltig sein, wenn sie die Gesellschaft in die Lage versetzt, Katastrophen zu bewältigen. Dies muß als zunehmend wichtige Zukunftsaufgabe gesehen werden. Die Anfälligkeit gegen Katastrophen wächst weltweit, insbesondere in den Entwicklungsländern, und zwar einerseits, weil die Bevölkerung in diesen Ländern zunimmt – es wird geschätzt, daß die Weltbevölkerung bis zur Mitte des 21. Jahrhunderts von derzeit ca. 6 Mrd. auf ca. 10 bis 11 Mrd. Menschen, die meisten davon in den Entwicklungsländern, anwachsen wird –, andererseits aber auch, weil der Unterschied zwischen armen und reichen Ländern in den vergangenen Jahrzehnten immer größer geworden ist. Dams (1997) hat auf die in Abb. 2 verdeutlichten Teufelskreise hingewiesen, die durch die Zunahme des Bevölkerungsdrucks verstärkt werden: die Zerstörung der Produktionskräfte der Natur (Zerstörung der Umwelt) sowohl durch die Armut, die die Menschen zwingt, dem Überleben von heute die Überlebenschancen der Zukunft zu opfern, als auch durch die Ansprüche der Menschen in den hochindustrialisierten Ländern, die nur durch die Übernutzung von Produktionsflächen in den Zulieferländern gedeckt werden können. Dies wirkt sich in doppelter Hinsicht auf die Katastrophenanfälligkeit aus.

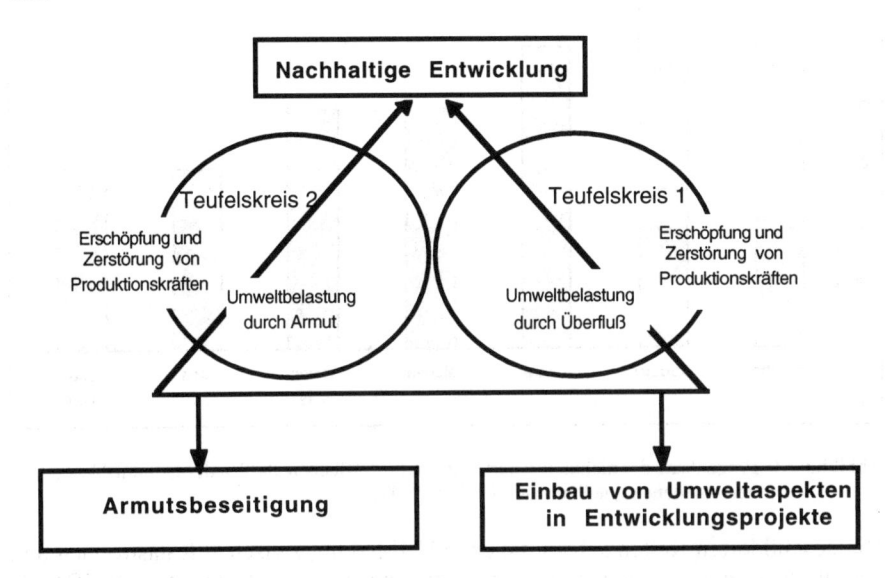

Abbildung 2: Arten der Umweltbelastung und Prinzipien zu ihrer Behebung (nach Dams 1997)

Direkt wird durch Übernutzung landwirtschaftlicher Flächen die Gefährdung durch Hangrutschungen oder Direktabfluß des Niederschlags erhöht. Indirekt führt die Zerstörung des Lebensraums (Zerstörung der landwirtschaftlichen Basis durch Entwaldung, Erosion und Bodennährstoffverlust und der ganzen Kette der daraus folgenden Landdegradationen) zur Bedrohung der Existenz und veranlaßt die Menschen, ihre Heimat zu verlassen, um anderswo bessere Lebensbedingungen zu finden. Migrationen in die Städte werden verstärkt durch die Hoffnung der Zuwanderer auf einen Gewinn an Lebensqualität. In den Städten sind die Migranten jedoch aus Mangel an Mitteln vielfach darauf angewiesen, auf bisher nicht besiedelten, oft durch Hochwasser oder Hangrutschungen gefährdeten Flächen zu siedeln. So leben heute in manchen großen Städten bis zu 65 % der Menschen in katastrophengefährdeten Gebieten, wie die Abb. 3 zeigt. Diese Menschen sind zunächst nicht mit den sie in diesen Gebieten erwartenden Naturgefährdungen vertraut. Daher haben sie auch noch keine Selbsthilfeerfahrung, sie sind also besonders gefährdet. So besteht ein ursächlicher Zusammenhang zwischen Umweltzerstörung und Katastrophenanfälligkeit.

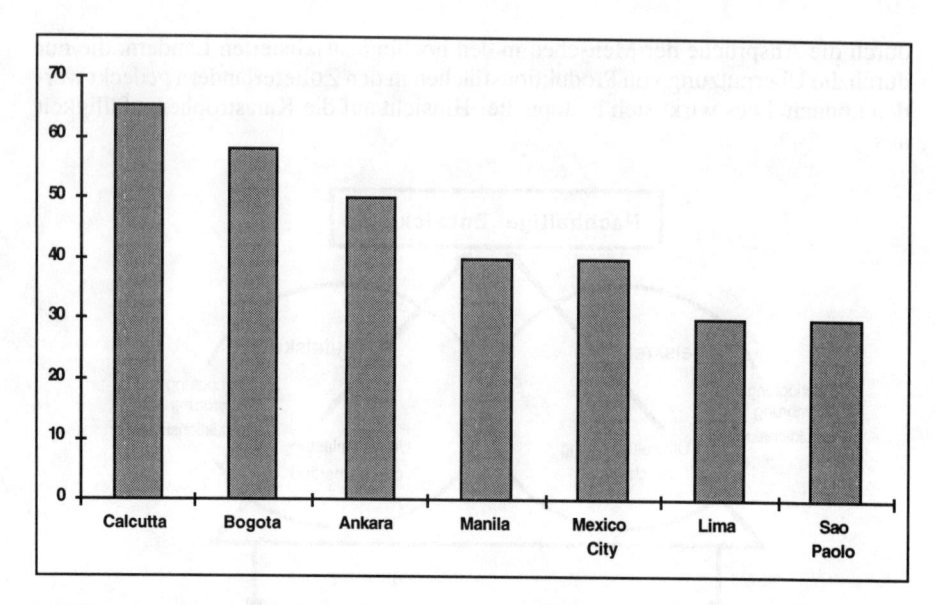

Abbildung 3: Prozentsatz der nichtautorisierten Besiedlungsflächen als Teil der Gesamtflächen (aus verschiedenen Quellen, nach IDNDR 1997)

Die geschilderten Ketten zeigen die enge Verbindung zwischen Katastrophen und Gesellschaft. In Erkennung dieser Verknüpfungen wurde das Konzept für die IDNDR in der Weltkonferenz von Yokohama im Mai 1994 verstärkt erweitert auf die gesellschaftliche Einbindung der Katastrophenvorbeugung und diese als ein wichtiger Teil der Entwicklungsstrategie eines Landes erkannt. Dies wurde in der „Yokohama Strategie" zum Ausdruck gebracht, die auch die Leitlinie für die Arbeit des Deutschen IDNDR Komitees ist (Eikenberg 1997; IDNDR 1997). In ihr werden die Länder der Welt aufgefordert, als Teil der eigenen Zukunftsplanung zu berücksichtigen:
- daß jedes Land die Verpflichtung hat, die eigenen Bürger vor Katastrophen zu schützen,
- daß die Entwicklungsländer, insbesondere die am wenigsten entwickelten und von den Küsten abgeschnittenen Länder sowie die kleinen Inselstaaten Priorität in der Unterstützung durch die Geberländer haben sollten,
- daß nationale Kapazitäten entwickelt werden sollten, wo erforderlich durch nationale Gesetze und unter Einbeziehung sowohl lokaler Kapazitäten als auch von freiwilligen Hilfsorganisationen, die Verhütung, Vorbeugung oder Bereitschaftsmaßnahmen (preparedness) gegen Natur- und andere Katastrophen zum Ziel haben,
- daß mit demselben Ziel örtliche, regionale oder nationale Gemeinschaftsanstrengungen gefördert werden sollen, mit besonderem Nachdruck auf:
  1. den Aufbau und die Stärkung der institutionellen und personellen Kapazitäten,
  2. den Austausch von Technologien, und die Sammlung, Weitergabe und Nutzung von Informationen,
  3. die Mobilisierung von Ressourcen.

So erhält das Konzept der nachhaltigen Entwicklung eine zusätzliche Dimension, die als Bestreben nach stabilen Verhältnissen interpretiert werden muß. Nachhaltige

Entwicklung stellt damit den Menschen in den Mittelpunkt – im Gegensatz zu der Interpretation vieler Regierungen, die nachhaltige Entwicklung in erster Linie als einen anderen Ausdruck für Umweltschutz empfinden – etwa als Verpflichtung, bis zum Jahr 2000 die CO_2-Emissionen um 25 % zu reduzieren (und im Grunde die Strategie „business as usual" zu verfolgen). In diesem Sinne bilden die Aktionen des Schutzes vor Naturkatastrophen einen Ansatzpunkt für die Umsetzung des Konzepts der nachhaltigen Entwicklung.

4. Zusammenfassung und Ausblick

Die Entwicklung der IDNDR zeigt den Bewußtseinswandel auf, der sich in den letzten Jahren eingestellt hat. Technische Lösungen und wissenschaftlicher Fortschritt sind nicht mehr die einzigen Mittel, um die Zukunft der Menschheit zu sichern. Wichtiger ist das Engagement der Menschen selber für die Gestaltung ihrer Lebensräume. Grundsätzlich müssen sie lernen, im Spannungsfeld der Dreiheit von Umwelt, Gesellschaft und Wirtschaft die Nutzung des Lebensraums so zu optimieren, daß Nachhaltigkeit ohne nichtkompensierbare Nachteile erzielt wird. Die Sicherung gegen Naturkatastrophen, als gesellschaftliche Aufgabe verstanden, an deren Lösung alle Bürger eines Landes beteiligt sind, kann das Feld bilden, auf welchem die Gesellschaft ihre nachhaltige Entwicklung erproben und exemplarisch umsetzen kann.

Literatur:

Clausen, L. (1993): Sozialwissenschaften. In: Plate/Kron/de Haar 1993, S. 73–147.
Dams, Th. (1997): Bericht für den wissenschaftlichen Beirat des Deutschen IDNDR über „Absolute Armut". Unveröff. Bericht.
Domeisen, N. u.a. (1996): Cities at risk: making cities safer before disaster strikes. Supplement to Stop Disasters, Zeitschrift für die Internationale Dekade für Katastrophenvorbeugung (IDNDR).
Eikenberg, Chr. (1997): Journalistenhandbuch zum Katastrophenmanagement. Hg. vom Deutschen IDNDR Komitee für Katastrophenvorbeugung. Bonn.
Geipel, R. (1992): Naturrisiken: Katastrophenbewältigung im sozialen Umfeld. Darmstadt.
Hanisch, R. (1996): Katastrophen und ihre Opfer. In: Hanisch/Moßmann 1996, S. 20–60.
Hanisch, R. u. P. Moßmann (Hg.) (1996): Katastrophen und ihre Bewältigung in den Ländern des Südens. = Schriften des Deutschen Übersee-Instituts Hamburg 33. Hamburg.
Hofer, T. u. B. Messerli (1997): Floods in Bangladesh. Bern (Bericht für die schweizerische Behörde für Entwicklung und Kooperation).
IDNDR (1997): Katastrophenvorsorge: ein Portrait des Deutschen IDNDR Komitees für Katastrophenvorbeugung. Bonn.
Jessen, B. (1996): Der Flutaktionsplan in Bangladesh. In: Hanisch/Moßmann 1996, S. 270–299.
Lighthill, J. (1997): Typhoons, hurricanes and fluid mechanics. In: Tatsumi, T., E. Watanabe u. T. Kambe (Hg.): Proceedings of the XIXth International Congress of Theoretical and Applied Mechanics. S. 29–54. Amsterdam.
Plate, E. (1997): Risikomanagement bei Hochwasser: Beispiel Oberrhein. In: Eclogae Geologicae Helvetiae 90, S. 449–456.
Plate, E., W. Kron u. U. de Haar (Hg.) (1993): Naturkatastrophen und Katastrophenvorbeugung. Bericht des wissenschaftlichen Beirats für das Deutsche IDNDR Komitee. Hg. von der Deutschen Forschungsgemeinschaft. Weinheim.
UNDRO (1987): Disaster Prevention and Migration. = Public Information Aspects 30. New York.

NATURGEFAHREN UND -RISIKEN IN GEBIRGSRÄUMEN

Hans Kienholz (Bern)

1. Einleitung

In Gebirgsräumen wird die Sicherheit von Menschen und Gütern durch verschiedene Naturprozesse wie Lawinen, Murgänge, Hochwasser und Felsstürze bedroht, die oft innerhalb sehr kurzer Zeit zu Todesopfern, Verletzten, Zerstörung von Sachwerten und zu ökologischen Schäden führen können.

Indem der Mensch Gebirgsräume nutzt, setzt er sich mit Leib und Leben, mit Hab und Gut zwangsläufig den aus diesen Prozessen resultierenden Gefahren aus und geht damit bewußt oder unbewußt Risiken ein. Je nach sozio-kulturellen und ökonomischen Voraussetzungen und entsprechenden Nutzungsansprüchen werden diese Risiken unterschiedlich bewertet: In der Risikobetrachtung des nepalischen Hügelbauern haben drohende Ernteausfälle und Landverluste einen hohen Stellenwert; in Industrie- und Dienstleistungsgesellschaften steht neben der Sicherheit von Menschenleben vielerorts vor allem die Funktions-Sicherheit der Kommunikationswege im Vordergrund.

Gefahren für Menschen sowie Sach- und Naturwerte, die sich aus der Bewegung von Wasser-, Schnee-, Eis-, Erd- und Felsmassen im Bereich der Erdoberfläche ergeben, werden im Sinne der neuen schweizerischen Wald- bzw. Wasserbau-Gesetze (WaG 1991 und WaV 1992 bzw. WBG 1991 und WBV 1994) als „Naturgefahren" bezeichnet. In landläufiger Unterteilung gehören zu diesen Prozessen etwa Lawinen, Überschwemmungen, Erdrutsche usw.

Im Auftrag der Eidgenössischen Forstdirektion (BUWAL), der Landeshydrologie und -geologie (LHG) und des Bundesamtes für Wasserwirtschaft (BWW) hat eine Arbeitsgruppe ein Konzept zu einer stufengerechten (Bund, Kantone, Gemeinde) und kohärenten Praxis für die Beurteilung und Bewertung von Naturgefahren entwickelt. Gemeinsames Ziel dieser Arbeiten ist die Harmonisierung der Beurteilungs- und Bewertungsgrundsätze und die vergleichbare Behandlung der zu berücksichtigenden Naturgefahren. Aus diesen Anstrengungen resultieren verschiedene Arbeitsgrundlagen und Empfehlungen, so u.a.:

- Symbolbaukasten zur Kartierung der Phänomene (Kienholz/Krummenacher 1995);
- Empfehlungen zur Berücksichtigung der Hochwassergefahren bei raumwirksamen Tätigkeiten (BWW/BRP/BUWAL 1997);
- Empfehlungen zur Berücksichtigung der Massenbewegungsgefahren bei raumwirksamen Tätigkeiten (BUWAL/BWW/BRP 1998);
- Methoden zur Analyse und Bewertung von Naturgefahren in Gebirgsräumen (Heinimann u.a. 1998).

Im folgenden werden zuerst die Ergebnisse einer Begriffs- und Strukturklärung im Hinblick auf den Umgang mit Naturgefahren skizziert und anschließend die Beurteilungs- und Bewertungsgrundsätze dargestellt.

2. Risikobeurteilung und Risikobewertung

Bewußtes Umgehen mit Naturgefahren, mit Naturrisiken setzt voraus,
- daß die Risiken bekannt sind und
- daß definiert ist,
  - welche Risiken eingegangen werden dürfen und
  - welche Mittel allenfalls zu deren Reduktion eingesetzt werden sollen und können.

Grundsätze dazu wurden u.a. von Kienholz (1994) dargelegt. Das dort präsentierte Ablaufschema einer Sicherheitsplanung wurde unterdessen in leicht modifizierter Form in das vom Bundesamt für Wasserwirtschaft publizierte Schema für die Maßnahmenplanung (Abb. 1) übernommenen (Willi/Loat 1994; Loat/Willi 1995).

Bei der Risiko*beurteilung* geht es um die Frage „Was kann passieren?". Dazu sind im wesentlichen folgende Gegebenheiten analytisch und wissenschaftlich objektiv zu untersuchen:
- die gefährlichen Prozesse und ihre Wirkungsmöglichkeit,
- die Existenz und Verletzlichkeit von gefährdeten Objekten (Schadenpotential bzw. „bestehende/geplante Nutzung" gemäß Abb. 1),
- die Wirksamkeit von realisierten bzw. realisierbaren Schutzmaßnahmen und schließlich
- das unter diesen Umständen resultierende objektive bzw. objektiv erfaßbare Risiko.

Die Risiko*bewertungen* erfolgen im Rahmen des kultur-spezifischen Risikoverständnisses sowie unter Berücksichtigung von ökonomischen und politischen Erwägungen: „Was darf passieren?" Die Beantwortung dieser Frage definiert das akzeptierte Risiko.

A. Gesamtkonzept Gefahrenbeurteilung und -bewertung

Als Teil einer gesamthaften Risikobeurteilung und -bewertung geht es bei der *Gefahrenbeurteilung* um das Erkennen der relevanten Gefahren, die Bestimmung bzw. Abschätzung der Art und Wirkungsweise, der Intensität und der korrespondierenden Wahrscheinlichkeit oder Häufigkeit für das Eintreten des gefährlichen Prozesses.

Die wichtigsten Arbeitsschritte bei der Bearbeitung von Naturgefahren für Raumplanung und Maßnahmenkonzepte sind in Abb. 2 dargestellt. Zur Erkennung, Dokumentation und Beurteilung der Gefahren sind gemäß der erwähnten neuen schweizerischen Bundesgesetze Gefahrenkataster (korrekter: Ereigniskataster) und Gefahrenkarten zu erstellen.

Im 1. Schritt „Gefahrenerkennung und -dokumentation" geht es um die Sicherstellung einer ausreichenden Datenbasis. Dies ist an sich eine langfristige Aufgabe, die im wesentlichen die laufende Führung von Ereigniskatastern beinhaltet, zu welcher aber auch Beobachtungs- und Meßnetze (in der Schweiz z.B. ANETZ-Stationen der Meteorologischen Anstalt) gehören. In vielen Fällen sind die langfristig angelegten Dokumente anläßlich einer Gefahrenbeurteilung bzw. Gefahrenkartierung zu ergänzen bzw. weitere Grundlagendokumente zu erarbeiten. Dazu können u.a. auch „Karten der Phänomene" gehören (vgl. dazu Kienholz/Krummenacher 1995).

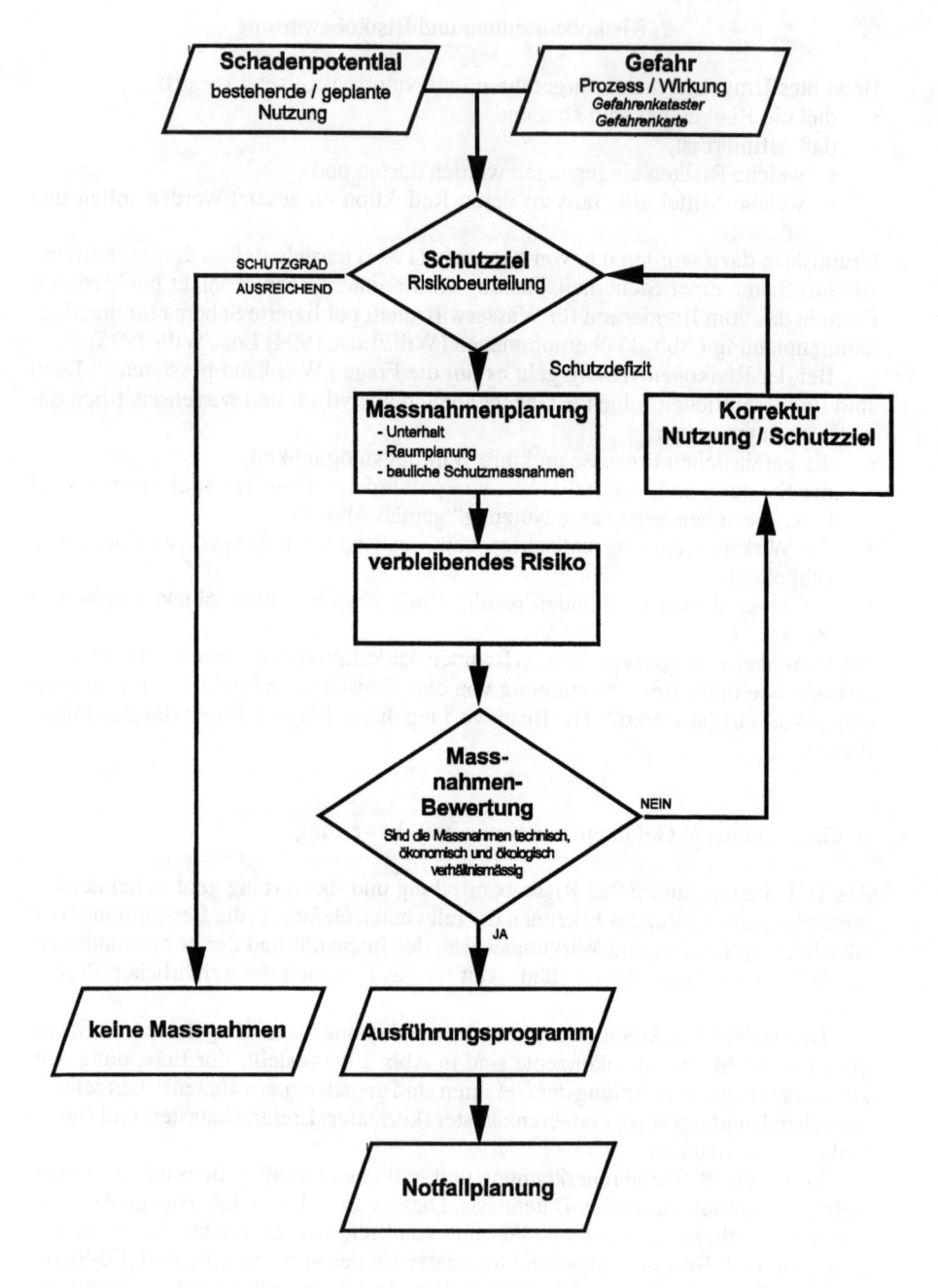

Abbildung 1: Vorgehen bei der Planung von Schutzmaßnahmen (nach Loat/Willi 1995, S. 224)

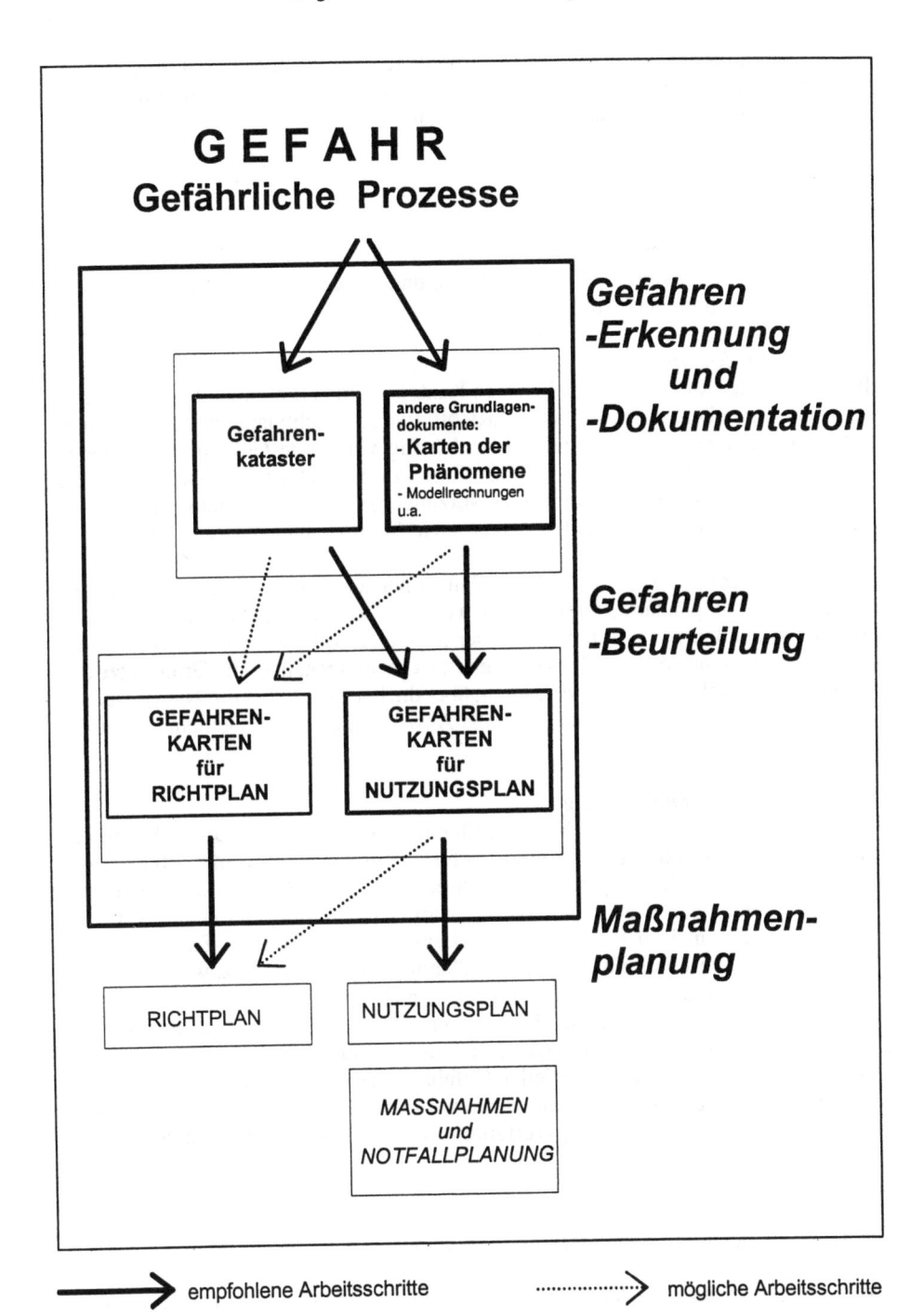

Abbildung 2: Arbeitsschritte und Dokumente bei der Bearbeitung von Naturgefahren für Raumplanung und Maßnahmenkonzepte (Kienholz/Krummenacher 1995)

Im wesentlichen auf der Basis der Grundlagen des 1. Schrittes hat im 2. Schritt eine objektive Gefahrenbeurteilung zu erfolgen. Zielsetzung und Bearbeitungstiefe müssen den Handlungsebenen gerecht werden.

B. Handlungsebenen

Die relevanten Handlungsebenen für eine Gefahrenbeurteilung und Gefahrenbewertung in der Schweiz sind die Ebene Richtplanung auf kantonaler Stufe und die Ebene Nutzungsplanung auf Stufe Gemeinde.

Aufgaben der Richtplanung
Im Rahmen der Richtplanung sollen sich Kantone gemäß Raumplanungsgesetz und den sich in Erarbeitung befindlichen „Richtlinien zur Richtplanung" Rechenschaft „über vorhandene Naturgefahren und zukünftig vermutete Gefahrensituationen" geben. Der Richtplan umfaßt „die Maßnahmen zum Schutze vor drohenden Naturgefahren (z.B. Begrenzung zukünftiger Nutzungen) sowie zur Verhütung möglicher Schadenereignisse oder Schadensfolgen (wie Schutzbauten)" (nach Guggisberg 1994).

Gefahrengebiete können im Richtplan selber ausgeschieden werden, oder es kann auf Grundlagenkarten zum Richtplan oder auf kommunale Gefahrenzonenpläne der Gemeinden verwiesen werden. Der Richtplan sollte auch Angaben über die bereits vorhandenen oder noch zu erarbeitenden Grundlagen, über die Grundsätze des Kantons beim Schutz vor Naturgefahren, über die bei Konflikten mit Naturgefahren beizuziehenden Fachstellen und allenfalls Anweisungen an die Gemeinden für die Nutzungsplanung enthalten.

Aufgaben der Nutzungsplanung
Im Rahmen der kommunalen Nutzungsplanung werden Zweck, Ort und Maß der Bodennutzung für jedermann verbindlich festgelegt. Dabei müssen die Inhalte der Gefahrenkarte berücksichtigt werden. In stark gefährdeten Gebieten sind grundsätzlich keine Neubauten erlaubt. Bei weniger starken Gefährdungen müssen Auflagen formuliert werden. Den Rahmen für die konkrete Umsetzung in Zonenplan und Baureglement umschreibt das kantonale Planungs- und Baugesetz, wobei den Gemeinden noch ein mehr oder weniger großer Spielraum verbleibt.

Das Spektrum der möglichen Lösungen reicht von Ausscheidung einer Gefahrenzone im Sinne einer Nutzungszone nach Raumplanungsgesetz über die rechtskräftige Genehmigung eines speziellen Gefahrenzonenplanes oder die entsprechende Ausscheidung der Bauzonen und Formulierung von Auflagen bis hin zum bloßen Hinweis, daß im Baubewilligungsverfahren die Aussagen der Gefahrenkarte vorbehalten bleiben.

C. Bearbeitungstiefe für die einzelnen Handlungsebenen

Wenn Naturgefahren bei der Festlegung der Raumnutzung zu berücksichtigen sind, muß dies aufgrund einer stufengerechten Gefahrenbeurteilung erfolgen. Jede der obengenannten Handlungsebenen verlangt eine bestimmte minimale fachliche Tiefe und einen adäquaten Detaillierungsgrad (Tab. 1), bzw. bei der kartographischen

Darstellung einen entsprechenden Maßstab, denen ein unterschiedlicher Aufwand bezüglich Datenerhebung und -auswertung gegenübersteht. Tendenziell umgekehrt proportional zu diesem Detaillierungsgrad ist in der Regel die Ausdehnung der jeweils interessierenden Fläche: Die Ebene Richtplan erfordert regionale Übersichten, die eher generelle Aussagen über die Verbreitung von gefährlichen Prozessen verlangen; auf lokaler Ebene befaßt man sich mit einem relativ eng begrenzten Raum, benötigt jedoch gute Detailangaben.

3. Struktur und Inhalt von Gefahrenkarten

Gefahrenkarten, die als Grundlage für die Nutzungsplanung bzw. im Rahmen einer forstlichen oder wasserbaulichen Maßnahmenplanung erstellt werden, sind ausschließlich nach wissenschaftlichen Kriterien zu erarbeiten. Die Gefährdung ist unabhängig von der momentanen Nutzung aufzuzeigen. Bestehende Schutzmaßnahmen (Konzept, Ausführung, Zustand, Wirksamkeit) sind zu berücksichtigen.

A. Die Gefahrenprozesse – Gliederung und Definitionen

Im Rahmen der oben erwähnten Harmonisierungsbestrebungen wurden die Naturgefahren in der Schweiz in folgende Hauptgruppen unterteilt:
- Lawinen;
- Steinschlag / Felssturz;
- Hochwasser / Murgang;
- Rutschungen.

Diese vier Hauptgruppen umfassen je eine große Zahl von einzelnen Prozessen, die nach verschiedenen Gesichtspunkten unterteilt werden können, so z.B.
- nach Bewegungsmechanismen (stürzen, fließen, plastische Verformung, gleiten usw.);
- nach beteiligtem Material bzw. Mischanteilen dieser Stoffe (Wasser, Schnee, Eis, Fels, Lockermaterial);
- nach beteiligten Volumina und Massen;
- nach Geschwindigkeiten.

Aufgrund dieser sachlichen Kriterien wurden für die oben erwähnten Hauptgruppen eine pragmatische Unterteilung angestrebt, die sich einerseits an landläufig gebräuchlichen Begriffen und Vorstellungen orientiert, die aber andererseits die gefährlichen Vorgänge in ihren Wirkungsräumen möglichst gut charakterisieren soll (s. Tab. 2).

B. Allgemeine Bedeutung der Gefahrenstufen

Gefahrenkarten stellen das Produkt aus verschiedenen untersuchten Szenarien dar. Die einzelnen Gefahrenarten mit ihren möglichen Schadenwirkungen bedürfen dabei einer einheitlichen Darstellung und Bewertung, wenn sie in der Nutzungsplanung berücksichtigt werden sollen. In den Erläuterungen zum Bundesgesetz über die Raumplanung (EJPD/BRP 1981) wird auf die Notwendigkeit einer Bewertung des einzelnen Standortes hingewiesen.

Tabelle 1: Gefahrenbeurteilung: Bearbeitungstiefe in Abhängigkeit von der Handlungsebene

Raumplanung	Handlungsebene	
	„Richtplanung"	„Nutzungsplanung"
Bearbeitungstiefe	↓ **Erkennen** und **Lokalisieren** der Gefahren, Bestimmen der Art des gefährlichen Prozesses (**Gefahrenart**)	↓ **Analysieren** und **Beurteilen** der Gefahren; Abklären von Ursache (Einflußfaktoren, Disposition, Auslösung), **Wahrscheinlichkeit**, Ablauf (Dynamik und Kinematik), **Intensität** und möglicher Wirkung (**genaue Lokalisierung**).
Bearbeitungsschritte und -ansätze *Vorbereiten / Eingrenzen* *Erheben* *Auswerten / Interpretieren*	• Auswertung von Katasteraufzeichnungen • Luftbildinterpretation unterstützt durch Erhebungen im Gelände • Modellrechnungen, Analyse mit Prozeßmodellen • EDV/GIS-gestützte Gefahrenanalyse	• Eingrenzung der Probleme und des Bearbeitungsperimeters, z.B. aufgrund einer Gefahrenhinweiskarte Erhebungen **im Gelände**, unterstützt durch • Auswertung von Katasteraufzeichnungen • Karten der Phänomene (stumme Zeugen Gefahren-relevante Geländemerkmale) • Luftbildinterpretation • Ermittlung von Intensität und Eintretenswahrscheinlichkeit der Gefahrenprozesse für verschiedene Szenarien und • Definition und Beurteilung der Gefahren im Wirkungsgebiet anhand verschiedener Gefährdungsbilder durch • detaillierte Analyse und Interpretation früherer Ereignisse • Schwachstellenanalyse im Gelände • physikalisch-mathematische Modellansätze (z.B. Berechnung der Auslaufstrecken von Lawinen) • evtl. Modellversuche • Untersuchung der gegenseitigen Beeinflussung verschiedener gefährlichen Prozesse
korresp. Karten- oder Planmaßstab	1 : 10.000 bis 1 : 50.000	1 : 2.000 bis 1 : 10.000
Kartentyp	Gefahren-Hinweiskarte	Gefahrenkarte

Tabelle 2: Naturgefahren in Gebirgsräumen – vereinheitlichte Definitionen aufgrund der Harmonisierungsbestrebungen in der Schweiz

Lawinen:	plötzliche und schnelle Talwärtsbewegung von Schnee und / oder Eis als gleitende, fließende oder rollende Masse oder als aufgewirbelte Schneewolke an Hängen und Wänden mit einer Sturzbahn von über 50 m Länge.
Fließlawine:	plötzliche und schnelle Talwärtsbewegung von Schnee und / oder Eis vorwiegend als gleitende, fließende oder rollende Masse.
Staublawine:	plötzliche und schnelle Talwärtsbewegung von Schnee und / oder Eis vorwiegend als aufgewirbelte, stiebende Schneewolke.
Sturzprozesse:	
Steinschlag/ Blockschlag:	Fallen, Springen und Rollen von isolierten Steinen ($\varnothing < 2$ m) und Blöcken ($\varnothing > 2$ m).
Felssturz:	Sturz einer Felsmasse, die während des Sturzes bzw. beim Aufprall in Blöcke und Steine fraktioniert wird, wobei die Interaktionen zwischen den Komponenten keinen maßgebenden Einfluß auf die Dynamik des Prozesses haben.
Bergsturz:	Absturz sehr großer, im ursprünglichen Felsverband mehr oder weniger kohärenter Felsmassen unter Erreichung hoher Geschwindigkeiten, wobei der Verlagerungsmechanismus durch eine starke Wechselwirkung zwischen den Komponenten (Sturzstrom) gekennzeichnet ist.
Hochwasser / Murgang:	
Überschwemmung:	Bedeckung einer Landfläche mit Wasser und Feststoffen, die aus dem Gewässerbett ausgetreten sind. Überschwemmungen sind eine Folge von *Hochwasser* (= Zustand in einem Gewässer, bei dem der Wasserstand oder der Abfluß einen bestimmten Schwellenwert überschritten hat). Sie sind oft verbunden mit *Übersarung* (Ablagerung von Feststoffen außerhalb des Gerinnes) und mit lokaler Erosion.
Ufererosion:	Abgleiten von Uferböschungen infolge Tiefen- und Seitenerosion.
Murgang:	Schnell fließendes Gemisch von Wasser und Feststoffen mit einem hohen Feststoffanteil von ca. 30% bis 60%. Im Wirkungsgebiet (meist im Kegelbereich eines Wildbaches) erfolgt eine *Übermurung* (= Ablagerung von Murgangmaterial außerhalb des Gerinnes).

Rutschungen:	hangabwärts gerichtete Bewegung von Hangbereichen aus Fels- und/oder Lockergesteinsmassen längs eines Scherbruches.
	Unterscheidung nach Aktivität und Lage des Scherbereichs:
	    oberflächlich, flachgründig < 2 m
	    mitteltief, mittelgründig 2 - 10 m
	    tief, tiefgründig > 10 m

Hangmuren:	An relativ steilen Hängen erfolgendes, schnelles Abfahren eines Gemisches aus Lockergestein (Boden und Vegetationsbedeckung) und viel Wasser ohne Vorhandensein bzw. Ausbildung einer Gleitfläche.

Bei der Ermittlung einer Gefahr muß sowohl die Intensität des Prozesses bzw. seiner Wirkung als auch die Wahrscheinlichkeit seines Eintretens berücksichtigt werden. Die Kombination von beiden kann als *Gefahrenstufe* ausgedrückt werden.

Eine Umschreibung der *allgemeinen Bedeutung* der einzelnen Gefahrenstufen als Grundlage für die Raumplanung ist in Tab. 3 zusammengestellt. Im Vordergrund steht die Gefährdung von Menschen und erheblichen Sachwerten in Siedlungsgebieten. Angestrebt wird eine klare Gliederung nach Maßgabe möglicher Konsequenzen für die Raumplanung in *Verbots-, Gebots- und Hinweisbereiche*. Dabei ist deutlich auf den Stellenwert der Gefahrenkarte hinzuweisen:

Die Gefahrenkarte selber ist nicht rechtsverbindlich; sie ist *die wissenschaftlich-technische Grundlage* für die Berücksichtigung der bekannten Gefahrengebiete bei allen raumwirksamen Aufgaben, im besonderen in der Nutzungsplanung und für die Konzeption von Maßnahmen. *Die Gefährdung muß daher unabhängig von der momentanen Nutzung aufgezeigt werden.* Bestehende Schutzmaßnahmen (Konzept, Ausführung, Zustand, Wirksamkeit) sind zu berücksichtigen.

Weil die Gefahrenstufen nach Maßgabe möglicher Konsequenzen für die Raumplanung (Verbots-, Gebots- und Hinweisbereiche gemäß Tab. 3) festgelegt werden, müssen die Intensitätskriterien und die Wahrscheinlichkeitsabstufungen der einzelnen berücksichtigten Prozesse aufeinander abgestimmt werden.

C. Intensität des gefährlichen Prozesses: Maßgebliche Parameter und Kriterien

Mit „Intensität" wird ein neutraler Begriff verwendet, der je nach Prozeß und je nach Art der Beschreibung des Prozesses für verschiedene physikalische Größen stehen kann, so für:
- Intensität i.e.S.:
  - bei Erdbeben: Auswirkung eines Bebens an der Erdoberfläche (UNESCO 1986, S. 10–11) oder
  - bei Niederschlägen: Niederschlagsmenge pro Zeiteinheit;
- Magnitude:
  - allgemein: Größe eines Prozesses,
  - bei Erdbeben: Maß für die im Erdbebenherd freigewordene Energie (aus Seismogramm, Richterskala, vgl. z.B. UNESCO 1986, S. 8–10);
- Dauer: z.B. Dauer des Niederschlages mit einer bestimmten Intensität, Dauer eines Hochwassers;
- Bewegungsenergie;
- Kraftstoß (Impuls): z.B. beim Steinschlag (Stein, der auf ein Hindernis trifft);
- Druck: z.B. bei Massenströmen (Lawinen, Murgänge, Wasser mit und ohne Feststoff usw.), die auf ein Hindernis stoßen;
- Höhe: Überflutungshöhe bei Überschwemmungen;
- Volumen: z.B. vom Wildbach bei einem Unwetter auf dem Schwemmkegel abgelagerte Geschiebefracht;
- (mögliche) Wirkung: (mögliches) Schadenausmaß.

Bei der Beschreibung der einzelnen Prozesse bzw. bei der Beurteilung ihrer Gefährlichkeit steht jeweils die eine oder die andere der aufgelisteten Größen im Vordergrund, die hier alle unter dem Begriff Intensität zusammengefaßt werden (Tab. 4).

Tabelle 3: Bedeutung der Gefahrenstufen für Siedlungsräume

Gefahrenstufe	Kriterien bezüglich Gefährdung von Personen	Kriterien bezüglich Wirkung auf Gebäude	Allgemeine Bedeutung für Siedlungsgebiete
rot – erhebliche Gefährdung	Personen sind sowohl innerhalb als auch außerhalb von Gebäuden gefährdet. Die Ereignisse treten zwar in schwächerem Ausmaß, dafür aber mit einer hohen Wahrscheinlichkeit auf. In diesem Falle sind Personen vor allem außerhalb der Gebäude gefährdet.	Mit der Zerstörung von Gebäuden ist zu rechnen. oder Die Ereignisse treten zwar in schwächerem Ausmaß, dafür aber mit einer hohen Wahrscheinlichkeit auf.	Das rote Gebiet ist im wesentlichen ein **Verbotsbereich**.
blau – mittlere Gefährdung	Personen sind innerhalb von Gebäuden kaum gefährdet, jedoch außerhalb davon.	Mit Schäden an Gebäuden ist zu rechnen, jedoch sind plötzliche Gebäudezerstörungen in diesem Gebiet nicht zu erwarten, falls gewisse Auflagen bezüglich Bauweise beachtet werden.	Das blaue Gebiet ist im wesentlichen ein **Gebotsbereich**, in dem schwere Schäden durch geeignete Vorsorgemaßnahmen (Auflagen) vermieden werden können.
gelb – geringe Gefährdung	Personen sind kaum gefährdet.	Mit geringen Schäden an Gebäuden bzw. mit Behinderungen ist zu rechnen. In Gebäuden können jedoch erhebliche Sachschäden auftreten (z.B. durch Überschwemmung).	Das gelbe Gebiet ist im wesentlichen ein **Hinweisbereich**.
Gelb-weiß gestreift Restgefährdung (Restrisiko)	Gefährdungen mit einer sehr geringen Eintretenswahrscheinlichkeit und einer hohen Intensität (z.B. **Hochwasser, Bergsturz oder Felssturz**) können durch eine gelb-weiß gestreifte Signatur bezeichnet werden.		Das gelb-weiß gestreifte Gebiet ist im wesentlichen ein **Hinweisbereich**, der eine **Restgefährdung (Restrisiko)** aufzeigt.
weiß – nach dem derzeitigem Kenntnisstand keine oder vernachlässigbare Gefährdung			

Tabelle 4: Intensität von gefährlichen Prozessen: Übersicht über maßgebliche Parameter und Kriterien

Gefahrenarten		Maß der möglichen Wirkung	starke Intensität	mittlere Intensität	schwache Intensität
Lawinen	Fließlawinen	Lawinendruck	$P > 30\ kN/m^2$	$P > 3\ kN/m^2$	---
	Staublawinen	Lawinendruck	$P > 30\ kN/m^2$	$30 > P > 3\ kN/m^2$	$P < 3\ kN/m^2$
	Eissturz ist je nach gegebenen Verhältnissen wie Steinschlag, Felssturz oder wie Lawinen zu behandeln.				
Sturzprozesse	Block- und Steinschlag	kinetische Energie (Translation + Rotation)	$E > 300\ kJ$	$300\ kJ > E > 10\ kJ$	$E < 10\ kJ$
	Fels- und Bergsturz	kinetische Energie Masse und Volumen	$E > 300\ kJ$	---	---
Hochwasser / Murgang	Überschwemmung (mit Übersarung und lokaler Erosion)	Überschwemmungshöhe (h) (Wasser + Feststoffe) und Fließgeschwindigkeit (v)	$h > 2\ m$ oder $v \times h > 2\ m^2/s$	$2\ m > h > 0.5\ m$ oder $2\ m^2/s > v \times h > 0.5\ m^2/s$	$h < 0.5\ m$ oder $v \times h < 0.5\ m^2/s$
	Ufererosion (Böschungs- und Flankenerosion an Gerinnen)	Mittlere Mächtigkeit (d) der beim einzelnen Ereignis an der Böschung erwarteten Abtragung (gemessen senkrecht zur Böschungsoberfläche)	$d > 2\ m$	$2\ m > d > 0.5\ m$	$d < 0.5\ m$
	Übermurung	Geschwindigkeit und Mächtigkeit (h) der fließenden Massen	$h > 1\ m$ und $v > 1\ m/s$	$h < 1\ m$ oder $v < 1\ m/s$	---
Rutschungen		Differentielle Bewegungen in Zug- / Scher- / Druckzonen; Anhaltspunkte: Geschwindigkeiten und Verschiebungsbeträge	starke Differentialbewegungen; $v > 0.1\ m/Tag$ bei oberflächlichen Rutschungen; Verschiebungen $> 1\ m$ pro Ereignis	$v:\ dm/Jahr$ $v:\ mm/Tag$	$v:\ cm/Jahr$
Hangmuren		umgelagertes Volumen; Mächtigkeit (d) der mobilisierbaren Schicht	$d > 2\ m$	$2\ m > d > 0.5\ m$	$d < 0.5\ m$
Absenkung, Einsturz			---	Dolinen vorhanden	---

Aussagen zur möglichen „Intensität" eines Prozesses an einer bestimmten Stelle sollen nicht verwechselt oder vermischt werden mit Aussagen über die jeweils betroffene Fläche in ihrer Ausdehnung. Natürlich spielt es eine Rolle, ob beispielsweise in einem bestimmten Talabschnitt mehrere Quadratkilometer mit einer bestimmten Intensität überflutet werden können, oder ob „nur" einige wenige Hektaren betroffen sind. Diese Betrachtung ist vor allem im Hinblick auf aktive Maßnahmen (Kostenwirksamkeit) sehr wesentlich. Entscheidend als Maß für die Intensität im Zusammenhang mit der Erstellung von Gefahrenkarten sind jedoch für das gegebene Beispiel allein die mögliche Überflutungstiefe und die zu erwartende Fließgeschwindigkeit des Wassers am einzelnen betrachteten Punkt bzw. in der betrachteten Bezugsfläche innerhalb der gefährdeten Gebiete.

D. Wahrscheinlichkeit und mittlere Wiederkehrdauer des gefährlichen Prozesses

Die Gefahr gilt als um so größer, je häufiger sich ein gefährlicher Prozeß von bestimmter schadenbringender Intensität innerhalb einer gegebenen Periode ereignet. Jede Gefahrenbeurteilung erfordert deshalb auch die Untersuchung der Eintretens-Wahrscheinlichkeit bzw. der Häufigkeit des gefährlichen Prozesses.

Von Jährlichkeit oder Wiederkehrdauer kann nur bei Prozessen gesprochen werden, die sich wiederholt in vergleichbarer Intensität ereignen. Daneben gibt es jedoch auch gefährliche Prozesse, die einmalig sind (z.B. ein Bergsturz) oder die über längere Zeit andauern, kontinuierlich sind, wie zum Beispiel eine permanente Rutschung.

Im Überblick können bezüglich der zeitlichen Abfolge bzw. der Dauer
- kontinuierlich oder
- episodisch, dabei
  - einmalig oder
  - wiederholt und dabei
    - periodisch oder
    - sporadisch

auftretende gefährliche Prozesse unterschieden werden.

Kontinuierliche Prozesse sind allgemein langsame, eher regelmäßige Prozesse, die, wenn sie nicht zusätzliche gefährliche Folgeprozesse auslösen, für den Menschen direkt kaum gefährlich sind, aber durchaus zu bedeutenden Sachschäden führen können. Kontinuierliche Prozesse unter den gefährlichen Prozessen in Gebirgsräumen sind in erster Linie ausgedehnte Kriechbewegungen in Fels- und Lockermaterial, in Permafrost und auch in Gletschereis.

Gefährliche Prozesse werden dann als „einmalig" bezeichnet, wenn sie sich in einem bestimmten Gefahrengebiet während Jahrtausenden nur einmal ereignen (können), wie dies bei Bergstürzen der Fall ist.

Mehr oder weniger regelmäßige (aber nicht kontinuierliche) gefährliche Prozesse einer bestimmten Intensität werden als „periodisch" bezeichnet, wenn sie sich in einer statistisch charakterisierbaren Frequenz abspielen. Dabei ist die Periodendauer zwischen zwei Ereignissen gleicher Intensität nicht als Konstante, sondern als statistischer Mittelwert (Größenordnung) aufzufassen. Streng periodische Prozesse sind selten anzutreffen. Bei etwas großzügiger Anwendung des Kriteriums der Periodizität können beispielsweise in vielen Lawinenstrichen kleinere und mittelgroße Lawinenabgänge als periodisch aufgefaßt werden. Eindeutig als sporadische Prozesse zu bezeichnen sind Ereignisse, die sich auch bei großzügiger Definition der Periodizität nicht mehr als periodisch, d.h. als mehr oder weniger regelmäßig wiederkehrend, bezeichnen lassen.

Die Ermittlung der Eintretenswahrscheinlichkeit ist praktisch oft kaum möglich, in der Regel äußerst schwierig und mit großen Unsicherheiten behaftet. Bei statistisch berechneten Angaben ist die große Variationsbreite zu berücksichtigen: Der Bereich innerhalb der Vertrauensgrenzen, innerhalb welcher alle Werte statistisch als richtig zu betrachten sind, kann ohne weiteres über zwei Wahrscheinlichkeitsklassen reichen.

Für einen einheitlichen Betrachtungszeitraum können Eintretenswahrscheinlichkeit und Wiederkehrperiode über folgende Beziehung umgerechnet werden:

$$p = 1 - (1 - \frac{1}{T})^n$$

n Betrachtungszeitraum (Jahre)
T Wiederkehrperiode (Jahre)
p Eintretenswahrscheinlichkeit eines Ereignisses ≥ dem Ereignis der Wiederkehrperiode T innerhalb des Betrachtungszeitraums n

Tabelle 5: Eintretenswahrscheinlichkeit und Wiederkehrperioden für einen Betrachtungszeitraum von 50 Jahren

Wahrscheinlichkeit		Wiederkehrperiode	
verbal:	*Eintretenswahrscheinlichkeit in 50 Jahren:*	verbal:	*Wiederkehrperiode:*
hoch	100 bis 82 %	**häufig**	1 bis 30 Jahre
mittel	82 bis 40 %	**mittel**	30 bis 100 Jahre
gering	40 bis 16 %	**selten**	100 bis 300 Jahre

Tab. 5 zeigt deutlich, daß für einen bestimmten Betrachtungszeitraum (in der Tabelle für 50 Jahre) auch bei einer hohen Wiederkehrperiode von 300 Jahren immer noch eine Wahrscheinlichkeit von 16 % besteht, daß das Ereignis in der betreffenden Periode von 50 Jahren eintritt. Je nach korrespondierender Intensität kann auch diese Gefahr nicht außer acht gelassen werden; falls ein entsprechendes Schadenpotential besteht, verbleibt ein nicht zu vernachlässigendes Risiko.

Unterschiedliche Wahrscheinlichkeiten für Teilprozesse
Beachtet werden muß bei diesen Überlegungen, daß die Wahrscheinlichkeiten zwischen einzelnen Teilprozessen und der Schadenwirkung verschieden sein können. So führt in einem Wildbach nicht jedes Hochwasser mit einem bestimmten Abfluß zur gleichen Feststofffracht oder zu einem Murgang, und die Schäden im Siedlungsbereich können sehr unterschiedlich sein.

Größe der Bezugsfläche
Wichtig ist auch, daß Klarheit darüber herrscht, auf welche Bezugsfläche (Ausdehnung) sich die Aussagen beziehen:
So kann beispielsweise die Ausdehnung der *Bezugsfläche* bei Felsstürzen und Steinschlag für die Zuordnung der Wahrscheinlichkeitsklasse eine erhebliche Rolle spielen. Wenn im gesamten 500 m langen Streifen unter einer ebenso langen, sich

homogen verhaltenden Felswand gesamthaft durchschnittlich alle 10 Jahre der Absturz eines Blockes zu erwarten ist, so ist bei Unterteilung des Streifen in fünf gleich große Abschnitte in jedem Abschnitt ein solcher Block nur durchschnittlich alle 50 Jahre zu erwarten.

Es scheint nicht sinnvoll, die Größe der Bezugsflächen absolut festzulegen. Immerhin dürfte in vielen Fällen die Größenordnung von einer bis weniger Hektaren sinnvoll sein.

E. Kombinierte Umsetzung von Intensität und Eintretenswahrscheinlichkeit zu Gefahrenstufen

Wie bereits mehrfach erwähnt und wie aus Tab. 4 hervorgeht, dienen als Maß für die Gefährdung die *Intensität* und die *Eintretenswahrscheinlichkeit* (Häufigkeit bzw. Wiederkehrdauer) der Gefahr.

In jeder Gefahrenkarte auf der Ebene Nutzungsplanung sind die entsprechenden Zuordnungen im Hinblick auf eine gute Nachvollziehbarkeit zu begründen. Diese Begründung muß mindestens eine Aussage über die Wahrscheinlichkeitsklasse (bzw. Klasse der Wiederkehrdauer) und der Intensitätsklasse enthalten:

In der Intensitäts-Wahrscheinlichkeits-Matrix für Naturgefahren gemäß Abb. 3 sind „Wahrscheinlichkeit" und „Intensität" nicht als metrische Größen, sondern als Klassen dargestellt. Dahinter steckt die Absicht, die jeweils eindeutige Einordnung einer Gefahr in eine Wahrscheinlichkeits- bzw. Intensitätsklasse zu erleichtern. In der Intensitäts-Wahrscheinlichkeits-Matrix ergibt sich dann die Zuordnung zu einem der numerierten Felder, d.h. zum „roten", „blauen", „gelben" oder „weißen" Bereich. Auch diese Zuordnung ist meist eindeutig. In einzelnen Feldern hat man sich jedoch zu entscheiden, ob die Gefahrenbeurteilung eher zur „oberen" oder zur „unteren" Intensitätsklasse bzw. zur Wahrscheinlichkeitsklasse „links" oder „rechts" in der Matrix zuzuordnen ist.

Selbstverständlich stecken hinter jeder Klassengrenze bestimmte qualitative oder quantitative Aussagen, die u.a. aus Tab. 4 hervorgehen.

An ein und demselben Ort können sich unterschiedliche Gefährdungen überlagern. In der Regel kann angenommen werden, daß es sich um unabhängige Einzelereignisse handelt. Die Verknüpfung wird gemäß Tab. 6 vorgenommen.

Tabelle 6: Verknüpfung verschiedener Gefährdungen an ein und demselben Ort

Fall	Maßgebende Gefährdung / Maßgebende Gefahrenart
1. An demselben Ort tritt die gleiche Gefahrenart mit unterschiedlicher Wahrscheinlichkeit und Intensität auf.	Maßgebende Gefährdung: Szenarium, das der höchsten Gefahrenstufe gemäß der Intensitäts-Wahrscheinlichkeits-Matrix (Abbildung 3) zugeordnet wird
2. An demselben Ort treten unterschiedliche Gefahrenarten mit unterschiedlicher maßgebender Gefährdung auf.	Maßgebende Gefahrenart: Gefahr, die der höchsten Gefahrenstufe gemäß der Intensitäts-Wahrscheinlichkeits-Matrix (Abbildung 3) zugeordnet wird. Gefahrenarten mit gleicher oder geringerer Gefährdung werden in der Gefahrenkarte ebenfalls ausgewiesen (vgl. Kienholz 1977)

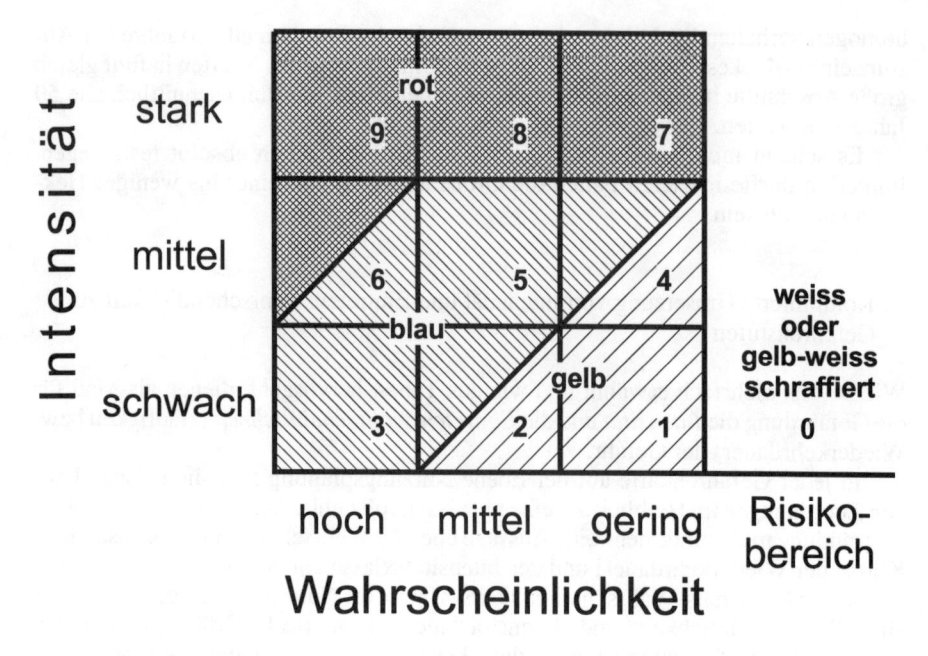

Abbildung 3: Intensitäts-Wahrscheinlichkeits-Matrix für Naturgefahren

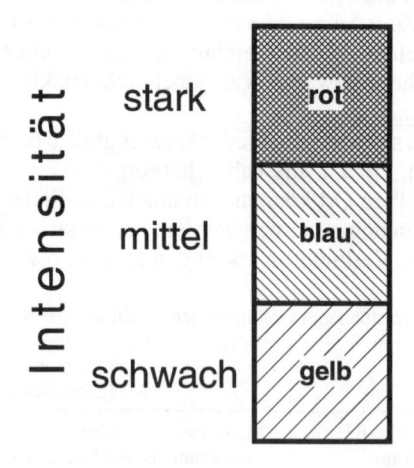

Abbildung 4: Intensitätsklassen für permanente Rutschungen

F. Genauigkeit der räumlichen Abgrenzung und Bearbeitungstiefe

Die Raumplanung auf lokaler Ebene befaßt sich mit der detaillierten Flächennutzung. Für jede einzelne Parzelle wird die mögliche Nutzungsart (z.B. Landwirtschaft, Wohnen, Gewerbe, Industrie, Dienstleistungen, öffentliche Gebäude usw.) und die Nutzungsintensität (z.B. Anzahl der Stockwerke der Gebäude, effektiv überbaubarer Anteil der Parzellenfläche usw.) definiert. Die Aussagen erfolgen somit in der Regel parzellenbezogen. Daraus folgt, daß die begründenden Faktoren für Nutzungsmöglichkeiten bzw. -einschränkungen (u.a. Naturgefahren) in einer den üblichen Parzellengrößen entsprechenden *räumlichen Auflösung* zu erheben und darzustellen sind. Das heißt, daß bei der Erstellung von Gefahrenkarten je nach Prozessen und örtlichen Geländeverhältnissen eine Aussagegenauigkeit in der Größenordnung von ca. 10 m anzustreben ist.

Parzellen mit ihren grundbuchamtlich registrierten Grenzen sind künstliche, vom Menschen nach nutzungsbedingten und rechtlichen Gesichtspunkten festgelegte Gebilde. Sie sind nur zum Teil durch natürliche Gegebenheiten definiert und berücksichtigen eher selten die Gefährdungen durch Naturereignisse.

Weil die Erstellung der Gefahrenkarte und somit die Festlegung der Grenzen zwischen Bereichen unterschiedlicher Gefährdung ausschließlich nach wissenschaftlichen Kriterien zu erfolgen hat, ist bei diesem Arbeitsschritt jedoch keine Rücksicht auf Parzellengrenzen zu nehmen (Die Gefahrenkarte ist allein kein rechtsverbindliches Dokument sondern eine Grundlagendokument, das zusammen mit anderen Planungsgrundlagen der Erstellung des Nutzungszonenplanes dient).

Die *Bearbeitungstiefe* von Gefahrenkarten hängt stark vom vorhandenen und erwartbaren Schadenpotential einerseits und vom Gefahrenpotential andererseits ab. In jedem Falle müssen jedoch gut abgestützte Aussagen über die Intensität und die Wahrscheinlichkeit der Gefahr in einem gegebenen Geländebereich erarbeitet werden, so daß die in Abb. 3 bzw. 4 definierten Gefahrenstufen festgelegt werden können.

Die Gefahrenbeurteilung soll nicht nur auf „sachlich richtige" Aussagen hinsteuern, sondern auch möglichst gute Nachvollziehbarkeit anstreben. Gute Nachvollziehbarkeit des Verfahrens erfordert oft etwas mehr Aufwand (Dokumentation), hilft jedoch dem Bearbeiter bei der Selbstkontrolle, erleichtert die fachliche Diskussion und verbessert die Argumentationsbasis bei der Umsetzung.

Dabei ist der Gutachter in der Wahl seiner Methoden grundsätzlich frei, sofern sie diesen Zielen gerecht werden und den anerkannten „Regeln der Kunst" entsprechen.

Auch wenn auf der Ebene Nutzungsplanung ein wesentlich größerer Aufwand betrieben werden kann als auf der Ebene Richtplanung, müssen auch hier Fragen offen bleiben. In vielen Fällen wäre ein besserer Einblick in die Untergrundverhältnisse (Materialzusammensetzung, Schichtung, Verlauf der Felsoberfläche, Hydrologie) erforderlich, als dies die natürlichen Aufschlüsse und Merkmale an der Terrainoberfläche erlauben. Punktuell können zwar beispielsweise geophysikalische Prospektionsmethoden eingesetzt oder mit Bohrungen und Sondierschlitzen Einblick in den Untergrund verschafft werden. Aber auch auf der Ebene Nutzungsplanung müssen Aufwand und Ertrag in einer vernünftigen Relation zueinander stehen. Deshalb kann es auch hier notwendig sein, einzelne Fragen offen zu lassen, was durchaus zulässig ist, solange dies deutlich dargestellt und kommentiert wird. Dabei ist vor allem auf die Notwendigkeit von örtlichen Zusatzuntersuchungen hinzuweisen, falls im fraglichen Bereich irgendwelche Vorhaben konkretisiert werden sollten. Die Verantwortung liegt hier im wesentlichen beim Bearbeiter.

4. Zusammenfassung

In Gebirgsräumen wird die Sicherheit von Menschen und Gütern durch Naturprozesse wie Lawinen, Murgänge, Hochwasser und Felsstürze bedroht, die oft innerhalb sehr kurzer Zeit zu Todesopfern, Verletzten, Zerstörung von Sachwerten und zu ökologischen Schäden führen können. Je dichter und empfindlicher die Nutzungen und Nutzungsansprüche werden, desto wichtiger wird ein bewußtes und gezieltes Risikomanagement. Kosten-Wirksamkeits- und Kosten-Nutzen-Analysen im Hinblick auf risikomindernde Maßnahmen erhalten immer größeres Gewicht. Diese Entwicklung führt zur Forderung nach klar strukturierten Analyse- und Bewertungsverfahren und in vielen Bereichen nach besseren Grundlagen für das Prozeß- und Systemverständnis. Neben der dazu erforderlichen Grundlagenforschung erhält die Verfahrens-Entwicklung und die harmonisierte Umsetzung der Erkenntnisse in die Praxis von Politik, Verwaltung und Privatwirtschaft einen hohen Stellenwert. Dies kann am Beispiel der Schweiz gezeigt werden, wo im Zusammenhang mit modernen Gesetzen im Forst- und Wasserbaubereich intensive, recht gut koordinierte Aktivitäten laufen, die sukzessive zu einer markanten Verbesserung der Analyse, der Bewertung und dem Management von Naturrisiken führen dürften.

Literatur:

BUWAL – Bundesamt für Umwelt, Wald und Landschaft, BWW – Bundesamt für Wasserwirtschaft u. BRP – Bundesamt für Raumplanung (1998): Berücksichtigung der Massenbewegungsgefahren bei raumwirksamen Tätigkeiten. Bern und Biel. Im Druck.
BWW, BRP u. BUWAL (1997): Berücksichtigung der Hochwassergefahren bei raumwirksamen Tätigkeiten. Biel u. Bern.
EJPD u. BRP (1981): Erläuterungen zum Bundesgesetz über die Raumplanung. Bern.
Guggisberg, C. (1994): Schutz vor Naturgefahren mit Instrumenten der Raumplanung. In: Raumplanung, Informationshefte 1, S. 6–7. Bern.
Heinimann, H.R., R. Baumann, K. Hollenstein, H. Kienholz, B. Krummenacher u. P. Mani (1998): Methoden zur Analyse und Bewertung von Naturgefahren in Gebirgsräumen. Bern. Im Druck.
Kienholz, H. (1977): Kombinierte geomorphologische Gefahrenkarte 1 : 10.000 von Grindelwald. In: Catena 3, No.3/4, S. 265–294.
Ders. (1994): Naturgefahren – Naturrisiken im Gebirge. In: Schweizerische Zeitschrift für Forstwesen 145, S. 1–25.
Kienholz, H. u. B. Krummenacher (1995): Symbolbaukasten zur Kartierung der Phänomene. Empfehlungen, Ausgabe 1995. = Mitteilungen des Bundesamtes für Wasserwirtschaft 6. Bern.
Loat, R. u. H.P. Willi (1995): Hochwasserschutz aus der Sicht des Bundesamtes für Wasserwirtschaft. = Vermessung, Photogrammetrie, Kulturtechnik, H. 2.
UNESCO (1986): Erdbeben, Entstehung, Risko und Hilfe. Nationale Schweizerische UNESCO-Kommission.
WaG – Waldgesetz (1991): Bundesgesetz über den Wald vom 4.10.91. Bern.
WaV – Waldverordnung (1992): Verordnung über den Wald vom 30.11.92. Bern.
WBG – Wasserbaugesetz (1991): Bundesgesetz über den Wasserbau vom 21.6.91. Bern.
WBV – Wasserbauverordnung (1994): Verordnung über den Wasserbau vom 1.12.94. Bern.
Willi, H.P. u. R. Loat (1994): Hochwasserschutz und Raumplanung. In: Raumplanung, Informationshefte 1, S. 8–11. Bern.

DIE WAHRNEHMUNG VON NATURRISIKEN IN DER „RISIKOGESELLSCHAFT"

Jürgen Pohl (Bonn)

1. Allgemeine Einordnung

Die Überlegungen zur Wahrnehmung von Naturrisiken in der Risikogesellschaft gliedern sich in drei Gesichtspunkte, die das Verhältnis von objektiver Naturgefahr und Risiko sowie die Wahrnehmung beider durch die Gesellschaft zum Thema haben. Der erste Punkt befaßt sich mit der grundsätzlichen Herangehensweise der Wissenschaft, insbesondere derjenigen der Geographie, an das Naturrisiko. Der zweite betont die Unterscheidung von Gefahr und Risiko, was vor allem als innergesellschaftliches Problem begriffen wird. Der dritte Punkt, als gleichsam innerster Kreis um das Naturrisiko, soll einige praktische Dimensionen sozialwissenschaftlicher Risikoforschung vorstellen.

A. Wissenschaftstheoretische Aspekte

Die Hazardforschung an den Universitäten ist Teil der Wissenschaft. Aufgabe des Wissenschaftlers ist in erster Linie, wahre Erkenntnis zu gewinnen. Er sucht nach der Wahrheit, oftmals durch die Hinzufügung des Adjektivs „rein" nochmals betont: „Und was unter ‚rein' zu verstehen ist, dürfte wohl klar sein: ein Erkennen der Welt in ihrer absoluten Objektivität und daher frei von jeder Kontaminierung durch den Beobachter. Damit scheint das Anliegen der Wissenschaft klar umrissen" (Watzlawick 1992, S. 171). Der Wissenschaftler beobachtet die Welt von außen und erkennt so ihre objektive Struktur.

Die Vorstellung, es gebe eine objektive Realität der Wirklichkeit einerseits und eine korrekte oder falsche Wahrnehmung dieser Realität in uns andererseits, ist weit verbreitet. Die Idee einer vom Subjekt unabhängigen, objektiven Realität ist in philosophischer Perspektive spätestens seit David Hume und Immanuel Kant nicht mehr haltbar: Sie ist es auch in der Wissenschaft nicht, seit man eingesehen hat, daß die Aufgabe der Wissenschaft nicht im Finden endgültiger Wahrheiten besteht (Watzlawick 1992, S. 126). In den Naturwissenschaften hat sich freilich diese Einsicht nicht bei allen durchgesetzt, und das, obwohl Thomas Kuhn seine Theorie über „die Struktur wissenschaftlicher Revolutionen" gerade an der Physik bewiesen hat. Seither geht man davon aus, daß eine Erkenntnis immer nur relativ zu einem Paradigma wahr ist. Ein Paradigma funktioniert wie ein archimedischer Punkt, von dem aus wir die Welt aus den Angeln zu heben versuchen. Wir aber leben – auch als Wissenschaftler – immer innerhalb der Welt. Unsere Wahrnehmung kann also nicht wirklich einen objektiven Standpunkt einnehmen. Den wirklichen archimedischen Punkt gibt es nicht.

Ich möchte die Frage, ob auch die Wirklichkeit der Naturwissenschaften nur eine konstruierte Wirklichkeit ist, nicht weiter erörtern. Für unsere Zwecke genügt die Konzentration auf die Sozialwissenschaften. Hier also gehen wir nicht von der objektiven Realität, zum Beispiel der Wahrscheinlichkeit oder des Gefahrenpotentials eines Erdbebens aus, das dann mit der sogenannten verzerrten Wahrnehmung potentieller oder wirklich Betroffener verglichen wird, sondern davon, daß die Wirklichkeit durch die Zuschreibung von Sinn entsteht. Darüber, ob diese Konstruktion objektiv ist, ist keine Aussage möglich. Oder wie Immanuel Kant sagte: Das Ding an sich entzieht sich unserer Erfassung und es ist egal, ob es existiert oder nicht.

Was mit dem Ausdruck: „Wirklichkeitskonstruktion durch Sinnzuschreibung" gemeint ist, drückt sich am besten im Unterschied zwischen dem Optimisten und dem Pessimisten aus: Der Optimist sagt von einer zur Hälfte gefüllten Flasche Wein, sie sei halbvoll, der Pessimist sagt, sie sei halb leer. Es gibt also – zumindest auf dieser Ebene – eine Wirklichkeit, die stark von Sinnzuschreibungen, Wertungen, Wahrnehmungen usw. abhängig ist (Watzlawick 1992, S. 127).

Als Grundlage für die sozialwissenschaftliche Behandlung von Hazards kann man also festhalten: Die objektive Wirklichkeit, die sich unserer Wahrnehmung bietet, ist immer schon bestimmt von bisherigen Erfahrungen, Wertvorstellungen, Wünschen, Projektionen usw. Das Subjektive ist objektiv, denn für die Menschen innerhalb der Welt ist die subjektiv wahrgenommene Wirklichkeit die einzige Realität, also objektiv gegeben. Kurz gefaßt kann man zumindest sagen, was eine sozialwissenschaftliche Hazardforschung nicht sein kann: Das objektive Feststellen subjektiver Einstellungen, Wahrnehmungen, Bewertungen usw. gegenüber objektiven Naturrisiken. Die sozialwissenschaftliche Risikowahrnehmung erhebt nicht im positivistischen Sinn den Anspruch auf objektive Erkenntnis, sondern sie beobachtet, wie die Gesellschaft sich selbst beobachtet, was sie in den Blick bekommt und was nicht. Sie nimmt, in der Terminologie der Systemtheorie, die Position eines Beobachters zweiter Ordnung ein.

B. Der diziplinpolitische Kontext

Ohne Zweifel gibt es einen Zerfall der Wissenschaften in eine Richtung, die technisch und ingenieurmäßig verwertbares Wissen produziert, nämlich die Naturwissenschaften, und in eine Richtung, die über das Tun, den Sinn menschlichen Handelns reflektiert, nämlich die Geisteswissenschaften. Sie entwickeln sich immer weiter auseinander und verstehen sich immer weniger. In der Geographie ist aber immer noch relativ viel Platz für den Dialog. Die Hazardforschung ist nämlich eines der letzten Bindeglieder zwischen der Anthropogeographie und der Physischen Geographie.

Die Hazardforschung steht in einer alten Tradition der Geographie, nämlich im Mensch-Umwelt-Paradigma. Ausgangspunkt dafür war die Beobachtung und die Beschreibung der Versuche des Menschen, der Natur etwas zu entreißen, sich Ressourcen zu sichern bzw. von dem Überfluß, der in der Natur herrscht, etwas für sich abzuzweigen. Herders Wort von der „Erde als Wohnhaus des Menschen" gehört hierher. Vielleicht kann man sogar sagen: Die Hazardforschung speist sich aus dem dialektischen Verhältnis von Geodeterminismus und Possibilismus, der ja sehr lange die Debatte in der Geographie bis hin zur Sozialgeographie durchzog. Im „Hazardmoment" kommen beide auf das Harmonischste zusammen. Auf der einen Seite das geodeterministische Moment: Die Natur schlägt zu und zwingt den Menschen unter ihr Joch. Auf der anderen das possibilistische Moment: Der Mensch versucht die Natur zu überlisten, ihr etwas abzutrotzen, wogegen die Natur kurzfristig wehrlos ist, aber sich langfristig oft fürchterlich rächt. Die Hazardforschung ist also in einem gewissen Sinn archaisch und prämodern.

Andererseits ist die Hazardforschung aber auch sehr modern: Erst die Möglichkeiten der modernen Zivilisation, die Werkzeuge des Menschen, machen die Sache interessant. Mit ihrer Hilfe kann der Natur sehr viel mehr abgetrotzt werden, deswegen sind die Folgen, falls doch mal was passiert, um so schwerwiegender. Unsere hochtechnologische Zivilisation arbeitet mit vielen Krücken, viele Räder greifen ineinander, und das macht sie – im Katastrophenfall – so verwundbar. Die Hazardforschung bringt also das Kunststück fertig, zutiefst im geographischen Mensch-Umwelt-Paradigma verankert zu sein, und gleichzeitig eine aktuelle, planungsrelevante Wissenschaft zu sein.

Die scheinbar sichere doppelte Verankerung birgt aber Risiken. Die Verankerung in dem Mensch-Natur-Paradigma ist nämlich eine veraltete Perspektive. Die einstens übermächtige Natur ist heute mehr oder weniger die geschundene Kreatur. Die Probleme stecken eher im Risiko, das die menschlichen Werkzeuge, die Technik und die Technologien, enthalten, auch im Bereich der vermeintlichen Naturrisiken. Das reicht von den technischen Eingriffen in die Natur bis zur Organisation der Rettungsmaßnahmen nach der Katastrophe.

Die Hazardforschung berücksichtigt zwar die Faktoren Mensch und Technik und wird nicht müde, zu betonen, daß zum Beispiel ein Lawinenabgang in Nordalaska ein Naturereignis, ein Lawinenabgang im Stubaital aber eine menschliche und wirtschaftliche Katastrophe sei, sie erkennt also den Unterschied zwischen Naturereignis und Verletzbarkeit sehr wohl. Aber die Konsequenzen dieser Erkenntnis müssen stärker ins Rampenlicht gerückt werden. Solange man mehr oder weniger physikalische Prozesse betrachtet, die sich zu einem Zeitpunkt an einem bestimmten Ort oder Bereich ereignen, kann man von einem „Natural hazard" sprechen. Sobald man die Wirkung auf den Menschen einbezieht, muß man sich aber auf die gesellschaftlich hergestellte Realität einlassen. Die Perspektive des klassischen Hazardforschers, es gebe ein Ereignis in der Natur, das quasi als Draufgabe eine anthropogene Komponente hat, nämlich Schäden, Furcht usw. zu verursachen, muß dann verlassen werden. In den Blickpunkt gerät unsere Zivilisation. Etwas überspitzt gesprochen ist ein Hazardereignis etwas, das die Gesellschaft heftig erschüttert, die Normalität unterbricht oder gar zerstört. Ein Erdbeben liegt damit aus der gesellschaftlichen Perspektive auf der gleichen Linie wie ein Kernkraftunfall, ein militärischer Angriff usw. Die Behandlung von Naturrisiken in der geographischen Hazardforschung legt den Akzent zu sehr auf „Natur" und zu wenig auf „Risiko". Spreche ich von Naturrisiken oder technologische Risiken, so muß der Akzent mehr auf „Risiko" gelegt werden, genauso wie es in der Untersuchung von Eßkultur oder Wohnkultur in erster Linie um Kultur und nicht um das Essen oder Wohnen geht. Die Natur oder Technik kommt in der Risikoforschung als spezifizierendes Moment nur noch dazu.

Das heißt: Das einfache Mensch-Natur-Paradigma trägt nicht weit. Die Definition eines Hazards als Interaktion zwischen Mensch und Natur ist zu schlicht. „Der Mensch" ist eine hochgradig arbeitsteilige, funktional differenzierte und sozial und kommunikativ äußerst komplexe Seite in diesem System. Wir haben also zwei komplexe Teilprobleme vorliegen. Für das Teilsystem Mensch ist das andere Teilsystem Natur nur ein „irritierender Faktor". Aus dieser Binnenperspektive ist das Naturereignis ein externes Ereignis, das die gewohnten Routinen wie auch die Weiterentwicklung der Gesellschaft „irritiert". Die Gesellschaft als System reagiert der Systemtheorie zufolge immer nur intern, niemals auf direkte Einflüsse von außen, sie reagiert nur auf sich selber, sie handelt „autopoietisch".

2. Der Risikobegriff

Zum Begriff des Hazards als plötzlich auftretendem Naturereignis, das seine Umwelt rasch und nachhaltig verändert, gehört untrennbar der Risikobegriff. Wenn wir einmal der Einfachheit halber feststellen wollen, daß sich die physisch-geographische Seite mit dem plötzlich auftretenden Naturereignis als Hazard „an sich" beschäftigt, so gehört das Risiko zweifellos eher in die sozialwissenschaftliche Perspektive. Eine Diskussion des Begriffs „Risikogesellschaft" muß jedoch aus Platzgründen unterbleiben (vgl. hierzu Beck 1987).

A. Gefahr und Risiko

Schon eine allzu sicher sich gebende etymologische Herleitung des Begriffs „Risiko" ist – selbstredend – „riskant": Es ist nämlich möglich, daß das Wort aus dem Griechischen (von „riza" ist gleich „Wurzel" oder „Basis") oder aus dem Arabischen (von „risc" ist gleich „Das Gegebene", „Schicksal") oder aus dem Lateinischen bzw. Italienischen, wo „risco" das Umschiffen einer Klippe meint, kommt (Hubig 1994, S. 311). Der Risikobegriff hat ohne Zweifel einen ambivalenten Charakter.

Ein Risiko ist im Unterschied zur Gefahr menschlich gemacht. Wird ein möglicher Schaden einer Entscheidung zugerechnet, so spricht man von Risiko, wird er als extern veranlaßt gesehen, spricht man von Gefahr (Luhmann 1991, S. 308). Luhmann illustriert den Unterschied von Risiko und Gefahr am Beispiel des Regenschirms:

„Vor der Erfindung des Regenschirms gab es die Gefahr, naß zu werden, wenn man rausging. Es war gefährlich, rauszugehen. Normalerweise hatte man in dieser Situation nur ein Gefahrenbewußtsein, kein Risikobewußtsein, weil es praktisch nicht in Betracht kommt, wegen der Möglichkeit, daß es regnen könnte, immer zu Hause zu bleiben ... Durch die Erfindung des Regenschirms wurde das grundlegend anders. Man kann jetzt überhaupt nicht mehr risikofrei leben. Die Gefahr, daß man naß werden könnte, wird zum Risiko, das man eingeht, wenn man den Regenschirm nicht mitnimmt. Wenn man ihn aber mitnimmt, geht man das Risiko ein, ihn irgendwo liegen zu lassen" (Hubig 1994, S. 311, Luhmann zitierend).

Die Gefahr oder das Gefahrenpotential ist also da, aber erst der Mensch produziert die Risiken! Auch der letzte Satz, daß man das Risiko eingeht, den Schirm liegen zu lassen, ist wichtig: Auch das scheinbare Meiden eines Risikos ist risikobehaftet! Man hat lediglich die Wahl zwischen zwei Risiken: Den Schirm nicht mitzunehmen und gegebenenfalls naß zu werden oder sicher nicht naß zu werden, ihn aber eventuell liegen zu lassen. Man könnte diese Ambivalenz des Risikos auch mit dem Dilemma zwischen α- und β-Fehler in der schließenden Statistik vergleichen.

B. Subjektives und objektives Risiko

Gewöhnlich wird in der Hazardforschung eine Arbeitsteilung dergestalt unterstellt, daß die naturwissenschaftliche Seite für die objektive Seite, die der naturgesetzlichen Prozesse zuständig ist, die sozialwissenschaftliche sich hingegen auf die menschlichen Reaktionsweisen auf die Naturgefahren konzentriert. Dabei geht es insbesondere um die Varianten und subjektiven Verzerrungen in der Wahrnehmung, Bewertung und Reaktion auf Hazards. Auch für diese subjektive Seite wird meist eine objektive Meßlatte unterstellt.

Die Behauptung naturwissenschaftlich denkender Sozialwissenschaftler, die Menschen nähmen grundsätzlich die Risiken subjektiv verzerrt wahr, ist prinzipiell nicht falsch. Es ist zum Beispiel gesicherte Erkenntnis, daß Risiken falsch bewertet werden. Im Fall des von uns untersuchten Neuwieder Beckens haben wir zum Beispiel festgestellt, daß das Hochwasserrisiko aufgrund der frischen Erfahrungen – zwei sogenannte Jahrhunderthochwasser innerhalb von 14 Monaten – überschätzt wird, daß auch das Vulkanrisiko aufgrund des Umgangs mit Zeithorizonten als sehr hoch eingeschätzt wird (Geipel u.a. 1997, S. 13). Ebenso gilt, daß Risiken um so größer eingeschätzt werden, je sicherer die Zeiten sind. Es gibt hier also einen „Prinzessin-auf-der-Erbse-Effekt" (Hubig 1994, S. 316). Ein objektives Ergebnis der Hazardforschung ist auch, daß sehr seltene, dann aber gewaltige Hazardereignisse, von Menschen in ihrem Schadenspotential deutlich überschätzt werden.

Es gibt also subjektive Risikowahrnehmungen, die objektiv falsch sind. Insofern ist es richtig, von subjektiv verzerrten Wahrnehmungen zu sprechen. Doch darf sich die sozialwissenschaftliche Hazardforschung nicht darin erschöpfen. Ich will am zuletzt genannten Beispiel verdeutlichen, daß die soziale Dimension noch weiter reicht. Dazu müssen wir uns genauer mit der Entstehung des Naturrisikos befassen.

Der Risikobegriff wird gewöhnlich als Produkt von Schadenswahrscheinlichkeit und Schadensausmaß verobjektiviert (Hubig 1994, S. 317). In der Hazardforschung verwendet man gewöhnlich die Termini „Frequenz" und „Magnitude". Die Beziehung wird häufig so hergestellt, daß ein seltenes Ereignis, das dann allerdings hohe Schäden verursacht, gegen häufigere, aber weniger schädliche Ereignisse aufgerechnet wird (vgl. auch Tab. 1).

Tabelle 1: Einschätzung der Bedrohlichkeit und der Wahrscheinlichkeit des Eintritts von Risiken im Mittelrheinischen Becken

Risiko	Mündliche Bevölkerungsbefragung		Expertenbefragung	
	Bedrohlichkeit Rang	Wahrscheinlichkeit Rang	Bedrohlichkeit Rang	Wahrscheinlichkeit Rang
Atomunfall	1	6	1	8
Verkehrsunfall	2	1	3	1
Erdbeben	3	4	5	7
Chemieunfall	4	5	2	4
Brandgefahren	5	2	4	3
Hautkrebs	5	3	6	5
AIDS	7	8	8	6
Vulkanausbruch	8	9	9	9
Überschwemmungen	9	7	6	2

Quelle: Geipel/Härta/Pohl 1997, S. 38

Für den Umgang der Gesellschaft mit dem Risiko erklärt eine solche Beziehung aber wenig. Das Schielen auf die Wahrscheinlichkeit eines extremen Ereignisses ist einseitig. „Bezogen auf Handlungstrategien und unsere Kompetenz zur Auseinandersetzung mit Risiken sind Schadensausmaße oder entgangener Nutzen die wichtigere Kalkulationsgröße als die Schadenswahrscheinlichkeit" (Hubig 1994, S. 316). Das kann man sehr leicht feststellen: Wenn jemand über einen Jahrmarkt bummelt und der Preis für ein Los beträgt 50 Pfennig, die Auszahlung im Gewinnfall 50 DM, dann entschließt er sich leichteren Herzens zum Loskauf, als wenn der Lospreis 50.000 DM beträgt, selbst dann, wenn ein Gewinn von 5 Mio. DM lockt, die Relation also in beiden Fällen 1 zu 100 ist.

Was können wir daraus ableiten? Die unterschätzten Risiken, die wir vorhin angesprochen haben, sind leichter handhabbar. Sie sind leichter zugänglich, sie sind eher frei wählbar, es gibt Kompensationsmöglichkeiten in der Solidargemeinschaft. Was damit deutlich wird, ist: die subjektive Risikobewertung ist etwas anderes als das objektive Risiko mit einer mehr oder weniger falschen Bewertung. In die subjektive Risikoerfassung gehen soziale Faktoren ein. Die objektiv richtige Vorstellung, die Menschen würden kleine Risiken unterschätzen, ist in gewisser Hinsicht also dennoch falsch. Der einzelne darf sie unterschätzen, weil sie in seine gesamte Lebenssituation eingebunden sind.

An dem soeben geschilderten Beispiel sollte verdeutlicht werden, daß innerindividuelle und – wie noch zu zeigen sein wird – innergesellschaftliche Faktoren den Umgang mit Naturrisiken viel stärker prägen als das aktuelle oder potentielle Ereignis. Das klassische wissenschaftliche Vorgehen, einzelne Parameter isoliert zu betrachten, führt zwar zu objektiven Ergebnissen, greift aber dennoch zu kurz. Das Risiko wird zwar immer wieder auf eine „Wenn-dann"-Kausalität zu reduzieren versucht, aber die Gesellschaft ist kein lineares, sondern ein sich beständig weiterentwickelndes und lernendes System.

Eine andere Dimension, die subjektives und objektives Risiko trennt, liegt in der Zurechnung von Schadensfällen zu Entscheidungen. Es sind auch andere Deutungen, zum Beispiel religiöse Erklärungen, möglich. Da die religiöse Komponente in der Moderne ausfällt, nämlich den eingetretenen Schaden als Bestrafung für unsere Sünden anzusehen, bleibt die Möglichkeit, diesen als Naturereignis hinzunehmen oder durch gegen die Natur gerichtete technische Maßnahmen zu mindern bzw. gar nicht erst entstehen zu lassen. Dies geschieht durch menschliches Handeln. Logischerweise geht es dann in Risikodiskursen nicht um das Unheilvolle und Unerwartete als solches, sondern um die Zurechnung des Unheils zu Entscheidungen, die sich im Nachhinein als falsch herausgestellt haben, bzw. die Erkenntnis, daß man in dieser oder jener Situation hätte anders entscheiden müssen. Beispielsweise wird die Entscheidung zur Rheinbegradigung vor 100 Jahren als die Ursache für die gehäuften Überschwemmungen angesehen, einerlei ob dies „objektiv" richtig ist oder nicht. Nicht die Gefahr, die von der Natur ausgeht, ist der Feind, sondern es sind Entscheider. Zumindest ist sicher, daß diese Entscheider eher ansprechbar sind als die Natur oder eine göttliche Instanz.

Die sozialwissenschaftliche Hazardforschung muß sich dem Risikodiskurs widmen, und sei es nur deshalb, weil die Leute *meinen*, hier ginge es um Entscheidungen. Ein paar Aspekte des gesellschaftlichen Risikodiskurses sollen im dritten Abschnitt vorgestellt werden.

3. Gesellschaftliche Dimension des Risikos

A. Die entwicklungsgeschichtliche Dimension des Risikos: Abnehmende Katastrophenschwellenangst

Der Umgang der Menschheit mit Naturgefahren hat sich, wie schon das Beispiel des Regenschirms zeigt, im Laufe der Zeit verändert. Die „reale" Gefahr ist immer gegeben, aber das eingegangene Risiko ist abhängig vom gesellschaftlichen Entwicklungsstand. In der Subsistenzwirtschaft war die Schwellenangst niedriger, man scheute stärker das Risiko. Denn trat ein schädliches Naturereignis ein, so wurde oft die Existenz vernichtet. In der arbeitsteiligen Gesellschaft wird der Umgang mit Risiken immer nachlässiger. Ein Schaden ist zum Beispiel mit Hilfe einer Versicherung, z.B. einer privaten oder staatlichen Entschädigung, wieder herstellbar. Alle Prämienzahler helfen letztlich, das Risiko erträglich erscheinen zu lassen. Wer Risiko abwälzen kann, geht es aber auch eher ein. Je eher ein Abwälzen des Risikos, also eine wie immer geartete Versicherungsmöglichkeit existiert, um so eher wird ein Risiko eingegangen. Die Risikoaversion wird geringer, eben weil das Risiko des Investors, des Nutzers oder des Betreibers usw. in seiner Existenz im GAU vernichtet zu werden, immer geringer wird. Für die Gesellschaft insgesamt wird das Haftungsvolumen dadurch jedoch immer größer! Die allgemein konstatierte Zunahme der Schäden (vgl. Münchener Rück 1997, S. 7) durch Naturrisiken gewinnt so eine plausible Erklärung.

B. Die systemtheoretische Dimension: Verändertes Risiko durch Risiko-Kommunikation

Risiko war früher etwas, das Personen betraf, die sich einem Wagnis aussetzten. Es war weitgehend das bekannte, klischeehafte Mensch-Natur-Verhältnis: Wer zur See fuhr, konnte im Sturm untergehen; der Kaufmann, der den Spessart durchquerte, konnte unter die Räuber fallen. Diese Art des Risikos gibt es auch heute noch: wer eine sechsspurige Autobahn zu überqueren wagt, geht ein hohes Risiko ein. Aber das Umfeld für den Risikobegriff hat sich geändert – und damit auch die Wahrnehmung und das Verständnis von Risiko. Es sind vor allen zwei Aspekte wichtig:
1. Naturkatastrophen sind „social events". Katastrophen werden medial transportiert und dabei hergestellt. Katastrophen bilden einen Hauptteil der globalen Neuigkeiten. Wenn man heute noch die Lawine in Nordalaska als reines Naturereignis ansieht, so galt dies früher auch für Überschwemmungen in China, die hierzulande unbekannt blieben, oder für Erdbeben in Italien. Heute sind solche Katastrophen dank der weltweit operierenden und überall präsenten Medien nicht nur weltweit bekannt, sondern auch ein wichtiges Kommunikationsthema.
2. Naturkatastrophen werden als sozial gemacht angesehen. Man kann heute aufgrund der technischen Möglichkeiten und der unbeabsichtigten Nebenwirkungen von Eingriffen in die Natur jemanden für Entscheidungen verantwortlich machen, die zu Katastrophen – oder zumindest zu schlimmeren Folgen von Naturereignissen – geführt haben. Es gibt Personen und Organisationen, die man als Entscheider identifizieren und somit als Verursacher – zumindest als mittelbare Verursacher – festmachen kann. Wenn der Staat z.B. die Erschließung eines Baugebiets in einer überschwemmungsgefährdeten Aue vornimmt, ist er

fast automatisch auch der Adressat bei der Suche nach dem Schuldigen, wenn dieses Gebiet vom Hochwasser heimgesucht wird. Durch die Entscheidung, hier bauen zu lassen, wird die Hochwassergefahr zum Hochwasserrisiko.

Für das vermehrte Hochwasser am Fluß ist nicht (nur) der viele Regen verantwortlich, sondern die Politik, die Retentionsflächen versiegeln läßt oder in Kauf nimmt, daß sich das Speichervermögen der Wälder verringert. Für die Folgen des Erdbebens ist verantwortlich, wer antiseismische Bauvorschriften zu erlassen unterließ usw. (vgl. Abb. 1).

Einschätzung der Ursachen für Katastophen

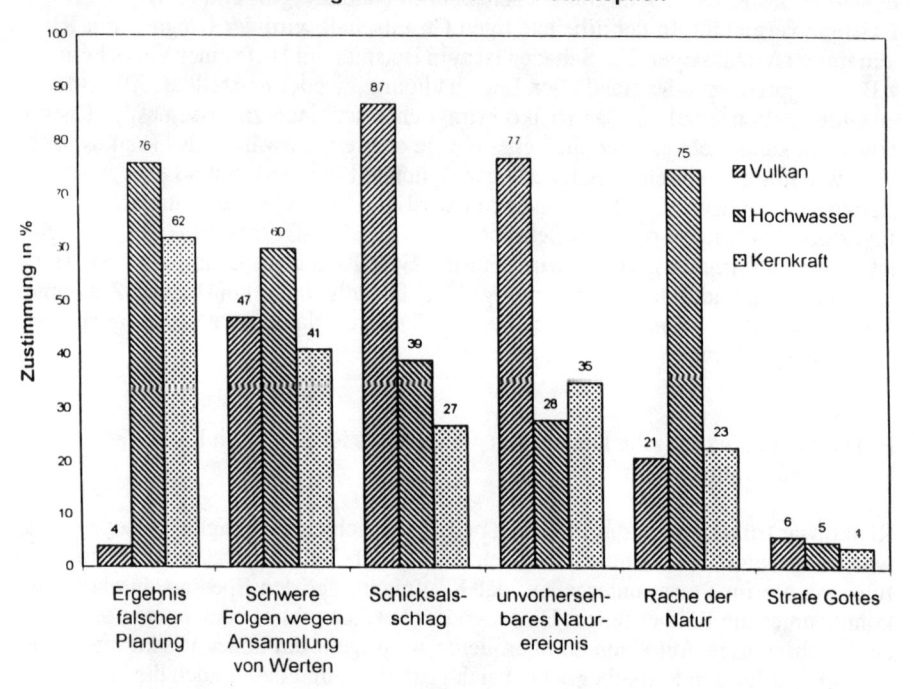

Ursache	Vulkan	Hochwasser	Kernkraft
Ergebnis falscher Planung	4	76	62
Schwere Folgen wegen Ansammlung von Werten	47	60	41
Schicksalsschlag	87	39	27
unvorhersehbares Naturereignis	77	28	35
Rache der Natur	21	75	23
Strafe Gottes	6	5	1

Abbildung 1: Einschätzung der Ursachen für Katastrophen (eigener Entwurf nach: Geipel u.a. 1997, S. 21ff.)

Natürlich weiß jedermann, daß Erdbeben nicht von der Stadtverwaltung initiiert sind. Aber da in unserer Gesellschaft der „Zorn der Götter" keine allgemein akzeptierte sinnvolle Erklärung mehr darstellt, man eine solche Erklärung, die die Sündenbockfunktion übernimmt, jedoch braucht, liegt der Zugriff auf Entscheidungen und Entscheider nahe. Damit ist die politische Dimension erreicht.

C. Die politische Dimension: Die Rückkehr vom Risiko zur „Gefahr"

Aufgabe der Politik und der Planung als ihrem ausführenden Organ ist neben der unmittelbaren Katastrophenhilfe die Prävention, also zum Beispiel das Erlassen einer Vorschrift, in erdbebengefährdeten Gebieten antiseismisch zu bauen oder einen Deich gegen das Hochwasser zu errichten. Unterläßt die Politik solche präventive

Maßnahmen, geht sie das Risiko ein, als ihrer Verantwortung nicht gerecht werdend gescholten zu werden.

Politisch kann man sich nun aber von Gefahren sehr viel leichter distanzieren als von Risiken. Dies gilt selbst dann, wenn das Schadensvolumen größer und die Wahrscheinlichkeit des Ereignisses als Gefahr höher sind denn als Risiko; dies gilt sogar, wenn die Prävention unwirksam sein sollte (Luhmann 1991, S. 40). Die Politik wird also ihrerseits dazu neigen, das Risiko, das aus ihren Entscheidungen bzw. Nichtentscheidungen resultiert, zur Gefahr mutieren lassen. Für Gefahren bzw. Naturkatastrophen als „acts of god" kann sie nicht verantwortlich gemacht werden. Wesentlich lieber läßt sie sich Entscheidungen, die der als Gefahr definierten Katastrophe erfolgreich begegnen, z.B. den Bundeswehreinsatz beim Oderhochwasser 1997, zurechnen.

Auf die politischen Komplikationen kann hier nicht weiter eingegangen werden, aber die Verbindungsstelle zur Wissenschaft ist erwähnenswert: Es gibt hier nämlich eine große Koalition von Naturwissenschaftlern bzw. Technikern und Politikern: erstere wollen Gefahren statt Risiken erforschen. Ihre Kompetenz, die Natur manipulieren zu können, technische Maßnahmen planen und ausführen zu können, können sie besser beweisen, wenn sie sich unmittelbar an die Natur wenden können. Letztere wiederum können sich ihrem Kernbestreben, Macht zu gewinnen bzw. umzuverteilen, einfacher widmen, wenn sie die Verantwortung für Entscheidungen im Zweifelsfall, und das ist also im vorliegenden Kontext der Schadensfall, an die Natur delegieren können. Dies ist natürlich besonders in der Dritten Welt ein wichtiger Faktor, wo Entscheidungen einerseits weniger transparent sind und andererseits „risk" eher als Fatum, als Schicksal, definiert werden kann. Daher wird die sozialwissenschaftliche Hazardforschung stets von zwei Seiten in die Zange genommen: Von den Naturwissenschaftlern, welche die Gesellschaft möglichst draußen lassen wollen, und den Politikern, welche die Verantwortung für Entscheidungen nur in für sie günstigen Fällen übernehmen möchten.

D. Die wissenssoziologische Dimension: Schadensmehrung durch Wissensmehrung

In der Risikoforschung wird die These vertreten, daß jedes Wissen um die Entstehung und die Funktion eines Hazards nicht zu einer Minderung des Risikos, sondern zu seiner Erhöhung führt. Stimmte diese These, so entzöge sie der Forschung ihre Basis und sie ist schon deswegen nicht akzeptabel. Aber natürlich widerspricht sie auch dem gesunden Menschenverstand: Je mehr man über eine unsichere Sache weiß, um so eher kann man ihr begegnen. „Gefahr erkannt, Gefahr gebannt" lautet ein bekanntes Sprichwort.

Im Grunde steckt die Begründung für die provozierende These bereits in den Anfängen der modernen Hazardforschung. Ausgangspunkt für diese waren bekanntlich die verheerenden Überschwemmungen im amerikanischen Mittelwesten in den 20er und 30er Jahren. Man suchte diese Überschwemmungen mit Hilfe der Hazardforschung und der modernen Technik einzudämmen. Dies gelang partiell, aber Endergebnis war doch, daß die Schadenssummen am Ende noch höher waren als zuvor. An ihr natürliches Ende gelangte diese Politik, als anläßlich der großen Überschwemmungen 1993 das bewußte Durchstoßen der Deiche als ultima ratio fungierte. Wie kann man dies erklären?

Die konventionelle Risikoforschung handelt dieses Phänomen unter dem Stichwort „Risiko-Homöostasie" (Wilde 1983) ab: Diese beinhaltet, daß die Vorsicht gegenüber einer Gefahr abnimmt, je geringer die Wahrscheinlichkeit wie auch die vermutete Schadensintensität eingeschätzt wird. Airbags oder ABS beispielsweise machen das Autofahren sicherer und verführen also zu riskanterer Fahrweise. Damit kommt es ceteris paribus zu mehr Unfällen als wenn an den Kühlern und am Heck der Autos spitze Speere installiert wären, die dafür sorgten würden, daß jeder harmlose Auffahrunfall tödlich endete.

Wenn wir die spieltheoretische individualistische Perspektive, wie sie der wirtschaftswissenschaftlichen Betrachtung des Risikos eigentümlich ist, verlassen und die Gesellschaft noch mit hineinnehmen, wird die Sache komplizierter. Ohne Zweifel leben wir in einem Zeitalter der Wissenschaft und der Technik. Das Wissen und die Techniken können nur durch Kommunikation angewendet werden. Die Mitglieder der Gesellschaft sind zum Beispiel in hohem Maße damit beschäftigt, sich darüber auszutauschen, wie man den technischen Fortschritt nutzen kann, um sich sicherer vor Naturgefahren zu machen. Die Gesellschaft kommuniziert auch darüber, ob man bestimmte Wagnisse aufgrund neuer technischer Möglichkeiten eingehen kann. Es gibt also einen permanenten Prozeß, bei dem das Wissen über die Bedingungen, die Kontexte und die Folgen des Handelns in die Handlungsbestimmungen selbst wieder eingespeist werden (Luhmann 1991, S. 226). Das Wissen verändert letztlich dauernd die Situation, den Gegenstand unseres Handelns. Neue Erkenntnisse führen z.B. zu neuen Verhaltensweisen oder Vorschriften, die neue Handlungen hervorrufen, die wiederum Effekte – irgendwo und ganz anders – hervorrufen. Dies sind aber mehr als die bekannten unbeabsichtigten Nebeneffekte. Es ist ein nicht steuerbarer Prozeß mit unzähligen Rückkoppelungen.

Die Wissenschaft weiß um diesen permanenten Restrukturierungsprozeß. Sie weiß, daß sie sich selbst ständig vor neue Situationen stellt und das auch reflektiert. „Man kann daher von mehr Forschung nicht mehr Sicherheit erwarten, sondern nur mehr Unsicherheit" (Luhmann 1991, S. 226, Anthony Giddens zitierend).

Diese vier Dimensionen des gesellschaftlichen Risikobegriffs sind hier relativ isoliert dargestellt. In Wirklichkeit ist die Einschätzung, Wahrnehmung und der Umgang von und mit Naturrisiken natürlich mit vielen weiteren Momenten verschränkt: Beispielhaft seien genannt:

1. Die Entwicklung und Debatte um eine ökologische Ethik beeinflußt den Umgang mit Natur und Naturrisiken.
2. In der enttraditionalisierten, (post-)modernen Gesellschaft (Beck 1986) ist das Individuum sein „eigenes Planungsbüro" und muß permanent Entscheidungen treffen. Dies beeinflußt natürlich auch den Umgang mit Naturgefahren.
3. Das Verhältnis von Entscheidern, die Risiken eingehen, und Betroffenen, für die diese Risiken als unbeeinflußbare Gefahren wirken, wechselt nach Zeit, Raum und Art des Hazards.

Solche Momente sind sicher von erheblichem Einfluß, können hier aber nicht behandelt werden.

4. Schlußfolgerung

Die Hazardforschung wird oft als moderne Variante der Aufgabe gesehen, an der Schnittstelle zwischen Natur- und Geisteswissenschaften zu sitzen. Genau deswegen hat sie eine reflexive Aufgabe. Die Physische Geographie kann nicht nur die großräumigere und flächenhaftere Anwendung geophysikalischer oder chemischer Prozeßforschung sein. Die Wahrnehmungsgeographie kann nicht nur die Anwendung verhaltenswissenschaftlicher Lerntheorien oder ähnlichem auf zufällig räumliche Objekte der Umwelt sein. Wäre dies so, dann geriete die Hazardforschung in die Gefahr, in eine Sackgasse zu rennen, weil Naturkatastrophen bzw. deren mögliches Auftreten vor allem im alten Paradigma der Mensch-Natur-Auseinandersetzung veranket würde. Das Problem für die Disziplin liegt darin, daß die Zunahme der Empfindlichkeit durch technische Differenzierung und Abhängigkeiten dieses Paradigma in der Hazardforschung sogar als zukunftsträchtig auszuweisen scheint. Jede Naturkatastrophe scheint die Abhängigkeit des Menschen von der Natur stets aufs neue zu bestätigen. Dies ist aber nur bei vordergründiger Betrachtung so, bei genauerer Hinsicht müssen wir erkennen, daß es nicht die hereinbrechende Natur ist, die Not verursacht und uns eine Aufgabe gibt, sondern daß es die menschlichen Entscheidungen sind! Die Katastrophe der Natur ist kein Schicksal oder Sündenlohn, sondern letztlich Ergebnis gesellschaftlicher Entscheidungsprozesse.

Naturereignisse werden erst zur Naturgefahr, wenn ihnen Menschen ausgesetzt sind. Sie werden zum Risiko, wenn wir Entscheidungsfreiheiten darin haben. Daß dies weitreichende Konsequenzen in vielerlei Bereiche hinein hat, und daß dies ein komplexeres Problem darstellt als die Frage: „Regenschirm ja oder nein?" sollte mit diesem Beitrag angedeutet werden.

Literatur:

Beck, U. (1986): Die Risikogesellschaft: Auf dem Weg in eine andere Moderne. Frankfurt a. M.
Geipel, R., R. Härta u. J. Pohl (1997): Risiken im Mittelrheinischen Becken. In: Deutsche IDNDR-Kommission (Hg.): Deutsche IDNDR Reihe 4. Bonn.
Giddens, A. (1990): The Consequences of Modernity. Stanford.
Hubig, C. (1994): Das Risiko des Risikos. In: Universitas, H. 4, S. 310–318.
Luhmann, N. (1991): Soziologie des Risikos. Berlin.
Münchener Rück (1997): Topics 1997. München.
Watzlawik, P. (1992): Münchhausens Zopf und Wittgensteins Leiter. In: Ders.: Münchhausens Zopf. S. 167–191. München.
Wilde, G. (1983): The theory of risk and of risk homeostasis: implications for safety and health. In: Risk Analysis 2, S. 209–225.

Teile des Umweltrechts zusammenzufassen, zu vereinheitlichen, zu vereinfachen und die Gesamtmaterie zu harmonisieren und fortzuentwickeln – im Sinne einer nachhaltigen Sicherung der Umwelt.

Was ist nun Umweltplanung? In Übereinstimmung mit der föderalen Struktur in Deutschland gibt es sektorale Zielvorgaben in Fachgesetzen und weiteren Programmen und Initiativen, sektorale raumbezogene Fachplanungen, wie z.B. die Landschaftsplanung, medienübergreifende Instrumente, wie die Umweltverträglichkeitsprüfung und – hinsichtlich der querschnittsorientierten Gesamtplanung – die Raumordnung.

Besondere Aktualität aus planerischer Sicht hinsichtlich einer nachhaltigen Entwicklung in Deutschland hat das Raumordnungsgesetz. Im Mittelpunkt der diesjährigen Novelle, die zum 1.1.1998 in Kraft tritt, steht die Leitvorstellung einer nachhaltigen Raumentwicklung (§ 1 Abs. 1 u. 2 ROG), die die sozialen und wirtschaftlichen Ansprüche an den Raum mit seinen ökologischen Funktionen in Einklang bringt und zu einer dauerhaften, großräumig ausgewogenen Ordnung führt. Weitere Vorgaben hinsichtlich einer nachhaltigen, umweltverträglichen Entwicklung sind im raumordnungspolitischen Orientierungsrahmen „Leitbilder für die räumliche Entwicklung in Deutschland", den die Ministerkonferenz für Raumordnung 1992 verabschiedete, und im mittelfristigen Arbeits- und Aktionsprogramm, „dem raumordnungspolitischen Handlungsrahmen" von 1995 enthalten.

SITZUNG 4
UMWELTPLANUNG UND UMWELTPOLITIK
Sitzungsleitung: Martin Uppenbrink und Petra Löcker

EINLEITUNG

Petra Löcker (Bonn)

Versucht man, Umweltpolitik zu definieren, so könnte man sagen, sie beeinflußt die Art und Weise, wie Menschen die Umwelt nutzen.

Als erste Umweltgesetze werden häufig die preußische Gewerbeordnung von 1845, die sich mit Umweltauswirkungen von Industriebetrieben befaßte, und die preußischen Wassergesetze bezeichnet. Doch bis zur heutigen Umweltpolitik und Umweltgesetzgebung war es ein langer Weg. Die zunehmende Umweltverschmutzung, das wachsende Umweltbewußtsein, nicht zuletzt auch bedingt durch die Veröffentlichung von Ergebnissen aus Wissenschaft und Forschung, sowie das Auftreten offensichtlicher Umweltschäden führten in Deutschland erst rund 125 Jahre später zu einem eigenständigen Politikbereich. Starke Impulse gingen hierbei von der Vorbereitung der Umweltkonferenz der Vereinten Nationen 1972 in Stockholm aus.

Das erste offizielle Umweltprogramm legte die Bundesregierung 1971 vor. Seitdem wurden zahlreiche Umweltgesetze, Verordnungen und weitere Initiativen in Kraft gesetzt und umgesetzt. Die Etablierung der Umweltpolitik zeigte sich auch im organisatorischen bzw. im administrativen Bereich: 1986 wurde das Bundesumweltministerium gegründet, auch die Länder errichteten Umweltministerien, die Kommunen Umweltämter. Wenn auch bereits viel für den Umweltschutz getan werden konnte, heißt dies aber nicht, daß keine weiteren Anstrengungen unternommen werden müssen. Gerade in Hinblick auf eine nachhaltige Entwicklung sind viele Aktivitäten erst in der Anfangsphase.

Durch die Konferenz „Umwelt und Entwicklung" in Rio 1992 gewann der Begriff der „Nachhaltigkeit" an politischer Bedeutung. Es gilt nun zu zeigen, daß die internationale Staatengemeinschaft die Umsetzung der dort verabschiedeten Agenda 21 hinsichtlich einer nachhaltigen Entwicklung sehr ernst nimmt. In Deutschland sind zahlreiche Aktivitäten auf allen Ebenen angelaufen, um das Leitbild der nachhaltigen Entwicklung umzusetzen und Beiträge zu den Forderungen der Agenda 21 zu leisten. Das Bundesumweltministerium hat angekündigt, im Frühjahr 1998 ein Schwerpunktprogramm zu den nächsten Schritten einer nachhaltigen, umweltgerechten Entwicklung vorzulegen. An diesem Dialogprozeß sind unterschiedliche Interessengruppen aus Politik, Wirtschaft und Gesellschaft beteiligt. Die Bundesforschungsanstalt für Landeskunde und Raumordnung hat im Auftrag des Bundesministeriums für Raumordnung, Bauwesen und Städtebau einen Wettbewerb „Regionen der Zukunft" ausgeschrieben. Die Wettbewerbsteilnehmer sollen regionale Innovationen und Erfolge hinsichtlich einer nachhaltigen Raum- und Siedlungsentwicklung aufzeigen.

Auch an der Gesetzgebung wird weiter gearbeitet: Im Herbst 1997 hat eine Sachverständigenkommission der Bundesumweltministerin den Entwurf eines Umweltgesetzbuches überreicht. Der Entwurf basiert auf dem Gedanken, die wesentlichen

PROFESSIONALISIERUNGSANSÄTZE FÜR DIE UMWELT- UND NATURSCHUTZPOLITIK – DER BEITRAG DER POLITIKWISSENSCHAFT

Max Krott (Göttingen)

1. Schwankende Politikwelten des Umwelt- und Naturschutzes

Natur und Umwelt stellen seit jeher eine unverzichtbare Grundlage für die Entwicklung von Mensch, Gesellschaft und Wirtschaft dar. Dennoch zeigt das Engagement der Politik in diesen Fragen große Schwankungen. Zeiten der politischen Ruhe, in denen die Umweltprobleme nicht einmal in das politische Bewußtsein dringen oder deren Lösungen von der Gesellschaft selbst erwartet wird, wechseln mit Zeiten hektischer Aktivität, in denen Bedrohung und Schutz der Umwelt zu der zentralen Schicksalsfrage der Politik heranwachsen. Auch in Deutschland hatten seit dem Krieg Natur und Umwelt in höchst unterschiedlichem Maße politische Konjunktur.

Als die Wirtschaft wieder Tritt gefaßt hatte, wandte sich die Politik in den 60er Jahren verstärkt dem Umweltthema zu. An die Stelle des Erfolgssymbols der „rauchenden Schlote" sollte der „blaue Himmel über der Ruhr" treten (Malunat 1994). Ein neues politisches Umweltprogramm präsentierte 1971 die weitreichenden Handlungsgrundsätze des Vorsorge-, Verursacher- und Kooperationsprinzips, die das Verhältnis zur Umwelt zukunftsweisend gestalten sollten. Doch bereits 1973 ließen die ökonomischen Zwänge des „Ölpreisschocks" die Politik das Thema Umwelt wieder vergessen. Erst Anfang der 80er Jahre trat das politische Ziel der „ökologischen Wende" wieder stärker hervor. Der Wachstumsschub in der Umweltpolitik hielt an und fand in der Atomkatastrophe von Tschernobyl eine sachliche Heraus- und Überforderung, die 1986 zur Gründung des Bundesministeriums für Umwelt, Naturschutz und Reaktorsicherheit führte. Das neue eigenständige Ministerium setzt als solches ein Signal für die Übernahme umfassender politischer Verantwortung für den Schutz von Natur und Umwelt. Doch auch auf Bundes- und Landesebene, teilweise weit weniger deutlich sichtbar, wuchsen die Gesetze und die Institutionen erheblich an, die den Umweltschutz politisch sichern wollen (Hucke 1990).

Mit den 90er Jahren mehren sich nun die Zweifel an Konzept und Leistung des eben erst entfalteten neuen Politikfeldes. Einerseits fordern Wirtschaftsinteressen den Abbau zu weitgehenden Umweltschutzes, der den „Standort Deutschland gefährde", andererseits stellt der Sachverständigenrat die nicht ausreichende Leistung der Umweltpolitik fest, die das Anwachsen der Umweltprobleme nicht verhindern konnte (Rat von Sachverständigen für Umweltfragen 1994, S. 14 u. 27). Die Experten hegen Zweifel, ob die Politik in der parlamentarisch-pluralistischen Demokratie das Leitbild der dauerhaft-umweltgerechten Entwicklung überhaupt verwirklichen könne. Der Sachverständigenrat und mit ihm viele Fachleute wenden sich daher wieder von der unfähigen Politik ab und hoffen auf die Gesellschaft selbst. Die Einsicht in die Notwendigkeit des Umweltschutzes (Schmidt-Bleek 1994, S. 267) soll zum Umdenken bei den Menschen führen und die Probleme gesellschaftlich, ethisch oder wirtschaftlich lösen.

So sehr die zusätzlichen Beiträge aus Gesellschaft und Wirtschaft dem Umwelt- und Naturschutz wertvolle Hilfen bieten, so fatal wäre es aber für Naturschützer, den freiwilligen (und von ihren Gegnern zweifellos beklatschten) Rückzug aus der

Politik anzutreten. Auch wenn die Erfolge der Politik gemessen an den Problemen nicht befriedigen, so hat sich das Politikfeld Umwelt- und Naturschutz dennoch in sehr kurzer Zeit neben den traditionellen politischen Aufgaben etabliert. Damit eröffnen sich nun nach den „wilden" Gründungsjahren erstmals verbesserte Chancen zur professionellen Umwelt- und Naturschutzpolitik, die das Erreichte sichert und unter Einsatz neuer innovativer Politikstrategien und -instrumente an Gestaltungskraft gewinnt. Es käme gerade darauf an, durch Professionalisierung das Handlungspotential der Politik voll zu nutzen.

Die Professionalisierung der Naturschutzpolitik würde in hohem Maße auf Erkenntnisse der Wissenschaft zurückgreifen. Neben den Naturwissenschaften und der Technik, die als Berater bereits weithin anerkannt und genutzt werden, haben auch die Wirtschafts- und Sozialwissenschaften einiges an brauchbaren Erkenntnissen zu bieten. Wo die speziellen Beiträge aus der politikwissenschaftlichen Forschung liegen könnten, wird nachfolgend aufgezeigt. Die Politikwissenschaft wendet sich direkt den zentralen politischen Problemen, wie der Bewertung der Natur, der Gestaltung wirksamer politischer Steuerung und den politischen Ursachen von Umweltbedrohungen zu. Sie produziert nach den ihr eigenen wissenschaftlichen Methoden Erkenntnisse, die der politischen Praxis neue Handlungsmöglichkeiten aufzeigen, nicht aber die Entscheidung, die Verantwortung und den persönlichen Einsatz für die Ziele des Umwelt- und Naturschutzes abnehmen.

2. Welt der Werte

Die „Inwertsetzung der Natur" ist der Politik ein besonderes Anliegen. Denn erst Werte zeigen den politischen Konzepten und Maßnahmen die Richtung an. Ausdruck solcher politischer Bewertungsversuche ist etwa das 1994 mit Erfolg gekrönte Bemühen, den Schutz der Natur zu einer eigenen Norm des Grundgesetzes zu machen (Murswiek 1995). Alle Umwelt- und Naturschutzgesetze legen Werte für die Natur fest. Den Rechtsnormen gelingen dabei mehr oder (häufig) weniger inhaltsreiche Bestimmungen. Sowohl im Ringen um neue Gesetze als auch in deren Vollzug geraten die Vertreter des Umwelt- und Naturschutzes in der politischen Praxis häufig in Begründungsnotstand, wenn sie die Naturwerte im allgemeinen und im konkreten Fall vor Ort belegen müssen. Sie benötigen stichhaltige Begründungen und möglichst Beweise für die Notwendigkeit der Schutzziele und richten diesen Wunsch auch an die Politikwissenschaft.

An Bewertungen hat sich die Politikwissenschaft traditionell seit den griechischen Urvätern häufig versucht. Die Ideengeschichte kennt eine beinahe unübersehbare Fülle an Entwürfen für die wahren Ziele der Politik und für die gute Ordnung des politischen Zusammenlebens. Man denke nur etwa an die grundlegende Bedeutung der Demokratiekonzepte für das politische System in Deutschland. Dennoch ist die heutige Politikwissenschaft in solchen Fragen der Werte und Wertungen sehr vorsichtig geworden (Müller 1994, S. 216). Die methodenkritische Diskussion hat das Vertrauen der Politologen in wertende Aussagen nachhaltig erschüttert. Das seit Jahrzehnten vorherrschende empirisch-analytische Wissenschaftsverständnis sieht keine Möglichkeit, um mit wissenschaftlichen Methoden die Richtigkeit von Werten zu beweisen (v. Alemann 1995, S. 40ff.). So evident in der Praxis der unersetzliche Wert einzelner vom Aussterben bedrohter Arten auch erscheint, so wenig vermag die Wissenschaft solche Werte zwingend zu beweisen.

Die moderne normative Theorie der Politik liefert der Praxis nicht die ersehnte wissenschaftlich erhärtete Begründung der Naturwerte, auf die gestützt sich gegen die konkurrierenden Nutzungsziele antreten ließe. Sie gibt den politischen Akteuren jedoch zwei bescheidenere Hilfen an die Hand. Erstens zeigt die Ideengeschichte systematisch all jene politischen Konzepte auf, die bisher in bezug auf Natur gedacht oder besser noch gelebt wurden. Dem Umfang nach sind dies beim Thema Natur im Vergleich zu den Demokratie-, Sozial- oder Wirtschaftsnormen allerdings nur äußerst wenige. Dennoch werden die spärlichen Funde gerne und häufig von der Praxis zur legitimatorischen Untermauerung ihrer Forderungen eingesetzt. Mangels geeigneter Zitate aus der europäischen Geschichte dient zur Legitimation ökologischer Ziele auch der Rückgriff auf überlieferte Lebensweisheiten von Naturvölkern.

Die zweite Ausrichtung der normativen politischen Theorie hat der Naturschutzpraxis mehr zu bieten. Die politische Philosophie begnügt sich nicht mit der Rekonstruktion alter politischer Wertkonzepte sondern entwickelt diese fort. Sie analysiert etwa die Legitimationsbasis des Staates und entwirft eine Reihe scharfsinniger Argumente, um den Staat für den Schutz der Umwelt und des Lebens in die Pflicht zu nehmen. Solche Positionen werden wohl begründet und sind diskutabel. Auch wenn sie notwendigerweise normativ und damit wissenschaftlich nicht entscheidbar bleiben, liefern sie der politischen Diskussion der Praxis doch wichtige Argumente. So hat etwa das Prinzip Verantwortung von Jonas (1979) die umweltpolitische Diskussion stark beeinflußt und auch für die Entwicklung des Konzeptes der nachhaltigen Entwicklung vermag die systematische Analyse wichtige Anstöße zu geben.

Wer glaubt, daß das Überleben der Menschheit bedroht ist und daß Umweltschutz und gerechte Verteilung der Güter dieser Erde zusammengehören, den weist die Analyse von Renn (1996, S. 81ff.) ganz nüchtern auf seine Trugschlüsse hin. Gefährdet sind nicht die Natur oder der Mensch schlechthin, denn die würden noch ein weit höheres Maß an Umweltkatastrophen irgendwie überstehen, bedroht ist vielmehr ein bestimmter Qualitätsstandard für Menschenleben und Natur. Dadurch eröffnet sich der Politik innerhalb des Konzeptes der nachhaltigen Entwicklung ein weites Feld an Abwägungen zwischen unterschiedlichen Lebens- und Naturqualitäten, und sie ist nicht etwa auf eine simple Entscheidung für oder gegen Mensch und Natur verengt. Auch die erhoffte Harmonie zwischen Umweltschutz mit Verteilungsgerechtigkeit zwischen armen und reichen Ländern stellt sich bei näherer Analyse als Wunschtraum heraus. Transfers zu armen Ländern können die Umwelt in Einzelfällen entlasten, sie beschleunigen aber auch häufig die Umweltzerstörung. Konzepte für Nachhaltigkeit und Entwicklung, wie sie seit der UNO Konferenz in Rio de Janeiro 1992 weltweit in Arbeit sind, kommen auch hier um eine nüchterne Detailgenauigkeit nicht herum, wenn sie wirksam und erfolgreich sein wollen. Die Konzeptvorschläge der normativen politischen Theorie können hier die Praxisdiskussion mit Argumentationshilfen unterstützen, allerdings nicht entscheiden.

3. Welt der Fakten

A. Wertkonflikte als Fakten

Politische Akteure können die Schwierigkeiten der Politologen mit Bewertungen auch deshalb so schwer verstehen, weil die Praktiker in der Auseinandersetzung um die Werte der Natur die Wertüberzeugungen der Menschen als harte Fakten erleben, die je nach Ausprägung politische Regelungen mit Macht unterstützen oder zu Fall bringen. Für oder gegen eine Autobahnmaut zugunsten der Umwelt, das ist eine Wertentscheidung, die den politischen Akteuren alles andere als eine unentscheidbare Frage der politischen Philosophie erscheint. Mit dieser Einschätzung hat die politische Praxis recht. Denn sobald sich Menschen hinter bestimmte Werte stellen, machen sie damit die Werte zu politisch wirksamen Größen. Solche Werthaltungen der Menschen kann auch eine empirische Politikforschung in vielerlei Hinsicht mit Erfolg analysieren. Seit die Politikforschung begonnen hat, Faktenwissen über die Werthaltungen der Menschen, insbesondere über die sogenannte politische Kultur, mit empirischen Methoden zu erheben, hat sie damit einen der in der Praxis am stärksten nachgefragten Forschungszweige gefunden.

Auch die Umwelt- und Naturschutzpolitik erhofft sich von Faktenwissen über Werte erhebliche Unterstützung. Ganz grundsätzlich verleiht bereits der Nachweis, daß einige Bürger Umweltziele vertreten, den Umweltzielen vermehrtes Gewicht. Denn in den Analysen der Wissenschaft wird der bis dahin nur behauptete Wert der Umwelt auf einmal als Faktum sichtbar, für das Bürger eintreten. Demokratischen Spielregeln zufolge gewinnen die Umwelt- und Naturschutzwerte zusätzlich an Gewicht, wenn eine größere Anzahl von Menschen dahinter steht. Mit großer Faszination blickt die Praxis daher auf die Ermittlung der Anteile in der Bevölkerung, die Umweltwerte vertreten, und auf die zeitliche Dynamik der Werthaltungen. Der von Inglehart (1971, 1995) in den 70er Jahren erstmals wissenschaftlich abgegriffene Wertewandel zeigt die Abkehr von den materialistischen Werten und ist für die Umweltpolitik rasch zu einer unverzichtbaren Legitimationsstütze und Orientierung geworden. Die seit damals durchgeführten Befragungen zu den Umweltwerten der Bürger haben an methodischer Qualität und Treffsicherheit bis heute noch erheblich dazugewonnen.

Das wissenschaftlich erarbeitete Faktenwissen über die Werte und Ziele der Bürger belegt eine für das Selbstverständnis der Umwelt- und Naturschutzpolitiker wichtige Botschaft. Die Naturschutzprobleme sind kein Mißverständnis der Bürger und Landnutzer, das sich mit Aufklärung und gutem Willen bereinigen ließe. Diese in der politischen Diskussion immer wieder geäußerte Auffassung bzw. Hoffnung stimmt mit den Fakten nicht überein. Denn hinter den Naturschutzproblemen lassen sich unterschiedliche Werte und Interessen empirisch nachweisen, die miteinander in Konflikt stehen. Viele Bürger haben starke ökonomische und kurzfristige Ziele bzw. Werte, die sie mit hoher Priorität belegen. Diese Interessenlage gerät häufig in Konflikt mit dem Interesse am Schutz der Natur. Professionelle Umwelt- und Naturschutzpolitik würde diese Ausgangslage zur Kenntnis nehmen, und nicht mehr auf den totalen Wertewandel und die allgemeine Einsicht in das Primat der Natur hoffen. Sie wäre offen für die Daten der politikwissenschaftlichen Forschung und ergriffe die Chance, über die Werthaltungen und Interessen noch weit mehr zu erfahren, um nach Ansatzpunkten für pragmatische politische Teillösungen zu suchen. Im Alltag der naturschutzpolitischen Problembearbeitung können die Naturschützer von der empirisch abgesicherten wissenschaftlichen Beschreibung der Werte, Ziele und Interessen unterschiedlicher Nutzergruppen wesentliche Informationen erwarten (Krott/Maier 1991).

B. Werte in der Faktenkritik

Die ungenügenden ökologischen Ziele von Wirtschaft, Gesellschaft und Politik stehen im Mittelpunkt der ökologischen Kritik. Von dem notwendigen Primat des Schutzes der Natur und den ausreichenden ökologischen Standards sei Deutschland noch weit entfernt. Das große Beharrungsvermögen der Politik am status quo läßt in der politischen Praxis dem Naturschutz keine andere Wahl, als seine Kritik immer wieder in den Medien, direkt mit den Bürgern und in den Parlamenten mit großem Nachdruck vorzutragen. Wenn sich die Politikwissenschaft den Positionen des Naturschutzes einfach anschließt und diese mit eigenen wertenden Argumenten unterstützt, so zeigen sich bald die dargestellten Schwächen der Wissenschaft in der Bewertung. Mangels empirisch belegbarer Beweisführung für ihre Werte, verliert die wissenschaftliche Kritik rasch an Überzeugungskraft. Die direkte wissenschaftliche Zielkritik erscheint dann nur als eine der vielen kritischen Stimmen, über die man sich jedoch angesichts der geringen politischen Macht der Forscher besonders leicht hinweg setzen kann.

Weit schwerer wiegt in der Praxis die wissenschaftliche Zielkritik in Form des Vergleiches der politischen Zielsetzung mit deren Umsetzung. Die politische Wissenschaft nimmt die Politiker einfach beim Wort. Dieser Vergleich der von der Politik selbst normierten Ziele mit ihren eigenen Taten trifft in der umweltpolitischen Diskussion alle Umweltsünder sehr schmerzhaft. Denn sowohl die normierten Ziele als auch die Maßnahmen des Vollzugs sind Fakten, die von der Politikforschung belegt werden können. Durch die Untermauerung mit Fakten gewinnt diese Art der wissenschaftlichen Kritik eine eigene Qualität, die die kritische Diskussion der politischen Praxis wesentlich zu unterstützen vermag.

So hat politikwissenschaftliche Forschung die optimistische Selbstgewißheit der zu Anfang der 70er Jahre etablierten regulativen Umweltpolitik nachhaltig erschüttert. Eine Änderung des Grundgesetzes (Art. 74 Nr. 24 GG) erweiterte die Umweltschutzgesetzgebung des Bundes, und spezielle Umweltgesetze wie Bundes-Immissionsschutzgesetz, Abfallbeseitigungsgesetz, Wasserhaushaltsgesetz und Bundesnaturschutzgesetz gestalteten die Instrumente des Staates neu (Hucke 1990, S. 383). Die Politik setzte sich selbst klar normierte Ziele und ging damit das Risiko ein, an diesen eigenen Ansprüchen kritisch gemessen zu werden. Die von Mayntz u.a. 1978 vorgelegte Studie erbrachte dann auch eine sehr kritische Bilanz. In den zentralen Bereichen Schutz des Wassers, der Luft und der lebenden Natur hatte der Staat nicht jene Standards umgesetzt, die er sich gesetzlich normiert zur Aufgabe gemacht hatte. Viele Umweltzerstörungen wurden gar nicht entdeckt, festgestellte Belastungen hatten nicht immer die vorgeschriebenen Verfahren zur Folge, die Behördenverfahren wiederum folgten in ihren Entscheidungen nur teilweise den gesetzlichen Normen und deren Einhaltung vor Ort wurde nur mangelhaft kontrolliert. Solche mit empirischer Forschung belegte Vollzugsdefizite konnten nicht einfach als wertende Position engagierter Wissenschafter abgetan werden, sondern die Fakten drängten die Politik zur Neugestaltung vorhandener Instrumente und zum Aufbruch in neue Formen der Umweltpolitik.

Die seit damals einsetzende Welle an Vollzugsforschung hat bis heute viele Bereiche der umweltpolitischen Praxis ausgeleuchtet und vielfältige Vollzugsdefizite in so großem Umfang belegt, daß die kritische Auseinandersetzung mit „Vollzugsdefiziten" zu einer Selbstverständlichkeit in der Beurteilung und Verbesserung von Umwelt- und Naturschutzpolitik in Praxis und Wissenschaft geworden ist. Der offene Blick auf die Vollzugspraxis hat noch ein weiteres Potential an wissenschaftlicher Kritik erschlossen. Das Vollzugsgeschehen folgt nicht den engen Annahmen der gesetzlichen Vorgaben. Sondern der Vollzug setzt vielfältige Prozesse mit beabsichtigten und unbeabsichtigten Folgen in Gang. So reagieren Betriebe etwa auf die erzwungene Reduzierung der Abwasserbelastung mit der Umgestaltung des gesamten Produktionsprozesses. Folgen können die Umleitung der Entsorgung auf die Verbrennung mit erhöhter Luftbelastung sein oder der Versuch, mit dem Argument Umweltschutz die Rückführung der Beschäftigten rascher durchzusetzen und sich die ertragsorientierte technische Erneuerung noch vom Staat mitfinanzieren zu lassen. Solche Folgen macht politikwissenschaftliche Forschung belegt durch Fakten sichtbar und versorgt damit all jene in der politischen Diskussion mit Argumenten, die an kritischer Aufklärung interessiert sind.

C. Kritische Fakten der informalen Welt

Die Politik gibt sich offen. In der modernen Medienwelt unüberhör- und unübersehbar präsentieren sich politische Lagebeurteilung, Forderungen, Maßnahmen und Erfolgsbilanzen. Dabei haben nicht nur Umweltpolitiker das Thema Natur entdeckt. Auch Wirtschaftspolitiker versäumen nie, zur Natur und ihrem Schutz Stellung zu beziehen. Unternehmen legen umfangreiche und bunt gestaltete Umweltberichte vor, um in der von Umweltschützern begonnenen und mit großem Engagement und Erfolg gestalteten kritischen Diskussion um Gefährdungen und Maßnahmen mitzureden. Die öffentliche Diskussion zeigt tagtäglich soviel an Umweltpolitik auf, daß die Politikwissenschaft mit ihren etwas umständlichen wissenschaftlichen Erhebungen mit diesen stets hochaktuellen, teilweise schockierenden und teilweise hoffnungsvollen Darstellungen kaum mithalten kann.

Die Selbstdarstellung der politischen Praxis ist für die politikwissenschaftliche Forschung jedoch nur der Ausgangspunkt, an dem sie mit ihren Erhebungen in die Tiefe ansetzt. Denn die politischen Akteure verfolgen mit ihrer Außendarstellung nicht nur das Ziel, über alles aufzuklären, sondern sie sind gleichzeitig sehr darauf bedacht, hinter der Fülle an Information kritische Inhalte verschwinden zu lassen. Die („formale") Außendarstellung wird in der Politik stets durch eine „informale" Innensicht begleitet, die der Geheimhaltung unterliegt (vgl. u.a. Krott 1990, S. 56ff.). Die informalen Ziele und Maßnahmen bestimmen die Handlungen der politischen Akteure jedoch nicht weniger als die formalen Bekenntnisse. Die Politikwissenschaft kann die informalen Handlungsorientierungen und Handlungen genauso als Fakten erheben wie die Außendarstellungen der Akteure. Solche wissenschaftlichen Ergebnisse stärken in besonderem Maße auf kritische Weise die Aufklärung über (Umwelt-)Politik.

Ein eindrucksvolles Beispiel gibt der zentrale umweltpolitische Akteur staatliche Verwaltung. Wissenschaftliche Analysen haben bald gezeigt, daß die staatliche Verwaltung nicht nur von den ihr rechtlich übertragenen Aufgaben vorangetrieben wird. Neben diese formalen Ziele und Handlungsbedingungen der Verwaltung treten die informalen Ziele, deren stärkstes das „Interesse der staatlichen Verwaltung an sich selbst" ist (Downs 1967). Die Verwaltung prüft bei jeder Maßnahme deren Einbindung in die rechtlichen Vorgaben und deren Folgewirkungen für die informalen Ziele. Informal ist sie in hohem Maße bestrebt, ihre Ressourcen zu sichern und zu vermehren und ihren Kompetenzbereich zu erweitern. Diese informale Orientierung prägt auch die Handhabung von Umweltschutzbestimmungen. Deren Vollzug kann an informaler verwaltungsinterner Konkurrenz nicht weniger scheitern als am Widerstand etwa von Wirtschaftsinteressen (Müller 1986).

Fachverwaltungen entwickeln auch ausgeprägte eigenständige informale Sichtweisen von ihren Aufgaben und bevorzugten Lösungswegen. Geprägt von solchen „Verwaltungsideologien" setzen sich die Mitarbeiter im Vollzug nur für solche Lösungen ein, die ihrer informalen Sichtweise entsprechen. Sie haben etwa eigene Vorstellungen von „wirtschaftlicher Zumutbarkeit", vom „Stand der Technik" oder von der „erheblichen Beeinträchtigungen des Landschaftsbildes" und interpretieren nach diesen die in den Gesetzen in großem Umfang vorhandenen allgemeinen Begriffe. Die Darstellung der informalen Ziele und Handlungen in Ergänzung zu der (formalen) Außendarstellung der Verwaltung ergibt ein weit zutreffenderes Bild vom Verwaltungshandeln als nur die offizielle Sicht.

Die von der Politikwissenschaft mit Fakten belegten informalen Ziele und Handlungen entfalten ein erhebliches kritisches Potential, denn sie legen gerade jene Tatsachen offen, die die politischen Akteure im Eigeninteresse verbergen wollen. Mit dieser Aufklärungsleistung verbessert die Politikwissenschaft die Möglichkeiten zur demokratischen Diskussion und Entscheidungsfindung wesentlich. Sie bringt Informationen über den informalen Bereich, dem eine weithin unterschätzte Bedeutung in der (Naturschutz-)politik zukommt. Denn die maßgebenden informalen Handlungen sind keineswegs illegal. Sie stellen nicht den politischen Randbereich dar, in dem Gesetze gebrochen werden, und der vom modernen Staat intensiv verfolgt und beschränkt wird. Informale Handlungen bewegen sich zumeist neben dem gesetzlichen Rahmen, ohne diesen direkt zu verletzen, und prägen dennoch durch informale Vorabstimmungen, Aushandlungen, Interpretationen oder Kontrollverzichte die Wirksamkeit der Gesetze. Sie sind die unsichtbare Wirklichkeit der Politik, deren richtige Einschätzung für die demokratische Entscheidungsfindung wesentlich erleichtert wird, wenn die Politikwissenschaft die informalen Fakten offen darlegt.

4. Welt der politischen Ursachen

Naturschutzpolitik will weit mehr als nur die Fehlentwicklungen in Staat, Wirtschaft und Gesellschaft feststellen und die Zerstörung der Natur kritisieren, sie möchte die Welt verändern. Für dieses Vorhaben reichen die aufgezeigten wissenschaftlichen Beschreibungen von Werten, Konflikten, nicht eingehaltenen Ansprüchen und informalen Handlungen nicht aus, so detailreich und faktisch zutreffend sie auch sein mögen. Um den Gang der Welt gezielt zu verändern, muß man die ursächlichen Faktoren kennen, von denen die Entwicklungen abhängen. Täuschungen über die wahren Ursachen haben zwangsläufig falsche politische Maßnahmen zur Folge.

Die politische Praxis ist mit sogenannten „Ursachen" der verfehlten Politik rasch bei der Hand. Für die Opposition liegt die Hauptursache allen Übels in der Regierung und umgekehrt, die Regierenden warnen vor den Gefahren irriger Diagnosen und Forderungen der Opposition. Mächtige und weniger Mächtige deuten die Ursachen politischer Fehlentwicklungen offensichtlich nicht nach wissenschaftlichen Befunden, sondern nach dem vermeintlich besten Machtkalkül, um die eigene Position zu stärken. Auf solchen Ursachendiagnosen aufbauende Programme können bestenfalls Zufallserfolge erreichen.

Noch genereller sind die Ursachendeutungen mit Feindbildern. Die Industrie(-gesellschaft) verschlingt die heile Umwelt, der saure Regen läßt die Wälder sterben und die Landwirte veröden die Landschaft. Die Feindbilder rütteln die Menschen auf und stärken den Zusammenhalt der Umweltschützer, aber sie geben die falschen Hinweise für wirkungsvolle Maßnahmen, denn im industriellen Strukturwandel stekken neue Chancen für den Umweltschutz, der saure Regen ist nicht die Hauptursache für Schäden in den Wäldern und die Landwirte greifen zwar in die Landschaft ein, dies aber nicht zwangsläufig nur zerstörerisch.

Daß die klügeren Politiker die Fehlsteuerung durch Feindbilder nicht durchschauen, ist unwahrscheinlich, sie nutzen sie aber dennoch, weil Feindbilder hervorragend geeignet sind, die für die Akteure gefährlichen Ursachen zu verdecken. Gerade in der modernen Medienwelt, in der Meldungen in großer Geschwindigkeit an die Öffentlichkeit gelangen, bleibt wenig Zeit für komplexe Analysen; statt dessen setzen sich einfache plakative Ursachen für Umweltschädigungen mit großer Schlagkraft durch. Eine gespenstisch drohende, alternde Ölplattform als Ursache für die Meeresverschmutzung findet in den Medien weit leichter Anerkennung als eine komplizierte Ursachendiagnose mit trockenen Zahlen. Die Verschleierung von politischen Ursachen hat in der Welt der Medien und der Politik System. Umso größere Bedeutung haben tiefergehende Ursachendiagnosen, darunter auch jene der Politikwissenschaft.

Die Frage nach den Ursachen ist für die Wissenschaft gleichbedeutend mit der Frage nach der Theorie. Denn Ursachen sind wissenschaftlich nichts anderes als wissenschaftliche Gesetze über die Abhängigkeit (politischer) Faktoren untereinander. Solche Gesetze werden in Form von Theorien mehr oder weniger umfassend und aussagekräftig formuliert. Wenn es dem Forscher gelingt, eine Theorie auf einen aktuellen Fall der Naturschutzpolitik zu übertragen, so gibt er damit die Ursachen für die Entwicklung an. Wenn der Versuch zur Bildung eines allgemeinen Naturschutzverbandes mißlingt, trotz gemeinsamer Ziele aller Beteiligten, so kann der Forscher diesen Fehlschlag aus der allgemeinen Theorie der Verbände leicht erklären. Große Verbände bilden sich erst, wenn zu den allgemeinen Zielen besondere Anreize für die Mitgliedschaft hinzukommen, denn sonst erscheint dem potentiellen Mitglied der Aufwand für die Mitgliedschaft (insbesondere der Mitgliedsbeitrag) zu hoch im Verhältnis zu der verschwindend geringen Unterstützung, die der Verband, der auch ohne das Mitglied sehr groß wäre, vom Mitglied hätte. Da alle potentiellen Mitglieder so denken, kommt der große Verband im Unterschied zu kleinen Verbänden, bei denen jeder die Notwendigkeit seines eigenen Beitrages deutlich sieht, gar nicht erst zu Stande (Olson 1968).

Das Beispiel macht deutlich, wo die Leistungen der Ursachendiagnose durch die heutige Politikwissenschaft liegen. Die „grand theory", die die Naturschutzpolitik in ihrer Gesamtheit erklärt, wird nicht in einer für die Praxis brauchbaren Form angeboten. An Versuchen dazu mangelt es in der Forschung zwar nicht, aber viele, wie etwa die Systemtheorie von Easton bleiben in einem komplexen Begriffsrahmen stecken (Müller 1994, S. 219). Die politischen Institutionen erhalten neue Namen und werden zueinander in Beziehung gesetzt, doch die politische Bearbeitung von konkreten Naturschutzproblemen läßt sich darin nicht verfolgen. Andere komplexe Theorieansätze argumentieren tiefergehend, aber sie setzen auf einer übergeordneten Perspektive an, die zwar eine Einschätzung der generellen Steuerbarkeit der Gesellschaft durch Politik erlaubt, nicht jedoch dem Praktiker sagt, wie er seine konkreten Maßnahmen zur Steuerung auslegen soll (v. Beyme 1995, S. 209). Die systemtheoretischen Erkenntnisse warnen vor einer Überschätzung der politischen Steuerung. Der Naturschutz kann sich nicht alles für die Entlastung der Natur wünschen und darauf vertrauen, daß die Politik auch gleich die wirksamen Instrumente zur Verwirklichung finden wird. Steuerungsleistungen erbringt die Politik nur im Zusammenwirken mit Gesellschaft und Wirtschaft, daher empfiehlt sich für praktische Politik die Offenheit auch für alle von diesen Systemen angebotenen Steuerungsleistungen.

Trotz aller Steuerungsskepsis der Systemtheoretiker meinen die Vertreter politischer Theorien mittlerer Reichweite, insbesondere der Politikfeldanalyse, der Praxis eine Fülle von Teilerklärungen anbieten zu können, die durch empirische Forschung erhärtet sind und sich in Verbesserungen der derzeitigen Steuerungsmaßnahmen der Naturschutzpolitik umbauen lassen (Mayntz/Scharpf 1995). Das einfachste Modell, in dem der Staat Ziele formuliert und diesen folgend dann direkt mit gesetzlichem Zwang, Aufklärung und Beratung oder finanziellen Mitteln umweltgerechtes, d.h. zielkonformes Verhalten bei Produzenten und Konsumenten bewirkt, wird dabei erweitert um die indirekte Steuerung, die die Eigendynamik der Betriebe, der Verbände oder der Einheiten der Verwaltung mitberücksichtigt. Doch auch über die Handlungszwänge in diesen Teilbereichen vermag die politische Theorie abgesicherte Zusammenhänge anzugeben.

Beispielsweise eröffnet die gut ausgearbeitete Theorie der Verbände erhebliche Spielräume in der Gestaltung des Verhältnisses der Umweltverwaltung zu den Umweltverbänden (Krott/Traxler 1993). Pluralistische Varianten der konfliktorientierten Zusammenarbeit eines starken Staates mit einer Vielzahl von Umweltverbänden stehen neben korporatistischen Varianten, in denen der Staat inhaltliche Kompromisse mit den Verbänden schließt und dafür auf deren Unterstützung im Vollzug zählen darf, wo die schmerzlichsten Engpässe in der Umwelt- und Naturschutzpolitik auftreten. Die Politikwissenschaft bietet mit solchen Studien der umweltpolitischen Praxis die in Theorie geronnene Erfahrung aus Jahrzehnten Verbandspolitik in aller Welt in kompakter Form an. Die Praxis gewinnt, ohne eigene schmerzhafte Erfahrungen machen zu müssen, aus den theoretisch fundierten politikwissenschaftlichen Studien Informationen über die für die Politik und ihre jeweils eigene Position entscheidenden Machtprozesse. Begrenzend für die wissenschaftliche Unterstützung sind derzeit in Deutschland nicht wissenschaftliches Unvermögen, sondern die fehlenden Ressourcen der auf Umwelt- und Naturschutz spezialisierten Politikforschung und die wenig entwickelten Beratungswege mit der Praxis.

5. Welt der komplexen Ursachen

Die erfolgreiche politische Analyse neigt, wie übrigens auch die Politik selbst, zur Überschätzung der Wirkung von politischen Ursachen. Die Beschränkungen der politischen Steuerung sind in der Praxis weit größer als die hohe politische Selbsteinschätzung. Zum einen stellt politische Steuerung nur eines unter den vielen menschlichen Regelungssystemen dar, man denke etwa an Wirtschaft, Religion, Kultur usw., zum anderen reicht die Politik, so sehr sie auch als menschliche Steuerung dominieren könnte, wie etwa im Marxismus mit seinem totalen Politikanspruch, grundsätzlich nicht in die Naturgesetze hinein. Denn die Natur selbst ist für menschliche Machtprozesse nicht empfänglich. Gegen Naturgesetze läßt sich der politische Wille niemals durchsetzen, daher verliert der Machtbegriff, der das Hauptmerkmal von Politik ist, dort seinen Sinn (Weber 1971, S. 28). Da Naturschutzpolitik zwangsläufig immer mit Natur zu tun hat, liegen Ursachen für Erfolge und Mißerfolge stets auch in natürlichen Faktoren.

Die Erweiterung der Ursachensuche auf natürliche Faktoren sprengt die theoretische und methodische Kraft der Politikwissenschaft. Sie bedürfte der interdisziplinären Analyse. Die Welt der komplexen Ursachen für Umweltprobleme und der komplexen Lösungen kann nur gemeinsam von den unterschiedlichen Disziplinen der Wissenschaft entschlüsselt werden. Damit entstehen Anforderungen an die Forschung, denen derzeit weder von Seiten der Politikwissenschaft noch von Seiten der Naturwissenschaften auch nur annähernd entsprochen wird (Balsinger u.a. 1996). Aus dem Blickwinkel der Politikwissenschaft lassen sich heute die möglicherweise erfolgreichen interdisziplinären Forschungsstrategien jedoch erahnen.

Die Forschung müßte der Praxis nahe kommen, in der von allen Akteuren stets wie selbstverständlich interdisziplinär geurteilt und gehandelt wird. Kein Umweltpolitiker vergißt bei aller Politik die materielle, erdverbundene Seite seiner Maßnahmen. Beispielsweise verbindet sich in der Immissionsschutzpraxis das politische Interesse, der Gesetzestext, der finanzielle Ausgleich und der physische Einbau einer Filteranlage zu einer „interdisziplinären Maßnahme", an deren Ende eine Entlastung für die Umwelt bewirkt wird. Erst in der wissenschaftlichen Analyse fällt alles wieder auseinander in Rechtsauslegung, politikwissenschaftliche Vollzugsforschung, betriebliche Unternehmensanalyse, volkswirtschaftliche Wirkungsrechnung, Physik der Filteranlage, luftchemische Untersuchung, biologisches Umweltwirkungsmonitoring usw. Die wissenschaftlichen Disziplinen meinen, auf ihren speziellen Aufmerksamkeitsbereich nicht verzichten zu können, ohne an theoretischer und methodischer Qualität zu verlieren. Die interdisziplinäre Verknüpfung läßt sich daher derzeit wohl am besten über Aushandlungsvernetzung herstellen (Krott 1996).

Aushandlungsvernetzung bedeutet für die Politikwissenschaft, die Grenzen ihres Aufmerksamkeitsbereiches genau zu definieren und jenseits dieser auf die Erkenntnisse anderer Disziplinen zurückzugreifen. Mit der Naturwissenschaft fällt diese Grenzziehung und die anschließende gemeinsame Forschung relativ leicht. Im erwähnten Beispiel wäre die Naturwissenschaft und Technik für die Analyse der Emission und deren Reduzierung durch den Filter verantwortlich. An den naturwissenschaftlich beschriebenen Problemen und Lösungen würde die Politikwissenschaft direkt ansetzen und fragen, wie sich diese Erkenntnisse im Bewußtsein der politischen Akteure, in deren Handlungskonzepten und in den politischen Steuerungsprogrammen niederschlagen. Die Naturwissenschaft zeigt die (neuen) Möglichkeiten der schonenden Umweltnutzung auf, die Politikwissenschaft analysiert die politischen Bedingungen dieser Möglichkeiten. In globaler Perspektive liegen in dieser Richtung innovative Ansätze vor, etwa in dem Lösungsansatz von Schmidt-Bleek (1994), der ein neues naturwissenschaftlich begründetes Maß für ökologisches Wirtschaften entwirft, den umfassend erhobenen Stoffverbrauch „mips", und gleichzeitig nach den politischen Bedingungen für dessen Einsatz in der Umweltschutzpraxis fragt. Die globale Analyse führt jedoch noch nicht direkt zu konkreten umweltpolitischen Maßnahmen. Dazu bedürfte es der lokalen Analyse, die, ebenso pragmatisch wie das globale Vorbild, Naturwissenschaft mit Politikwissenschaft verbindet. Solche Forschung ist allerdings bislang im Wissenschaftssystem nur wenig in Gang gekommen.

6. Welt der Wissenschaft

Mit der Aufklärung über Werte und Interessen, der kritischen Gegenüberstellung der Ansprüche der Praxis mit deren tatsächlichen Handlungen, dem Aufzeigen informaler Interessen und dem Nachweis der Ursachen der politischen Prozesse sind Leistungen einer empirischen Politikforschung genannt, die zur Professionalisierung der Politik für Umwelt und Natur wesentlich beitragen können. Voraussetzung ist allerdings, daß die Forschung diese Leistungen auch erbringt. Hier wird das Ausmaß der Institutionalisierung der Politikforschung in Deutschland zum begrenzenden Faktor für die wissenschaftliche Unterstützung der Umwelt- und Naturschutzpolitik.

Empirische Politikforschung erfordert im Vergleich zu normativen Ansätzen weit mehr Ressourcen an Zeit, Personen und Sachmitteln. Die für Fragen der Naturschutzpolitik besonders aussagefähige Fallstudienmethode gelingt nur mit erfahrenen Feldforschern und in Zeiträumen von mehreren Jahren bzw. Jahrzehnten. Ihr Ressourcenbedarf ist etwa so hoch wie bei ökologischer Feldforschung. Wenn auch keine Daten darüber vorliegen, so bestehen doch kaum Zweifel, daß die tatsächlich für Politikforschung verfügbaren Mittel sowohl in den Institutionen als auch im Projektbereich um Größenordnungen geringer liegen als in den ökologiebezogenen Naturwissenschaften. Für die Umweltthemen erschwerend kommt noch die große Konkurrenz mit anderen Politikfeldern, die für die Politologen häufig attraktiver sind, hinzu. Politikwissenschaftliche Schwerpunkte für Umwelt- und Naturschutzpolitik haben sich in Deutschland nur derart vereinzelt und zeitlich begrenzt gebildet, etwa am Wissenschaftszentrum Berlin, daß mangels Masse der Ertrag für die Praxis von vornherein nicht spürbar sein kann. Für einen universitär institutionalisierten Forschungsschwerpunkt, wie er etwa in der Agrarpolitik an zahlreichen Fakultäten traditionell ausgebildet ist, gibt es in der Naturschutzpolitik bis heute nur erste Ansätze, u.a. auch an der Universität Göttingen.

Im Rahmen der Projektforschung könnte die Politikwissenschaft rascher auf spezielle Themen reagieren. Die vermehrte Ausrichtung der Forschungsförderung auf Themen des Naturschutzes wird vielfach u.a. auch vom Wissenschaftsrat (1994) empfohlen. Die darin vorgeschlagenen Vorhaben sind meist Verbundprojekte unter Beteiligung unterschiedlicher Disziplinen. Erste Erfahrungen zeigen, daß die Politikforschung nur mit einer vorsichtigen Kooperationsstrategie zum Erfolg kommt (Krott 1994, S. 49).

Erstens wäre die Politikforschung schlecht beraten, sich ausschließlich oder auch nur vorwiegend an interdisziplinären Projekten zu beteiligen. Denn mit der Interdisziplinarität verbinden sich so viele noch ungelöste Forschungsprobleme, daß gerade eine an Ressourcen so schwache Disziplin wie die Politikwissenschaft nicht ihr Potential in solche Vorhaben in großem Umfange einsetzen sollte, zumal auch disziplinär ausgerichtete Politikforschung auf viele aktuelle Fragen der Naturschutzpolitik, wie gezeigt, wichtige Teilantworten zu geben vermag. Vor allem muß die Politikforschung darauf bedacht sein, nicht von den anderen Disziplinen in Anlehnung an den Alltagsbegriff einer übergeordneten Politik als die integrierende Disziplin eingestuft zu werden, der man abschließend die interdisziplinäre Zusammenführung überlassen könnte. Die Neigung der anderen Disziplinen, die lästige Integrationsaufgabe abzuwälzen, ist groß, sie erlangen damit selbst den Freiraum zur disziplinären Forschung wie bisher und die Politikwissenschaft hätte das Unmögliche der nachträglichen Integration zu leisten.

Auch die Verfolgung disziplinärer Projekte im Rahmen von Großvorhaben erfordert eine klare Strategie. Häufig sehen die Beteiligten zunächst nur den Bedarf an naturwissenschaftlicher Forschung. Erst nach Klärung der naturwissenschaftlichen Dimension des Naturschutzproblems und seiner Lösungsmöglichkeiten hätte es Sinn, dafür Umsetzungswege durch die Politikforschung zu suchen. Diese Sichtweise ist zum einen falsch, weil auch die Politikwissenschaft sofort mit Forschungsfragen beginnen kann und für die Analyse der Handlungspotentiale der Akteure keineswegs erst auf die naturwissenschaftlichen Lösungen warten muß. Zum anderen ist in der Forschungspraxis die Rückwärtsreihung der politikwissenschaftlichen Projekte für diese fatal, denn nur die Projekte der ersten Phase werden bevorzugt finanziert, in der letzten Phase verknappen sich die Mittel meist so stark, daß die ursprünglich geplanten Teilprojekte nicht mehr begonnen werden können.

Zusätzlich zu den forschungsinternen Hemmnissen politikwissenschaftlicher Naturschutzforschung kommen natürlich auch im Umwelt- und Naturschutz jene Schwierigkeiten, die jede empirische und damit kritische Politikforschung in der Praxis überwinden muß. Die Analyse der Werte, der Vollzugshandlungen und der informalen Handlungen bewirkt ein erhebliches Maß von Kritik an den politischen Akteuren. Niemand läßt sich gerne seine inneren Zielwidersprüche, die Nichteinhaltung selbstgesetzter Normen oder seine verborgenen Handlungen nachweisen. Für die Mächtigen der Politik, denen relevante politische Forschung in erster Linie gelten müßte, ist daher die Verlockung groß, kritische Forschung möglichst zu beschränken bzw. nicht zu finanzieren. Mit diesem Forschungswiderstand von Seiten der Praxis sieht sich die Naturschutzforschung in hohem Maße konfrontiert. Sie kann allerdings ihre Hoffnung zusätzlich zu den demokratischen Freiheitsrechten auf zwei Entwicklungen setzen. Zum einen ist es auch für Mächtige auf Dauer gefährlich, alles kritische Wissen zu unterdrücken, weil sie dann die eigenen Schwächen solange nicht sehen, bis es für Gegenmaßnahmen zu spät ist. Sie sind daher durchaus in gewissem Maße bereit, potentiell kritische Politikforschung zu dulden. Zum anderen wird Politikforschung gerne dort gerufen, wo kritische Naturschutzinteressen auf Krisen politisch wirksam hinweisen. Derart liegt es in hohem Maße bei der politischen Praxis selbst, an welchen Problemen des Umwelt- und Naturschutzes sich die empirische Politikforschung versuchen darf.

7. Zusammenfasssung

Den Schwächen der heutigen Umwelt- und Naturschutzpolitik wird mit dem Rückzug auf mehr Markt und mehr gesellschaftliche Lösungen nicht begegnet werden können. Aussichtsreicher ist die Professionalisierung der Umwelt- und Naturschutzpolitik, zu der die politikwissenschaftliche Forschung wesentlich beitragen könnte. Die normative politische Theorie bringt den Erfahrungsschatz der Vergangenheit in die politische Konzeptsuche ein und entwickelt ganz neue philosophische Ideen, die das innovative Denken der Praxis unterstützen. Die empirische Politikforschung versorgt die Praxis mit durch Fakten erhärteten Erkenntnissen, die den politischen

Steuerungsversuchen der Praxis mehr Sicherheit geben. Die Politikforschung klärt umfassend über die für die Natur bedeutsamen Werte, Ziele und Interessen der Menschen und ihrer Institutionen auf. Zusätzlich vergleicht sie den tatsächlichen Verlauf der Politik mit deren selbstgewählten Ansprüchen und bewirkt mit dem Nachweis vielfältiger Vollzugsdefizite im Naturschutz kritische Aufklärung. Die politikwissenschaftlichen Erhebungen greifen weit über die (formale) Selbstdarstellung der Politik hinaus und decken deren informale Kalküle und Handlungen auf. Sie geben damit allen Interessierten erweiterte Grundlagen zur Beurteilung der Politik. Mit der Analyse der politischen Ursachen zeigt die Politikwissenschaft die Ansatzpunkte für wirksame Maßnahmen zur Veränderung auf. Wenn auch die Systemanalysen vor großen Erwartungen in das Gesamtsteuerungspotential der staatlichen Politik warnen, so ergeben sich aus den Detailanalysen einzelner Instrumente und Akteure doch zahlreiche Strategien, die Wirksamkeit der Politik für die Natur zu erhöhen. Ob dieses Potential genutzt wird, hängt zum einen von der Wissenschaft selbst ab, innerhalb der sich eine auf das Politikfeld Natur- und Umweltschutz spezialisierte Politikwissenschaft erst entfalten müßte. Zum anderen sind es die Machtverhältnisse in der politischen Praxis selbst, die den Zugang zu Forschungsthemen auch im Umwelt- und Naturschutz eröffnen oder versperren. Dem schwächeren Partner Politikwissenschaft verbleibt allerdings die Aufgabe, alle sich bietenden Chancen auch zu nutzen.

Literatur:

Alemann, U.v. (Hg.) (1995): Politikwissenschaftliche Methoden. Opladen.
Balsinger, Ph.W., R. Defila u. A. Di Giulio (Hg.) (1996): Ökologie und Interdisziplinarität – eine Beziehung mit Zukunft? Basel.
Beyme, K.v. (1995): Steuerung und Selbstregelung. Zur Entwicklung zweier Paradigmen. In: Journal für Sozialforschung 3/4, S. 197–217.
Downs, A. (1967): Inside Bureaucracy. Santa Monica/Cal.
Hucke, J. (1990): Umweltpolitik: Die Entwicklung eines neuen Politikfeldes. In: Beyme, K.v. u. M.G. Schmidt (Hg.): Politik in der Bundesrepublik Deutschland. S. 382–398. Opladen.
Inglehart, R. (1971): The Silent Revolution in Europe. Intergenerational Change in Post-Industrial Societies. In: American Political Science Review 65, S. 991–1017.
Ders. (1995): Kultureller Umbruch: Wertewandel in der westlichen Welt. Frankfurt/Main.
Jonas, H. (1979): Das Prinzip Verantwortung, Versuch einer Ethik für die technologische Zivilisation. Frankfurt/Main.
Krott, M. (1990): Öffentliche Verwaltung im Umweltschutz. Wien.
Ders. (1994): Management vernetzter Umweltforschung. Wien.
Ders. (1996): Interdisziplinarität im Netz der Disziplinen. In: Balsinger u.a. 1996, S. 87–97.
Krott, M. u. R. Maier (1991): Forststrassenbau in Ökozeiten. = Schriftenreihe des Instituts für forstliche Betriebswirtschaft und Forstwirtschaftspolitik 10. Wien.
Krott, M. u. F. Traxler (1993): Verbandsorganisation im Umweltschutz. Strategische Entwicklungsalternativen. Wien.
Malunat, B.M. (1994): Die Umweltpolitik der Bundesrepublik Deutschland. In: Aus Politik und Zeitgeschichte, Beilage 49, S. 3–12.
Mayntz, R. u.a. (1978): Vollzugsprobleme der Umweltpolitik. Materialien zur Umweltforschung des Rats von Sachverständigen für Umweltfragen. Wiesbaden.
Mayntz, R. u. F.W. Scharpf (Hg.) (1995): Gesellschaftliche Selbstregelung und politische Steuerung. Frankfurt/Main.
Müller, E. (1986): Innenwelt der Umweltpolitik. Opladen.
Müller, W.C. (1994): Politische Theorie und Ideengeschichte: Wozu? In: Österreichische Zeitschrift für Politikwissenschaft, H. 2, S. 213–237.

Murswiek, D. (1995): Umweltschutz als Staatszweck. Bonn.
Olson, M. (1968): Die Logik kollektiven Handelns. Tübingen.
Rat von Sachverständigen für Umweltfragen (1994): Umweltgutachten 1994 für eine dauerhaft-umweltgerechte Entwicklung. Stuttgart.
Renn, O. (1996): Ökologisch denken – sozial handeln: Die Realisierbarkeit einer nachhaltigen Entwicklung und die Rolle der Kultur- und Sozialwissenschaften. In: Kastenholz, H.G., K.-H. Erdmann u. M. Wolff (Hg.): Nachhaltige Entwicklung. S. 79–113. Berlin.
Schmidt-Bleek, F. (1994): Wieviel Umwelt braucht der Mensch? Berlin.
Weber, M. (1971): Wirtschaft und Gesellschaft. 5. Aufl. Tübingen.
Wissenschaftsrat (1994): Stellungnahme zur Umweltforschung in Deutschland. Köln.

STAND UND PERSPEKTIVEN DER UMWELTPLANUNG IN DEUTSCHLAND

Frank Scholles (Hannover)

1. Einleitung: Umweltplanung?

Ziel des Beitrags ist es, a) den derzeitigen Stand von Planungen, die die Umweltgüter zum Gegenstand haben, zu beschreiben und zu bewerten, b) Entwicklungstendenzen darzustellen und c) Perspektiven der Weiterentwicklung aufzuzeigen.

Der Begriff Umweltplanung ist rechtlich nicht definiert. Folglich existiert in Deutschland keine institutionalisierte Umweltplanung, auch wenn es den einen oder anderen unverbindlichen Ansatz in der Wissenschaft (vgl. Otto-Zimmermann 1987) gibt. Aufgrund dieser Situation muß zunächst definiert werden, wie Umweltplanung hier verstanden werden soll.

Unter Umweltplanung wird eine integrative, sektorübergreifende Planung für den Schutz und die Entwicklung der Umweltgüter Menschen, Tiere, Pflanzen, Boden, Wasser, Klima, Luft, Landschaft, kulturelles Erbe und Sachgüter einschließlich der Wechselbeziehungen verstanden. Diese Planung muß (Qualitäts-)Ziele aufstellen, den Bestand zielorientiert aufnehmen, bewerten und Maßnahmen (Handlungsziele) entwickeln.

Eine solche Planung existiert, wie gesagt, in der Praxis nicht. Die Umweltverträglichkeitsprüfung integriert zwar die genannten Schutzgüter, stellt als prüfendes Instrument jedoch keine eigenen Ziele auf und plant nicht. Die Landschaftsplanung kommt einer integrativen Umweltplanung derzeit am nächsten, deckt jedoch nicht alle Umweltgüter ab. Daneben gibt es Instrumente der sektoralen Umweltplanung.

2. Bestandsaufnahme

A. Landschaftsplanung

Das Oberziel der Landschaftsplanung ist gemäß § 1 BNatSchG die Sicherung der Leistungsfähigkeit des Naturhaushalts. Zur Operationalisierung dieses Oberziels setzt sie insbesondere den Potentialansatz ein (Bierhals 1978; Haase 1978; Haaren/Horlitz 1993). Dieser ist anthropozentrisch und entwicklungsorientiert. In den verschiedenen Quellen treten Unterschiede in der Ausgestaltung und Benennung der einzelnen Potentiale auf; diese sind jedoch marginal, so daß hier ein methodischer State of the art besteht (Kiemstedt u.a. 1990). Neben den Potentialen arbeitet die Landschaftsplanung methodisch mit Wirkungsanalysen und, da dies aufgrund der Komplexität von Natur und Landschaft auf enge Grenzen stößt, mit Analogieschlüssen sowie Risikoanalysen.

Die Landschaftsplanung hat die folgenden Aufgabenbereiche (Kiemstedt u.a. 1990, SRU 1987):
1. Fachaufgaben, eigene Zuständigkeit
   - Planung für Arten und Lebensgemeinschaften
   - Planung für Natur- und Landschaftserleben
   - Planung für Regulation und Regeneration von Boden, Wasser, Klima, Luft

2. Planungsaufgaben als Grundlage im Entscheidungsprozeß
   • Beurteilung der Auswirkungen anderer Planungen auf Natur und Landschaft
   • Bündelung des raumbezogenen Umweltschutzes
3. Beitrag zu anderen Fachplanungen (landschaftspflegerische Begleitplanung).

Bereits bei den Fachaufgaben ist nur die Planung für Arten und Lebensgemeinschaften unstrittig, die übrigen Aufgaben werden trotz der in § 1 BNatSchG festgelegten Ziele insbesondere von anderen Planungen bestritten. Die Planungsaufgaben sollen die Belange des raumbezogenen Umweltschutzes bündeln, um sie als Gesamtheit in die Abwägung einzustellen. Diese teilquerschnittsorientierte Aufgabe, die auch als Verträglichkeitsprüfung verstanden wird, stößt ebenfalls auf Widerstände.

Die Landschaftsplanung nach §§ 5 und 6 BNatSchG sowie den Landesnaturschutzgesetzen ist in Anlehnung an die räumliche Gesamtplanung i.d.R. dreistufig (Landschaftsprogramm – Landschaftsrahmenplan – Landschaftsplan).

Die Probleme der heutigen Landschaftsplanung haben Kiemstedt u.a. (1990) zusammengefaßt:
• Sie ist politisch oft nicht gewollt. Daraus resultieren mangelhafte Kapazitäten und Abhängigkeiten von anderen.
• Heterogene Länderregelungen schwächen ihre Position, verkomplizieren die Ausbildung und verhindern die Entwicklung eines einheitlichen Planungsverständnisses.
• Oft fehlt die Aufstellungspflicht auf der unteren Ebene, wo Nutzungsinteressen dominieren.
• Insbesondere auf untergesetzlicher Ebene fehlen inhaltliche Präzisierungen, so daß die Aufgabenstellung oft unklar bleibt.
• Die Mitwirkung an Fachplanungen wird nicht akzeptiert mit der Folge des Rückzugs auf die Fachaufgabe Planung für Arten und Lebensgemeinschaften.
• Aufträge zur Planerstellung werden bisweilen an fachlich nicht kompetente Planer oder Naturwissenschaftler mit ungenügendem Planungsverständnis vergeben.
• Häufig sind Daten nicht verfügbar, vor allem fehlt jedoch ein Monitoring zur Evaluierung und Kontrolle von Maßnahmen.
• Überzeugende und konkretisierbare Wertmaßstäbe sind selten.

Aus alledem resultieren lange Bearbeitungszeiten und Verzettelung. Es verwundert nicht, daß der SRU (1987) die Bilanz der Landschaftsplanung als enttäuschend und ihre Effektivität als niedrig einschätzt.

B. Sektorale Umweltplanungen

Neben der zumindest theoretisch auf Integration angelegten Landschaftsplanung existieren verschiedene sektorale Umweltplanungen.

Die wasserwirtschaftliche Planung erarbeitet nach §§ 36 und 36b WHG Rahmenpläne und Bewirtschaftungspläne. Ziel ist hier die Nutzung der Wasserressourcen und der Schutz der Wasserqualität zwecks Nutzung. Dazu werden Umweltqualitätsstandards, insbesondere die Gewässergüteklassen, aufgestellt (vgl. LWA 1985; Freund/Göbel 1990).

Jedoch beschränkt sich diese Planung auf Nutzungsinteressen und betrachtet trotz § 1a WHG, nach dem die Gewässer als Bestandteile des Naturhaushalts zu bewirtschaften sind, nur den Wasserkörper (Fürst u.a. 1992). Zudem existieren Bewirtschaftungspläne nur für ausgewählte Gewässersysteme und in wenigen Bundesländern. Von einer flächendeckenden Planung kann nicht die Rede sein.

Luftreinhaltepläne nach § 47 BImSchG sollen (in gewissem Gegensatz zu ihrem Namen) die Belastung der Luft in Ballungsgebieten reduzieren (vgl. Schreiber 1988). Ihre Methodik ist emissionsorientiert und sie werden ausschließlich in Problemgebieten aufgestellt. Wir haben es also mit einer punktuellen, gefahrenabwehrorientierten Planung zu tun.

Weitere relativ neue Planungsinstrumente wie die Lärmminderungsplanung (§ 47a BImSchG), die Abwasserbeseitigungsplanung (§ 18a WHG) und die Abfallwirtschaftsplanung (§ 29 KrW-/AbfG) befassen sich mit den Folgen menschlichen Wirtschaftens und weniger mit Schutz und Entwicklung der Umweltgüter.

C. Umweltverträglichkeitsprüfung

Die Umweltverträglichkeitsprüfung (UVP) deckt die Umwelt insgesamt und integrativ ab. Sie ist jedoch reaktiv, denn sie soll die Folgen anderer Planungen ermitteln, beschreiben und bewerten. Sie ist daher nicht Planung im engeren Sinne und braucht zur Bewertung (Konkretisierung von umweltbezogenen Zulässigkeitsvoraussetzungen) eine zielaufstellende Umweltplanung. Dennoch hat sie als rechtlich verankerter Testfall integrativen Umweltschutzes europaweit und darüber hinaus große Bedeutung. In Deutschland ist die Methodik oft an die der Landschaftsplanung angelehnt, da deren Vertreter sich als erste dieses Instruments angenommen haben (vgl. Kleinschmidt 1994; Scholles 1997).

Gesetzlich verankert ist die UVP nur für Projekte. In vielen Kommunen gibt es weitergehende Erfahrungen, die in die von der EU angestrebte Prüfung von Plänen und Programmen eingebracht werden können. Diese wird jedoch ebenfalls reaktiv sein, denn sie soll in ihrer Umwelterklärung darlegen, inwieweit Ziele aus Umweltplänen eingehalten wurden.

D. Fazit

1. Es gibt eine Leitplanung des räumlichen Umweltschutzes, die politisch unbeliebt ist und daher kleingehalten wird.
2. Es gibt weitere, sektorale Umweltplanungen, die sich nicht um Integration bemühen (müssen).
3. Es gibt die UVP für Projekte, die auf der Basis zersplitterter Rechts- und Zielgrundlagen (oft vergeblich) versucht, Umweltbelange integriert in Entscheidungsprozesse einzubringen.

3. Tendenzen

Kurzfristig stehen insbesondere aufgrund supranationaler Regelungen und Übereinkommen Modifikationen im System der deutschen Umweltplanungen an.

A. Umweltgesetzbuch

Seit der Ausbreitung des Umweltbewußtseins Anfang der 70er Jahre gibt es Bestrebungen, das Umweltrecht zu harmonisieren. Sie gipfelten zuletzt in verschiedenen Entwürfen für ein Umweltgesetzbuch (Kloepfer u.a. 1990; Jarass u.a. 1994). Im allgemeinen Teil wird u.a. eine dreistufige Umweltleitplanung vorgeschlagen, deren Abstammung von der Landschaftsplanung nicht zu übersehen ist, die aber versucht, alle Umweltgüter abzudecken. Die rechtliche Realisierung des Umweltgesetzbuchs und damit einer solchen Planung erscheint derzeit noch in weiter Ferne, auch wenn an einem ersten Buch derzeit im Umweltministerium gearbeitet wird. Dieses soll aber der Umsetzung der IVU-Richtlinie und der UVP-Änderungsrichtlinie vorbehalten bleiben und damit den Betrieb und die Genehmigung von Anlagen behandeln. Hinsichtlich Umweltplanung ist hier wenig zu erwarten.

B. Erweiterung der Umweltverträglichkeitsprüfung

Seit Ende 1996 liegt ein Vorschlag der Kommission der EU zur Einführung einer UVP für bestimmte Pläne und Programme vor (Wagner 1997). Dieser wird in Deutschland außerhalb der Umweltpolitik abgelehnt. Da Deutschland damit aber recht alleine steht, gehen auch die Gegner davon aus, daß dieses auch als strategische Umweltprüfung bezeichnete Instrument kommen wird. Wenn dem so ist, muß ihr Verhältnis zur Landschaftsplanung bzw. Umweltplanung geklärt werden. Soll die Plan-UVP nur prüfen, ob und inwieweit Ziele der Umweltplanung durch die zu prüfende Gesamtplanung oder Fachplanung eingehalten werden oder soll sie auch weitergehend z.B. nach Bedarfen fragen? Ersteres wäre nach Auffassung des Autors eine wirkungsarme Pflichtübung, letzteres könnte im Sinne einer Umweltvorsorge einen sinnvollen Schritt nach vorne bedeuten.

C. Planung für nachhaltige Entwicklung

Die in Rio de Janeiro 1992 für eine nachhaltige Entwicklung verabschiedete Agenda 21 hat auch Bedeutung für die Umweltplanung, da sie Umweltpläne fordert.

Ein nationaler Umweltplan für Deutschland ist politisch nicht gewollt. Unter den Bundesländern ist Baden-Württemberg mit der Ankündigung vorgeprescht, bis Ende 1998 einen Umweltplan aufzustellen, der alle umweltpolitischen Ziele und Maßnahmen mit Begründung und Zeithorizont darstellt, Wechselwirkungen berücksichtigt und alle gesellschaftlichen Gruppen beteiligt.

Weiterhin laufen allerorten Aktivitäten zur Aufstellung kommunaler, zum Teil auch regionaler Agenden 21 (vgl. Kuhn u.a. 1996), basierend auf der Aalborg-Charta von 1994, die die Umweltplanung als wichtiges Umsetzungsinstrument bezeichnet. Besondere Kennzeichen der Agenda-Prozesse sind die intensive Öffentlichkeitsbeteiligung mit Runden Tischen, Workshops, Diskussionsforen, Werkstätten, das prozeßhafte Vorgehen sowie die gleichzeitige Behandlung der Säulen Umwelt, Wirtschaft und Gesellschaft, wenn auch mit dem Umweltbereich als Auslöser. Insbesondere bei der Öffentlichkeitsbeteiligung begibt sich die Umweltplanung, wenn sie im Rahmen der Agenda 21 betrieben wird, auf bisher weitgehend unerprobtes Terrain.

D. Managementansätze

Nicht erst seit der Agenda-Diskussion bestehen Tendenzen, Planung weniger als Erstellung finaler Pläne in Karte und Text, sondern den Weg auch als Ziel und Planung als Prozeß zu verstehen. Wichtig hierbei sind:
- Stärken-Schwächen-Analysen
- Formulierung von Leitbildern, Qualitäts- und Handlungszielen
- Orientierung an Projekten, die an den Zielen gemessen werden.

Der Planer versteht sich hierbei als Moderator des Prozesses und als Animateur der Beteiligten. Der Plan schließlich ist vorrangig die Dokumentation der Ergebnisse und weniger rechtsverbindliche Aussage für die Zukunft.

Managementansätze werden vor allem von der Raumordnung diskutiert (Fürst 1993) und auch bereits praktiziert, die verschiedenen Umweltplanungen haben noch weniger Erfahrung sammeln können.

E. Deregulierung

Die Diskussion um Umweltleitplanung, UVP und Agenda 21 ist auch gekennzeichnet von der Standort-Deutschland-Debatte, also der Frage, wie die Wirtschaft auf die Globalisierung reagieren soll. Diese dient derzeit als Vehikel, um Umweltschutz- und -planungsinstrumente, Umweltbelange überhaupt zurückzudrängen, da sie angeblich Zeit kosten und kaum (betriebswirtschaftlichen) Nutzen einbringen. Mit demselben Argument wird die Öffentlichkeitsbeteiligung eingeschränkt. Diese volkswirtschaftlich zweifelhafte Argumentation steht darüber hinaus in krassem Widerspruch zu den o.g. Agenda-Aktivitäten.

Allerdings scheint sie auch den notwendigen Anstoß zu geben, das vielfältige, kaum zu überschauende und zum Teil in sich widersprüchliche Umweltrecht zu harmonisieren. Dazu muß es jedoch gelingen, die Deregulierungskräfte in die entsprechenden Bahnen zu lenken und nicht Umweltschutz durch schlichtes Abschaffen von Regeln materiell auf den Stand der 60er Jahre zurückzusetzen.

Statt der Einführung neuer Umweltinstrumente steht der Abbau vorhandener auf der bundes- und länderpolitischen Agenda. Eine übergreifende Umweltplanung wird sich sicherlich nicht zusätzlich zu, sondern höchstens anstelle von derzeitigen sektoralen Instrumenten installieren lassen.

4. Ansätze zur Weiterentwicklung

A. Umweltqualitätsziele

Insbesondere in der kommunalen Umweltplanung werden schutzgutübergreifend Umweltqualitätsziele formuliert, um integrative Umweltpolitik zu fördern. Die Diskussion wird seit etwa zehn Jahren geführt; zusammenfassende Darstellungen finden sich bei Fürst/Kiemstedt (1997) sowie Scholles (1997). Seit Ende 1996 wird die Diskussion auch unter Juristen geführt, ohne bei Standards zu verharren (Rehbinder 1997; Barth/Köck 1997).

Die aktuelle Diskussion wurde ausgelöst durch einen Ad hoc-Arbeitskreis der Akademie für Raumforschung und Landesplanung. Uppenbrink/Knauer (1987, S. 55) definieren im Bericht dieses Arbeitskreises Umweltqualitätsziele als „immissionsbezogene Ziele einer gesetzlich, politisch-programmatisch oder fachlich-wissenschaftlich definierten Qualität der Umwelt oder Teilen davon".

Der zweite Anstoß kam aus dem Umweltgutachten 1987 des Rats von Sachverständigen für Umweltfragen. Der Rat stellt fest, daß die Forderung nach sektor- und stoffübergreifenden Umweltqualitätszielen, die die gewünschte Beschaffenheit der Umwelt wiedergeben, unerfüllbar ist, weil es keinen Umweltgesamtindikator, sondern nur Indikatorsysteme geben kann (SRU 1987, Tz. 75). Ausgehend von Schutzwürdigkeits- und Gefährdungsprofilen, die bislang noch nicht existieren, sollen Ziele und Standards gesetzt werden.

Aufbauend auf diese Arbeiten wurde im Auftrag des Umweltbundesamts das Gutachten „Umweltqualitätsziele für die ökologische Planung" (Fürst u.a. 1992) erarbeitet.

Umweltqualitätsziele lassen sich nach Fürst u.a. wie folgt charakterisieren:
- „Sie sind an Rezeptoren oder Betroffenen, nicht an Verursachern orientiert. Der Begriff ‚immissionsbezogen' geht hier nicht weit genug, weil Umweltqualitätsziele sich nicht nur auf stoffliche Qualitäten beziehen.
- Sie beziehen sich immer auf Ausschnitte der Umwelt, weil eine Gesamtqualität in einem Ziel nicht operational abbildbar ist.
- Sie stellen durch die Benennung eines Schutzgutes einen Schritt zur Konkretisierung und Operationalisierung von Leitbildern dar.
- Sie verbinden wissenschaftliche Information mit gesellschaftlicher Werthaltung, die beide untrennbarer Bestandteil von Umweltqualitätszielen sind.
- Sie beziehen sich auf die konkrete Situation und sind dadurch nicht direkt auf andere Fälle zu übertragen.
- Sie bestehen aus einer inhaltlichen, einer räumlichen und ggf. auch einer zeitlichen Angabe.
- Sie beschreiben den erwünschten Grad der Ausschöpfung von Umweltfunktionen."

„Umweltqualitätsziele geben also bestimmte, sachlich, räumlich und ggf. zeitlich definierte Qualitäten von Ressourcen, Potentialen oder Funktionen an, die in konkreten Situationen erhalten oder entwickelt werden sollen" (ebd., S. 9).

Umweltqualitätsziele können meist nicht direkt umgesetzt werden, sondern müssen weiter operationalisiert werden, insbesondere wenn Rechtsfolgen greifbar sein sollen. Dieses geschieht durch Übernahme oder Ableitung von Umweltqualitätsstandards, soweit die dazu nötigen Parameter und Indikatoren standardisierbar sind. Das ist nicht bei allen Indikatoren der Fall. Qualitätsziele können die Eigenschaften eines Systems abbilden, Standards oder Gruppen von Standards höchstens Teilbereiche. „Standards sind damit konkrete Bewertungsmaßstäbe zur Bestimmung von Schutzwürdigkeit, Belastung, angestrebter Qualität, indem sie für einen bestimmten Parameter bzw. Indikator Ausprägung, Meßverfahren und Rahmenbedingungen festlegen" (ebd., S. 11).

Anforderungen an die Inhalte und den Prozeß der Aufstellung von kommunalen Umweltqualitätszielen hat der UVP-Förderverein in Form einer praxisorientierten Aufarbeitung vorgelegt (UVP-Förderverein 1995). Dabei wird besonderer Wert auf die Regionalisierung sowie die Erarbeitung der Ziele in einem konsensualen Verfahren zusammen mit der gesamten Verwaltung sowie interessierter Gruppen, ggf. unter Einschaltung eines Moderators, gelegt. Das vorgeschlagene Verfahrensmodell zeigen Abb. 1 und Abb. 2.

Die kommunalpolitische Bedeutung der Konzepte ist derzeit vor allem im Zusammenhang mit der lokalen Agenda 21 hoch; es werden jedoch auch große Erwartungen an die Konzepte geknüpft, die von den Verwaltungspraktikern wohl nur mit hohem zeitlichen Aufwand eingelöst werden können.

Umweltqualitätsziele haben für die Umweltplanung einen hohen Stellenwert:
- Sie sind Voraussetzung für die projekt- und prozeßorientierte Herangehensweise.
- Sie sind Voraussetzung für Prüfinstrumente wie die Umweltverträglichkeitsprüfung.
- Das Verfahrensmodell beinhaltet alle Schritte, die auch eine Umweltplanung durchlaufen muß und kann insofern als Modellvorschlag angesehen werden.
- Landschaftsplanung ist heute bereits in der Lage, Umweltqualitätsziele zu entwickeln, weil sie diesen Präzisierungsgrad bei der Bewertung der Leistungsfähigkeit des Naturhaushalts erreichen muß. Daß dieser Anspruch in der Praxis selten eingelöst wird, wurde bereits dargestellt (vgl. Kiemstedt u.a. 1990).

Die Ziele sollten jedoch ein planerisches Instrument bleiben. Auch Rehbinder (1997) warnt vor ihrer völligen Verrechtlichung, da sie damit ihre Funktion verlieren. Es ist im Einzelfall zu entscheiden, wo wie im Fall der besonders geschützten Biotope (§ 20c BNatSchG) eine rechtliche Verankerung einer planerischen vorzuziehen ist.

B. Umweltleitplanung

Ein zentrales Problem menschlicher Aktivitäten ist neben der Flächeninanspruchnahme der Durchsatz von Stoffen und Materialien unter Energieentwertung. Dieses Problem kann nicht allein durch Verteilung und Zuordnung von Nutzungen angegangen werden; es müssen Aussagen zur Nutzungsintensität und zum Betrieb von Anlagen gemacht werden.

Eine Umweltleitplanung wird sich über die Inhalte der Landschaftsplanung hinaus auch um Stoff- und Energieströme kümmern und die dazugehörigen Bilanzierungsmethoden einsetzen sowie diesbezügliche Umweltqualitätsziele formulieren müssen. Dies ist offensichtlich mehr als die oben genannte Aufgabe der Planung für Regulation und Regeneration der abiotischen Umweltgüter.

Das Arbeitsfeld der Umweltleitplanung umfaßt sowohl die strukturelle als auch die stoffliche (Eintragsraten und Konzentrationen) Gestaltung. Dies berücksichtigt bereits das Indikatorenkonzept des Umweltgutachtens 1994 (SRU 1994). Ein anerkanntes Indikatorenkonzept würde die Umweltplanung zweifellos beflügeln, doch existiert ein solches nicht – und es ist auch nicht in Aussicht. Alle bisherigen An-

Verfahrensschritte

zu Beteiligende

- Aufstellungsbeschluß (ggf.)
- Bestandsaufnahme
  - Sammlung und Strukturierung geeigneter Zielaussagen
  - Kommunale Problemschwerpunkte
  - Erfassung des derzeitigen Zustands
  - Erfassung der historischen Entwicklung
  - Prognose der zukünftigen Entwicklung
  - Erste Vorstellungen zu potentieller Umweltqualität
  - Ableitung Indikatoren
  - Präzisierung der Vorstellungen zu potentieller Umweltqualität
- Fachliche Beurteilung des derzeitigen Zustands aufgrund der potentiellen Umweltqualität
- Entwurf des Zielkonzepts
  - Definition: Leitbild, Leitlinien, UQZ
  - Ableitung: UQS
  - fachliche Optimierung
- Diskussion des Zielkonzepts

Kommunalverwaltung
Regierungspräsident
Umweltverbände

sonstige Umweltverwaltung
ggf. Moderator

Öffentlichkeit
umweltpol. Fachgremien
ggf. Moderator

UVP
UVP-Förderverein
AG Umweltqualitätsziele

Verfahrensschritte bei der Aufstellung kommunaler Umweltqualitätszielkonzepte (Teil 1)

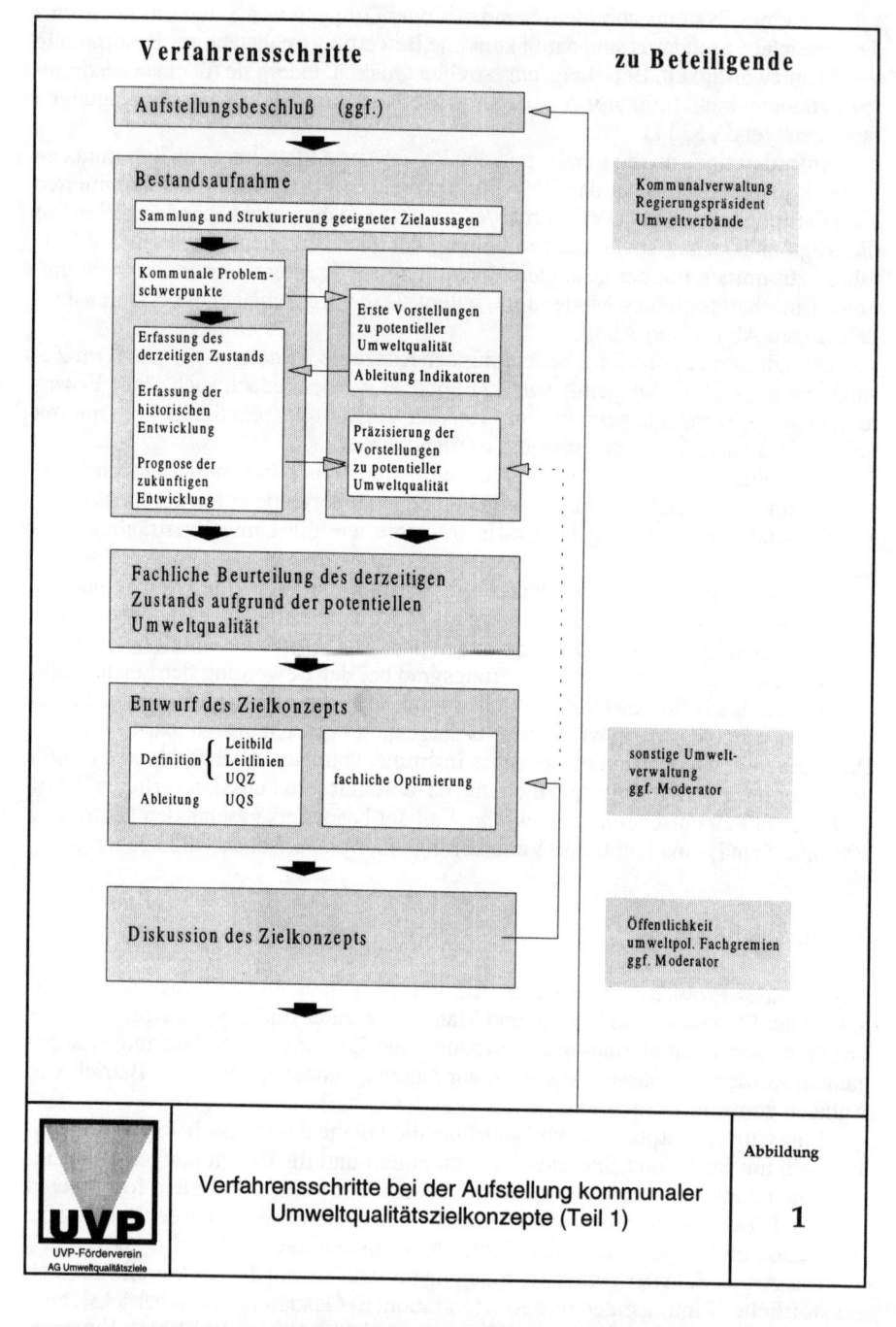

Abbildung 1

Abbildung 1: Verfahrensschritte bei der Aufstellung kommunaler Umweltqualitätszielkonzepte (Teil 1)

Verfahrensschritte

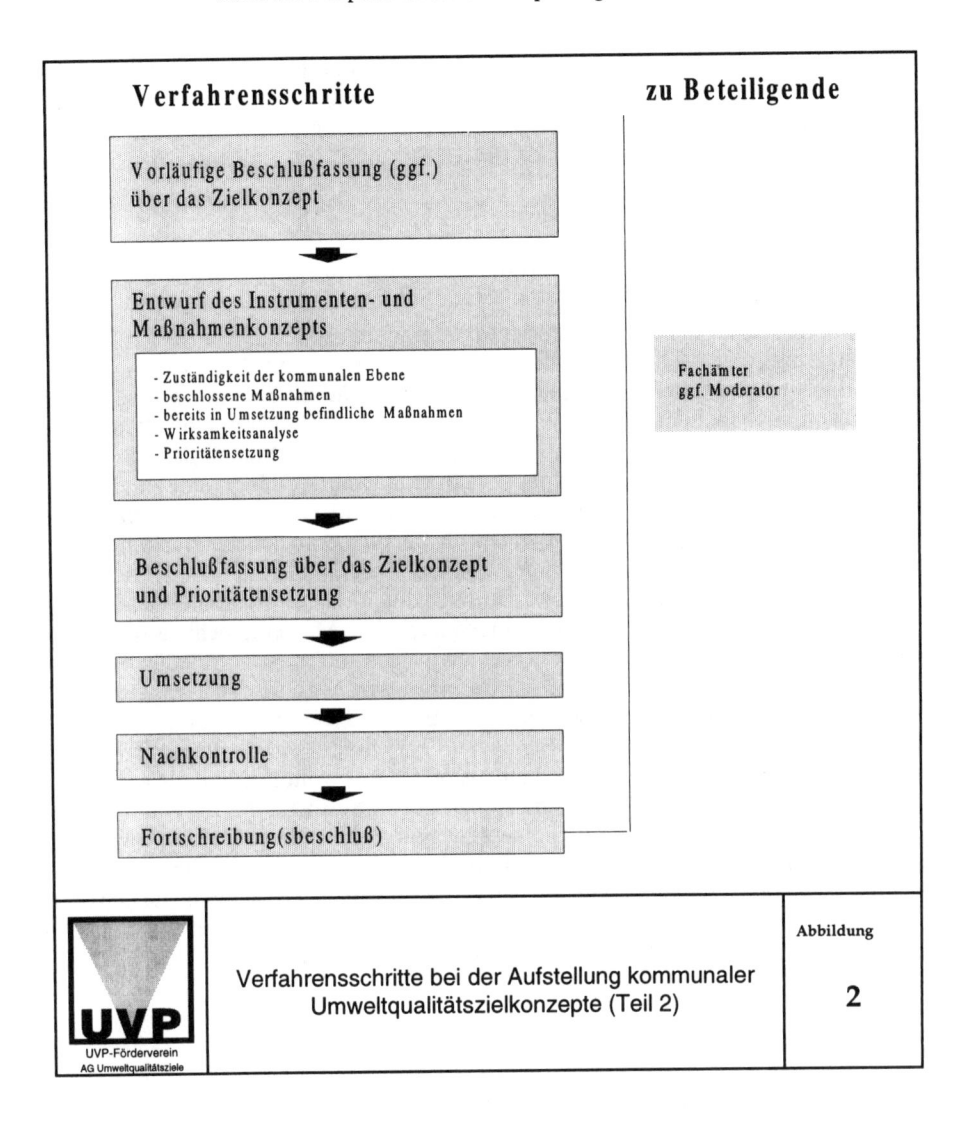

- Vorläufige Beschlußfassung (ggf.) über das Zielkonzept
- Entwurf des Instrumenten- und Maßnahmenkonzepts
  - Zuständigkeit der kommunalen Ebene
  - beschlossene Maßnahmen
  - bereits in Umsetzung befindliche Maßnahmen
  - Wirksamkeitsanalyse
  - Prioritätensetzung
- Beschlußfassung über das Zielkonzept und Prioritätensetzung
- Umsetzung
- Nachkontrolle
- Fortschreibung(sbeschluß)

zu Beteiligende

Fachämter
ggf. Moderator

Abbildung 2: Verfahrensschritte bei der Aufstellung kommunaler Umweltqualitätszielkonzepte (Teil 2)

strengungen waren Unikat-Untersuchungen, die nie den gewünschten Allgemeinheitsanspruch erreichen konnten (Breckling 1993). Die Kombination von naturräumlichen Verhältnissen und föderalen Spezialregelungen führt immer zu Regionalisierungsbedarf. Im übrigen werden auch die 18 Sustainability Indicators der Niederlande bei Bedarf angepaßt.

Eine Umweltleitplanung muß folglich:
- Indikatoren anpassen/regionalisieren,
- Tragfähigkeitsschwellen für die Umweltgüter bestimmen und zu einem Gesamtkonzept räumlich integrieren,
- Umweltqualitätsziele vorsorgeorientiert definieren sowie
- Handlungsziele/Maßnahmen für gewünschte Korrekturen ableiten.

Diese Schritte sind durchaus normativ, allerdings nicht mit Nichtumweltbelangen abzuwägen, also fachlich-normativ. Daher heißt es Tragfähigkeitsschwellen, nicht -grenzen, denn Grenzwerte sind abgewogene, verbindliche Standards. Allerdings wäre es fachlich und politisch unklug, nur einen Standard pro Indikator zu verwenden, denn Planung soll Optionen mehren und Abwägungsspielräume deutlich machen. Da Klassen zwischen Extremwerten für Planungszwecke aber auch nicht auf mathematischem Wege gebildet werden können, ist auch hier ein fachlich-normativer Konsens nötig. Jede Klasse einer Ordinalskala muß einer verbalen Interpretation zugänglich sein. Klassenbezeichnungen nach dem Muster „hoch – mittel – gering" helfen nur bedingt weiter, weil sie relativ und interpretationsbedürftig sind. Ein sehr hohes Risiko beim Schutzgut Pflanzen wird oft juristisch weggewogen, obwohl sich dahinter i.d.R. die wahrscheinliche Zerstörung eines international bedeutsamen Lebensraums verbirgt. Scholles (1997) hat für die ökologische Risikoanalyse Mantelskalen abgeleitet und entwickelt, die sowohl fachlich als auch juristisch interpretierbar sind. Abb. 3 und Abb. 4 geben Beispiele hierfür.

Die Umweltleitplanung sollte keine Abwägung mit anderen Belangen vornehmen, denn Abwägung ist Aufgabe der räumlichen Gesamtplanung. Daher wird einer gutachtlichen Umweltleitplanung der Vorzug gegeben. Festsetzungen nach dem Vorbild der nordrhein-westfälischen Landschaftsplanung erscheinen darüber hinaus dort möglich, wo die Gesamtplanung keine Aussagen macht.

C. Abgrenzung zur Raumordnung

Die Raumordnung muß alle Belange untereinander und gegeneinander abwägen; durch sie werden Aussagen der Umweltleitplanung (behörden-)verbindlich. Durch die angestrebte Dreistufigkeit wird das bisherige Verhältnis von Landschaftsplanung und Raumordnung übernommen (Landschaftsprogramm – Landesraumordnungsplan, Landschaftsrahmenplan – Regionalplan, Landschaftsplan – Flächennutzungsplan). Am Verfahren ändert sich somit nichts.

Wenn die Umweltleitplanung Ziele und auch Standards formuliert, hat das Folgen für eine Raumplanung, die das Konzept der nachhaltigen Entwicklung verfolgt: Sind die Standards stark vorsorgeorientiert, wird Raumordnung zur kontrollierenden Planung. Sind sie lediglich an Gefahrenabwehr orientiert, kann Raumordnung Entwicklungsplanung sein (vgl. Fürst 1990). Sie soll Handlungskorridore aufzeigen und zukünftige Entwicklungen frühzeitig entscheidbar machen. Sie wird aber durch ein dichtes System von Zielen und Standards, die von anderen definiert werden, zum Kontrollinstrument und muß damit Stellvertreterkonflikte führen. Daher ist eine wie oben skizzierte Umweltleitplanung nicht unproblematisch.

Abbildung 3	Vorbelastung/Zusatzbelastung Pflanzen	INSTITUT FÜR LANDESPLANUNG UND RAUMFORSCHUNG — FRANK SCHOLLES (1997, NACH KAULE 1986)

Stufe	Bezeichnung	Erläuterung
A	international bzw. gesamtstaatlich bedeutsam	NP, BR (Zone I), NSG, § 20c-Biotope, FFH-Schutzgebiete. Seltene und repräsentative, natürliche und extensiv genutzte Ökosysteme. I.d.R. alte und/oder oligotrophe Ökosysteme mit Spitzenarten der Roten Listen, geringe Störung, große Flächen (soweit vom Typ möglich)
B	landesweit bedeutsam	BR (Zone I), NSG, ND, § 20c-Biotope, wie A, jedoch weniger gut ausgebildet sowie Einzelschöpfungen.
C	regional bedeutsam	LSG, BR (Zone II), kleinere NSG, größere LB. Nicht oder extensiv genutzte Flächen mit Arten der Roten Liste zwischen Wirtschaftsflächen, regional zurückgehende sowie oligotraphente Arten, Restflächen der Typen von A und B, Kulturflächen, in denen regionale zurückgehende Arten noch zahlreich vorkommen
D	lokal bedeutsam	ggf. LB, kleinere Ausgleichsflächen zwischen Nutzökosystemen (Kleinstrukturen). Unterscheidet sich von C durch Fehlen oder Seltenheit von oligotraphenten und Rote-Liste-Arten. Bedeutend für Arten, die in den eigentlichen Kulturflächen nicht mehr vorkommen
E	verarmt	Nutzflächen, in denen nur noch wenig charakteristische Arten vorkommen. Die Bewirtschaftungsintensität überlagert die natürlichen Standorteigenschaften. Grenze der "ordnungsgemäßen Land- und Forstwirtschaft"
F	stark verarmt	Nutzflächen, in denen nur noch Arten eutropher Standorte bzw. die Ubiquisten der Siedlungen oder die widerstandsfähigsten Ackerunkräuter vorkommen. Randliche Flächen werden belastet.
G	belastend	Nur für sehr wenige Ubiquisten nutzbare Flächen, starke Trennwirkung, sehr deutlich Nachbargebiete belastend.
H	stark belastend	Fast vegetationsfreie Flächen. Durch Emissionen starke Belastungen für andere Ökosysteme von hier ausgehend.
I	weitgehend unbelebt	Vegetationsfreie Flächen. Durch Emissionen sehr starke Belastungen für andere Ökosysteme von hier ausgehend.
X	nicht erhoben	Nicht Bestandteil des Untersuchungsgebiets, nicht zugänglich oder Entwicklung unklar

Abbildung 3: Vorbelastung/Zusatzbelastung Pflanzen

Dennoch kann eine Umweltleitplanung die Raumordnung nicht ersetzen, sondern sie soll die Umweltbelange bündeln, soweit sie planerisch relevant sind. Aus dem Scheitern der Ansätze der 70er Jahre muß gelernt werden, daß allumfassende Planungskonzepte nicht umsetzbar sind. Für Spezialfragen müssen spezielle Instrumente bleiben, wie sie auch die Entwürfe zum besonderen Teil des Umweltgesetzbuchs weiterhin vorsehen.

Abbildung 4		Ökologisches Risiko	INSTITUT FÜR LANDESPLANUNG UND RAUMFORSCHUNG
			FRANK SCHOLLES (1997)
Stufe	Umweltpolitisches Prinzip	Bezeichnung	Erläuterung
A	Sanierung	Zerstörung	katastrophale Schutzgutausprägung, Schutzgut vollständig irreversibel verändert
B		Schaden	Schutzgut in Teilen irreversibel verändert, Gefährdung sicher, Sanierungsbedarf
C	Gefahrenabwehr	Gefahr	Beeinträchtigung des Schutzguts erkennbar, Gefährdung sehr wahrscheinlich oder wahrscheinlich (und aus Umweltsicht nicht hinnehmbar)
D		Gefahrengleiches Risiko	Beeinträchtigung eines gewichtigen Schutzguts erkennbar, Gefährdung wahrscheinlich oder möglich (und aus Umweltsicht nicht hinnehmbar)
E	Vorsorge	Gefahrenverdacht	Beeinträchtigung des Schutzguts erkennbar, Überschreiten der Gefahrenschwelle möglich, Überschreiten der Restrisikoschwelle sehr wahrscheinlich
F		Risiko i.e.S.	Schleichende, nicht direkt erkennbare Beeinträchtigung des Schutzguts, Überschreiten der Gefahrenschwelle unwahrscheinlich, Überschreiten der Restrisikoschwelle wahrscheinlich
G		Risikomöglichkeit	Beeinträchtigungen können durch Maßnahmen weitgehend vermeiden oder ausgeglichen werden, Überschreiten der Restrisikoschwelle möglich
H	Restrisiko		Veränderungen bleiben innerhalb der regionalen Schwankungsbreite, Schutzgutbeeinträchtigung unwahrscheinlich, staatliches Eingreifen nicht möglich
X	Forschungsbedarf		keine Risikoeinschätzung möglich

Abbildung 4: Ökologisches Risiko

Raumordnung sollte das Leitbild der nachhaltigen Entwicklung verfolgen und als Moderator fungieren, der Umwelt-, Wirtschafts- und Gesellschaftsziele in einem Prozeß abwägt, zusammenführt und räumlich entzerrt. Ein Moderator kann aber nicht einen Belang vertreten oder erarbeiten. Daher kann weder die Umweltleitplanung an die Stelle der Raumordnung treten, noch kann diese die skizzierten Aufgaben der Umweltleitplanung übernehmen. Allerdings darf es dann auch nicht weiterhin so sein, daß die Raumordnung bestimmte Nutzungsansprüche (Verkehr) nachrichtlich übernehmen muß, die vorweg entschieden worden sind.

In einem solchen Rahmen ist eine Plan-UVP sinnvoll einsetzbar, da sie sowohl Bedarfe hinterfragen als auch transparent machen kann, wie und warum bestimmte Ziele der Umweltleitplanung in der Abwägung unterlegen sind.

5. Zusammenfassung

Derzeit existiert in Deutschland keine schutzgüterübergreifende Umweltplanung. Statt dessen gibt es an Schutzgutgrenzen und/oder an Fachdisziplinen orientierte Planungsinstrumente, die Teile der Umwelt abdecken. Integrative Ansätze weist derzeit am ehesten die Landschaftsplanung auf, deren Effektivität jedoch von prominenter Seite in Frage gestellt worden ist. Die Ansätze wurden aus verschiedenen Fachdisziplinen heraus entwickelt, sind nicht aufeinander abgestimmt und verfolgen unterschiedliche Logiken.

Nicht zuletzt deshalb haben es schutzgutübergreifende Ansätze wie die Umweltverträglichkeitsprüfung in Deutschland schwer, Fuß zu fassen. Diese Ansätze sind darüber hinaus reaktiv, d.h. sie greifen, wenn von anderer Seite Aktivitäten eingeleitet werden, während Planung aktiv sein soll, d.h. vorsorgend den Rahmen für Aktivitäten abstecken soll.

Kurzfristig stehen insbesondere aufgrund übernationaler Regelungen und Übereinkommen Modifikationen im System der deutschen Umweltplanungen an: Die Umsetzung der IVU-Richtlinie der EU soll über einen ersten Ansatz eines Umweltgesetzbuches erfolgen; obwohl sich Deutschland derzeit vehement dagegen stemmt, ist davon auszugehen, daß die EU eine Richtlinie zur Umweltprüfung von Plänen und Programmen verabschieden wird; die Umsetzung der Rio-Beschlüsse führt zu lokalen und regionalen Agenden 21, in Baden-Württemberg zu einem umfassenden Umweltplan.

Dies alles trifft auf eine Situation in Deutschland, die von Standortdiskussion und Deregulierung bestimmt wird. Statt der Einführung neuer Umweltinstrumente steht der Abbau vorhandener auf der bundes- und länderpolitischen Agenda. Eine übergreifende Umweltplanung wird sich sicherlich nicht zusätzlich zu, sondern höchstens anstelle von derzeitigen sektoralen Instrumenten installieren lassen.

Mittelfristig werden auch im Umweltbereich die unter Schlagworten wie „Planung als Prozeß" oder „Management statt finaler Pläne" bekannten Ansätze Raum greifen. Hier geht es im wesentlichen darum, nicht mehr langwierige Anstrengungen darauf zu verwenden, allumfassende, aber im Endeffekt wirkungslose Planwerke zu erstellen, sondern Leitbilder, Leitlinien und Qualitätsziele zu entwickeln und darauf basierend projekt- und managementorientiert die Entwicklung zu initiieren, zu moderieren und zu steuern.

Langfristig erscheint es sinnvoll, ein Umweltgesetzbuch mit einer integrativen, übergreifenden Umwelt(leit)planung zu entwickeln. Dazu müssen sich die verschiedenen Disziplinen, die derzeit im Umweltbereich planen, jedoch zunächst zusammensetzen und eine gemeinsame Strategie entwickeln, die sich nach Möglichkeit organisatorisch an die räumliche Gesamtplanung anlehnt, in einem fachlich-normativen Prozeß Umweltqualitäts- und -handlungsziele formuliert und abwägungsfähige Mantelskalen entwickelt.

Abschließend ist zu fragen, ob eine ökologisch oder an den Zielen der Nachhaltigkeit orientierte Landes- und Regionalplanung eine Umwelt(leit)planung ersetzen kann oder umgekehrt. Dazu wird die Auffassung vertreten, daß beide zukünftig sinnvoll sind.

Literatur:

Charta der Europäischen Städte und Gemeinden auf dem Weg zur Zukunftsbeständigkeit (Charta von Aalborg). http://www.iclei.org/europe/ac-germ.htm.
Barth, S. u. W. Köck (Hg.) (1997): Qualitätsorientierung im Umweltrecht – Umweltqualitätsziele für einen nachhaltigen Umweltschutz. Berlin.
Bierhals, E. (1978): Ökologischer Datenbedarf für die Landschaftsplanung – Anmerkungen zur Konzeption einer Landschaftsdatenbank. In: Landschaft + Stadt 10, H. 1, S. 30–36.
Breckling, B. (1993): Naturkonzepte und Paradigmen in der Ökologie. Einige Entwicklungen. = Veröffentlichungsreihe der Abteilung Normbildung und Umwelt des Forschungsschwerpunkts Technik-Arbeit-Umwelt am Wissenschaftszentrum Berlin für Sozialforschung 93–304. Berlin.
Freund, E. u. K. Göbel (1990): Bewirtschaftungsplanung. In: Mock, J. (Hg.): Planungsansätze Ökologie – Wasserwirtschaft. So nicht! – Wie dann? Darmstädter Wasserbauliches Kolloquium 1986. = Wasserbau-Mitteilungen 26, S. 97–108. Darmstadt.
Fürst, D. (1990): Umweltqualitätsstandards im System der Regionalplanung? In: Landschaft + Stadt 22, H. 2, S. 73–77.
Ders. (1993): Von der Regionalplanung zum Regionalmanagement. In: Die Öffentliche Verwaltung, H. 13, S. 552–559.
Fürst, D. u. H. Kiemstedt (1997): Umweltbewertung. In: Fränzle, O. (Hg.): Handbuch der Umweltwissenschaften. VI–3.4. o.O.
Fürst, D., H. Kiemstedt, E. Gustedt, G. Ratzbor u. F. Scholles (1992): Umweltqualitätsziele für die ökologische Planung. = UBA-Texte 34/92. Berlin.
Haaren, C.v. u. T. Horlitz (1993): Naturraumpotentiale für die Landschaftsplanung – Bilanz und Perspektiven. In: Institut für Landschaftspflege und Naturschutz, Universität Hannover (Hg.): Querschnittsorientierte Landschaftsplanung. Integrierter Naturschutz – Hans Langer zum 60sten Geburtstag. = Beiträge zur räumlichen Planung 33, S. 61–76. Hannover.
Haase, G. (1978): Zur Ableitung von Naturraumpotentialen. In: Petermanns Geographische Mitteilungen 122, H. 2, S. 113–124.
Jarass, H.D., M. Kloepfer, P. Kunig, H.-J. Papier, F.-J. Peine, E. Rehbinder, J. Salzwedel u. E. Schmidt-Aßmann (1994): Umweltgesetzbuch – Besonderer Teil. = UBA-Berichte 4/94. Berlin.
Kiemstedt, H., S. Wirz u. H. Ahlswede (1990): Gutachten „Effektivierung der Landschaftsplanung". = UBA-Texte 11/90. Berlin.
Kleinschmidt, V. (Hg.) (1994): UVP-Leitfaden für Behörden, Gutachter und Beteiligte. Grundlagen, Verfahren und Vollzug der Umweltverträglichkeitsprüfung. 2. Aufl. Dortmund.
Kloepfer, M., E. Rehbinder, E. Schmidt-Aßmann u. P. Kunig (1990): Umweltgesetzbuch – Allgemeiner Teil. = UBA-Berichte 7/90. Berlin.
Koch, H.-J. (1997): Beschleunigung, Deregulierung, Privatisierung: Modernisierung des Umweltrechts oder symbolische Standortpolitik. In: Zeitschrift für angewandte Umweltforschung 10, H. 1, S. 45–57; H. 2, S. 210–221.
Kuhn, S., K. Otto-Zimmermann u. M. Zimmermann (1996): „Generation 21" der Stadtentwicklungsplanung: Zukunftsbeständige Stadtentwicklung durch Lokale Agenda 21? In: Raumforschung und Raumordnung 54, H. 2–3, S. 118–128.
LWA – Landesamt für Wasser und Abfall Nordrhein-Westfalen (Hg.) (1985): Bewirtschaftungspläne – ein Instrument der wasserwirtschaftlichen Planung. = LWA-Materialien 5/85. Düsseldorf.
Otto-Zimmermann, K. (1987): Plädoyer für eine kommunale Naturhaushaltswirtschaft. In: Der Landkreis 57, H. 6, S. 250–252.
Rehbinder, E. (1997): Festlegung von Umweltzielen – Begründung, Begrenzung, instrumentelle Umsetzung. In: Natur und Recht 19, H. 7, S. 313–328.
Scholles, F. (1997): Abschätzen, Einschätzen und Bewerten in der UVP. Weiterentwicklung der Ökologischen Risikoanalyse vor dem Hintergrund der neueren Rechtslage und des Einsatzes rechnergestützter Werkzeuge. = UVP-Spezial 13. Dortmund.
Ders. (1997): Umweltqualitätsziele. In: Cremer, W. u. A. Fisahn (Hg.): Jenseits der marktregulierenden Selbststeuerung. S. 237–265. Berlin.
Schreiber, H. (1988): Luftreinhaltepläne. Instrumente einer präventiven Umweltpolitik? In: Simonis, U.E. (Hg.): Präventive Umweltpolitik. S. 187–201. Frankfurt/M.
SRU – Der Rat von Sachverständigen für Umweltfragen (1987): Umweltgutachten 1987. Stuttgart.

Ders. (1994): Umweltgutachten 1994 für eine dauerhaft-umweltgerechte Entwicklung. Stuttgart.
Uppenbrink, M. u. P. Knauer (1987): Funktion, Möglichkeiten und Grenzen von Umweltqualitäten und Eckwerten aus der Sicht des Umweltschutzes. In: Wechselseitige Beeinflussung von Umweltvorsorge und Raumordnung. = Veröffentlichungen der Akademie für Raumforschung und Landesplanung: Forschungs- und Sitzungsberichte 165, S. 45–132. Hannover.
UVP-Förderverein, Arbeitsgemeinschaft Umweltqualitätsziele (Hg.) (1995): Aufstellung kommunaler Umweltqualitätsziele. Anforderungen und Empfehlungen zu Inhalten und Verfahrensweise. = UVP-Anforderungsprofil 2. Dortmund.
Wagner, D. (1997): UVP für Pläne und Programme: Der Richtlinienvorschlag. In: UVP-report 11, H. 1, S. 12.

UMWELTRELEVANTE EU-RICHTLINIEN UND IHRE AUSWIRKUNGEN AUF FACH- UND LANDESPLANUNG

Otto Sporbeck (Bochum)

„Nachhaltigkeit als Leitbild der Umwelt- und Raumentwicklung in Europa" ist das übergeordnete Leitthema dieser Sitzung. Dabei ist nicht nur die nachhaltige Nutzung natürlicher Ressourcen wie Wälder, Wasser oder Boden als Kompartimente eines Ökosystems zu beachten, sondern Ökosysteme oder Landschaften als Ganzes stellen Ressourcen dar, die es zu sichern und zu erhalten gilt. Gerade natürliche oder naturnahe Ökosysteme sind in Europa aufgrund der vielfältigen Nutzungsansprüche extrem gefährdet.

Vor diesem Hintergrund soll es in den nachfolgenden Ausführungen nicht um die Entwicklung neuer Strategien zur nachhaltigen Nutzung und zum Schutz von Natur und Umwelt gehen, sondern es sollen bereits vorhandene Instrumente in Form von EU-Richtlinien vorgestellt werden, die, zum Teil unbeachtet von der Fachwelt und teilweise sogar von den zuständigen Fachbehörden, wesentlich zum Schutz von Tier- und Pflanzenarten und ihrer Lebensräume beitragen können und erheblichen Einfluß auf Projektplanungen und -entscheidungen ausüben.

Für diesen sektoralen Bereich des Natur- und Artenschutzes sind nicht mangelnde Konzepte und Visionen zu beklagen, sondern ein eklatantes Vollzugsdefizit durch die meisten EU-Mitgliedsstaaten und insbesondere auch durch die Bundesrepublik Deutschland.

Die zwei EU-Richtlinien, auf die eingegangen werden soll, dienen der Errichtung des Schutzgebietssystems Natura 2000 und werden Konsequenzen für die innerstaatlichen Fach- und Gesamtplanungen haben. Die Naturschutzpolitik der EU auf dem Gebiet der Mitgliedsstaaten baut in erster Linie auf zwei Rechtsakten auf:
- der Richtlinie 79/409/EWG vom 2. April 1979 über die Erhaltung der wildlebenden Vogelarten (bekannt als „Vogelschutz-Richtlinie") und
- der Richtlinie 92/43/EWG vom 21. Mai 1992 zur Erhaltung der natürlichen Lebensräume sowie der wildlebenden Tiere und Pflanzen (bekannt als „FFH-Richtlinie").

Gemeinsam bilden sie einen gesetzlichen Rahmen zum Schutz des europäischen Naturerbes. Wesentliche Grundlage dabei ist die Errichtung eines kohärenten ökologischen Netzes von besonderen Schutzgebieten in ganz Europa – Natura 2000 genannt – zum Schutz seltener und gefährdeter Tier- und Pflanzenarten sowie Lebensraumtypen. Das Schutzgebietssystem setzt sich zusammen aus (s. NATURA 2000 Infoblatt 1996):
- besonderen Schutzgebieten im Sinne der Vogelschutz-Richtlinie (SPAs) zum Schutz der 182 Vogelarten und Unterarten, die in Anhang I der Richtlinie aufgeführt werden, sowie der Zugvögel,
- besonderen Schutzgebieten im Sinne der FFH-Richtlinie (SACs) zum Schutz der in den Anhängen der Richtlinie aufgeführten 253 Lebensraumtypen, 200 Tierarten und 434 Pflanzenarten. Ziel ist es, die Erhaltung oder Wiederherstellung eines günstigen Erhaltungszustandes dieser Lebensraumtypen und Arten in ihrem natürlichen Verbreitungsgebiet zu gewährleisten.

Ein erster Schritt im Prozeß der Ausweisung von Schutzgebieten für jeden Mitgliedsstaat ist eine umfassende Bewertung seiner Lebensräume und Arten der Richtlinie auf nationaler Ebene. Auf dieser Basis werden dann Gebiete, die für den Schutz eben dieser Lebensräume und Arten von Bedeutung sind, identifiziert und in Form einer nationalen Liste an die Kommission übermittelt. Die Auswahl der Gebiete erfolgt unter Verwendung von Standardauswahl-Kriterien, wie sie in der Richtlinie aufgeführt sind. Dies bedeutet, daß die Entscheidungsträger folgende Kriterien in Betracht ziehen müssen:
- die Repräsentativität eines Lebensraumtyps in einem Gebiet,
- die vom Lebensraumtyp eingenommene Fläche im Vergleich zur nationalen Gesamtfläche des betroffenen Lebensraumtyps,
- die ökologische Qualität (Wiederherstellungsmöglichkeit miteingeschlossen) eines Lebensraumtyps in einem bestimmten Gebiet.

Ähnlich wird bei der Gebietsauswahl für die Arten vorgegangen:
- Populationsgröße und -dichte der betreffenden Art in einem Gebiet im Vergleich zur nationalen Gesamtpopulation,
- Qualität des Gebietes für die betroffene Art (Wiederherstellungsmöglichkeit miteingeschlossen) und
- Isolationsgrad der Population im Vergleich zum natürlichen Verbreitungsgrad.

In einem zweiten Schritt des Ausweisungsprozesses werden Gebiete von gemeinschaftlicher Bedeutung (SCIs) identifiziert, aus welchen sich das Natura 2000 Netzwerk zusammensetzen wird. Diese Gebiete, welche aus den nationalen Listen ausgewählt werden, leisten einen signifikanten Beitrag zur
- Erhaltung oder Wiederherstellung des günstigen Erhaltungszustandes der Lebensraumtypen oder Arten der Richtlinie,
- Kohärenz von Natura 2000 und/oder
- Erhaltung der Biodiversität innerhalb der betroffenen biogeographischen Region.

Dieser Auswahlprozeß wird von der Europäischen Kommission in Zusammenarbeit mit den Mitgliedsstaaten durchgeführt und soll spätestens im Juni 1998 abgeschlossen sein.

Die Bundesrepublik Deutschland hat die FFH-Richtlinie bisher nur mangelhaft umgesetzt. Obwohl bis Juni 1995 die Schutzgebiete an die EU übermittelt werden sollten, steht eine Meldung bisher noch aus. Lediglich Bayern hat neun Gebiete direkt an die EU gemeldet. Auch hinsichtlich der Umsetzung der Vogelschutzrichtlinie ist ein Verfahren wegen mangelnder Umsetzung durch die EU-Kommission angedroht.

Trotz eingeschränkter Umsetzung stellen sowohl die Vogelschutz- als auch die FFH-Richtlinie schon heute wirksame Instrumentarien zum Schutz von Pflanzen, Tieren und Lebensräumen sowie der noch verbliebenen naturnahen Ökosysteme in Deutschland und Europa dar. Entscheidungen des Europäischen Gerichtshofes (EuGH) wie z.B. das Leybucht-, Santona- und Lapell-Bank-Urteil haben klargestellt, daß trotz mangelnder bzw. ausstehender Umsetzung der Richtlinie durch einen EU-Mitgliedsstaat die Inhalte der Richtlinie direkt anzuwenden sind und für den Schutz und die Erhaltung von großräumigen, die Kriterien der Richtlinie erfüllenden Gebieten, herangezogen werden können (zur Problematik dieser Rechtsauffassung vgl. u.a. Iven 1996, S. 373; Freytag/Iven 1995, S. 116; VGH München 1997, S. 45).

Dies hat weitreichende Auswirkungen auf raumbeanspruchende Fachplanungen sowie Landes-, Regional- und Bauleitplanungen, sofern die Festsetzungen räumlich ausreichend konkret sind und der Erhaltungszustand der Schutzgebiete beeinträchtigt wird. Werden durch Pläne und Vorhaben derartige Gebiete betroffen, die die materiell-inhaltlichen Kriterien der Richtlinie erfüllen, ist Artikel 6 (3) und (4) der FFH-Richtlinie zu beachten, der besagt:

„(3) Pläne oder Projekte (...), die ein solches Gebiet jedoch einzeln oder in Zusammenwirkung mit anderen Plänen und Projekten erheblich beeinträchtigen könnten, erfordern eine Prüfung auf Verträglichkeit mit den für dieses Gebiet festgelegten Erhaltungszielen. Unter Berücksichtigung der Ergebnisse der Verträglichkeitsprüfung stimmen die zuständigen einzelstaatlichen Behörden dem Plan bzw. Projekt nur zu, wenn sie festgestellt haben, daß das Gebiet als solches nicht beeinträchtigt wird, ...

(4) Ist trotz negativer Ergebnisse der Verträglichkeitsprüfung aus zwingenden Gründen des überwiegenden öffentlichen Interesses einschließlich solcher sozialer oder wirtschaftlicher Art ein Plan oder Projekt durchzuführen, und ist eine Alternativlösung nicht vorhanden, so ergreift der Mitgliedsstaat alle notwendigen Ausgleichsmaßnahmen, um sicherzustellen, daß die globale Kohärenz von Natura 2000 geschützt ist. Der Mitgliedsstaat unterrichtet die Kommission über die von ihm ergriffenen Ausgleichsmaßnahmen.

Ist das betreffende Gebiet ein Bereich, der einen prioritären natürlichen Lebensraumtyp und/oder eine prioritäre Art einschließt, so können nur Erwägungen im Zusammenhang mit der Gesundheit des Menschen und der öffentlichen Sicherheit oder im Zusammenhang mit maßgeblichen günstigen Auswirkungen für die Umwelt oder, nach Stellungnahme der Kommission, andere zwingende Gründe des überwiegenden öffentlichen Interesses geltend gemacht werden."

Insgesamt können vielfältige Vorhaben oder Fach-, Landes- und Regionalpläne von der FFH-Richtlinie betroffen sein (s. Tab. 1).

Im Hinblick auf Gebietsentwicklungspläne bzw. Regionale Raumordnungspläne sollen beispielhaft einige Anwendungsbereiche der Richtlinie angedeutet werden. In diesen Plänen werden vielfach Abbaugebiete für Rohstoffe, also für Steine und Erden oder Stein- und Braunkohle, ausgewiesen. Oftmals überlagern sich gerade diese Gebiete mit Vorkommen von Arten- und Lebensräumen der FFH-Richtlinie. Zum Beispiel kann der Abbau von Karbonatgesteinen Gebiete mit Orchideen- oder Perlgras-Buchenwald beanspruchen, die Lebensraumtypen von allgemeinem Interesse nach der FFH-Richtlinie darstellen. Oder Abbaugebiete des Stein- oder Braunkohlenbergbaus greifen in geschützte Feuchtbiotope ein oder beeinträchtigen Auenwälder. Nach Artikel 6 FFH-Richtlinie ist für diese Pläne eine Verträglichkeitsprüfung erforderlich. Damit wird bezogen auf den bestimmten Sachverhalt, nämlich wenn FFH-Gebiete beeinträchtigt werden könnten, eine Plan-Verträglichkeitsprüfung durchzuführen sein und bei Betroffenheit von prioritären Lebensräumen ist eine Stellungnahme der EU-Kommission erforderlich.

Weitaus sichtbarer, mit spürbaren Folgen für den Vorhabenträger, beeinflussen die Vogelschutz- und FFH-Richtlinie raumbeanspruchende Großprojekte, wie es bei den national bedeutsamen Verkehrsprojekten der BAB 20 (Ostseeautobahn), der ICE-Neubaustrecke Köln-Rhein/Main oder der Magnetschnellbahn Berlin-Hamburg (Transrapid) deutlich wird. Obwohl die FFH-Richtlinie schon 1992 erlassen wurde, wurde erstmals 1995 bei einem Großprojekt eine Verträglichkeitsuntersuchung durchgeführt. Im Zuge der Planung der BAB 20 wurden für den Bereich

Peenetal und Trebel/Recknitz in Mecklenburg-Vorpommern Alternativlösungen zur Umgehung dieser Gebiete geprüft und eine Beeinträchtigungsabschätzung durchgeführt. Anschließend erfolgte eine Meldung an die EU-Kommission mit der Bitte um Stellungnahme, die mit positivem Ausgang für den Vorhabenträger endete. Das Vogelschutzgebiet Peenetal durfte auf der vorgesehenen Trasse gequert werden.

Tabelle 1: Vorhaben und Planungen, die von der FFH-Richtlinie betroffen sein können (Beispiele)

Vorhaben / Projekte		Landes-, Regional- und Fachplanungen
zum Beispiel:		*zum Beispiel:*
Verkehrswege:	– Straßen – Schienenwege – Wasserstraßen – Magnetschnellbahn	Landesentwicklungspläne [1)] Gebietsentwicklungspläne [1)] Regionale Raumordnungspläne [1)] Flächennutzungspläne [1)]
Gewinnung von Rohstoffen:	– Abbau von Steinen und Erden – Stein- und Braunkohlenabbau	Bundesverkehrswegeplan Landesstraßenbedarfspläne Pläne der Wasserwirtschaft [1)] Rahmenbetriebspläne des Bergbaues u.a.m.
Versorgungsinfrastruktur:	– Stromleitungen – Pipelines – Wasserwerke	
Industrieanlagen:	– Flächenintensive Groß vorhaben	
Touristik/ Fremdenverkehr:	– Freizeitanlagen – Anlagen für Ski-/Wassersport – Freizeithäfen	
		[1)] sofern Darstellungen räumlich so konkret sind, daß die Anforderungen der Richtlinie direkt anwendbar sind

Weniger positiv für den Vorhabenträger verläuft zur Zeit die Durchfahrung der Saale-Elster-Aue südlich von Halle durch die ICE-Neubaustrecke Erfurt-Leipzig/Halle. Obwohl das Gebiet weder durch das Bundesland Sachsen-Anhalt noch durch die Bundesregierung zur Meldung ansteht, erfüllt es nach Ansicht der EU-Kommission die Anforderungen der FFH-Richtlinie und der Vogelschutzrichtlinie. Die EU-Kommission erwägt zur Zeit ein Vertragsverletzungsverfahren wegen Nichtmeldung dieses Gebietes und besteht auf Beachtung des Artikels 6 FFH-Richtlinie. Ein Verfahren ist beim EuGH anhängig. Ob ein EuGH-Urteil trotz Vorliegen eines Planfeststellungsbeschlusses dann aufschiebende Wirkung auf den Baubeginn hat oder bei Baudurchführung und negativem Gerichtsentscheid eine Geldstrafe für die Bundesrepublik Deutschland ausgesprochen werden kann, ist an dieser Stelle nicht zu beurteilen.

Ein ähnliches Problem wirft in Nordrhein-Westfalen die Durchfahrung der Wahner Heide durch die Flughafenanbindung Köln/Bonn im Zuge der ICE-Strecke Köln-Rhein/Main auf. Die Wahner Heide ist Prüfgebiet des Landes NRW, erfüllt aus fachlicher Sicht aufgrund der Ausstattung mit geschützten oder gefährdeten Pflanzen- und Tierarten sowie prioritären Lebensraumtypen jedoch in jedem Fall die Anforderungen der Vogelschutz- und der FFH-Richtlinie. Eine Anfrage der EU-Kommission zu diesem Gebiet liegt der Bundesregierung vor. In diesem Fall hat der Vorhabenträger jedoch vorausschauend eine Verträglichkeitsuntersuchung durchgeführt, Alternativlösungen geprüft und als Realisierungsvariante eine Untertunnelung der Wahner Heide in das Planfeststellungsverfahren eingebracht, um die betroffenen Arten und Lebensräume sowie den Erhaltungszustand dieses Gebietes soweit wie möglich zu schützen.

Abschließend sollen die Auswirkungen und der Umgang mit der FFH-Richtlinie bei der Magnetschnellbahn Berlin-Hamburg kurz skizziert werden. Von den durch die Magnetschnellbahn betroffenen Bundesländern Schleswig-Holstein, Mecklenburg-Vorpommern und Brandenburg sowie den Stadtstaaten Berlin und Hamburg hat lediglich Schleswig-Holstein in einer 1. Tranche FFH-Gebiete gemeldet. Bei den anderen Bundesländern steht eine Meldung noch aus. Dennoch sind eine Vielzahl von Gebieten vorhanden, die die Kriterien der FFH-/Vogelschutzrichtlinie erfüllen und bei der Magnetschnellbahn-Planung zu berücksichtigen sind. Aus dieser Notwendigkeit ist ein Vorgehen entwickelt worden (Froelich + Sporbeck 1997), das für raumbeanspruchende Großprojekte beispielhaft werden könnte und zudem eine Integration der Anforderungen der FFH-Richtlinie in das gestufte Planungsverfahren (Raumordnungsverfahren/Planfeststellungsverfahren) der Bundesrepublik Deutschland zuläßt. Das Vorgehen beinhaltet folgende Schritte:

- Abgrenzung von Trassenkorridoren/Trassen unter Berücksichtigung der FFH-/Vogelschutzgebiete, mit dem Ziel, diese Gebiete möglichst nicht zu beeinträchtigen (dieser Arbeitsschritt kann in die Unterlagen zur raumordnerischen UVP integriert werden).
- Verträglichkeitsuntersuchung bei dennoch betroffenen Gebieten im Hinblick auf die Beeinträchtigung der festgelegten Erhaltungsziele.
- Entwicklung von Alternativlösungen zur Vermeidung der Beeinträchtigungen der Erhaltungsziele, z.B. durch Umgehungsvarianten, Tunnellösungen, Bündelungen mit vorhandenen Verkehrswegen u.a.
- Sind keine Alternativlösungen möglich und werden die Erhaltungsziele beeinträchtigt, erfolgt eine Abwägung mit Belangen des öffentlichen Interesses einschließlicher sozialer und wirtschaftlicher Art. Wird das Vorhaben durchgeführt, sind Ausgleichsmaßnahmen vorzusehen, die die globale Kohärenz des Schutzgebietssystems von Natura 2000 sicherstellen.
- Sind in dem betroffenen Gebiet prioritäre Lebensraumtypen oder Arten vorhanden, können zur Durchsetzung des Projekts nur Erwägungen im Zusammhang mit der Gesundheit des Menschen, der öffentlichen Sicherheit oder im Zusammenhang mit maßgeblichen günstigen Auswirkungen auf die Umwelt vorrangig sein.
- Sind prioritäre Arten oder Lebensraumtypen betroffen, muß die EU-Kommission um Stellungnahme gebeten werden, wobei die anderen Gründe des überwiegenden öffentlichen Interesses dargelegt werden müssen, sofern der Vorhabenträger an eine beeinträchtigende Alternative (Zumutbarkeitsgrundsatz) festhalten wird.

Die durchzuführende Verträglichkeitsuntersuchung nach Artikel 6 (3) FFH-Richtlinie muß mindestens folgende Darstellungen beinhalten:

1. Beschreibung des Vorhabens und Stand der Planung
2. Darstellung der Auswirkungen des Vorhabens auf das Schutzgebiet
2.1 Lage, Bestand, Bedeutung und Erhaltungsziele des Schutzgebietes
2.2 Prüfen von Alternativlösungen und gewählte Trasse
2.3 Darstellung und Bewertung der durch die gewählte Trasse verursachten Beeinträchtigungen i.S. der FFH-Richtlinie
2.3.1 Auswirkungen auf Lebensraumtypen (Anhang I FFH-RL)
2.3.2 Auswirkungen auf Pflanzen- und Tierarten (Anhang II FFH-RL)
2.3.3 Auswirkungen auf Vogelarten (Anhang I Vogelschutz-RL)
2.3.4 Verträglichkeit mit den Schutz- und Erhaltungszielen
3. Maßnahmenkonzept zum Ausgleich verbleibender Beeinträchtigungen

Fazit:
Der Verlust der biologischen Vielfalt und naturnaher Ökosysteme wird in der BRD allgemein beklagt. Mit der FFH- und der Vogelschutzrichtlinie der EU besteht ein rechtliches Instrumentarium, seltene und gefährdete Pflanzen- und Tierarten sowie ihre Lebensräume zu schützen und damit diese wichtigen Ressourcen nachhaltig zu sichern. Durch die mangelnde Umsetzung der FFH-Richtlinie verspielt die Umweltpolitik ein Stück „nachhaltiges Deutschland" (UBA 1997) auf dem Wege zu einer dauerhaften, umweltgerechten Entwicklung.

Literatur:

FFH-Richtlinie (1992): Richtlinie 92/43/EWG des Rates vom 21. Mai 1992 zur Erhaltung der natürlichen Lebensräume sowie der wildlebenden Tiere und Pflanzen. Brüssel.
Freytag, C. u. K. Iven (1995): Gemeinschaftsrechtliche Vorgaben für den nationalen Habitatschutz. In: NuR, S. 109–117.
Froelich und Spobeck (1997): Berücksichtigung der FFH-Thematik bei der MSB-Planung Berlin-Hamburg. Unveröff.
Iven, K. (1996): Schutz natürlicher Lebensräume und Gemeinschaftsrecht. In: NuR, S. 372–380.
NATURA 2000 Infoblatt (1996) Im Brennpunkt: Das Schutzgebietsnetz NATURA 2000. NATURA 2000, Naturschutz-Infoblatt der GD XI, 1. Ausgabe, Mai 1996, S. 2–3.
UBA – Umweltbundesamt (1997) Nachhaltiges Deutschland: Wege zu einer dauerhaft umweltgerechten Entwicklung. Bericht der Arbeitsgruppe „Agenda 21/Nachhaltige Entwicklung" im Umweltbundesamt. Berlin.
VGH München (1997): Urteil vom 14.6.1996–8 A 94.40125/40129. In: NuR, S. 45–48.
Vogelschutz-Richtlinie 79/409 EWG des Rates vom 2. April 1979 über die Erhaltung der wildlebenden Vogelarten. Brüssel.

FAZIT

Martin Uppenbrink (Bonn)

Einführung, Vorträge und Beiträge aus dem Plenum hatten im wesentlichen folgende Ergebnisse:

1. Dramatische Phasen zumindest der nationalen herkömmlichen Umweltpolitik (Gesetzes-Phase; Ausfüllungs- und Verfeinerungsphase) sind abgelaufen.
2. Die gegenwärtige politische Gesamtordnung ist wieder stark von Interessenkonflikten geprägt; dies behindert die Entwicklung einer „unstreitigen" Werteordnung, die dennoch notwendig erscheint.
3. Informelles Handeln und Verstärken einer Interdisziplinarität stehen jetzt im Vordergrund, beginnend in der Forschung und endend im politischen Handeln; dies ist notwendig, auch wenn (zumindest) der finanzielle Aufwand groß ist.
4. Alle Planung in Deutschland hat den Rückgang der Arten (Tiere, Pflanzen, Habitate) nicht verhindert. Weder die eher technisch/chemischen Umweltteilpläne, noch die Landschaftsplanung noch die der Raumordnung und dem Bauwesen zuzuordnenden Pläne waren ökologisch erfolgreich. Die neue Gesetzeslage signalisiert zwar Besserung; die Gefahr, daß Baulobby und kommunale Entscheidungsträger jetzt kräftig zu Lasten der Natur zulangen, ist allerdings nicht von der Hand zu weisen.
5. Natur ist im Kommen. Zur Verwunderung fast aller Umwelt- und Naturschützer sind beim Schutz der Fläche EU-Normen in Deutschland virulent geworden. Die sog. FFH-Richtlinie (Flora, Fauna, Habitat) hat unter Einschluß der vorhergehenden, im wesentlichen „übernommenen" Vogelschutzrichtlinie neue Maßstäbe gesetzt.
6. Die FFH-Richtlinie hat in Deutschland (obwohl noch nicht rechtsförmlich in deutsches Recht übertragen), schon Wirkung gezeigt: z.B. Regierungskrise und Neuwahl Bremen, Autobahn A 20, ICE-Trasse Frankfurt-Köln, ICE- und Transrapidtrasse in den neuen Ländern.
7. Das deutsche Umsetzungsdefizit „prügelt" zwar den Bund (Materie jetzt aufgenommen in dem wohl scheiternden Novellierungsvorschlag der Bundesregierung), begünstigt aber die Bundesländer, da sie sich so „künstlich" Luft verschaffen bei der politisch heiklen Frage, welche Flächen sie (!) ausweisen.
8. Angesichts der häufig einstweilen oder weitgehend erfüllten Fragen im sog. technischen Umweltschutz ist das zumindest parallele (europäisch geprägte (!)) Naturschutzrecht geradezu führend, jedenfalls fordernd geworden. Von einer Schwerpunktwende im EU-Recht, etwa vom technischen Umweltschutz zur Betrachtung und Regelung von Fragen des Naturhaushalts kann jedoch noch nicht die Rede sein. Allerdings verliert die ausschließlich anthropozentrische Linie an Kontur.
9. Für die Geographen gibt es genug zu tun. Das Auflösen und Gestalten des gesamten „Planungs-Salats" fordert Fachleute. Wer an den anstehenden, ungelösten Anforderungen an Natur-Qualitätsziele (einschließlich der Ziele des zu integrierenden technischen Umweltschutzes) und ökologisch orientierte Planungen (gleich welcher Zuordnung) teilhaben will, wird gefragt sein. Es gibt kein Signal zur Resignation für zukünftige Geographen.

SITZUNG 5
NACHHALTIGE ENTWICKLUNG IN EUROPA – EINE ZENTRALE PERSPEKTIVE GEOGRAPHISCHER BILDUNG

Sitzungsleitung: Hartwig Haubrich und Günter Kirchberg

EINLEITUNG

Hartwig Haubrich (St. Peter)

Der Begriff „sustainable development" bzw. „nachhaltige Entwicklung" hat konzeptionell eine lange Vorgeschichte sowohl im Umfeld der Tragfähigkeitsberechnung der Erde als auch im Umfeld entwicklungspolitischer Strategien. Das Leitbild des „sustainable development" wurde durch den Brundtland-Bericht 1987 international bekannt und auf dem Erdgipfel in Rio de Janeiro 1992 allgemein anerkannt. In der Agenda 21 ist auch Deutschland die Verpflichtung eingegangen, das Konzept der „nachhaltigen Entwicklung" eine zentrale Bildungsperspektive werden zu lassen.

1. Definition

Nachhaltige Entwicklung (sustainable development) meint dreierlei:
nämlich ökologieverträgliche, ökonomieverträgliche und sozialverträgliche Entwicklung.

Ökologieverträglichkeit heißt: Ressourcen, die sich selbst regenerieren, dürfen nicht schneller verbraucht werden, als sie sich selbst erneuern können (z.B. Wald). Damit soll das Naturpotential auch für nachkommende Generationen erhalten bleiben. In diesem Falle würde die Nutzungsrate die Regenerationsrate nicht übersteigen. Ist bei nichterneuerbaren Ressourcen ein Nullverbrauch nicht möglich, so ist deren Nutzung nur in dem Maße erlaubt, in dem erneuerbare Ressourcen hinzukommen, das heißt nichterneuerbare Ressourcen durch erneuerbare ersetzt werden (z.B. fossile durch solare Energie). Umweltnutzung heißt aber nicht nur Entnahme von Materie und Energie, sondern heißt auch Deposition von Emissionen. In diesem Fall darf die Emissionsrate die Assimilationsfähigkeit von Ökosystemen als Senken wie Luft, Wasser und Boden nicht übersteigen.

Ökonomieverträglichkeit darf Ökologieverträglichkeit nicht ausschließen. Weiterhin gelten die ökonomischen Ziele wie steigender Lebensstandard und hoher Beschäftigungsstand. Steigender Lebensstandard heißt in der Dritten Welt weiterhin materielles Wachstum zur Befriedigung der Grundbedürfnisse. Für die Erste Welt heißt dies aber Wandel von Leitbildern und Wohlstandsmodellen. Aktuelle Erste Welt-Modelle sind ökologisch nicht auf die Dritte Welt übertragbar, wenn nicht das globale Ökosystem kollabieren soll. Eine ökologie- und ökonomieverträgliche Entwicklung miteinander zu verbinden, bleibt weiterhin die große Herausforderung von Gegenwart und Zukunft.

Sozialverträglichkeit heißt gerechte Verteilung der Lebenschancen. Der überhöhte Ressourcenverbrauch der Industrieländer verhindert eine gleichberechtigte

Nutzung der Ressourcen. Krol meint: „Eine weltweit dauerhaft umweltgerechte Entwicklung muß sich in einem Korridor bewegen, dessen Untergrenze den Drittweltländern diejenigen Umweltnutzungen pro Kopf zugesteht, die zur Sicherung der Grundbedürfnisse dort notwendig sind und dessen Obergrenze den Naturverbrauch pro Kopf in den Industrieländern beschränkt" (Krol 1995, S. 22). Die Schwierigkeit liegt darin, die Kriterien zur Befriedigung der Grundbedürfnisse und ebenso die Kriterien für die Obergrenze des Naturverbrauchs pro Kopf festzulegen. Für letztere könnte ein neues Wohlstandsmodell dienen, welches für eine „postmaterielle" Gesellschaft das quantitative Produktions- und Konsumwachstum entkoppelt.

Nachhaltige Entwicklung erfordert nach den o.a. Überlegungen die Vernetzung von Ökologie-, Ökonomie- und Sozialverträglichkeit durch die Schaffung nicht nur neuer Produktions- und Konsumstrukturen, sondern auch einer ökonomischen, sozialen und ökologischen Ethik.

2. Indikatoren zur Messung von „nachhaltiger Entwicklung"

Nachhaltige Entwicklung ist ein sehr komplexer Sachverhalt. Deshalb ist er nicht direkt meßbar. Nur einzelne Indikatoren können zur Beurteilung der Nachhaltigkeit einer Region mit ihren ökonomischen, sozialen und ökologischen Teilsystemen herangezogen werden. Die Schwierigkeit liegt darin, Schlüsselindikatoren zu vereinbaren und entsprechende Meßdaten zu erhalten und zu interpretieren.

Bisher wurde die Entwicklung einer Region oder eines Staates mit dem Bruttosozialprodukt beschrieben. Die Kritik an dieser rein ökonomischen und daher mangelhaften Aussagekraft über Entwicklung führte zur Ergänzung durch Sozialindikatoren wie Lebenserwartung, Bildung, politische Partizipation, Lebensqualität usw. Die größte Verbreitung erfuhr in diesem Zusammenhang der sogenannte Human Development Index (HDI) der Vereinten Nationen. Die schwierige Meßbarkeit der Sozialindikatoren führte aber bald wieder zu ihrer Vernachlässigung in Forschung und Politik.

Angesichts der in den 70er und 80er Jahren aufkommenden ökologischen Sensibilität der Bevölkerung erfuhr der Entwicklungsbegriff eine Erweiterung durch Umweltindikatoren. Aber auch die Diskussion über geeignete Umweltindikatoren zur Messung „nachhaltiger Entwicklung" ist noch nicht verstummt. Einigkeit besteht nur darüber, daß in die Messung von Nachhaltigkeit sowohl ökonomische als auch ökologische und soziale Indikatoren eingehen müssen.Um ein Beispiel zu geben, wird im folgenden das Indikatorensystem der Akademie für Technikfolgenabschätzung in Baden-Württemberg (Pfister 1996) aufgelistet. Es unterscheidet Umweltkategorien und sogenannte „generelle Indikatoren".

Zu den Umweltkategorien zählen: Klimaänderung, Ozonschichtzerstörung, Eutrophierung, Versauerung, Umwelttoxizität, Vielfalt von Arten, Landschaften und Ökosystemen, Wald, Wasser, Abfall und Boden.Bei den einzelnen Umweltkategorien wird jeweils zwischen Belastungsmeßgrößen und Zustandsmeßgrößen unterschieden. Zu den Belastungsmeßgrößen der Umweltkategorie „Klimaänderung" zählen zum Beispiel die Emissionen von CO_2, CH_4, N_2O und zu den Zustandsmeßgrößen Temperaturzeitreihen und die Konzentration von CO_2, CH_4, N_2O und troposphärischem Ozon.

Zu den generellen Indikatoren zählen: künstlicher Kapitalstock, Bevölkerungsentwicklung, Ressourceneffizienz, Energieeinsatz, Mobilität, städtische Siedlungsstrukturen und Umweltrisiken. Meßgrößen sind zum Beispiel Nettoanlagevermögen für den Indikator „künstlicher Kapitalstock" und radioaktive, gentechnische und hormonelle Ausbringungen für den Indikator „Umweltrisiken".

Das gesamte Indikatorensystem umfaßt zehn Umweltkategorien und sieben generelle Indikatoren. Diese werden durch 50 Meßgrößen erfaßt.

Der sehr komplexe Begriff „nachhaltige Entwicklung" verlangt also nach einem sehr differenzierten Meßsystem. Die Diskussion ist noch nicht abgeschlossen. Vielen Ländern fehlt noch der Apparat, die notwendigen Daten zu erfassen. Eurostat, das Statistische Amt der Europäischen Union, strebt eine Integration von ökologischen, ökonomischen, sozialen und institutionellen Indikatoren in seinen Berichten an.

3. Zusammenfassung

Das Leitbild einer „nachhaltigen oder zukunftsfähigen Entwicklung" hat eine breite internationale Akzeptanz erfahren. Die Wissenschaft ist aber noch dabei, die Operationalisierung des Zielsystems zu vervollständigen. Politik und Bildung bleibt nicht erspart, selbst ohne exakte, quantitative Daten nachhaltig denken und handeln zu versuchen. Dies kann analog der Local Agenda 21 nur in einem offenen demokratischen Diskurs mit möglichst hoher Sachkompetenz und ethischer Orientierung geschehen.

Angesichts der Komplexität und Gefährdung ökologischer Systeme, aber auch angesichts weitverbreiteter dysfunktionaler ökologischer Verhaltensweisen von Individuen, Wirtschaft und Politik ist es nicht einfach, angemessene ökologische Bildungs- und Erziehungsziele zu formulieren. Noch schwieriger ist es, entsprechende ökologie-, ökonomie- und sozialverträgliche Verhaltensweisen in die Tat umzusetzen. Im folgenden sollen nur einige wenige grundlegende Überlegungen zur ökologischen Handlungskompetez in dem Konzept des Öko-Bürgers (homo oecologicus, ecocitizen, Clary 1996) skizziert werden. Das Konzept des Öko-Bürgers zielt auf den politisch, ökologisch, naturwissenschaftlich, geisteswissenschaftlich und ethisch, d.h. den ganzheitlich gebildeten Bürger. Sektorale Umwelterziehung führt nicht zum Ziel, das heißt zu ökogerechtem Verhalten. Grundsätzliche Einstellungen zu Natur, Schöpfung und Leben, zu Gesellschaft, Wirtschaft und Politik scheinen entscheidender ökologisches Verhalten zu beeinflussen, als ökologische Kenntnisse und Erkenntnisse. Individuelle Verhaltensänderungen reichen aber nicht aus, wenn nicht gleichzeitig die wirtschaftlichen Strukturen und gesellschaftlichen Systeme einen ökologiegerechten Wandel erfahren. Hierzu braucht es wieder den ökologisch und politisch gebildeten Bürger, also den Öko-Bürger. In Abb. 1 wird ein Überblick über die ökologische Handlungskompetenz, das heißt über die notwendigen Kenntnisse und Fähigkeiten sowie Einstellungen zur Bewältigung aktueller und zukünftiger Lebenssituationen zusammengestellt.

Geographische Bildung kann dann als zukunftsfähig bezeichnet werden, wenn sie einen wesentlichen Beitrag zur Vermittlung der o.a. Einsichten, angemessenen Fähigkeiten und entsprechenden Einstellungen für eine nachhaltige Entwicklung sowohl im Nah- und Fernraum als auch in Deutschland und in Europa vermittelt.

Situation	Kenntnisse/Fähigkeiten	Einstellungen
Problemsituation	Probleme erkennen sich Problemen stellen Lösungen suchen Lösungen politisch umsetzen Folgen prüfen	Problemlösungsfähigkeit
Risikosituation	in einer Risikogesellschaft leben mit wissenschaftlicher Unsicherheit fertig werden Vorsichtsmaßnahmen vorziehen Vertrauen aufbauen	Risikobereitschaft
Konfliktsituation	Konflikte erkennen Konfliktursachen analysieren konfligierende Interessen friedlich ausgleichen	Konfliktbereitschaft Konfliktlösungsbereitschaft
Entscheidungsdruck	Realität sachgerecht prüfen Zusammenhänge aufdecken vorschnelle Verallgemeinerungen vermeiden verschiedene Gesichtspunkte prüfen politisch denken zwischen kurz- und langfristigen Lösungen unterscheiden	Entscheidungsbereitschaft
Handlungsdruck	nachhaltige Entwicklung in Natur und Kultur anstreben	Handlungsbereitschaft
Individuelle Wertorientierung	ökologie-, ökonomie- und sozialverträgliche Ziele verfolgen öko-ethisch handeln	Solidaritätsbereitschaft mit sich selbst und seiner nahen Umwelt und sozialen Mitwelt
Interregionale und globale Wertorientierung	international und global denken und lokal handeln	Solidaritätsbereitschaft mit seiner internationalen und globalen Um- und Mitwelt
Intergenerationale Wertorientierung	biologische und kulturelle Vielfalt erhalten	Solidaritätsbereitschaft mit zukünftigen Generationen

Basis der Einstellungen und ökologischen Handlungskompetenzen ist eine globale Ethik, die zum Beispiel zum Ausdruck kommt:
- in der Universellen Erklärung der Menschenrechte 1948;
- in der Verfassung der Bundesrepublik Deutschland (Artikel 20a);
- in der Agenda 21 (Rio 1996);
- in der Habitat Agenda (Istanbul 1996).

Abbildung 1: Handlungskompetenz von Öko-Bürgern

Literatur:

Agenda 21. Rio de Janeiro 1992.
Akademie für Technikfolgenabschätzung in Baden-Württemberg (Hg.) (1997): Nachhaltige Entwicklung in Baden-Württemberg – Statusbericht. Stuttgart.
Brundtland-Report 1987. Our Common Future. Oxford.
Habitat Agenda. Istanbul 1996.
Haubrich, H. (1997): Der Öko-Bürger. In: geographie heute 18, H. 150, S. 2–7.
Kopfmüller, J. (1994): Das Leitbild einer zukunftsfähigen Entwicklung. Karlsruhe.
Krol, G.-J. (1995): Sustainability als Herausforderung für die Umwelt – sozialökonomische Aspekte. In: Arbeitskreis Gymnasium und Wirtschaft e.V.: Sustainable Development. Unterhaching.
Meinberg, E. (1995): Homo oecologicus. Darmstadt.
Pfister, G. u. O. Renn (1996): Ein Indikatorensystem zur Messung einer nachhaltigen Entwicklung in Baden-Württemberg. Akademie für Technikfolgenabschätzung in Baden-Württemberg. Stuttgart.
Pfister, G. u. O. Renn (Hg.) (1996): Indikatoren einer regionalen nachhaltigen Entwicklung. Dokumentation der Workshop-Berichte. Akademie für Technikfolgenabschätzung in Baden-Württemberg. Stuttgart.
The International Council for Local Environmental Initiatives (1995): European Local Agenda 21 Planning Guide. Freiburg.

NACHHALTIGES NATUR-EUROPA

Josef Härle (Weingarten)

1. Einführung

Zehn Jahre sind seit der Prägung des Begriffs „Sustainable Development" im Brundtland-Bericht 1987 vergangen und fünf Jahre seit der Annahme des Leitbilds der „Nachhaltigen Entwicklung" durch Vertreter von 175 Staaten in Rio de Janeiro. Wie sich auf der Sondervollversammlung der Vereinten Nationen in New York gezeigt hat, ist trotz einiger Erfolge der generelle Zustand der Umwelt seitdem noch schlechter geworden. Treibhausgase und Abfälle nahmen zu, Waldflächen verringerten sich, Böden, Biotope und Gewässer wurden geschädigt. Wie es um die wirtschafts-, sozial- und umweltverträgliche Entwicklung in Europa steht, soll nach kurzen allgemeinen Ausführungen zu Europa und seinen Umweltpflichten für die Bereiche Atmosphäre, Wasser, Boden und Arten skizziert werden.

Europa wird hier auf traditionelle Weise durch Uralgebirge, -fluß, Manytschniederung, Asowsches Meer, Bosporus und Dardanellen von Asien abgegrenzt. Den Kontinent auf die Westhälfte oder gar die Europäische Union zu beschränken, wäre angesichts der endlich überwundenen künstlich-ideologischen Teilung und des Zugehörigkeitsgefühls der meisten Menschen des früheren Ostblocks zu Europa unangebracht. Große Unterschiede zwischen den Teilräumen und häufig auch Informationslücken müssen dabei jedoch in Kauf genommen werden.

Europa, besonders aber sein wohlhabender Westteil, hat für eine nachhaltige Entwicklung eine besondere Verantwortung. Es ist die Heimat der industriellen Revolution und der chemischen Industrie mit ihren positiven, ambivalenten und schädigenden Auswirkungen. Immer noch entfällt auf den Kontinent ein weit über seinen Bevölkerungsanteil von 12 % hinausgehender Anteil der Umweltbelastungen. Europa hat daher die moralische Verpflichtung, gangbare Wege zur Lösung der anstehenden ökologischen und sozioökonomischen Probleme aufzuzeigen – zu seinem eigenen Vorteil und zugunsten ärmerer Länder, denen es zu einem erheblichen Teil seinen Wohlstand verdankt.

Ansätze hierzu sind gemacht. Deutschland und die Mehrzahl der westeuropäischen Staaten haben Umweltstrategien entwickelt oder sind dabei, es zu tun. Auf der Teilstaats-Ebene sei der Status-Bericht von Baden-Württemberg genannt, auf regionaler die Arbeiten zur Zukunftsfähigkeit des grenzüberschreitenden Bodenseeraumes oder des schweizerischen Töss-Tales. Noch bedeutsamer sind die aufgrund der Empfehlung der UN-Konferenz in Rio entworfenen lokalen „Agenda 21"-Tagesordnungen für das 21. Jahrhundert. Landgemeinden wie Bodnegg im Bodenseeraum, Städte wie Wernigerode im Harz und Stadtbezirke wie Köpenick in Berlin haben maßgeschneiderte Leitbilder konzipiert und Teile davon schon verwirklicht. Am anderen Ende entwickelt sich die Europäische Union immer mehr zur treibenden Kraft beim globalen Umweltschutz, wie die Initiativen zum Schutz der Wälder, des Trinkwassers und der Öko-Effizienz zeigen. Wann daraus Konventionen werden, wie die zum Schutz des Klimas, der Artenvielfalt, zur Bekämpfung der Wüstenbildung oder zum Schutz der Meere ist jedoch ungewiß – und Konventionen allein ohne bindende Verpflichtungen bringen nicht viel.

2. Atmosphäre und Energieressourcen

Die Enquete-Kommission des Deutschen Bundestages formulierte 1993: „Mit dem Konzept einer nachhaltigen Entwicklung wird ein Entwicklungskonzept gesucht, das den durch die bisherige Wirtschafts- und Lebensweise in den Industrieländern verursachten ökologischen Problemen und den Bedürfnissen in der Dritten Welt unter Berücksichtigung der Interessen künftiger Generationen gleichzeitig Rechnung trägt."

In Bezug auf die Atmosphäre ist Europa derzeit weit davon entfernt, diesem Konzept zu entsprechen. Seine 700 Mio. Bewohner, 12,2 % der Weltbevölkerung, belasteten sie (1994) mit rund 6,3 Mrd. t CO_2, knapp 30 % der weltweiten energiebedingten Kohlendioxid-Emissionen. Auf jeden Europäer kamen somit 9 t CO_2 gegenüber 3,73 t im Weltdurchschnitt (errechnet nach Angaben der Internationalen Energieagentur (IEA), der Organisation für wirtschaftliche Zusammenarbeit und Entwicklung (OECD) und des Umweltbundesamtes). Die Aufnahmekapazität der Atmosphäre wird dabei um rund das Sechsfache überschritten. Einschließlich anderer Treibhausgase wie Methan trägt Europa daher spürbar zur immer wahrscheinlicher werdenden globalen Erwärmung bei.

Die den hohen CO_2-Ausstoß verursachenden fossilen Energieträger – davon rund die Hälfte importiert – bestreiten zu etwa 90 % die europäische Energieversorgung. Unter dem Aspekt eines nachhaltigen Energieverbrauchs ist dies untragbar, aber kurzfristig kaum zu ändern. Würde man die natürliche Neubildungsquote fossiler Energieträger als Maßstab nehmen, dürfte (nach Siefeile 1992) nur noch ein Hunderttausendstel des derzeitigen Jahresverbrauchs konsumiert werden. Weil dies vollkommen unmöglich ist, gilt es, Energie zu sparen, sie effektiver zu nutzen und fossile durch sich erneuernde, umweltverträglichere Energieträger zu ersetzen. Niedrige Energiepreise geben derzeit indes nur schwache ökonomische Anreize dazu. Die von verschiedenen Seiten vorgeschlagene kontinuierliche Energieverteuerung konnte nicht durchgesetzt werden. Im Unterschied zur verbreiteten Ansicht vom harmonischen Dreiklang zwischen Ökonomie, Ökologie und Sozialverträglichkeit widerstreiten sich diese nämlich oft. Zur Abwehr einer nicht einmal ganz sicheren Klimaänderung und zugunsten der Streckung von Ressourcen im Interesse der kommenden Generationen Wirtschaft und Bürger mit höheren Energiepreisen zu belasten, erschien den politischen Entscheidungsträgern nicht durchsetzbar. Die europäischen Staaten tun sich daher schwer, ihre zugesagten oder in Aussicht gestellten CO_2-Reduktionsziele zu erreichen. Ziel der Umweltminister der Europäischen Union für das Jahr 2005 ist eine Verringerung um 7,5 % gegenüber 1990, 15 % bis zum Jahre 2010. Während Frankreich und Schweden alles beim alten lassen, wollen Deutschland und Dänemark bis dahin eine Minderung von 25 % erreichen. Letzteres will deshalb keine neuen Kohlekraftwerke mehr bauen.

Eine Wettbewerbsfähigkeit der erneuerbaren Energien wird nach einem starken Anstieg der Ölpreise erst von 2020 an prognostiziert. Eventuell werden aber eher die unter Meeressedimenten auf den Kontinentalschelfen lagernden Gashydrate genutzt. Die in ihnen enthaltenen riesigen Methanmengen würden eine weitere Gefahr für das Klima darstellen.

3. Wasser

Mit nur 5 % hat Europa unter allen Erdteilen den geringsten Anteil an Trockengebieten. Im überwiegenden Teil gibt es Niederschläge zu allen Jahreszeiten. Die wasserarmen Gebiete im Mittelmeerraum grenzen an feuchtere Gebirge und die Steppen Osteuropas profitieren von Strömen aus humiden Breiten. Weit verbreitete glazifluviale Schotter sind gute Speicher für sich erneuerndes Grundwasser.

Diese von Natur aus günstigen Voraussetzungen für eine nachhaltige Wassernutzung sind indes deutlich verschlechtert worden. Der stark gestiegene Wasserbedarf von Landwirtschaft, Haushalten und Industrie hat vielerorts den Grundwasserspiegel absinken lassen. Überbeanspruchte, oft qualitativ verschlechterte Wasserressourcen und dazu der enorme Verbrauchsanstieg ließen in der Regel Fernwasserversorgungen als Lösung erscheinen. Wassersparen und Sanierung der lokalen, häufig zu hohe Nitratgehalte aufweisenden Grundwasservorkommen wäre mühsamer gewesen, hätte aber der anzustrebenden örtlichen Nachhaltigkeit entsprochen und die Aufstauung mancher Bäche und Flüßchen zu Trinkwasserstauseen entbehrlich gemacht. Letzteres ist heute nicht mehr so einfach wie früher, da die Bewohner wasserreicher Gebiete nicht ohne weiteres bereit sind, Eingriffe in die Natur ihrer Heimat zu tolerieren zugunsten eines verschwenderischen Wasserverbrauchs ferner Gebiete. Die Wasserbilanz vieler Regionen verschlechtert haben auch Begradigungen von Flüssen, Trockenlegung von Feuchtgebieten und die Grundwasserneubildung verhindernde Versiegelungen.

Insgesamt ist das Wasser in Europa jedoch weniger ein quantitatives als ein qualitatives Problem. Nord- und Teilen Mittel-, West- und Südeuropas mit befriedigender, ja guter Wasserqualität ihrer Seen und Flüsse stehen die anderen Teile des Kontinents gegenüber, in denen diesen hohe Schmutzfrachten zugeführt werden. Die Mittel für den Bau von Kläranlagen fehlen dort zumeist.

Die Europa umgebenden Meere sind nicht mehr gesund. Besorgniserregend ist die Situation im Schwarzen Meer, dessen sauerstofflose Schicht schon bis gegen 70 m unter den Wasserspiegel angestiegen ist. Die ähnlich austauscharme Ostsee scheint sich etwas zu erholen. Der Nordsee kommt ihre breite Verbindung zum Atlantik zugute. Hier wie anderswo sind durch Überfischung die biotischen Ressourcen schwer geschädigt worden. Aquafarming bietet hierfür keinen ökologisch vertretbaren Ausweg, da die Fische ja gefüttert werden müssen und Futterreste, Exkremente und chemische Zusatzstoffe Meereswasser und -boden belasten. Ein nachhaltiger Umgang mit dem Wasser ist in Europa sicher leichter zu erreichen als die Nachhaltigkeit im Energiebereich. Der in etlichen Staaten stagnierende Pro-Kopf-Wasserverbrauch gibt eine Atempause; höhere Wasserpreise könnten zum Sparen ermuntern und vielleicht auch zur Reduzierung von Wasserverlusten führen. Eine mögliche globale Erwärmung würde jedoch zumindest Süd- und das südliche Osteuropa schwer treffen.

4. Boden

Europa hat im Verhältnis zu anderen Kontinenten prozentual mehr landwirtschaftlich gut nutzbare Böden. Böden bilden sich zwar laufend neu, die Neubildungsrate ist aber so gering, daß man sie praktisch als sich erschöpfende Ressource ansehen muß. Deshalb und wegen ihrer Bedeutung für Flora und Fauna, für die Nahrungsmittel- und Rohstoffproduktion, als Abbaustelle von Abfällen und Schadstoffen, als Puffer und Filter gegenüber Einträgen sollten Böden nachhaltig genutzt werden.

Für die Tragfähigkeit eines Raumes ist die Bodenfruchtbarkeit entscheidend wichtig. Legt man Erträge des ökologischen Landbaus von 30–40 dt/ha Brotgetreide zugrunde, könnte Europa seine 700 Mio. Bewohner bei deutlich verringertem Fleischverzehr auch ohne Nahrungs- und Futtermittelimporte ernähren. Ob dies auch künftig so bleiben wird, ist fraglich, weil die Ressource Boden sich auf mehrfache Weise verringert und verschlechtert.

Bodenentfernung und -versiegelung für Baumaßnahmen gehen weiter und betreffen überproportional gute Böden, weil Städte und Ballungsräume kaum in Gebirgen liegen. In dicht bevölkerten europäischen Staaten sind rund 5 % der Gesamtfläche versiegelt und ein noch größerer Anteil ist als Randstreifen, Rasenfläche, Garten u.a. der landwirtschaftlichen Nutzung entzogen. Täglich werden in Deutschland rund 100 ha Agrarfläche für Bauzwecke beansprucht. Der Bundesbauminister hofft, durch flächensparendes Bauen den bis zum Jahre 2010 prognostizierten Baulandbedarf von 370 000 auf 255 000 ha senken zu können. Das Entsiegelungspotential schätzt die Enquete-Kommission des Deutschen Bundestages (Bonn 1994) auf 6 % der gesamten Siedlungs- und Verkehrsfläche.

Über die seit Beginn des Ackerbaus gefährdeten Steppen und mediterranen Gebirgsräume hinaus hat sich die Abtragung von Boden durch Wasser und Wind auch in anderen Ackerbaugebieten Europas in den letzten Jahrzehnten verstärkt. Gefördert wurde sie durch große Schläge, Ausräumung der Fluren, Bevorzugung erosionsanfälliger Kulturen wie Mais und Bodenverdichtung. Wie weit historische und heutige Bodenerosion auseinander liegen, zeigt Tab. 1.

Tabelle 1: Bodenerosion im Kraichgau/Baden-Württemberg (Faustzahlen)

Natürliche Erosion:	ca.	0,03 t/ha/Jahr
historische Erosion:	ca.	3 – 7 t/ha/Jahr
heutige Bodenerosion: (bei 50 – 150 m Hanglänge und 4 – 7 Grad Hangneigung, Fruchtfolge zweimal Getreide, Zuckerrüben bzw. Mais)	ca.	30 – 60 t/ha/Jahr
tolerabler Abtrag:	ca.	8 – 12 t/ha/Jahr
Krumenanteil des Bodens:	ca.	3.000 t/ha
1 mm Krume/ha wiegt:	ca.	12 – 15 t/ha (10m^3)
Krumenneubildung:	ca.	10 – 12 t/ha in 10 – 100 Jahren

Quelle: D. Quist (Landesanstalt für Pflanzenbau Forchheim) 1990

Böden werden außerdem in ihrer Qualität beeinträchtigt. Der Einsatz schwerer Landmaschinen führt zur Verdichtung, Überdüngung hat nachteilige Folgen. Nicht auszuschließen ist, daß die Verwendung chemischer Schädlingsbekämpfungsmittel über viele Jahrzehnte hinweg problematische Auswirkungen zeigt. Stickstoff, der in Mengen bis zu 50 kg/ha aus der Luft eingetragen wird, wirkt eutrophierend und versauernd. Betroffen sind davon besonders Wälder und landwirtschaftlich nicht genutzte Flächen, weil hier die ausgleichende Kalkung fehlt. Aufgelassene Müllkippen, Deponie- und Gewerbestandorte zeigen mitunter hohe Schadstoffkonzentrationen. Noch sehr lange wird die radioaktive Belastung an Uranbergbauen und um Tschernobyl anhalten.

Ein nachhaltiger Umgang mit dem Boden ist derzeit insgesamt weder beim Bauen, noch in der Landwirtschaft, noch bei Stoffeinträgen festzustellen. Erfreulicherweise gibt es aber viele Ansätze, Böden zu schonen wie beim Baulandsparen, Entsiegeln und nicht zuletzt beim ökologischen Landbau. Solche Ansätze möglichst rasch auszuweiten, ist angesichts der Endlichkeit der Ressource dringend vonnöten.

5. Arten

Pflanzen- und Tierarten und deren regionale Varianten, Sorten und Rassen sind zunächst um ihrer selbst willen schützenswert. Sodann erfüllen sie unersetzbare Funktionen im Naturhaushalt und besitzen für den Menschen ästhetische, kulturelle und nicht zuletzt praktische Bedeutung. Diese in mehrfacher Hinsicht wertvolle erneuerbare Ressource nur pfleglich zu nutzen, sollte selbstverständlich sein.

Das in hygrischer und pedologischer Hinsicht begünstigte Europa ist in bezug auf den Artenreichtum gegenüber anderen Erdteilen benachteiligt. Während z.B. im tropischen Tieflandregenwald 50–150 verschiedene Baumarten pro ha wachsen, kommen in ganz Mitteleuropa nur ca. 50 vor.

Zwar rotteten schon die steinzeitlichen Jäger erste Großtiere aus – über Jahrtausende hinweg verschwanden indes nur wenige Arten. Andererseits haben sich mit dem Ackerbau auch Pflanzen und Tiere aus Vorderasien in Europa eingebürgert. Die seit der Entdeckungszeit (ab 1500) und verstärkt in den letzten Jahrzehnten eingeschleppten oder angesiedelten Arten fügen sich aber oft nur schwer in das heimische Spektrum ein. Einige dieser Neophyten und Neozoen wie die Kanadische Goldrute, das Drüsige Sprinkraut, der Riesenbärenklau, die Regenbogenforelle und der Bisam haben sich vielerorts auf Kosten der ansässigen Flora und Fauna übermäßig ausgebreitet.

Die Länge der bedrohte Tiere und Pflanzen aufführenden roten Listen hat aber in der Regel andere Ursachen. Die intensive Landwirtschaft mit starkem Agrochemikalieneinsatz und ausgeräumten Fluren, Gewässerbegradigungen und -verschmutzungen, Trockenlegung von Feuchtgebieten, Koniferen- und Eukalyptusaufforstungen nehmen Pflanzen und Tieren ihren Lebensraum. Die Aufgabe traditioneller Nutzung wie extensive Beweidung, Streugewinnung, Flachsanbau ist ebenfalls schuld am Artenschwund. Weil es im überwiegenden Teil Europas so gut wie keine Naturlandschaften mehr gibt, sind naturnahe Kulturlandschaften für den Erhalt von Arten von größter Bedeutung. Immer deutlicher zeigt sich, wie die anhaltenden hohen Stickstoffeinträge aus der Luft und aus benachbarten intensiven Agrarflächen die zahlreichen an magere Standorte angepaßten Pflanzen verdrängen. Im Unterschied zu spektakulären größeren Tieren fällt ihr Verschwinden wie das von Pilzen und Insekten kaum auf.

Arten zu schützen, ist eine schwierige Aufgabe. Schadstoffemissionen und Gewässerverschmutzungen sind drastisch zu reduzieren, bestehende Schutzgebiete zu sichern, auszuweiten und miteinander zu vernetzen. Darüber hinaus muß Artenschutz auf der ganzen Fläche betrieben werden: im besiedelten Bereich, in der Forst- und Landwirtschaft. Dies bedeutet naturgemäßen Waldbau, wie er von einigen Betrieben in Mitteleuropa und Skandinavien schon lange praktiziert wird. Die Landwirtschaft müßte grundsätzlich auf Agrochemikalien und Futtermittelimporte verzichten. Einen Weg, Arten- und Biotopschutz zu betreiben, zeigen die Biosphärenreservate. Sie enthalten einerseits unberührte natürlich bzw. naturnahe Ökosysteme, andererseits durch menschliche Tätigkeit geprägte Gebiete. In letzteren sollen nachhaltige Nutzungen entwickelt werden, welche Arten, auch alte Haustierrassen und Kulturpflanzensorten mit ihrem wertvollen Genreservoir und andere Ressourcen langfristig erhalten.

Um das Artensterben zu bremsen, muß außerdem die Zerschneidungswirkung von Verkehrswegen gemildert werden, ist beim Sport und in der Freizeit auf Pflanzen und Tiere Rücksicht zu nehmen und sollten, wo immer möglich, Abbaustellen der natürlichen Sukzession überlassen werden.

6. Ausblick

Daß ein nachhaltiges „Natur-Europa" sehr schwer zu erreichen ist, wurde dargelegt. Schwierig ist auch, ein einheitliches „Ökonomie-Europa" zu schaffen, denn wirtschaftlich zerfällt der Kontinent grob in zwei Teile mit etwa gleich viel Bewohnern, den reichen Westen und den armen Osten.

Unter dem Aspekt der nachhaltigen Entwicklung müßte der Westen nicht nur an künftige Generationen, sondern auch an die „Dritte Welt" vor seiner Haustür denken. Die hier für vergleichsweise geringe Schadstoffreduzierungen eingesetzten Mittel könnten z.B. im Osten für „Euronatur" ungleich mehr bringen. Flächenerwerb für Schutzgebiete, Naturschutzpersonal und eventuelle Ausgleichszahlungen erfordern weit weniger Kosten. Dafür könnten einmalige Landschaften wie der Urwald von Bialowitz, die Save-Auen, das Donau- und Wolgadelta besser geschützt werden.

Wohlstands-Europa muß dem sich wirtschaftlich entwickelnden Osten aber auch vorleben, daß ihm Natur und Umwelt etwas bedeuten. Das könnte konkret heißen, sparsamere Autos zu fahren, weniger oft und weniger weit zu verreisen, die oft teureren Lebensmittel der eigenen Region zu bevorzugen. Vielleicht bietet die Weltausstellung in Hannover, die sich die Realisierbarkeit von Nachhaltigkeit zur Aufgabe gemacht hat, weitere Anregungen. Sie umzusetzen wird ohne eine Haltung, die sich dem Schutz der Lebensgrundlagen, den künftigen Generationen und den Armen in der Heimat und in der Welt verpflichtet weiß, kaum möglich sein. Einsichten und Kenntnisse hierzu kann in besonderem Maße die Geographie liefern. Zu Recht betonte die Deutsche Gesellschaft für Geographie zum Tag der Erde am 22.4.1997: „Globales Handeln und Wirtschaften sowie die globale Verantwortung für unsere natürliche und soziale Umwelt erfordern geographische Kenntnisse und geographische Bildung. Sie vermittelt der Geographieunterricht. Es ist ein Gebot unserer Zeit, ihn auf allen Ebenen der Schulen und in allen Bereichen der Gesellschaft zu stärken."

Literatur:

Akademie für Technikfolgenabschätzung in Baden-Württemberg (Hg.) (1997): Nachhaltige Entwicklung in Baden-Württemberg. Statusbericht. Stuttgart.
BUND, Misereor und Wuppertal Institut (Hg.) (1997): Zukunftsfähiges Deutschland. Ein Beitrag zu einer global nachhaltigen Entwicklung. 4. Aufl. Basel.
Deutscher Bundestag (Hg.) (1997): Konzept Nachhaltigkeit. Fundamente für die Gesellschaft von morgen. Zwischenbericht der Enquete-Kommission „Schutz des Menschen und der Umwelt" des 13. Deutschen Bundestags. Bonn.

Endres, A. u. I. Querner (1993): Die Ökonomie natürlicher Ressourcen. Darmstadt.
IDARio – Interdepartementaler Ausschuß Rio (1996): Nachhaltige Entwicklung in der Schweiz. Bundesamt für Umwelt, Wald und Landschaft (BUWAL). Bern.
Kastenholz, H. G., K.-H. Erdmann u. M. Wolff (Hg.) (1996): Nachhaltige Entwicklung. Zukunftschancen für Mensch und Umwelt. Berlin u. Heidelberg.
Ninck, M. (1997): Zauberwort Nachhaltigkeit. Zürich.
Sieferle, R. (1992): Natur als Erinnerung. Tübingen.
WBGU – Wissenschaftlicher Beirat der Bundesregierung „Globale Umweltveränderungen, Welt im Wandel" (1994): Die Gefährdung der Böden. Jahresgutachten 1994. Bremen.
Wiesmann, U. (1995): Nachhaltige Ressourcennutzung im regionalen Entwicklungskontext. Konzeptionelle Grundlagen zu deren Definition und Erfassung. Bern.

ZUKUNFTSFÄHIGES KULTUR-EUROPA

Volker Albrecht (Frankfurt a.M.)

1. Einleitung

Europa hat Konjunktur. Allem Anschein nach stehen finanzielle und wirtschaftliche Strategien im Mittelpunkt, um die Kriterien von Maastricht II zu erfüllen sowie mit den Wirtschaftsmächten USA und Japan in einer globalen Wirtschaft konkurrieren zu können. Es mehren sich jedoch Stimmen, die eine Besinnung auf mögliche gemeinsame kulturelle Werte in Europa einfordern. Was könnten das für kulturelle Werte sein, die es zu bewahren gilt? Und welchen Stellenwert könnten dabei raumbezogene Perspektiven für eine tragfähige geographische Bildung einnehmen? Oder konkreter: Welches Wissen über Europa soll konstruiert werden, um den Schülern ein Orientierungswissen sich aneignen zu lassen, mit dessen Hilfe die unüberschaubare Flut von Fakten und Informationen über Europa eingeordnet werden kann, als entscheidende Bedingung für die Aufrechterhaltung individueller Handlungs- und Funktionsfähigkeit?

Von den vielfältigen Zugängen zu diesen Fragen möchte ich die Bestimmung eines geographisch definierten Kultur-Europas im Bereich der politischen Willensbildung ansiedeln. Dabei geht es um die Bewertung vergangener, aktueller und die Gestaltung zukünftiger Leit- und Raumbilder für Europas Bewohner sowie die Tragfähigkeit und Belastbarkeit räumlicher Organisationsformen für ein zukünftiges politisch-kulturelles System. Ich gehe zur Bestimmung eines *zukunftsfähigen Kultur-Europas* nicht von den sogenannten Kulturlandschaften und Kulturgütern in Europa aus. Dies wäre ein eigener Ansatz.

Ich verstehe unter kultureller Einheit Europas ein geistiges Gut, das auf der Basis von Partizipation und Solidarität Differenz und Gleichheit in einer global vernetzten Welt als Zielvorstellung nicht aus dem Auge verliert. Im neuesten Bericht der Bertelsmann-Stiftung an den *Club of Rome* wird von kulturellen Ressourcen von Gesellschaften gesprochen, mit denen sensibel und sorgfältig umzugehen sei, um auf die Herausforderung multikultureller und pluralistischer Prozesse angemessen reagieren zu können (Weidenfeld 1997, S. 13f.). In diesen globalen Kontext möchte ich meine Überlegungen zur nachhaltigen Entwicklung eines Kultur-Europa einbinden. Folgende Fragen sind Grundlage meiner Annäherung an ein zukunftsfähiges Kultur-Europa als eine notwendige Perspektive für die geographische Bildung:

- Welche politischen, kulturellen und räumlichen Leitbilder fördern oder verhindern den Aufbau eines gemeinsamen Europas?
- Anhand welcher Raumkategorien und Beispiele können sich Schüler die Vielperspektivität eines zukünftigen Kultur-Europas aneignen?

2. Traditionslinien politisch-kultureller und räumlicher Leitbilder

Die Auseinandersetzung um Leitbilder für ein zukünftiges Europa finden im Kontext verschiedener Lebensraumbezüge statt: globaler (wirtschaftliche Globalisierung), internationaler (gemeinsame Außen- und Militärpolitik der EU), nationaler (Abgabe von Souveränitätsrechten, Probleme der politischen Partizipation und Legitimation) sowie regionaler und lokaler (sozialräumliche Lebensrealitäten, soziokulturelle Differenzen, räumliche Disparitäten, die Stellung innerhalb nationaler und globaler Abhängigkeiten).

Die für das zukünftige Zusammenleben in Europa notwendigen Leitbilder werden Ergebnis politischer Willensbildungsprozesse sein, die historisch gewachsene Rechtsnormen, politische und territoriale Organisationsformen sowie die vielfältigen Lebensraumbezüge zu berücksichtigen hätten. Diesen Vorgang verstehe ich unter Kultur-Europa. Er ist prozessual definiert, schließt die Partizipation der Bürger Europas mit ein und berücksichtigt historisch gewachsene Realitäten und die mit ihnen verbunden Interpretationsmuster.

Über den Begriff der Territorialität werde ich versuchen, Kultur-Europa und die damit verbundenen Traditionslinien zu erschließen und an Beispielen didaktisch-schulpraktische Konsequenzen aufzuzeigen.

Der Begriff der Territorialität ist im Wesentlichen durch die Aspekte Zugänglichkeit und Sicherheit charakterisiert (Gottman 1982). Zugänglichkeit beschreibt für Individuen und Gruppen die Möglichkeiten, soziale und ökonomische Infrastrukturen zu nutzen sowie an politischer Macht zu partizipieren. Sie kann als ein rational-funktionaler Aspekt individueller oder gruppenbezogener Daseinsfürsorge angesehen werden. Der Begriff Sicherheit bezieht sich auf die rituellen und symbolischen Vereinbarungen, die Überschaubarkeit und Antizipierbarkeit der Umwelt, ihre Kontrollierbarkeit und sinnliche Erfahrbarkeit ansprechen. Sicherheit und Zugänglichkeit kann sich auf Personen und Räume beziehen und sich in verschiedenen politischen und territorialen Organisationsformen niederschlagen. Sobald jedoch eine homogenisierende Einheit von rational-funktionaler und ritueller Daseinsfürsorge vorherrscht, bestimmen Vorgänge von Exklusion und Inklusion das Zusammenleben (Luhmann 1996). Diese prägten die Nationalstaatsidee des 19. Jahrhunderts.

Die Übertragung homogenisierender Vorstellungen der klassischen Nationalstaatsidee auf ein zukünftiges Europa kann nicht als positives nachhaltiges Element angesehen werden, da damit Prozesse der Inklusion und Exklusion nach zu strikten Vorgaben verbunden sind und die kulturelle sowie sprachliche Vielfalt Europas in einem Nationalstaat Europa vereinheitlichenden Tendenzen geopfert werden müßte. Trotzdem spiegeln die meisten politischen und thematischen Karten Europas diese Idee des Nationalstaates wider. Häufig sind thematische Aussagen nur innerhalb eines Nationalstaates wiedergeben, obwohl auch größere Teile Europas abgebildet sind.

Ein Nationalstaat Europa würde nicht den gewachsenen politischen Kulturen in Europa entsprechen. Ein wohlüberlegtes Abgeben bestimmter Sourveränitätsrechte auf supranationale Institutionen entspräche der Tradition föderaler, bundesstaatlicher Elemente. Eine ausgewogene, geteilte Souveränität muß kein Widerspruch sein, nur dann, wenn von Konzepten eines restlos homogenisierten Nationalstaates ausgegangen wird. Das Konzept einer geteilten Souveränität würde auch denjenigen Prozessen entgegensteuern, die in der Vergangenheit durch nationalstaatsorientierte Vorstellungen, durch kulturelle und ethnische Reinigungsprozesse sowie durch die Territorialisierung von kollektivem Bewußtsein (Smith 1996) zu extremen Vorgängen geführt haben, die in Südosteuropa wieder aufgebrochen sind. Deshalb sollte bei der Bestimmung nachhaltiger kultureller Konzepte für ein zukünftiges Europa vermieden werden, homogene und allumfassende Lösungen zu suchen und sie historisierend abzuleiten und räumlich zu fixieren.

Europas Stärke in der Vergangenheit war seine kulturelle, politische und wirtschaftliche Vielfalt. Diese kann und muß ein Puffer gegen die mit der Globalisierung einhergehenden Prozesse von Machtkonzentration auf der einen Seite und den Auswirkungen der Dezentralisierung ohne Machtgewinn auf der regionalen oder lokalen Ebene sein. Hinzu kommt, daß die sozialräumlichen Lebensrealitäten und aktuellen multikulturellen Lebenssituationen nicht mehr mit den homogenisierenden Leitbildern eines Nationalstaates übereinstimmen (Leggewie 1996, S. 39).

3. Kritischer Umgang mit nachhaltigen Raumbildern zu Europa

Zu einer zukünftigen europäischen Partizipations- und Konsensgemeinschaft gehört der kritische Umgang mit den im Zusammenhang mit Europa gebrauchten Raumkategorien und deren Abbildungen auf Karten.

Leitbilder und ihnen zugeordnete Raumbilder sind reduzierte Abbilder einer komplexen historischen und sozialen Realität. Sie kommen dem Bedürfnis entgegen, die komplexe Welt zu reduzieren, um Orientierung zu ermöglichen. Ebenso sind auch Konzepte und Reduktionen von Realität realitätsprägend.

Reflexionen über die Ursachen und Auswirkungen von Reduktionen sind eine permanent einzufordernde Notwendigkeit von Aufklärung und Erziehung. Diese muß sich auch auf Raumbilder und Kartenbilder beziehen, die die Welt sichtbar einteilen.

Kritischer Umgang mit Raumkategorien und deren Abbildung in Form von Kartenbildern bedeutet, aufzuzeigen, daß hinter scheinbar neutralen Zuordnungsbegriffen wie *Nord-Süd, West-Ost, Stadt-Land, Aktiv-Passiv, Zentrum-Peripherie* und neuerdings auch *Sunbelt-Banana*, Bewertungen wie *fortschrittlich-zurückgeblieben, kulturell entwickelt – kulturell zurückgeblieben* verbunden sind. Es gilt die versteckten Codes zu entschlüsseln, damit überkommene Vorurteile und Bewertungsmuster nicht weiter fixiert werden und Integration erschwert wird. So bedeutet das Raumkonzept West-Ost und Stadt-Land eine eindeutige Hierarchie der kulturellen Bewertung, auch wenn der Gegensatz auf Basis wirtschaftlicher Entwicklungsparameter konstruiert wird.

Aufgabe eines aufgeklärten Geographieunterrichts wäre es, die so verführerisch wirkenden Karten in ihrer scheinbaren Eindeutigkeit zu entschlüsseln und die darin enthaltenen Bewertungen aufzuzeigen.

Beispiele nachhaltiger Images mit scheinbarer Objektivität, aber doch mit eindeutiger Bewertung sind kartographische Darstellungen Europas mit äußeren Grenzlinien. Diese sind häufig Beispiele von Reduktion komplexer historischer und sozialer Realität und vermitteln durch die Konstruktion scheinbar homogener Räume Eindrücke des *Wir* und *Nicht-Wir*. Besonders geographisch-topographische Grenzlinien suggerieren eine Kontinuität der gemeinsamen Kultur (in diesem Zusammenhang könnte man auch von Nachhaltigkeit sprechen), die politisch-geographische Realität und Einstellungen determinieren und prägen können. Am Beispiel der Vorstellungen, die Huntington (1996) weltweit zur Diskussion gestellt hat, kann sehr gut aufgezeigt werden, welchen Einfluß nachhaltige Konzepte auf die Meinungsbildung haben können. Huntington spricht von Kulturkreisen und zieht die östliche Grenze von Europa mehr oder weniger exakt entlang der Grenze zwischen römisch-katholisch und protestantisch gemäßigtem Europa und den orthodox geprägten Räumen östlich davon. Danach gehören Griechenland, Serbien sowie die Nachfolgestaaten der ehemaligen Sowjetunion nicht zu Europa. Nach Auffassung Huntingtons seien die Grenzlinien zwischen den Kulturen von Frontkämpfen bestimmte Bruchlinien. Interessant ist die Persistenz von religiösen Argumentationsmustern der Ein- und Ausgrenzung, obwohl seit der Französischen Revolution der Zusammenhang von nationalstaatlicher Zugehörigkeit und Religion bzw. Konfession obsolet geworden ist. Sicherlich gibt es gute Gründe, kulturelle Grenzen entlang von Religionsgemeinschaften bewußt zu machen und sie bei der Entwicklung einer globalen Zivilgesellschaft zu berücksichtigen. Sie für die Abgrenzung homogoner Blöcke zu nehmen, ist für die Gestaltung eines zukünftigen Europas nicht geeignet.

Ein ähnliches Beispiel von Reduktion komplexer historischer und sozialer Realität stellt die Konzeption der Kulturerdteile als Grundlage eines Geographiecurriculums dar (Newig 1986), die manchen Lehrplänen zur inhaltlichen Strukturierung diente. Immerhin hat Newig die östliche Kulturgrenze von Europa nicht mit dem Eisernen Vorhang gleichgesetzt und die Homogenisierung der Kulturerdteile anhand nationalstaatlicher Grenzen relativiert.

Die Welt schien bis 1989 durch eine klares West-Ost-Europa-Konzept gegliedert zu sein. Karten in Atlanten und in Schulbüchern zeigen bis heute, daß Europa gleichgesetzt mit der Europäischen Union wurde. Die Verunsicherung nach 1989 war natürlich bei der Suche nach einem Europakonzept und den damit verbundenen Raumbildern groß. Abb. 1 zeigt die kartographische Wiedergabe von historisierenden Argumentationsmustern, die von einem historisch zu legitimierenden Kern aus Europa definieren. In der Karte werden die territorialen Grenzen im Hochmittelalter mit den Nationalstaatsgrenzen der Gründerstaaten der EWG im Jahre 1957 sowie der Mitglieder der EU 1996 parallelisiert. Die Karte suggeriert eine raumbezogene – und damit auch implizit eine kulturelle – Persistenz (im Rahmen dieses Artikels wäre der Begriff *nachhaltig* angebracht), die mit aktuellen Ereignissen und Argumentationsmustern auf verblüffende Art und Weise übereinstimmt. Die Argumente eines wirtschaftlichen Kerneuropas sowie die Bemühungen um die Osterweiterung der EU und der NATO sind in Bezug auf diese Grenzen zu lesen. Es werden alte Zuordnungsmuster reaktiviert. Geographieunterricht müßte gerade diese Formen nachhaltiger, geopolitischer Weltbilder in Frage stellen. In diese scheinbar objektiven und in der Tat nachhaltig wirkenden räumlichen Zuordnungsmuster gehören auch die räumlichen Kategorien *Zentrum und Peripherie*, die häufig mit den Konzepten *Nord-Süd*, *West-Ost* sowie *europäische Banane* (Rückgrat und Gravitationszentrum) der Europäischen Union in Verbindung gebracht werden. Es werden räumliche Leitbilder für Europa angeboten, die, metaphorisch überhöht, ein ökonomisches Herz für die Räume ausweisen, die in Abb. 1 karolingisch-ottonisches Kerngebiet waren. Auf der Basis ökonomischer Begrifflichkeit wird, sicherlich ohne Absicht, ein nachhaltiges Bild geschaffen, das gleichzeitig kulturell differenziert und ausgrenzt. Griechenland, Süditalien, Südspanien inklusive Madrid, Großbritannien nördlich von Oxford und Nordirland sowie Mittel- und Nordnorwegen und Schweden gehören zu den Peripherien. Inwieweit dieses Raumbild ökonomisch stimmig ist, ist fragwürdig. Aus der Perspektive europäischer Kultur- und Geisteshaltungen ist dieses Abbild absolut unzutreffend. Griechenland ist die Wiege europäischer Kultur, Irland das Innovationszentrum der Christianisierung Zentraleuropas, die Wikinger und Normannen prägten die Feudalstaaten Europas, in Spanien wurde die aristotelische Philosophie vom Arabischen ins Lateinische transferiert, und in Süditalien sind die kulturellen Einflüsse ganz Europas bis heute spürbar. *Kultur-Europa* ist also mehr als aktuelle Wirtschaftsdaten vermuten lassen. Es umfaßt eine reiche Tradition verschiedenster regionaler Ausformungen, die nicht von wirtschaftlichen Kategorien und den damit verbundenen Raumbildern verzerrt und vereinnahmt werden dürfen.

Abbildung 1: Nachhaltige territoriale Konzepte in Europa

Aufgeklärte geographische Bildung sollte die Fragwürdigkeit vermeintlicher kartographischer Eindeutigkeit bewußt machen, aber auch anhand konkreter Raumbeispiele in die vielfältigen Lebenssituationen einführen und dabei folgende Aspekte thematisieren:
- Integration durch Partizipation
- die Mehrdimensionalität der Lebenssituation von Individuen und Kollektiven
- Definition der Grenzen Europas als Grenzen einer Konsensgemeinschaft
- Souveränitätsrechte als territorial aufgeteilte Abbildungen der Mehrdimensionalität von Raum und Zeit.

4. Unterrichtbeispiele

Anhand von drei Skizzen zu Unterrichtseinheiten möchte ich die allgemeinen Aussagen zu einem tragfähigen Kultur-Europa konkretisieren.

Das erste Beispiel bezieht sich auf sozialgeographische Analysen von Stadtteilstraßen. Ein klassisches Unterrichtsthema, das in der Regel schon in der 5./6. Klasse zum festen Kanon geographischen Unterrichts gehört. Ich beziehe mich auf eine Unterrichtseinheit über die Leipziger Straße in Frankfurt (Scherer 1995), in der durch Befragungen und Kartierungen einer 6. Schulklasse die europäische Vielfalt und damit verbunden, nachhaltige Elemente europäischer Kultur den Schülern bewußt wurde. Die Schüler erfaßten die Besitzer der Geschäfte, ihre Herkunft, deren zukünftige Perspektiven in bezug auf den Wohnort und beschrieben das Warenangebot. Durch Forschung vor Ort erfuhren die Kinder die Intergration und Partizipation von Ausländern am Wirtschaftleben, kulturelle Integration und Differenz (Fleischverbot und Religion) anhand der angebotenen Lebensmittel sowie räumliche Verbindungen zu europäischen und außereuropäischen Ländern. Den Schülern wurde aber auch die Mehrdimensionalität der lebensräumlichen Bezüge bei den Befragten und ihren Familien bewußt, die funktional und emotional an sehr verschiedene Orte und Personen gebunden sind. Der Unterricht in einer 6. Klasse ist nicht so sehr mit theoretischen Reflexionen belastet, sondern durch die sozialgeographische Arbeit vor Ort wird multikulturelle europäische Vielfalt als selbstverständliche Realität erfahren.

Das zweite Beispiel kann die bisherige territoriale Organisation von Macht in verschiedenen europäischen Nationalstaaten thematisieren. Es bietet sich ein Vergleich zwischen der zentralistischen Struktur in Frankreich und der föderalistischen in Deutschland an. Anhand des Vergleichs können nicht nur die Auswirkungen historischer Raumorganisationen auf Siedlungsstrukturen und deren nachhaltige Wirkungen erörtert werden, sondern auch die verschiedenen Auffassungen über den Nationalstaat, der in der französischen politischen Kultur und territorialen Raumorganisation seine typische Ausprägung erfahren hat. Er ist charakterisiert durch einen zentralistisch organisierten Staat, der die Idee der Gleichheit in allen öffentlichen Bereichen versucht konsequent durchzuführen, der kulturelle und nationale Identität als eine Einheit sieht unter Ausklammerung religiöser Elemente, mit traditioneller Symmetrie von Territorium und Souveränität. In der deutschen Geschichte und Politik hingegen gibt es föderale Traditionslinien mit offenen Strukturen, die jenseits des Nationalstaats liegen.

In beiden Staaten bedingen die unterschiedlichen Schulsysteme eine andere kulturelle Sozialisation, die bis heute noch zu Mißverständnissen führt. Eine politische Geographie, die Machtstrukturen und territoriale Raumorganisation als Elemente einer politischen Kultur und kultureller Sozialisationsprozesse versteht, kann Verständnis für die Nachhaltigkeit bestimmter Berurteilungsmuster fördern.

Das dritte Bespiel bezieht sich auf die ost- und südosteuropäische Perspektive eines zukünftigen Europas. Hier müssen besonders die Perspektiven von Eigen- und Fremdbildern, den damit verbundenen Ab- und Ausgrenzungen mit dem kulturellen Reichtum an Ideen und materieller Kultur konfrontiert werden. Dem Image der ökonomischen Entwicklungsländer und Peripherie müßte eine Kulturgeographie entgegengesetzt werden, die den historisch gewachsenen Reichtum in ihrer Bedeutung für Gesamteuropa aufzeigt. In diesem Zusammenhang gilt es auch Verständnis zu entwickeln für die Bedeutung der Mitteleuropaidee und ihre kulturellen Grundlagen. Die Überlagerung und Gleichzeitigkeit von europäischen Ideen in ihrer Raumwirksamkeit und Auswirkung für die Lebenssituation und die politischen Willensbildungsprozesse lassen sich besonders gut verdeutlichen: die kulturelle Bedeutung des Vielvölkerstaates der Habsburger, die Auswirkungen der Kriege und der Zwischenkriegszeit, der Einfluß des Sozialismus sowie die radikalen raumstrukturellen Änderungen nach 1989/90.

5. Ausblick

Kultur-Europa ist sicherlich nicht eine ethnologische Einheit, die unveränderlich aus Raum und Zeit besteht. Dies ist nur der Fall, wenn Begriffe wie Kultur und Europa von Zeit und Raum unabhängig und eindeutig definierbar wären. Dann könnten sowohl die Grenzen nach außen als auch die territoriale Binnenstruktur leichter festgelegt werden. Der Begriff „*Kultur-Europa*" scheint mir mehr die Suche nach einer gemeinsamen Basis anzusprechen, deren Ergebnis allgemein anerkannte Formen symbolischer Interaktionen sein könnten.

Jeder Einzelne von uns lebt im Spannungsfeld subjektiv erlebter/erstrebter Seinsfürsorge und deren überindividuell verankerten Geisteshaltungen. Europa ist aus seiner kulturellen, politischen und wirtschaftlichen Vielfalt zu den Ergebnissen gekommen, die wir mit der Renaissance, der Aufklärung und der Industriellen Revolution verbinden. Im Hinblick auf die territoriale Organisation von Macht, aber auch individueller Bedürfnisbefriedigung bietet Europa eine Vielzahl von Traditionslinien, die daraufhin überprüft werden müssen, inwieweit sie ein Zusammenleben in einer pluralistischen Welt ermöglichen und dem Bedürfnis nach Sicherheit und täglicher Daseinsfürsorge entsprechen.

Die Aufgabe geographischer Bildung müßte darin liegen, gegen geschlossene Weltbilder und deren eindeutige Grenzziehungen und den damit verbundenen Ausgrenzungen ein differenziertes räumliches Abbild von Europa zu präsentieren und ein *nachhaltiges Kultur-Europa* an konkreten Raumbeispielen unterschiedlicher Maßstabsbereiche zu konkretisieren.

Literatur:

Gottmann, J. (1982): The basic problem of political geography: the organization of space and the search for stability. In: Tijdschrift voor Economische en Sociale Geografie 73, S. 340–349.
Huntington, S.P. (1996): Kampf der Kulturen. Clash of Cultures. Die Neugestaltung der Weltpolitik im 21. Jahrhundert. München.
Leggewie, Cl. (1994): Space – not time? Raumkämpfe und Souveränität. Zu einer „Geopolitik" multikultureller Gesellschaften. In: Transit 7, Europäische Revue, S. 27–42.
Luhmann, N. (1996): Inklusion und Exklusion. In: Berding, H. (Hg.): Nationales Bewußtsein und kollektive Identität. S. 15–45. Frankfurt.
Newig, J. (1986): Drei Welten oder eine Welt: Die Kulturerdteile. In: Geographische Rundschau 38, H. 5, S. 262–267.
Scherer, G. (1995): Europa. Leben und Arbeiten von Ausländern in Deutschland. Fallbeispiel: Leipziger Straße in Frankfurt. Unveröff. Zulassungsarbeit zur 2. Staatsprüfung für das Lehramt an Gymnasien. Frankfurt.
Smith, A.D. (1996): Culture, community and territory: The politics of ethnicity and nationalism. In: International Affairs 72, H. 3.
Weidenfeld, W. (1997): Vorwort. In: Berger P.L. (Hg.): Die Grenzen der Gemeinschaft. Konflikt und Vermittlung in pluralistischen Gesellschaften. Ein Bericht der Bertelsmann Stiftung an den Club of Rome. S. 11–15. Gütersloh.

„EUROPA" IM GEOGRAPHIE-CURRICULUM –
AUFBEREITET UNTER DEM GESICHTSPUNKT DER
„NACHHALTIGEN" ENTWICKLUNG

Dieter Gross (Berlin)

1. Globalisierung und die Folgen für schulische Bildungssysteme

Gegenwärtig sieht sich der Einzelne ökonomischen, sozialen und ökologischen Problemen ausgesetzt, weil die nationalen Regierungen nicht über die entsprechenden Strategien verfügen, um den Folgen der Globalisierung zu begegnen. Dies hat Konsequenzen für die Bildung: Sie muß sich neu orientieren. Schulbildung unterliegt deshalb in vielen Staaten einem grundlegenden Wandlungsprozeß; sie dient als Mittel zum Zweck, einen „Wertewandel" herbeizuführen und Verhaltensmuster und Lebenseinstellungen zu vermitteln, die zur Bewältigung lokaler und globaler Probleme erforderlich sind. Das veranlaßt in vielen Staaten pädagogische Reformen (UN/DPCSD 1996). Zu den neuen Zielsetzungen gehört, „Bildung zur nachhaltigen Entwicklung". Ihr kommen zwei Aufgaben zu: Einleitung der Inneren Schulreform und Vermittlung von Zukunftsfähigkeit. Die Gründe für diese notwendigen Reformen lassen sich erfassen, wenn man das mehrdimensionale Beziehungsgeflecht, das diesen sich immer schneller und intensiver vollziehenden Globalisierungsprozeß beeinflußt und gestaltet, analysiert (s. Abb. 1).

Die Analyse macht deutlich: es geht um Neues Denken, neue Sichtweisen und Übernahme von Verantwortung. Dabei gewinnen Kenntnis und Verständnis unterschiedlicher Kulturen an Bedeutung sowie Fähigkeiten, Gegebenheiten multiperspektivisch zu betrachten. Das erfordert die Zunahme von Kenntnissen von der Welt und die Fähigkeit, interkulturell zu kommunizieren, also *Lernen, in Gemeinschaft zu leben* (Delors 1996). Diese Auffassung beginnt sich in Ländern durchzusetzen, die im besonderem Maße der Globalisierung ausgesetzt sind, sich ihr aber auch stellen (USA, Japan, Großbritannien), indem sie beispielsweise die Anteile der Fächer Geographie und Geschichte an der Stundentafel beträchtlich erweitert haben (vgl. z.B. Ministry of Education, Science, Sports and Culture 1997).

2. Umwelterziehung, Umweltbildung, Bildung zur nachhaltigen Entwicklung

Umwelterziehung in Deutschland erfährt zur Zeit eine recht kritische Würdigung. Dabei wird argumentiert: die schulische Bildung stehe angesichts der zu erwartenden Probleme in neuer Verantwortung und Umweltbildung müsse daher neu definiert werden. Die Umweltthematik friste in den Lehrplänen immer noch ein Schattendasein. Bildungspolitiker redeten zwar schon seit gut zwanzig Jahren über ökologische Bildung, und die KMK hätte bereits 1972 ein Aktionsprogramm zur Förderung des Umweltbewußtseins beschlossen, doch gäbe es immer noch eine Diskrepanz zwischen Lehrplan und seiner praktischen Umsetzung. Ökologische Bildung erfordere daher neue Inhalte und Vermittlungsformen. Es stünden nicht nur einzelne Inhalte, sondern auch überkommene Werte und übergreifende Strukturen zur Disposition. Wissen sei zwar wichtig, aber weitere Dimensionen wie Gefühle, Handlungskompetenz und Wertvorstellungen müßten ihren Platz bekommen, damit es zu umweltbewußtem Verhalten und Handeln komme. Inzwischen sind all diese Bemühungen in Richtung Umwelterziehung bzw. Umweltbildung etwas in den Hintergrund getreten, denn es geht jetzt um einen noch umfassenderen Ansatz, nämlich dem der Bildung zur nachhaltigen Entwicklung (Education for Sustainable Development), zumal sich diese aus den Verpflichtungen nach Unterzeichnung der Agenda 21 ergeben haben. Ein internationaler Vergleich, durchgeführt im Rahmen einer Studie (Gross 1997) des Verbandes Deutscher Schulgeographen e.V. zeigte, daß es in dieser Hinsicht, entgegen der Feststellung der Bundesregierung auf dem Erdgipfel+5 in New York (UN/CSD 1997), noch erhebliche „Vollzugsdefizite" in Deutschland gibt.

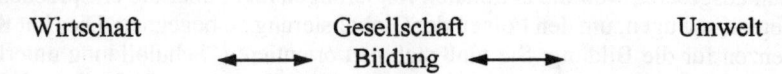

Wirtschaft	Gesellschaft Bildung	Umwelt
Globalisierung und Internationalisierung der Wirtschaft erfordern Ausschöpfung des Humankapitals: Annäherung von Bildung und Wirtschaft. Geist (Wissen) als „Rohstoff", Weltkenntnis und Weltverständnis und Verantwortung, um über globale Verantwortungskompetenz zu verfügen. Gleichzeitig stößt der Einzelne auf veränderte gesellschaftschaftliche und politische Strukturen, denn der Staat gibt angesichts der Fülle internationalisierter Problemstrukturen die Verantwortung ab, da er noch nicht über die geeigneten Entscheidungsstrukturen verfügt: gleichzeitige Berücksichtigung unterschiedlicher Aspekte, vernetztes Denken	Der Einzelne muß mehr Selbstkontrolle und -verantwortung übernehmen. Deshalb sollen im zunehmenden Maße im Bildungsbereich werteorientierte Handlungsnormen mit lokalen und globalen Bezügen vermittelt werden, die sich am Leitbild „nachhaltige Entwicklung" orientieren, so daß ökonomische, ökologische und soziale Zielsetzungen gleichzeitig und gleichgewichtig gesehen werden und Entscheidungen nach globalen und individuellen Werten sowie durch Handlungsnormen in intergenerativer Verantwortung erfolgen. Curricula: werteorientierte Lernziele	Balance finden zwischen Ökonomie und Ökologie = „Sustainability-Ethos", Ökonomie und Ökologie als Querschnittsaufgabe und in ihrer Vernetzung sehen: umweltethischer Ansatz, mit dem die Gesamtvernetzung der Kulturwelt mit der Naturwelt zu erfassen ist. Die Krise der Natur liegt in der Krise der Kultur begründet, also kann das Prinzip Nachhaltigkeit nur umgesetzt werden, wenn kulturelle Wandlungen erfolgen.

Abbildung 1: Beziehungsgeflecht Wirtschaft – Gesellschaft – Umwelt – Bildung im Globalisierungsprozeß

Vor diesem Hintergrund tut sich für die Geographie in der Schule eine Chance auf, denn die in diesem Ansatz „Bildung zur nachhaltigen Entwicklung" enthaltenen Forderungen nach Vernetzung und dem Aufzeigen von Entscheidungsstrukturen lassen sich mit dem Brückenfach Geographie erfüllen. Grundlagen für die Entwicklung ökologischer Bildung im geographischen Unterricht finden sich in der Fachtradition unmittelbar, denn die Geographie untersucht die vielfältigen chorologischen Wirkungsgefüge und die Wechselbeziehungen zwischen Mensch und Erde sowie ihre Vernetzungen. In der Ökosystemlehre, etwa seit 1970, werden Ökosysteme als räumliche Wirkungsgefüge aus biotischen (einschließlich humanen) und abiotischen Elementen mit der Fähigkeit zur Selbstregulierung gesehen. Damit verbunden ist die Aufhebung des Subjektbezuges des Umweltbegriffs. Die Landschaftsökologie bezieht die Aktivitäten des Menschen in die Wechselwirkungen innerhalb des Ökosystems mit ein. Damit überwindet sie den Dualismus Physische-/Anthropogeographie und macht für die Geographie deutlich, daß Umwelt keineswegs bloß ein Konditionalgeflecht von physisch-geographischen Faktoren darstellt.

Ausgangspunkt für die Erarbeitung des „Eurocurriculums" war die Durchführung eines Forschungsvorhabens im Rahmen des Umweltforschungsplanes. Entsprechende Entwürfe lagen bereits 1990 vor. Sie gaben den Anstoß und fanden Unterstützung des Bundesumweltministeriums, so daß 1992 im Auftrag des Umweltbundesamtes mit diesen Arbeiten begonnen wurde. Die Eröffnungsansprache des Staatssekretärs im Bundesministerium für Umwelt, Naturschutz und Reaktorsicherheit auf dem 22. Deutschen Schulgeographentag 1990 in Kiel hatte deutlich gemacht, daß die Geographie einen entscheidenden Beitrag leisten kann und soll, das Verständnis und die Aufgeschlossenheit für unsere natürliche Umwelt zu wecken, um heutige und zukünftige Schülergenerationen auf die in der Zukunft zu bewältigenden Aufgaben vorzubereiten. Die Sicherung der Umwelt sei eine der dringendsten Aufgaben der Zeit. Daraus würden Zukunftsaufgaben erwachsen, die erst in Ansätzen erkannt seien. Nur wenn Natur- und Geisteswissenschaften in gemeinsamer Anstrengung kooperierten, seien Ergebnisse zu erwarten, welche als umweltpolitische Leitlinien für heutige und vor allem zukünftige Entscheidungen dienen könnten. Deshalb müßten zu den Aspekten der Naturwissenschaften auch ausdrücklich ökonomische, soziale, kulturelle und ethische hinzugezogen werden, u.a. fanden diese Überlegungen in der *Leipziger Erklärung* (Alfred-Wegener-Stiftung u.a. 1996) von 1996 ihren Niederschlag.

Das Eurocurriculum (Gross/Friese) wurde 1994 vorgestellt; seine Konzeption fand international große Zustimmung. Um dem werteorientierten Leitbild von globaler Verantwortungskompetenz und dem Anspruch auf Bewältigung von Zukunftsaufgaben gerecht zu werden, war unter Berücksichtigung europäischer Lehrpläne ein lehrplanorientierter Themenkomplex zu Europa so aufbereitet worden, daß Ökonomie und Ökologie, integral erfaßt und bewertet werden. Werte, Inhalte, Zielsetzungen und Betrachtungsweisen sind so miteinander verknüpft, daß das Beziehungsgeflecht Wirtschaft-Gesellschaft-Umwelt als „Querschnittsaufgabe" aufgefaßt wird und Entscheidungen unter dem Kriterium Zukunftsfähigkeit getroffen werden können. Und wie sich heute zeigt, hatte der 1990 konzipierte Ansatz bereits das Prinzip der nachhaltigen Entwicklung vorweggenommen.

3. Das Leitbild „nachhaltige Entwicklung" im Geographieunterricht (Curriculum)

Um im didaktisch-methodischen Bereich selbstverantwortlich Entscheidungen zu treffen, bedarf es eines entsprechenden Vernetzungssystems. Die Grundlagen (s. Abb. 2): der Einzelne sieht sich verschiedenen Spannungsfeldern ausgesetzt, in denen sowohl die Diskrepanzen zwischen Eigeninteressen und Gruppeninteressen hervortreten bzw. hervortreten können als auch Konflikte im Zusammenhang mit lokalen und globalen Prozeßabläufen deutlich werden, die zu lösen sind und die Entscheidungen abverlangen. In dieser Konfrontation muß der Einzelne (1) zwischen individuellen und gesellschaftlichen sowie zwischen nationalen und globalen An-

Abbildung 2: Die Berücksichtigung des Leitbilds „nachhaltige Entwicklung" im Geographieunterricht
Quelle: Unterrichtshilfen zur Umwelterziehung im Fach Geographie der Sekundarstufen I und II. Umweltbundesamt Berlin. In Vorbereitung.

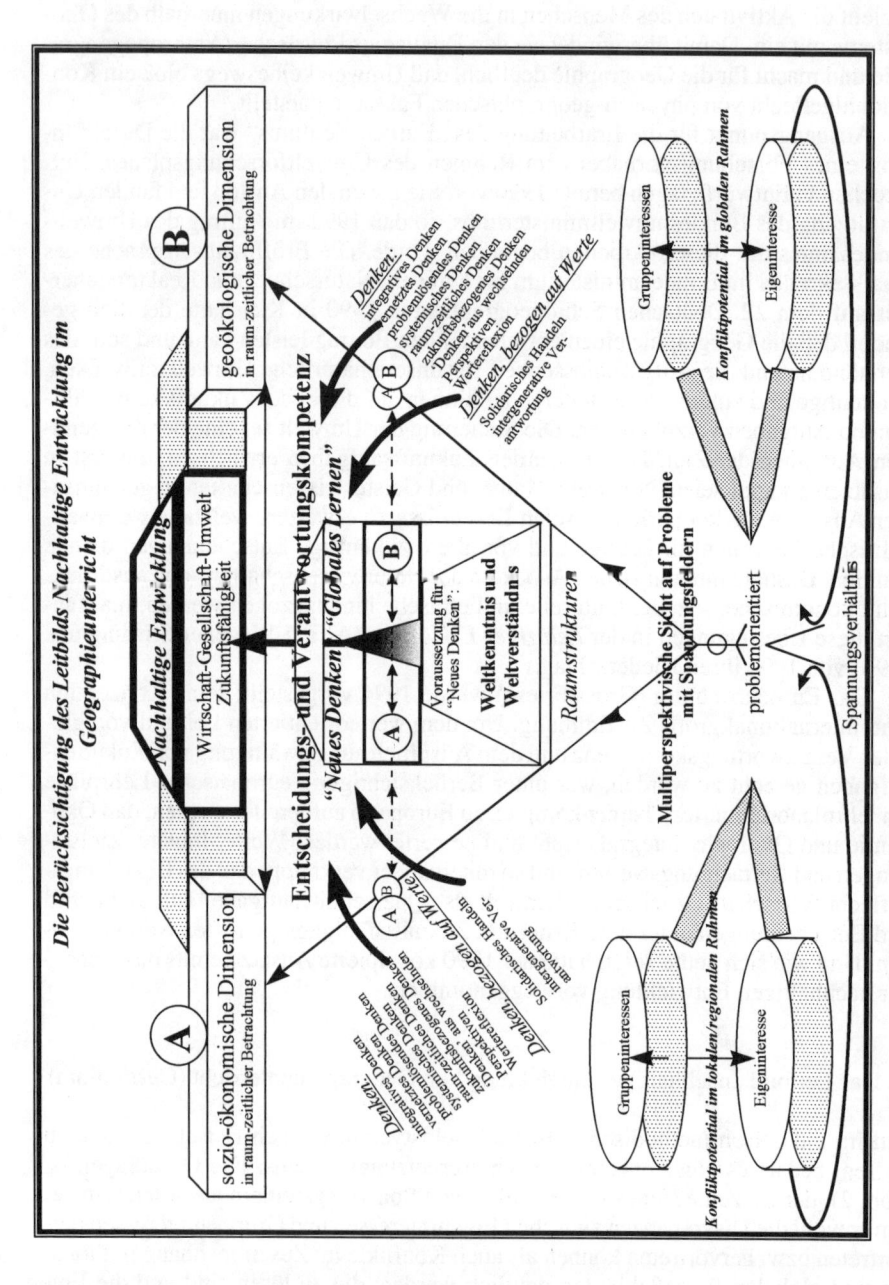

sprüchen zu unterscheiden lernen und (2) solche Entscheidungen herbeiführen. Dies bedeutet, im didaktischen Vernetzungssystem sind mehrere Bezugspunkte zu berücksichtigen, die inhaltlicher und methodischer Art sind. Dazu gehören (1) Weltkenntnis und Weltverständnis, (2) multiperspektivische und raum-zeitliche Sicht auf Ökonomie und Ökologie sowie (3) gleichzeitiges und gleichgewichtiges „Zusammensehen" sowohl der sozio-ökonomischen als auch der geo-ökologischen Dimensionen, um dieses Spannungsverhältnis zukunftsbezogen ausgleichen zu können. „Unbestimmtheiten" werden zunehmen, ein Merkmal dieses neuen Denkens.

4. Umsetzung des Prinzips „nachhaltige Entwicklung" in einem Lehrplan am Beispiel Europas

Für die geographisch-ökologische Bildung und in Hinblick auf die Strategie zur Umsetzung des Prinzips der nachhaltigen Entwicklung bedeutet dies, neue Betrachtungsweisen, Leitbilder und Werte fachbezogen in Lehrpläne zu integrieren, denn der Einzelne kann nur eigenverantwortlich entscheiden und handeln, wenn er alternative Betrachtungen anstellen und daraus Rückschlüsse für sein Handeln ziehen kann. Die praktische Vorgehensweise sei an einem Beispiel aus dem Curriculum erläutert (s. Abb. 3).

Literatur:

Alfred-Wegener-Stiftung für Geowissenschaften in Gemeinschaft mit der Deutschen Gesellschaft für Geographie e.V. und dem Institut für Länderkunde in Leipzig (1996): Leipziger Erklärung zur Bedeutung der Geowissenschaften in Lehrerbildung und Schule. Leipzig.

Delors, J. (1996): Learning throughout Life: Mastering Globalization, Keeping Roots. The Message of the Report of the International Commission on Education for the Twenty-first Century (UNESCO). Kristianborg.

Gross, D. (1997): Umwelterziehung und Nachhaltige Entwicklung – Bestandsaufnahme, Umsetzungsmöglichkeiten und Wege. Verband Deutscher Schulgeographen e.V., o.O.

Ministry of Education, Science, Sports and Culture (1997): The Model for Japanese Education in the Perspective of the 21st Century. First Report by the Central Council for Education. Tokyo.

UN/CSD – United Nations Commission on Sustainable Development (1997): Country Profile [Germany], Implementation of Agenda 21: Review of progress made since the United Nations Conference on Environment and Development 1992. Chapter 36. New York.

UN/DPCSD – United Nations Department for Policy Coordination and Sustainable Development, E/CN. 17/1996/14 (26.02.1996) und Anhang (Addendum), Commission on Sustainable Development: Promoting education, public awareness and training, E/CN. 17/1997/2 Ad (22.01.1997). New York.

Unterrichtshilfen zur Umwelterziehung im Fach Geographie der Sekundarstufen I und II. Umweltforschungsplan des Bundesministers für Umwelt, Naturschutz und Reaktorsicherheit, im Auftrag des Umweltbundesamtes. Berlin. In Vorbereitung.

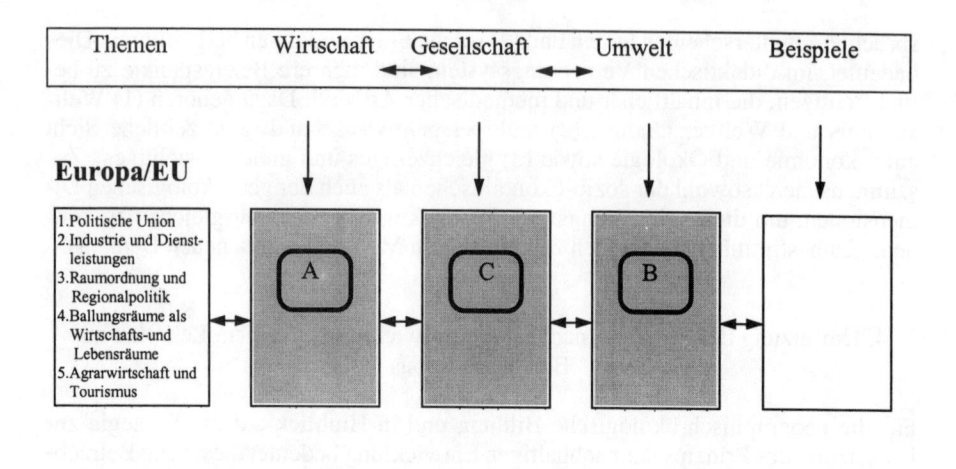

| Themen | Wirtschaft ↔ Gesellschaft ↔ Umwelt | Beispiele |

Europa/EU

1. Politische Union
2. Industrie und Dienstleistungen
3. Raumordnung und Regionalpolitik
4. Ballungsräume als Wirtschafts- und Lebensräume
5. Agrarwirtschaft und Tourismus

A   C   B

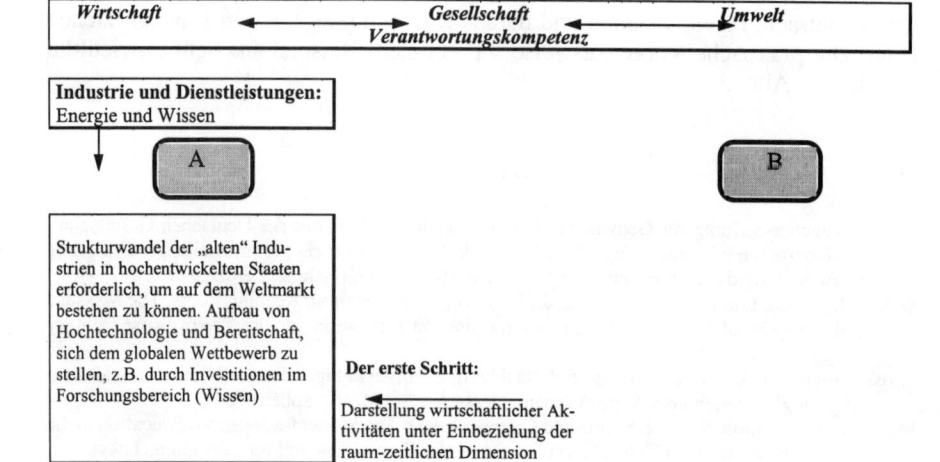

Wirtschaft ⟷ *Gesellschaft* ⟵ *Umwelt*
Verantwortungskompetenz

Industrie und Dienstleistungen:
Energie und Wissen

A

B

Strukturwandel der „alten" Industrien in hochentwickelten Staaten erforderlich, um auf dem Weltmarkt bestehen zu können. Aufbau von Hochtechnologie und Bereitschaft, sich dem globalen Wettbewerb zu stellen, z.B. durch Investitionen im Forschungsbereich (Wissen)

Der erste Schritt:

Darstellung wirtschaftlicher Aktivitäten unter Einbeziehung der raum-zeitlichen Dimension

„Europa" im Geographie-Curriculum

Wirtschaft ⟷ *Umwelt*

Gesellschaft

Strukturwandel der „alten" Industrien in hochentwickelten Staaten erforderlich, um auf dem Weltmarkt bestehen zu können. Aufbau von Hochtechnologie und Bereitschaft, sich dem globalen Wettbewerb zu stellen, z.B. durch Investitionen im Forschungsbereich (Wissen)	**Der zweite Schritt:** Zusammenfassung der Konsequenzen, die sich durch die wirtschaftlichen Aktivitäten für die natürliche und soziale Umwelt ergeben. Dies macht das Spannungsverhältnis zwischen Wirtschaft und Umwelt deutlich **Der dritte Schritt:** Das ökonomische und ökologische Spannungsfeld nachhaltig ausgleichen	Belastung und Schädigung der lokalen und globalen Umwelt durch „alte" Industrien: Verschwendung von Landschaft, Rohstoffen und Energie

↓ **C** ↓

Strukturwandel der „alten" Industrien in hochentwickelten Staaten erforderlich, um auf dem Weltmarkt bestehen zu können. Aufbau von Hochtechnologie und Bereitschaft, sich dem globalen Wettbewerb zu stellen, z.B. durch Investitionen im Forschungsbereich (Wissen)	Einsicht, daß die Art des „globalen" Wirtschaftens europäischer Industriestaaten dem Prinzip der „Nachhaltigkeit" folgen muß, wobei zum Erhalt der europäischen Wettbewerbsfähigkeit (Motor der Integration) Umweltqualität und Wirtschaftswachstum unbedingt von einander abhängig gesehen werden müssen, und Einsparung an Energie ein Beitrag zur Entwicklung der Entwicklungsländer ist.	Belastung und Schädigung der lokalen und globalen Umwelt durch „alte" Industrien: Verschwendung von Landschaft, Rohstoffen und Energie

CURRICULUM

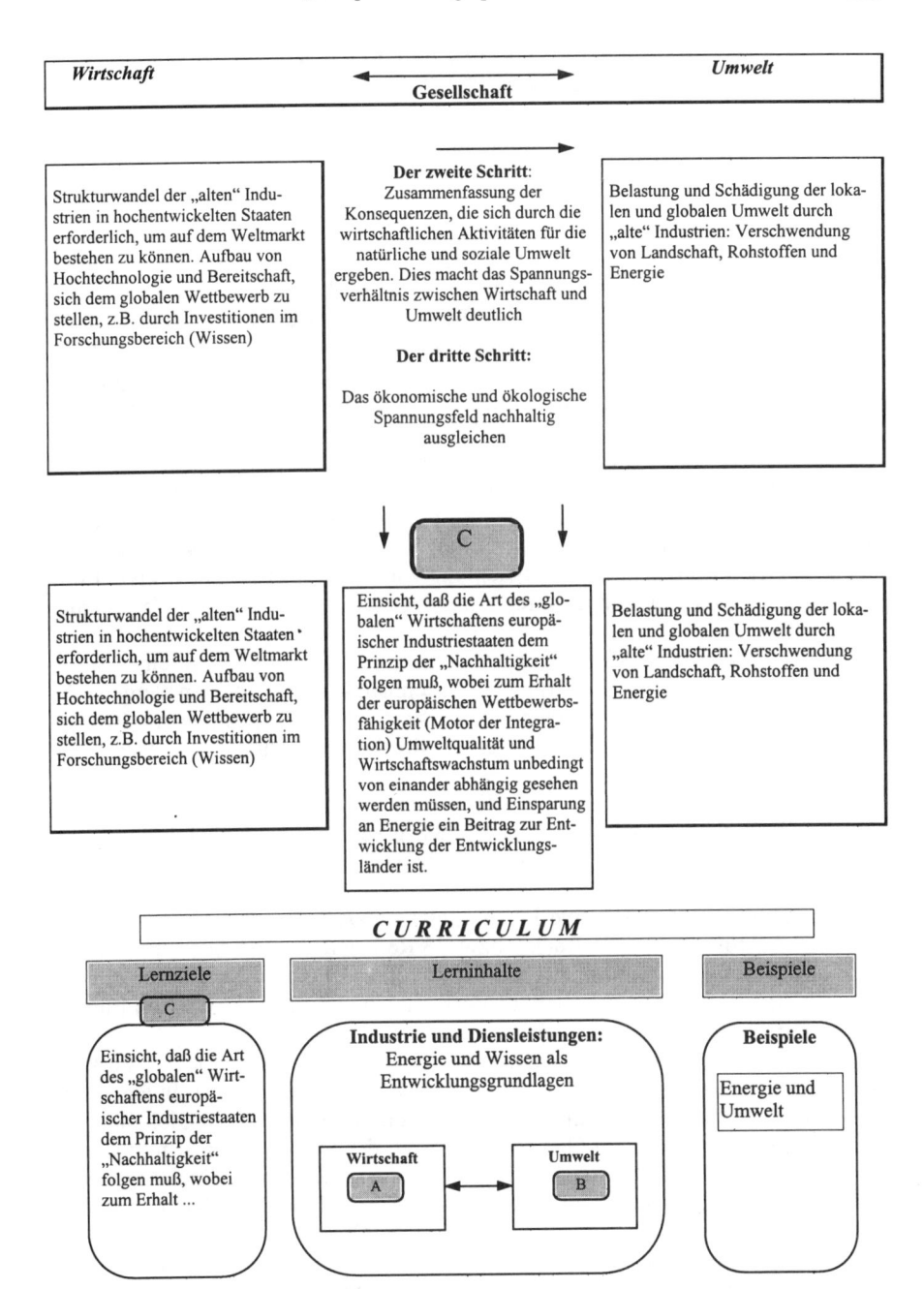

Lernziele	Lerninhalte	Beispiele
C Einsicht, daß die Art des „globalen" Wirtschaftens europäischer Industriestaaten dem Prinzip der „Nachhaltigkeit" folgen muß, wobei zum Erhalt ...	**Industrie und Dienstleistungen:** Energie und Wissen als Entwicklungsgrundlagen Wirtschaft **A** ⟷ **B** Umwelt	**Beispiele** Energie und Umwelt

Abbildung 3: Beispiel zur Umsetzung des Prinzips „nachhaltige Entwicklung"

NACHHALTIGES EUROPA IN GEOGRAPHISCHEN UNTERRICHTSWERKEN

Uta Weinbrenner (Freiburg)

Wir brauchen eine Vision – eine Vision vom Leben in Europa – als Teil einer Welt, in der die begrenzten Ressourcen schonend genutzt und gerechter verteilt werden. Wir sollten die Ziele des „Anders-Leben" deutlich machen (BUND/Misereor 1997), gerade weil wir erkannt haben, daß die Krise der Natur eigentlich eine Krise der Kultur ist. Nachhaltigkeit kann nur umgesetzt werden, wenn ein kultureller Wandel mittels globaler und individueller Werte und durch Handlungsnormen erfolgt, diese wiederum werden durch Bildung vermittelt (Gross 1995).

Geographische (Schul-)Bildung sollte die Vernetzung von Ökologie, Ökonomie und sozialer Verträglichkeit deutlich machen und den europäischen Jugendlichen Kenntnisse und Verständnis, Fähigkeiten und Einstellungen vermitteln, um sie auf ihr Leben in einem zukunftsfähigen Europa vorzubereiten. Geographische Unterrichtswerke könnten durch die Vermittlung von Kenntnissen und Verständnis für ein nachhaltiges Europa und die Entwicklung von Handlungskompetenzen in Europa Einfluß auf die Einstellungen ihrer Adressaten zu Europa nehmen (Weinbrenner 1997).

In den folgenden Ausführungen werden wesentliche Ergebnisse einer Schulbuchanalyse dargestellt. Anforderungen an nachhaltige Europathemen werden erörtert und an ausgewählten Beispielen konkretisiert. Ziel ist es, positive Ansätze aufzuzeigen, um diese in zukünftigen Unterrichtswerken vermehrt zu berücksichtigen.

1. Europa in europäischen Unterrichtswerken der Sekundarstufe I – Analyseergebnisse

Eine quantitative und qualitative Inhaltsanalyse geographischer Unterrichtswerke der Sekundarstufe I bezog 76 Bücher bzw. 23 Reihen der späten 80er und der 90er Jahre aus verschiedenen europäischen Staaten und deutschen Bundesländern ein. Sie stellt eine Bestandsaufnahme über Vorkommen und Perspektiven von Europathemen dar.

In einer quantitativen Grobanalyse aller Unterrichtswerke wurde das Vorkommen von verschiedenen *europäischen „Gebieten"* in Texten codiert. In annähernd 60 % aller Bücher mit Europathemen wird Europa als Ganzes behandelt, aber mit Ausnahme der Europäischen Gemeinschaft bzw. der Europäischen Union werden Gemeinschaften selten thematisiert. Das grenzüberschreitende Gebiet Alpen wird in über 40 % aller untersuchten Unterrichtswerke betrachtet, die Behandlung weiterer grenzüberschreitender Gebiete dient häufig der Orientierung und Zuordnung zu Großräumen. Die europäischen Staaten Frankreich, Großbritannien und die GUS – bzw. die ehemalige UdSSR – kommen häufig vor, dagegen werden kleinere Staaten wie z.B. Portugal oder Albanien selten oder gar nicht in Texten erwähnt. Die Auswahl innerstaatlicher Gebiete zeigt die Bevorzugung weniger Ballungsräume, z.B. London, Paris oder Rotterdam; die Regionen Nord- und Süditalien werden oft getrennt betrachtet.

Die Codierung sämtlicher *Abbildungen*, getrennt nach Karten, Bildern, Graphiken und Diagrammen, zeigt, daß besonders Karten, aber auch mehr als 50 % der Graphiken und Diagramme zu Europathemen eine europäische Dimension aufweisen.

In einer quantitativen Feinanalyse ausgewählter Texte zu Europathemen – und hier besonders zu Europa als Ganzem, europäischen Gemeinschaften und grenzüberschreitenden Gebieten – wurde untersucht, welche *Inhalte* häufig vorkommen. Die Inhaltskategorien wurden induktiv ermittelt und den Themenbereichen Natur, Wirtschaft, Kultur, Gesellschaft, Politik, Werte/Einstellungen, Handlungen und Ökologie/Umwelt zugeordnet. Für jeden Text wurden – abhängig von seinen Inhalten – eine Hauptkategorie und maximal 18 Konnektivitätskategorien ermittelt. Diese Analyse zeigt, daß Inhalte aus den Bereichen Politik und Wirtschaft häufig Hauptkategorien sind, während jene aus den Bereichen Kultur, Handlungen und Ökologie/Umwelt eher selten vorkommen. Ein relativ hoher Anteil der Konnektivitätskategorien ist den Bereichen Natur und Politik sowie Werte/Einstellungen zuzuordnen; Defitzite der Inhalte zu Kultur und Handlungen sind ablesbar.

Für jeden Text wurde zusätzlich eine *Bewertung der Intensität* – zwischen sehr schlecht (1) und sehr gut (5) – und eine *Beurteilung seiner Wertungen* – ob neutral, positiv, negativ oder gemischt – vorgenommen. 44 % aller Texte wurden als schlecht oder sehr schlecht bewertet, 32 % als gut oder sehr gut. Eine neutrale Wertung von Inhalten überwiegt – in 40 % aller Texte wurden die Inhalte neutral wiedergegeben. Da es sich um eine von der Autorin getroffene Textauswahl handelt, können die Ergebnisse nicht als repräsentativ gelten, dennoch zeigen sich interessante Tendenzen.

Eine *hermeneutische Untersuchung* dient der qualitativen Beschreibung von Europathemen in ausgewählten Reihen. Die Autorin wählte Themen insbesondere zu den Gebieten Europa als Ganzes, europäischen Gemeinschaften und den Alpen aus, um zu untersuchen, wie diese Inhalte dargestellt werden. Die Vielfalt der Vorgehensweisen bei der Behandlung Europas wurde offensichtlich. Diesen Reihen liegen unterschiedliche Curricula bzw. Lehrplanvorgaben zugrunde, die Zahl der unterrichteten Geographiestunden pro Woche variiert, aber auch das Alter der SchülerInnen, wenn sie mit Europathemen konfrontiert werden. Manche Staaten bzw. Bundesländer, z.B. Baden-Württemberg, Frankreich oder Italien thematisieren Europa umfassend in einem Schuljahr; in England, der Schweiz oder Österreich werden diese Themen auf mehrere Schuljahre in Form eines Spiralcurriculums verteilt. Die Reihen unterscheiden sich bezüglich ihrer Darstellungsformen in Text, Abbildung oder Arbeitsaufträgen, ihrer quantitativen und qualitativen Wissensvermittlung und entsprechend der Ermöglichung von Einstellungen zu Europa. Anleitungen zu Handlungsorientierungen sind unterschiedlich verbreitet. Europäische Zusammenarbeit wird, besonders in den Büchern der 90er Jahre, als Notwendigkeit und Chance dargestellt. Scheinbar spiegeln unterschiedliche Sichtweisen verschiedener Autoren die Einstellung ihrer Staaten bzw. Länder zu Europa wider: In Frankreich strebt man zum Beispiel eher eine wirtschaftliche Kooperation und weniger eine politische Integration an.

Nach Ansicht der Autorin werden die vielfältigen Vernetzungen innerhalb Europas in den untersuchten Unterrichtswerken nicht immer überzeugend thematisiert. Das tägliche Leben nimmt mehr europäische und globale Dimensionen an. Wir, die europäischen Bürgerinnen und Bürger, sollten die gegenwärtigen und zukünftigen Entwicklungen in Europa durch unser Handeln beeinflussen und uns bewußt machen, daß Europa unseren Alltag beeinflußt. Wir beobachten momentan wachsende Ungleichheiten unter den Menschen in unserer unmittelbaren Umgebung genauso wie innerhalb verschiedener Regionen und Staaten Europas. Wir verfolgen die Debatten über die Einführung des EURO innerhalb der EU. Durch unsere Urlaubs- oder Geschäfts- und Studienreisen kennen wir andere europäische Regionen. Wir beobachten, häufig durch die Medien, was in anderen europäischen Staaten „passiert". Wir wissen wenig über die Einstellungen anderer EuropäerInnen; z.B. existiert eine Heterogenität umweltbezogenen Bewußtseins und Verhaltens. Poferl stellt fest, daß im Alltag eine Kluft zwischen verbalisierten Einstellungen und dem konkret alltäglichen Verhalten zu beobachten ist (Poferl 1995) und zwar in vielen Bereichen sowohl im Umweltverhalten als auch im Umgang mit anderen Menschen. Diese sozialen, ökonomischen und ökologischen Bereiche sind vielfältig miteinander vernetzt und beeinflussen sich gegenseitig. Eine ganzheitliche Betrachtung exemplarischer Inhalte und Gebiete Europas könnte das Bewußtsein für diese Problematik schärfen und Jugendliche zu vernetztem Denken und Handeln anleiten. Die Vermittlung eines nachhaltigen Europa entspricht diesem Ansatz.

2. Leitbilder für Nachhaltigkeit in Europa

Die Agenda 21 ist das Ergebnis der Globalisierung des Umweltschutzgedankens. Beim Erdgipfel in Rio de Janeiro 1992 fragte man sich, was es bedeutet, wenn sechs Milliarden Menschen so leben würden, wie die heute Wohlhabenden, einschließlich des von diesen praktizierten Umweltschutzes. Die Verbrauchsmuster der EuropäerInnen sind nicht nachhaltig; folglich sollten wir uns fragen, was wir lokal tun könnten, um in einem global verallgemeinerungsfähigen Sinn Vorbild zu werden. Statt verbesserter Technologien der Schadensbehebung zu entwickeln, könnte Schadensvermeidung angestrebt werden. Statt Produktivitätssteigerung könnte Verlangsamung von Prozessen angestrebt werden; eine bewußte Arbeitsteilung, unter Verzicht auf ständig wachsende Einkommen, könnte zur Verminderung der Arbeitslosigkeit beitragen.

Die folgenden Überlegungen sind Ideen zur Effizienzrevolution, die Ernst Ulrich von Weizsäcker u.a. (1995) in ihrem Buch: „Faktor Vier" beschrieben haben. Es sind Vorschläge, wie die Menschen in den reichen Industriestaaten nach dem Motto „Doppelter Wohlstand – halbierter Naturverbrauch" nachhaltig leben sollten, und zwar besser und anders mit weniger Ressourcenverbrauch. In einem begrenzten System kann man nicht von allem immer mehr haben, eine Balance zwischen materiellen und immateriellen Dingen sollte angestrebt werden. Diese Zielvorstellungen umfassen verschiedene Themenbereiche, die in geographischen Unterrichtswerken behandelt werden könnten, viele davon unter Einbeziehung einer europäischen Dimension; zum Beispiel:

Energie	– Strom aus der Sonne – z.B. Toledo: größtes Solarkraftwerk Europas
Architektur	– Niedrigenergiehäuser (Superfenster, -kühlschränke, Isolierung)
Verkehr	– Schienentransport von Waren – Alpentransit – europaweite Geschwindigkeitsbegrenzungen

Land- und Forstwirtschaft	– grenzüberschreitende Renaturierung von Gewässern
	– europäische Landwirte als Landschaftspfleger
	– nachhaltige Waldnutzung in ausgewählten Regionen
	– Vermarktung lokaler Produkte
Industrie	– Ressourcenproduktivität
Tourismus	– sanfter Tourismus in ausgewählten Regionen
Politik	– Ökosteuer in Europa
	– Solidaritätsbereitschaft, Handeln zugunsten benachteiligter europäischer Regionen bzw. BürgerInnen
Natur	– Naturschutz und Artenschutz zur Bewahrung der Vielfalt in Europa
Kultur	– Bewahrung regionaler Identität (Brauchtum, Religion, Sprache)

3. Nachhaltigkeit in europäischen Unterrichtswerken?

An ausgewählten Beispielen wird zu folgenden Fragen Stellung bezogen:
a) Sind die drei Zieldimensionen von Nachhaltigkeit erfaßt?
b) Werden die Bereiche des nachhaltigen Natur- und Kultureuropa berücksichtigt?
c) Sind diese Themen mit den weiteren Inhalten über Europa verknüpft?
Zum Beispiel wird das grenzüberschreitende Gebiet Alpen in Terra Erdkunde 6 für Realschulen in Baden Württemberg behandelt; die Kapitelüberschrift lautet: „Alpen – Hochgebirge in Gefahr".

Bereits die Einführung des Themas (S. 112/113) stellt die vielfältige Nutzung und Gefährdung einer exemplarisch ausgewählten Alpenregion in Text und Bild dar. „Die Alpen sind Europas höchstes und größtes Gebirge. Jahrhunderte bot das Hochgebirge nur Bergbauern ein hartes und bescheidenes Leben. Heute haben die neun Millionen Alpenbewohner auch andere Erwerbsmöglichkeiten. Seit das Gebirge vor einigen Jahrzehnten für den Massentourismus erschlossen wurde, strömen jährlich etwa 40 Millionen Menschen zum Winter- und Sommerurlaub in den Dachgarten Europas. Noch mehr Menschen durchfahren während eines Jahres die Alpen. ... Viele Alpengebiete verlieren allmählich ihren Reiz für Touristen, so manches Alpental könnte in Zukunft wegen wachsender Lawinen- und Steinschlaggefahr sogar unbewohnbar werden ..." Es folgt ein verbaler Hinweis auf eine Panoramazeichnung, die weitere Ursachen für die Gefährdung enthalten würde. SchülerInnen sollen erkennen, daß die Summe der möglichen Aktivitäten in Verbindung mit der Personenzahl eine Gefährdung darstellen. Weitere Einheiten dieses Buches behandeln die Entwicklung von Ferienzentren oder Probleme wie Bergwaldsterben, Abwanderung der Bergbauern etc., deren Ursachen und mögliche Lösungen. An Beispielen wie diesem werden Wirkungszusammenhänge verdeutlicht, SchülerInnen erfahren, daß ökologische, ökonomische und soziale Faktoren miteinander verknüpft sind und daß gegenwärtiges Verhalten für die nachfolgenden Generationen Folgen hat. Sie werden in Arbeitsaufträgen zum Handeln angeleitet: „Wie würdest du einen Wander- oder Skiurlaub verbringen, wie an- und abreisen?" Sie können in einem Rollenspiel über den weiteren Ausbau des Ferienortes T. diskutieren, wobei sie sich in die Rollen betroffener Interessengruppen versetzen und eine Entscheidung treffen. Besonders die folgende Rollendistanz könnte zur Bewußtmachung der Entscheidungskriterien dienen, die durch ökonomische, ökologische und soziale Aspekte beeinflußt wird. Die SchülerInnen sollen verstehen, daß der Naturraum schonend genutzt werden muß, um ihn für die folgenden Generationen zu bewahren. Die Alpen sind ein europäischer Raum, in welchem sich die Probleme besonders deutlich zeigen.

4. Fazit

Nachhaltigkeit wird erst in wenigen Unterrichtswerken als Begriff erwähnt und definiert. Die Elemente von Nachhaltigkeit sind selten gleichwertig dargestellt. Vernetzung ist z.B. bei verschiedenen Alpenthemen gegeben. Häufig betont man den ökologischen Aspekt und vernachlässigt die ökonomischen und besonders die sozialen Komponenten. Europa als Ganzes wird, wenn Inhalte zu Tourismus oder Verkehr angesprochen werden, nachhaltig behandelt. In der Regel wird selten eine Verknüpfung verschiedener Themenbereiche, wie sie in dem beschriebenen Beispiel vorliegt, erreicht.

Literatur:

Brundtland-Bericht (1987): Unsere gemeinsame Zukunft. Greven.
BUND u. Misereor (Hg.) (1997): Agenda 21. Auf dem Weg in ein neues Jahrtausend. 2. Aufl. Berlin.
Dies. (Hg.) (1997): Zukunftsfähiges Deutschland. 4. erw. Aufl. Basel, Boston u. Berlin.
Gross, D. (1995): Grundzüge und Beispiele zukunftsbezogener Umwelterziehung im Geographieunterricht. In: Arbeitskreis Gymnasium und Wirtschaft e.V.: Sustainable Development. Unterhaching.
Haubrich, H. (1996): Nutzung und Bewahrung der Erde durch geographische Erziehung und Forschung. In: geographie heute 17, H. 138, S. 4–9.
Ders. (1997a): Der Öko-Bürger. In: geographie heute 18, H. 150, S. 2–7.
Ders. (1997b): Gesucht die beste Öko-Gemeinde Deutschlands. In: geographie heute 18, H. 150, S. 8–11.
Kopfmüller, J. (1994): Das Leitbild einer global zukunftsfähigen Entwicklung. Karlsruhe.
Krol, G.-J. (1995): Sustainability als Herausforderung für die Umweltbildung – Sozialökonomische Aspekte. In: Arbeitskreis Gymnasium und Wirtschaft e.V.: Sustainable Development. Unterhaching.
Leser, H. (1996): Physische Geographie. In: Terra Nostra 96/10, S. 77–79.
Mosimann, T. (1996): Geoökologie und Geographie in der Schule. Bedeutung für die Bildung aus fachwissenschaftlicher Sicht. In: Terra Nostra 96/10, S. 83–88.
Poferl, A. (1995): Determinanten des Umweltbewußtseins – Beschreibung des Status quo. In: Arbeitskreis Gymnasium und Wirtschaft e.V.: Sustainable Development. Unterhaching.
Weinbrenner, U. (1997): Erziehung zu europäischer Solidarität durch geographische Schulbücher der Sekundarstufe I. Eine quantitative und qualitative Inhaltsanalyse. Unveröff. Diss. Freiburg.
Weizsäcker, E.U. von (1992): Erdpolitik. 3. Aufl. Darmstadt.
Weizsäcker, E.U. von u.a. (1995): Faktor vier. Doppelter Wohlstand – Halbierter Naturverbrauch. München.

INHALT DES 1. BANDES

Vorwort (G. Heinritz, R. Wießner)

Ansprachen am 51. Deutschen Geographentag 1997 in Bonn

Rede des Vorsitzenden des Ortsausschusses (R. Grotz)
Eröffnungsansprache (G. Heinritz)
Schlußansprache (H.H. Blotevogel)

EUROPA IM GLOBALISIERUNGSPROZESS VON WIRTSCHAFT UND GESELLSCHAFT

Einführung (H. Gebhardt)
Europa im Globalisierungsprozeß von Wirtschaft und Gesellschaft (L. Späth)

Sitzung 1
Globalisierung und lokale Handlungsspielräume I:
Globalisierung und weltweite Vernetzung

Einleitung (E.W. Schamp, R. Sternberg)
Westeuropa im Zeitalter der Globalisierung: Räumliche Kontinuität trotz Turbulenzen (E. Wever)
Telekommunikation und globales Management (P. Pribilla)
Globalisierung „von unten": Transnationale Lobbys und industrieller Wandel (D. Soyez)
Die Globalisierung der Tourismuswirtschaft (K. Vorlaufer)

Sitzung 2
Globalisierung und lokale Handlungsspielräume II:
Regionale Politik und Planungsstrategien im Postfordismus

Einleitung (J. Oßenbrügge, R. Danielzyk)
Homing in and Spacing out: Re-Configuring Scale (E. Swyngedouw)
Globalisierung und lokale Politikstrategien in der Diskussion um die Postmoderne (I. Helbrecht)
Neue Formen lokaler und regionaler Planung (Th. Rommelspacher)

Sitzung 3
Wirtschaftlicher und sozialer Umbau in Europa I:
Systemtransformation in Mittel- und Osteuropa

Einleitung (J. Stadelbauer)
Postsowjetischer Wirtschaftsraum heute: Gibt es reale Chancen für eine multilaterale Integration? (R. Grinberg)
Transformation und Regionalentwicklung in Ostmittel- und Südosteuropa (H. Förster)
Vom sozialistischen zum kapitalistischen Wohnungsmarkt: Prozesse und Probleme in Ostmitteleuropa (U. Sailer-Fliege)

Sitzung 4
Wirtschaftlicher und sozialer Umbau in Europa II:
Deregulierung in Mittel- und Westeuropa

Einleitung (H. Förster, W. Gaebe)
Knowledge-Intensive Services and Regional Economic Restructuring: A European View (P. Wood)
Deregulierung der Verkehrsmärkte in Westeuropa und räumliche Konsequenzen (H. Nuhn)
Soziale Auswirkungen der Deregulierung in Westeuropa (S. Albrecht)

Sitzung 5
Heimat und Welt – Wandlungen
didaktischer Perspektiven im Globalisierungsprozeß

Einleitung (E. Kroß)
Zur Sozialpsychologie der Identitätsbildung (C.F. Graumann)
„Soziale Nähe" als didaktisches Prinzip im Globalisierungsprozeß (R. Schmitt)
Heimatraum und regionale Identität im Geographieunterricht (H. Ruppert)

INHALT DES 3. BANDES

Vorwort (G. Heinritz, R. Wießner)

GLOBAL CHANGE – KONSEQUENZEN FÜR DIE UMWELT

Einführung (R. Dikau)
Nachhaltigkeit braucht Forschung zum globalen Wandel (H. Graßl)
Die Verantwortung der Geographie und der Wissenschaft für Europa und die Welt im Wandel (B. Messerli)

Sitzung 1
Gefährdung natürlicher Ressourcen

Hausgemachtes oder Ferntransport? Probleme des europäischen Lufthaushaltes (H. Wanner, W. Eugster)
Puffern Böden Umweltbelastungen? (K. Stahr)
Desertification and Desertification Research in Europe (A.C. Imeson)
Hangstabilitätsprobleme im Zusammenhang mit Gletscherschwund und Permafrostdegradation im Hochgebirge (W. Haeberli)
Hazards and Impacts of Forest Fires in a Changing Land Use Environment (M. Sala)
Modelling the Effects of Climate Change on Floods (G.J. Klaassen, H. Middelkoop, B. Parmet)

Sitzung 2
Umweltgeschichte – Umweltszenarien

Einleitung (K. Heine, P. Frankenberg)
Variabilität des Nordatlantiks als Klima-Response und Klimafaktor während der letzten 80.000 Jahre (M. Sarnthein)
Terrestrische Sedimente als Zeugen natürlicher und anthropogener Umweltveränderungen seit der letzten Eiszeit (W. Andres)
Konstanz und Wandel in der holozänen Vegetationsgeschichte Mitteleuropas (H. Küster)
Von Reykjavik bis Sevilla. Erste Ergebnisse einer europäischen Klimageschichte der letzten 500 Jahre auf der Basis von historischen Schriftquellen (Ch. Pfister)

Sitzung 3
Von der Umweltrealität zum Modell

Einleitung (G. Gerold)
Von der Umweltrealität zum Modell – Typen, Aufbau und Bewertung von Umwelt-Systemmodellen (F. Müller)
Modellierung von Umweltveränderungen auf unterschiedlichen räumlichen und zeitlichen Skalen (K.-O. Wenkel, A. Schultz)
Möglichkeiten und Grenzen in der Modellierung naturnaher Ökosysteme (M. Hauhs, H. Lange, G. Lischeid, A. Kastner-Maresch)

Forschungsstand in Teilgebieten der Physischen Geographie

Küstenmorphologie – Stand der Forschung (H. Brückner)
Landschaftsökologie – Stand der Forschung (T. Mosimann)
Pflanzengeographie – Stand der Forschung (M. Richter)
Klimageomorphologie und Strukturgeomorphologie – Stand der Forschung (K.-H. Schmidt)

INHALT DES 4. BANDES

Vorwort (G. Heinritz, R. Wießner)

EUROPA ZWISCHEN INTEGRATION UND REGIONALISMUS

Einführung (K.-A. Boesler)
Gibt es eine Identität Europas? (A. Grosser)

Sitzung 1
Europa in der neuen geopolitischen Diskussion I:
Internationale Migration und ihre Folgen

Einleitung (J. Bähr, H. Faßmann)
Internationale Migration und soziokultureller Wandel (H.-J. Hoffmann-Nowotny, K. Imhof)
Massenmigration im Europa des 20. Jahrhunderts (R. Münz)
New Employment Regimes in Cities: Impacts on Immigrant Workers (S. Sassen)
Immigration und Arbeitsmarkt: Eine ökonomische Perspektive (K.F. Zimmermann)

Sitzung 2
Europa in der neuen geopolitischen Diskussion II:
Alte und neue Nationalismen und Regionalismen und die politische Landkarte Europas

Einleitung (H.H. Blotevogel)
Ethnische, regionale und nationale Identität in historischer Perspektive (M. Hroch)
Das Ende der Geopolitik? Nationalismen, Regionalismen und supranationale Identitäten in der aktuellen Diskussion (H. van der Wusten)
Regionalismus, Nationalismus und Föderalismus im westlichen Europa: Konflikte und Lösungsansätze (P. Alter)
Ethnonationalismus, Regionalismus und staatliche Organisation im östlichen Europa: Akteure und Konfliktpotentiale (J. Stadelbauer)

Sitzung 3
Disparitätenabbau in Europa – Weiterentwicklung der Regionalpolitik?

Einleitung (T. Kallianos, K.P. Schön, W. Taubmann)
European Corridors: Conditions for Regional Economic Growth? (W.T.M. Molle, M. Blom, A. Verkennis)
Transformationsprozesse in der Mitte Europas und ihre räumlichen Bedingungen und Folgen (W. Strubelt)
Die Regionen im Wettbewerb auf offenen Märkten. Rückwirkungen des regionalen Strukturwandels auf die Finanzierungssysteme des Staates (M. Koller)
Modernisierung der Arbeitsmärkte in der Europäischen Union (B. Pfau-Effinger)
Ländliche Räume in der Europäischen Union – Problemlagen und Entwicklungsperspektiven (I. Mose)
The Future Role of Regions in EU Transnational Planning (R.H. Williams)
Weiterentwicklung der Strukturpolitiken. Zusammenfassung und Thesen (M. Beschel)

Sitzung 4
Multikulturalismus – Leitbild und Herausforderung für den Geographieunterricht?

Einleitung (N. Protze, R. Hoffmann)
Wie können wir mit Multikulturalismus umgehen? Von der Ausländerpädagogik zum Globalen Lernen (B. Zünd)
Die „neuen Fremden" – schulgeographische Zugänge (H. Wagner)
Interkulturelle Erziehung in fächerverbindenden Projekten (M. Rohleder, R. Sieveneck-Raus)

PUBLIKATIONSNACHWEISE FÜR DIE WISSENSCHAFTLICHEN FACHSITZUNGEN

Am 51. Deutschen Geographentag 1997 in Bonn wurden neben den Leitthemen-Sitzungen des Kongresses, die in den vorliegenden Teilbänden des Verhandlungsbands dokumentiert sind, die im folgenden aufgeführten Wissenschaftlichen Fachsitzungen abgehalten. Deren Vorträge werden nicht in den Berichtsbänden abgedruckt. Sofern eine Publikation an anderer Stelle bekannt ist, sind nachfolgend entsprechende Publikationsnachweise angegeben.

- Fachsitzung „Geoökologische Kartierung und Leistungsvermögen des Landschaftshaushalts"
  Sitzungsleitung: Rainer Glawion und Harald Zepp

- Fachsitzung „Klimaszenarien – Sinn und Grenzen prognostischer Modelle"
  Sitzungsleitung: Michael Richter und Jucundus Jacobeit
  Petermanns Geographische Mitteilungen 142, 1998

- Fachsitzung „Naturgefahren – Naturkatastrophen"
  Sitzungsleitung: Hans Koschnik, Gerhard Berz und Hans Kienholz

- Fachsitzung „Die Randgebiete der Wüsten – Veränderungen hochsensibler Ökosysteme in Vergangenheit und Zukunft"
  Sitzungsleitung: Roland Baumhauer und Ludwig Zöller
  Erdkunde 52, Heft 2, 1998

- Fachsitzung „Umweltbeobachtung – Erfassung des Zustandes und der Veränderung von Lebensräumen mit Fernerkundung"
  Sitzungsleitung: Hermann Goßmann und Gunter Menz

- Fachsitzung „Physische Geographie für die Praxis"
  Sitzungsleitung: Jürgen Breuste und Thomas Mosimann

- Fachsitzung „Ökologisches Bauen und Wohnen"
  Sitzungsleitung: Klaus Kost und Lienhard Lötscher
  Lötscher, L. u. K. Kost (Hg.): Ökologisches Bauen und Wohnen in Europa. = DVAG-Materialien zur Angewandten Geographie. Bonn 1998.

- Fachsitzung „Epidemiologischer Übergang in Europa"
  Sitzungsleitung: Thomas Kistemann und Harald Leisch
  voraussichtlich in Health & Place

- Fachsitzung „Geographische Alternsforschung als Zugang zum demographischen Wandel in Europa"
  Sitzungsleitung: Klaus Friedrich und Inge Strüder
  Zeitschrift für Geriatrie und Gerontologie (Teilpublikation)

- Fachsitzung „Grenzräume – Grenzüberschreitende Regionalentwicklung an den Nahtstellen europäischer Kulturen"
  Sitzungsleitung: Günter Heinritz und Peter Moll
  Berichte zur deutschen Landeskunde 72, Heft 4, 1998

- Fachsitzung „Räumliche Netzwerke und Integration in Europa"
  Sitzungsleitung: Bernhard Butzin und Rainer Danielzyk
  Geographische Zeitschrift 96, 1998

- Fachsitzung „Aktuelle soziale und ökonomische Entwicklungsprozesse in Nordamerika"
  Sitzungsleitung: Dietrich Soyez und Hans-Wilhelm Windhorst

- Fachsitzung „Methoden der Sozialforschung in der Geographie"
  Sitzungsleitung: Verena Meier und Ilse Helbrecht
  Geographica Helvetica 53, Heft 3, 1998

- Fachsitzung „Regionale Disparitäten von Bildung und Qualifikation in Europa"
  Sitzungsleitung: Peter Meusburger und Jürgen Schmude
  Europa regional 6, Heft 1, 1998 (Vortrag Kramer)

- Fachsitzung „Der Raum-Zeit-Vergleich in der Historischen Geographie"
  Sitzungsleitung: Hans-Rudolf Egli und Klaus Fehn
  Geographica Bernensia

- Fachsitzung „Nachhaltige Stadtentwicklung"
  Sitzungsleitung: Hans-Peter Gatzweiler und Claus-Christian Wiegandt
  Berichte zur deutschen Landeskunde 72, Heft 3, 1998 (Vortrag Bergmann/Siedentop)

- Fachsitzung „Analyse und Modellbildung mit GIS"
  Sitzungsleitung: Klaus Greve und Gerd Peyke
  GIS, Heft 6, 1997

- Fachsitzung „Technologischer Wandel und Regionalentwicklung in Europa"
  Sitzungsleitung: Ludwig Schätzl und Reinhold Grotz
  Geographische Zeitschrift 95, Heft 2/3, 1997

- Fachsitzung „Freiarbeit im Erdkundeunterricht"
  Sitzungsleitung: Jürgen Nebel und Reinhard Hoffmann
  Geographie und ihre Didaktik, 1998 (Vortrag Gaida/Obdenbusch)

- Fachsitzung „Geographie – ein prototypisches Schulfach für fachübergreifenden Unterricht und fächerverbindendes Lernen"
  Sitzungsleitung: Egbert Brodengeier und Frank-Michael Czapek
  Die Erde 128, Heft 4, 1997 (Vortrag Rhode-Jüchtern), Geographie und ihre Didaktik, 1998 (Vortrag Hennings)

- Sonderveranstaltung „Europa Regional – Regionale Disparitäten und Regionalentwicklung in ausgewählten Staaten Europas"
  Koordinator: Jürgen Pohl
  Europa regional 6, Heft 2, 1998 (Vortrag Moding)

VERZEICHNIS DER AUTOREN UND HERAUSGEBER

Prof. Dr. Volker Albrecht
Universität Frankfurt a.M.
Institut für Didaktik
Schumannstr. 58
60325 Frankfurt a.M.

PD Dr. Martin Coy
Universität Tübingen
Geographisches Institut
Hölderlinstr. 12
72074 Tübingen

Dr. Karl-Heinz Erdmann
Bundesamt für Naturschutz
Konstantinstr. 110
53179 Bonn

Prof. Dr. Otto Fränzle
Universität Kiel
Geographisches Institut
Ludewig-Meyn-Str. 14
24098 Kiel

Prof. Dr. Robert Geipel
Technische Universität München
Geographisches Institut
80290 München

Dieter Gross
Argentinische Allee 8c
14163 Berlin

Prof. Dr. Wolfgang Haber
Technische Universität München
Lehrstuhl für Landschaftsökologie
85350 Freising-Weihenstephan

Prof. Dr. Josef Härle
Sonnenrain 11/3
88239 Wangen

Prof. Dr. Hartwig Haubrich
Am Birkenrain 34
79271 St. Peter

Prof. Dr. Günter Heinritz
Technische Universität München
Geographisches Institut
80290 München

Karl Herweg
Universität Bern
Geographisches Institut
Hallerstr. 12
CH-3012 Bern

PD Dr. Hans Hurni
Universität Bern
Geographisches Institut
Hallerstr. 12
CH-3012 Bern

Prof. Dr. Heinz Karrasch
Universität Heidelberg
Geographisches Institut
Im Neuenheimer Feld 348
69120 Heidelberg

Dr. Hans Kienholz
Universität Bern
Geographisches Institut
Hallerstr. 12
CH-3012 Bern

Prof. Dr. Max Krott
Institut für Forstpolitik und Naturschutz
Büsgenweg 5
37073 Göttingen

Dipl.-Geogr. Petra Löcker
Bundesministerium für Raumordnung,
Bauwesen und Städtebau
Deichmanns Aue 2
53179 Bonn

Eva Ludi
Universität Bern
Geographisches Institut
Hallerstr. 12
CH-3012 Bern

Prof. Dr. Karl Mannsfeld
Technische Universität Dresden
Institut für Geographie
01062 Dresden

Prof. Dr. Manfred Meurer
Universität Karlsruhe
Institut für Geographie und Geoökologie
Kaiserstr. 12
76128 Karlsruhe

Prof. Dr. Erich J. Plate
Universität Karlsruhe
Institut für Hydrologie und Wasserwirtschaft
Kaiserstr. 12
76128 Karlsruhe

Verzeichnis der Autoren und Herausgeber

Prof. Dr. Jürgen Pohl
Universität Bonn
Geographische Institute
Meckenheimer Allee 166
53115 Bonn

Dr. Frank Scholles
Universität Hannover
Institut für Landesplanung und Raumforschung
Herrenhäuser Str. 2
30419 Hannover

PD Dr. Winfried Schröder
Hochschule Vechta
Institut für Umweltwissenschaften
Postfach 1553
49364 Vechta

Prof. Dr. Otto Sporbeck
Büro Froehlich & Sporbeck
Herner Str. 299
44809 Bochum

Prof. Dr. Klaus Töpfer
United Nations Environment Programme
(UNEP)
P.O.Box 30552
Nairobi, Kenia
und
Stengelstr. 5
66119 Saarbrücken

Prof. Dr. Martin Uppenbrink
Bundesamt für Naturschutz
Konstantinstr. 110
53179 Bonn

Uta Weinbrenner
Waldhofstr. 8
79117 Freiburg

PD Dr. Urs Wiesmann
Universität Bern
Geographisches Institut
Hallerstr. 12
CH-3012 Bern

Prof. Dr. Reinhard Wießner
Universität Leipzig
Institut für Geographie
Johannisallee 19a
04103 Leipzig

Prof. Dr. Matthias Winiger
Universität Bonn
Geographische Institute
Meckenheimer Allee 166
53115 Bonn